普通高等教育光电信息科学与工程专业系列教材

激光器件与技术（上册）

激光器件

田来科　白晋涛

王展云　程光华　编著

科学出版社

北　京

内 容 简 介

本书以著名光子学家郭光灿院士指出的"书乃明理于本始，惠泽于世人……探微索隐，刻意研精，识其真要，奉献读者"为旨要，以十章成体，以不同激光器件为用。首先对激光器件类型、结构特点、工作物质、光谱结构、运转机制等基础知识进行介绍；再以固体、光纤、气体、液体、半导体、化学、自由电子、X 射线及物质波等激光器，及其各自结构组成、工作物质特性、激光光谱分布、运转机理等为本纲，不仅着重于物理基本原理和概念的论述与分析，而且列举了大量应用实例并对之进行深入浅出的剖析说明，又对各类器件应用的前沿成果和动态进行介绍和分析。

本书既是理论学习的蓝本，又是实用说明书。全书理论论述深入浅出，物理概念清晰明了，内容编排图文并茂。

本书可作为高等院校光电信息科学与工程、应用物理学等专业的专科生、本科生及研究生教材，也可作为教师、科技人员、医生和工程技术人员的参考书。

图书在版编目（CIP）数据

激光器件与技术. 上册，激光器件 / 田来科等编著. 一北京：科学出版社，2023.3
普通高等教育光电信息科学与工程专业系列教材
ISBN 978-7-03-075178-2

Ⅰ. ①激… Ⅱ. ①田… Ⅲ. ①激光器件－高等学校－教材 Ⅳ.
①TN365

中国国家版本馆 CIP 数据核字（2023）第 045717 号

责任编辑：潘斯斯 张丽花 / 责任校对：王 瑞
责任印制：张 伟 / 封面设计：迷底书装

科 学 出 版 社 出版
北京东黄城根北街 16 号
邮政编码：100717
http://www.sciencep.com

北京虎彩文化传播有限公司 印刷
科学出版社发行 各地新华书店经销
*
2023 年 3 月第 一 版 开本：787×1092 1/16
2023 年 12 月第二次印刷 印张：22 1/4
字数：555 000

定价：98.00 元

（如有印装质量问题，我社负责调换）

序

　　1960 年，世界上第一台激光器诞生，激光独特而绚丽的性质，使其成为具有广泛用途且其他工具不可替代的神奇光源。激光的诞生引起了光学领域的巨大革命，同时对整个科技领域的进步和发展起到了助力器的作用。激光装置与技术创造了诸多的世界之最：瞬间最高温度达 10^{10}K，压力超过 10^{11} 个大气压，最低温度达 10^{-9}K，世界最短时标 10^{-18}s，超快脉冲激光瞬时功率可达 10^{15}W，等等。激光被广泛地应用到工业、农业、医学、通信、国防、检测与测量、科学研究及信息等诸多领域，带动了许多学科的发展以及新兴学科的诞生，如信息光学、非线性光学、激光光谱学、光化学、光生物学、光物理学、激光医学、光通信、光传感器、光神经网络、光子学、光电子学、集成光学、导波光学、傅里叶光学、激光武器、激光雷达、激光热核聚变、高速摄影、量子通信、量子计算机等。美国于 1964 年在越南战场就使用了激光致盲武器、激光精确制导炸弹等；1997 年美国用化学激光器成功地摧毁了过期的空间地球卫星；美籍华人朱棣文等成功地用激光冷冻原子(温度为 24nK)实现了玻色-爱因斯坦凝聚，1997 年获诺贝尔物理学奖……这一切充分显示出激光装置与技术在科技发展和人类社会进步中的光辉前景。

　　激光的应用涵盖宇观、宏观、介观、微观直至渺观等领域中的前沿学科，激光的理论涉及经典、半经典、简化量子到全量子理论。它充满了神秘的色彩，具有诱人的魅力和极大的挑战性，给探索科学提供了犀利的武器，并开拓了广阔的天地。

　　量子通信的出现，斩断了窃密的魔爪，量子计算机投入实际应用后，将会揭开包括人类大脑活动在内的自然界诸多的千古之谜，将来可能实现真正意义上的人工智能机器人，使人类在科学研究、生产技术、社会管理等诸多社会业态发生翻天覆地的变化。然而，影响整个科技进步的关键之一是电子器件超大规模集成化和光学元件高度集成化，其中涉及材料、电子、光学及精密加工等多学科综合交叉，不可或缺的装置是极紫外激光光源。激光光源给物理、化学、生命科学、纳米材料技术及光量子通信、量子计算机等诸多的基础学科和现代前沿技术领域提供了其他任何手段均无法替代的极端条件和技术装置。科技的进步和社会的发展，需要培养大量激光教学科研优秀人才，这就需要一本体系结构科学有序、内容丰富，体现学科前沿性和应用题材，又注意到学科内在逻辑关系的教材。作者探微索隐、刻意研精、识其真要，汇集数十年的教学成果和科研实践经验编写《激光器件与技术(上册)：激光器件》和《激光器件与技术(下册)：激光技术及应用》，这套书值得推荐。

中国科学院院士

郭光灿

2022 年 6 月

前　言

宇宙之大，是否有边，粒子之小，结构难辨。当今世界，科学技术日新月异、突飞猛进，犹如东方喷薄欲出的晨阳，绽露出绚丽的曙光呈现在世人面前。

生命诞生和存在的三大要素是空气、阳光和水。光是人类获取外界信息、认知宇宙世界最重要的媒介。阳光将缤纷多彩的世界呈现给人类。随着科技进步，望远镜、显微镜将人类视野拓展到广袤的宇宙空间和极小的微观世界。制造新的光源是人类诞生以来不懈的追求。20 世纪继核能、半导体及计算机之后，激光是人类的又一重大发明。它被称为"最锋利的刀""最准确的尺子""最精准的时钟""最高速的摄影机""最亮丽的光源"等，激光科学被誉为最有发展前途的领域之一。激光不但是新学科诞生的源泉，而且是现代科技发展、工业革命等诸多领域向前发展必不可少的工具。

激光与 AI、5G 结合——新学科诞生的催化剂；

激光与 AI、5G 结合——开启了现代工业革命的高速通道；

激光与 AI、5G 结合——为现代军工插上飞翔的翅膀；

激光与 AI、5G 结合——为现代医学精准诊断和治疗提供了犀利工具；

激光与 AI、5G 结合——铸造了开启宇宙演化、生命起源、人体系统奥秘的钥匙；

……

激光已被广泛地应用到工业、农业、医学、通信、国防、科研等领域。激光器光子的瑰丽特性为获得大量纠缠态光子提供了可能，从而为量子通信、量子计算机等的诞生奠定了基础，为人类揭开宇宙之大、粒子之微、生命起源、大脑奥秘、星体演化、自然的规律等一系列困惑人类数千年的问题展现出一缕曙光和希望。

当前，激光科学及与其密切相关的光子学正孕育着突破性进展，阿秒激光脉冲已经诞生，我国 10^{16}W 飞秒级激光系统已建成。未来激光将会进一步给物理、化学、生命科学、纳米材料技术等基础学科和现代技术领域提供目前其他任何方式均无法获得的极端条件和技术装置。我国"十四五"的工业制造激光应用技术涉及的下游群企业达到万亿规模，它必将在工业加工、材料处理、微电子等诸多领域替代传统手段。综上所述，激光的未来发展具有巨大的机遇、挑战与创新空间。

鉴于激光技术在各个学科领域及行业中的普遍应用，全国许多理工科院校也都开设了激光相关课程。"激光原理""激光器件与技术"课程在许多高校不仅是光电信息科学与工程、应用物理学等专业的必修课程，也是其他许多专业的选修课程。

本书内容结合当前高新科技前沿学科的发展趋势和市场对人才培养知识结构的要求，又契合教育部高等院校相关专业的教学大纲；既考虑在校学生课程学习需要，又兼顾从事相关行业的科研、工程技术人员和激光医学的医务工作者等的工作需求。本套书（《激光器件与技术（上册）：激光器件》和《激光器件与技术（下册）：激光技术及应用》）的内容采用以激光振荡器件为基础，以激光单元技术为提高，以激光应用技术为综合应用的三步式知识结构体系。书中既有严密的理论分析和推导，又有具实用价值的器件和技术的实例，深入浅出地呈现给读者。每章配有习题，既能培养学生的理论分析能力，也能培养学生的应用设计能力。

　　本书以作者从事激光、光电子等课程教学成果和数十年的科研经验与感悟为基础，融会了诸多光电子学专家、学者的教导，紧密结合激光学科的最新成果和前沿动态，将激光器件与技术的基本装置设备、结构特点和应用中所遵循的基本规律与原理，按照人们的学习认知规律构建成知识体系。衷心地感谢郭光灿院士在百忙之中为本书作序。

　　由于作者水平有限，书中难免存在不妥之处，恳请广大读者批评指正。

作　者

2022 年 6 月于西安

目　　录

第1章 激光器件概论

本章简述激光器件分类、结构组成、各部件的功能作用、典型器件举例、器件的工作效率及其工作机理等。

1.1 激光器件的分类

激光的发展已经历了 5 个重要阶段。①早期理论发展阶段。以 1917 年 A.Einstein(爱因斯坦)首先提出了原子也存在受激辐射过程为标志。②微波量子放大器阶段。1954 年,由美国的 C.H.Townes、I.P.Gorden、H.J.Zeiger 共同研制成功世界上第一台氨分子气体微波量子放大器。③1960 年 5 月 Maiman(梅曼)制成世界上第一台红宝石激光器,揭开激光发展划时代的一幕,共振受激辐射光放大器件正式诞生。④1967 年自发辐射的光放大器件——氮分子等一类器件诞生,使激光的产生机理和概念得到进一步拓展。⑤1997 年物质波(原子)激光器的诞生,使激光从电磁波范畴跨越拓展到物质波领域,开始激光发展的新纪元,是激光发展过程中的里程碑。

中国科学院长春光学精密机械与物理研究所(以下简称中科院长春光机所)王之江领导的小组于1961年制成了中国第一台红宝石激光器,其结构与梅曼研制的略有不同。1964年 12 月,在全国第三届光受激辐射学术会议上,根据钱学森教授的提议,将 Laser 正式意译为"激光"。

光电子由信息光电子和能量光电子两部分组成,而激光器及其激光设备既是能量光电子的核心产品,又是信息光电子的重要设备。自从 1960 年世界上第一台红宝石激光器诞生至今,人们已在几千种物质中获得了激光发射。激光的单脉冲能量和功率分别达到几十万焦和 10^{16}W,连续输出功率已达到几万瓦以上。超短脉冲的宽度已经压缩至阿秒量级(1as = 10^{-18}s),而人们期望获取更短光脉冲,向仄秒(1zs = 10^{-21}s)迈进,原子核内的质子和中子正是在这一时间尺度上运动。因此,仄秒脉冲将为人类打开实时探索核过程的大门。各种激光器虽然在结构和运转方式上各不相同,但其基本结构都可归结为以下三个部分,如图 1.1.1 所示。

(1)工作物质。它是实现激光物质能态中粒子数反转分布并产生激光的物质基础和场所。

(2)激励系统。激光系统能源的供应者,并以一定方式促成激光工作物质处于粒子数反转状态。

(3)光学谐振腔。它的作用包括:其一,提供光学反馈;其二,选择和限制激光形成过程中的电磁场的时空分布形态——振荡波型和光束输出特性。

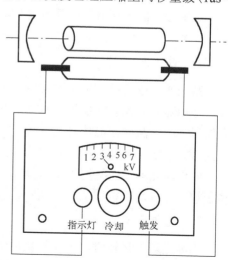

图 1.1.1 激光器组成示意图

激光器的分类方式多种，按工作物质划分，可分为固体、气体、液体、半导体、光纤激光器、化学、自由电子、X射线、物质波(原子)和光子晶体激光器等。

按运转方式划分，可分为连续式运转激光器、单脉冲式运转激光器、重复频率式运转激光器、Q突变式运转激光器、波型(模式)可控式运转激光器等。波型(模式)可控式运转激光器包括单波型(选纵模、选横模)激光器、稳频激光器、锁模激光器、变频激光器等。

按激励方式划分，可分为光泵式激光器(泵浦灯激励和激光激励，又分端面泵浦、侧面泵浦)、电激励式激光器、化学反应式激光器、热激励式激光器及核能激励式激光器等。

按激光器输出的中心波长所属波段划分，又可分为微波段激光器、太赫兹段激光器、远红外段激光器、中红外段激光器、近红外段激光器、可见光段激光器、紫外段激光器(近紫外、真空紫外，又可分为紫外和深紫外)及X射线段激光器等。

按谐振腔类型划分，可分为稳定腔激光器、临界腔激光器和非稳腔激光器等。

按谐振腔尺度划分，可分为可视尺度的宏观谐振腔激光器(激光器腔长在 $10^4 \sim 10^6 \mu m$ 量级)、显微尺度的谐振腔激光器(激光器腔长在 $10 \sim 100 \mu m$ 量级)、介观尺寸的微腔激光器(microcavity- laser，激光器腔长在 $1 \mu m$ 量级，激光器腔长与激光波长可比拟，遵从介观物理学规律，属于受限小量子系统)等。宏观谐振腔激光器，如 CO_2 激光器、He-Ne 激光器、Ar^+激光器、He-Cd 激光器等；显微尺度的谐振腔激光器，如半导体激光器，其操作必须借助显微镜进行。微光学腔的概念早期就有人提出，然而在半导体量子阱垂直腔面发射激光器(vertical- cavity surface-emitting laser，VCSEL)得到重大突破后，微光学腔的研究才进入有实用前景的应用阶段。微光学腔对自发辐射场的量子化调制，微光学腔中光子寿命的明显缩短，微光学腔的单一模式运作使微光学腔激光器的阈值响应和噪声特性大大优化，微光学腔激光器可使功耗大大降低，因而使高密度激光器面阵集成成为可能。同时微光学腔光子器件可能还蕴藏着许多有待研究开发的新功能，其贡献不亚于场效应管(MOS)器件在微电子学中的地位，将成为发展光子集成的新起点。

1.2　典型激光器件简介

对于激光器最常用的划分方式是按工作物质分类。按工作物质划分，激光器可分为以下几大类。

1. 固体激光器

激光器件运转时，工作物质以固体状态呈现，固体激光工作物质是以高质量的光学晶体、透明陶瓷、光学玻璃等为基质，在其内掺入具有发射激光能力的金属离子。目前已发现能用来产生激光的晶体有几百种，玻璃材料几十种，最常用的有红宝石、钕玻璃、钇铝石榴石、铝酸钇、钒酸钇及有机物质固体激光器等。

固体激光器一般采用光泵激励方式，固体激光器的特点是输出的功率较大，结构牢固，体积较小，多用于机械加工、测距、通信及快速全息照相等领域。

2. 气体激光器

当激光器件运转时，工作物质以气体状态呈现。气体激光器运转时，工作物质的状态可分为原子气体、分子气体、离子气体和准分子气体，因此分别称为原子气体激光器(如

He-Ne 等)、分子气体激光器(如 CO_2 等)、离子气体激光器(如 Ar^+ 等)和准分子气体激光器(XeF、XeCl、KrF、ArF、KrCl 等)。图 1.2.1 为气体激光器示意图。

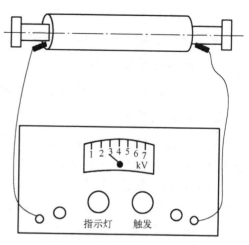

气体激光器是目前应用最广泛的激光器之一,它的单色性比其他类激光器优良,而且能长时间稳定地工作,常应用于精密计量、定位、准直、全息照相、近距离通信、水下探测、工业加工及医用激光等。

图 1.2.1　气体激光器示意图

3. 半导体激光器

工作物质是半导体材料,如砷化镓、碲锡铅、硫化镉、锑化铟等。半导体激光器的特点是器件体积小、质量小、效率高、结构紧凑、运行寿命长,理论上可用约 100 万小时(即 120 年)。一般气体,固体激光器长度可从几厘米到几米甚至上百米,而半导体激光器不足 1mm,只有针孔那么大,质量不超过 2g。

4. 液体激光器

激光运转时,工作物质呈现液体状态,可分为有机液体激光器和无机液体激光器。无机液体激光器,其工作物质是由无机液体掺入稀土离子构成的。有机液体激光器工作物质,是由某些分子结构呈笼状的有机化合物溶于有机液体溶剂中而形成的。目前最普遍使用的液体激光器是各种染料激光器。它的最大优点是输出的激光波长可在较大范围内连续调谐,所以常用作泵浦源,在各种光谱测量技术中有特殊重要的应用价值。

5. 光纤激光器

以光学纤维作为激光工作物质的器件。光纤激光器(fiber lasers,FL)是一种有源光纤器件,其主要类型有三种:晶体光纤激光器、掺杂光纤激光器、利用光纤非线性光学效应制作的光纤激光器。

光纤激光器的主要特点是:①光纤的纤芯很小(单模光纤的芯径只有 1~10μm),芯内易形成高功率密度激光,激光与泵浦光可充分耦合,因此转换效率高,激光阈值低;②输出的激光谱线多,且荧光谱线的线宽很宽,易于调谐;③光纤的柔性极好,激光器可设计得小巧灵活。经过 20 多年的研究,现在光纤激光器已经成为材料加工(特别是微加工)、医用激光的最佳选择对象之一。在印刷工业中,光纤激光器可用于内鼓扫描系统,它不仅要求高功率,而且要求光束具有衍射极限的光束质量。在微加工领域,光纤激光器可用于磁存储和光存储、半导体、电子工业的切割、焊接弯曲、准直、应力释放、热处理等。在打标领域,也越来越多地采用光纤激光器,特别是半导体工业,用光纤激光器在塑料和陶瓷包装上打标。在通信领域,研究人员正在研究大于 1W 的高功率光纤激光器在密集波分复用(dense wavelength division multiplexing,DWDM)组件和系统中的应用,还研究如何将光纤激光器用于高速调制器的激光雷达等。

6. 化学激光器

基于化学反应所产生的能量来建立粒子数反转分布,从而产生受激辐射的器件。

7. 自由电子激光器

它是利用相对论电子束与电磁场的相互作用产生相干电子束的激光辐射器。

8. X 射线激光器

X 射线波段激光的开拓研究,是激光科学发展中的重大前沿领域之一,中国以类锂离子和具有类似电子结构的类钠离子三体复合泵浦方案为主攻方向,多次在国际上获得短波长的 X 射线激光跃迁。这不仅在激光与等离子体相互作用研究、X 射线激光光谱研究方面积累了大量的经验,而且在软 X 射线激光增益实验研究方面也取得了重要数据。

9. 物质波(原子)激光器

物质波激光器是大量同态微观粒子辐射物质波装置。它是继微波激射器(maser)、光激射器(laser)、自发辐射放大器之后的第四类激射器,是由激光脉冲轰击原子而产生激光的器件。1995 年,原子气体玻色-爱因斯坦凝聚(Bose-Einstein condensate,BEC)实验成功,促使了 1997 年原子激光器的诞生。BEC 的实现和原子激光器的诞生,是 20 世纪末物理学的重大进展,有可能对今后科学技术的发展产生重大影响。这一成果,不仅是物理学的又一重大进步,也为物理学的基础理论研究,如量子论、相对论等提供了实验支撑;同时对相关领域,如精密测量、空间科学、地学、表面探测、微电子技术也有重大的推动作用。

10. 光子晶体激光器

1999 年,美国加州理工学院的 A.Scherer 领导的研究组首次报道了可工作在室温下且运转在 1550nm 的光子晶体激光器。目前,美国贝尔实验室、英国斯温顿的巴斯大学、丹麦 Crystal Fiber A/S 公司等都在大力研究这种新型的激光器。A.J. Danner 等提出的双缺陷光子晶体垂直腔面发射激光器更是集以上两种激光器的优势于一体。在我国,深圳市激光工程重点实验室于 2006 年开发出了功率达 15W 的光子晶体激光器。

下面介绍几种常用的激光器。

1)掺钕钇铝石榴石激光器(Nd^{3+}:YAG)

Nd^{+3}:YAG 是固体激光器的典型代表,它的工作物质机械强度高,导热性能好,可以重复脉冲或连续工作。1999 年,中国 Nd^{3+}:YAG 单棒连续输出已达 700W,Nd^{3+}:YAG 板条激光器输出达数百瓦。激光波长为 $1.06\mu m$,可用光纤传输,被广泛应用于热加工、测距、制导和医疗等方面。

2)半导体激光器

半导体激光器具有超小型、效率高、寿命长、价格低、结构简单以及便于调制等优点。目前,半导体激光器的种类较多,应用最多的是双异质结半导体激光器、量子级联激光器、量子阱激光器和垂直腔面发射半导体激光器。

(1)最成熟的双异质结半导体激光器是 GaAlAs/GaAs、InP/GaInAsP 双异质结器件,它们已在激光电视、唱片、光盘存储、激光打印、激光通信、短程测距和光电自动监控等方面得到广泛的应用。

(2)量子阱激光器。单量子阱激光器基本上是把普通的双异质结激光器的有源层厚度做到数十纳米以下的一种激光器。这种器件有源层太薄,对非平衡载流子的收集能力较弱,所以阈值电流密度大,为此,人们又采用多量子阱组成有源层。目前,量子阱激光器的激光阈值电流密度已从最初的 $10^3 A/cm^2$ 降低到 $10^{-4} A/cm^2$ 量级,已达到了实用的程度。1999 年,中国研制成功低阈值和高超短光脉冲的量子阱激光器,采用脉冲碰撞锁模技术和四棱镜群速补偿技术,直接获得了 21fs 的超短激光脉冲,当时居国际领先水平。

(3)量子级联(quantum cascade, QC)激光器诞生于 1994 年。量子级联激光器摒弃了二极管激光器运行的关键原理。其装置是单极,即材料是 n 型掺杂,它仅使用一种类型的载流子-电子产生激光。载流子-电子产生激光,通过电子在多层量子结构的导带能级之间的量子跃迁辐射光子,而多层量子结构的导带能级差能够通过改变层厚来控制,从而控制激光辐射波长。而级联效应又可使一个电子能发射和能级阶数一样多的激光光子,这样就使得量子级联激光器输出波长覆盖较宽广的光谱范围。

(4)量子阱(又称量子点)工程、量子级联工程及稀土离子掺杂工程的应用,通过局域态粒子发光或子带内级联跃迁,均可避开半导体材料间接带隙结构的局限,而获得高效率发光。而微光学腔结构的应用有可能获得无粒子反转分布状态下的单色光发射。

(5)谐振量子电动力学效应的发现及垂直腔面发射二维阵列式激光器的诞生,使谐振腔理论和器件取得了突破性进展,已可在 $1cm^2$ 的芯片上制作 100 万个激光器,其阈值电流可降低到几十微安,这是光子学器件在集成化上的一个重要突破。它有利于发挥光子的并行处理能力,它的应用将会对光通信、图像信息处理、模式识别、激光打印、光存储读/写光源、光显示、光互连及神经网络等从根本上发生改变起重大作用。

3)准分子激光器

准分子激光器的工作过程是通过放电激励,形成处于激发态的原子组合成极不稳定的分子,当处于激发态的分子跃迁到基态时又分离成原子,即准分子。准分子的基态寿命非常短,基态可以看成是空的,所以准分子体系的量子效率接近 100%,是非常有前途的高效率、高脉冲重复率、高功率的紫外激光器,在半导体微电子技术中的积淀、掺杂、消融和光刻等方面,以及激光生物医学领域将有重要的应用。目前,比较成熟的器件有 XeCl 和 KrF 等,平均输出功率已达几百瓦。

4)染料激光器

染料具有非常宽的荧光频带,因此染料激光器可在很宽的波长范围内连续调谐,也可利用对撞锁模技术获得极窄的超短脉冲。染料激光器的波长已达 321~13000nm。染料激光器在光生物学、光谱学、光化学及化学动力学等超快现象的研究中都是十分重要的。

目前激光器的发展,一方面是对已有器件围绕着功率、效率、寿命和实用化等继续提高与改进。例如,采用激光二极管泵浦的板条结构的全固态 YAG 激光器,能量转换效率和输出功率都获得显著的提高。另一方面,各国科学家仍在不断地探索产生激光的新体系、新机制和新波段。例如,美国、法国和中国都在积极开展自由电子激光器的研究。自由电子激光器的原理,与上述激光器完全不一样,它是利用相对论电子束与电磁场的相互作用产生激光辐射,因此它的辐射波长,原则上可以在从毫米波到 X 射线的整个波段内连续调谐,能量转换效率高达 50%。由于激光介质是电子束本身,而不是气体、固体等物质,因此不会出现自聚焦、自击穿等破坏效应。只要加速器的电子能量足够大,就可以获得极高的输出功率。

近年来,可调谐的固体激光器以及长波长和常温红光半导体激光器取得了明显的进展。特别引人注目的是美国、日本、英国、法国和中国的 X 射线激光器,获得了重大的进展,利用强激光产生的柱状等离子体作为工作物质,采用电子碰撞或三体复合机制,已实现波长小于 100nm 的准 X 射线激光放大,下一个目标是向 2.23～4.36nm 的"水窗"推进。此外,戴尔等还论证了产生γ射线激光的物理机制。2005 年,美国、日本、英国、法国、俄罗斯和中国已决定联合投资几千亿美元,在法国巴黎建立超高功率激光热核聚变系统,对新能源的开发利用进行研究。

可以预见,随着 X 射线激光器的实现,人类在研究和认识物质微观结构和活细胞的生命过程等方面,将达到一个崭新的阶段。

中国新闻网 2001 年 6 月 12 日报道:美国加利福尼亚大学伯克利分校的研究人员在仅有人类头发丝千分之一的纳米导线上制造出了世界上最小的激光器——纳米激光器。这种激光器不仅能发射紫外线,经过调整后还能发射从蓝色到深紫外的光。

2003 年 1 月 16 日出版的美国《科学》(Science)期刊报道,研究人员使用一种叫作取向附生的标准技术,用纯氧化锌晶体制造出了这一激光器。他们先是"培养"纳米导线,在金上形成的纯氧化锌导线直径为 20～150nm($1nm = 10^{-9}m = 10Å$)。当纳米导线长到 10^4nm 时,"培养"过程终止。在室温下,当研究人员用另一种激光将纳米导线中的纯氧化锌晶体激活时,纯氧化锌晶体将发射出波长只有 17nm($17nm = 170Å$)的激光。参与该项研究的化学助理教授杨培东说,他们希望今后能够用电流来激活纳米激光器,这样纳米激光器就能用于电路。纳米激光器最终有可能被用于鉴别化学物质,提高计算机磁盘和光子计算机的信息存储量。

2008 年 2 月,Capasso 和 Belkin 报道了 178K 的温度下获得了半导体量子级联激光器,2008 年 10 月,室温下量子级联激光器(quantum cascade laser,QCL)运转成功。通过对波导谐振腔进行优化,QCL 的两个波长和差频太赫兹的输出满足相位匹配条件;再者,减少QCL 的掺杂,从而进一步降低太赫兹辐射在谐振腔内的损耗。由此,研究人员开发出了输出频率为 5THz 的 QCL,在温度 80K 时,输出 7mW;室温工作时,输出 300nW。制约太赫兹激光器发展的另一个瓶颈是辐射输出耦合效率低,由于微腔结构限制模场使激光输出高度发散,利用硅超半球透镜耦合,使其输出耦合效率从 10% 提高到 50% 以上。进一步通过增加发光面积、从边缘发射辐射改用垂直腔面发射,QCL 太赫兹激光器输出可达毫瓦量级,为太赫兹激光开辟了广泛的应用空间。

1.3　激光器件运转原理

1.3.1　光学谐振腔

激光束在共轴球面腔内经多次往返后,若光束位置仍紧靠光轴,则光学谐振腔稳定;若光束从腔镜面横向逸出反射镜之外,则光腔不稳定。由曲率半径不等的球面镜组成的激光谐振腔是周期光学元件序列的一个典型例子,可分为稳定的和不稳定的两种。对稳定序列,光束在传播过程中是有界的,传播矩阵的各矩阵元取有限的实数时,近轴光线在腔内往返多次后,不会横向逸出腔外。对不稳定序列,方程中的三角函数变成双曲线函数,这表明光束通过光学元件序列时将越来越发散,光束将逸出光学谐振腔外,光束是无界的。

　　光学谐振腔的稳定条件如下。

　　当光线从 M_1 镜出发,在光学谐振腔内往返传播了一次,又回到 M_1 镜,即从 $M_1 \rightarrow L \rightarrow M_2 \rightarrow L \rightarrow M_1$,其光线传播矩阵为

$$\begin{aligned} \boldsymbol{M} &= \boldsymbol{M}(R_1)\boldsymbol{M}(L)\boldsymbol{M}(R_2)\boldsymbol{M}(L) \\ &= \begin{pmatrix} 1 & 0 \\ -\dfrac{2}{R_1} & 1 \end{pmatrix}\begin{pmatrix} 1 & L \\ 0 & 1 \end{pmatrix}\begin{pmatrix} 1 & 0 \\ -\dfrac{2}{R_2} & 1 \end{pmatrix}\begin{pmatrix} 1 & L \\ 0 & 1 \end{pmatrix} = \begin{pmatrix} A & B \\ C & D \end{pmatrix} \end{aligned} \tag{1.3.1}$$

$$\begin{cases} A = 1 - \dfrac{2L}{R_2} \\ B = 2L\left(1 - \dfrac{L}{R_2}\right) \\ C = -\left[\dfrac{2}{R_1} + \dfrac{2}{R_2}\left(1 - \dfrac{2L}{R_1}\right)\right] \\ D = -\left[\dfrac{2L}{R_1} - \left(1 - \dfrac{2L}{R_1}\right)\left(1 - \dfrac{2L}{R_2}\right)\right] \end{cases} \tag{1.3.2}$$

　　当光线传输矩阵的迹满足不等式

$$-1 < \frac{1}{2}(A+D) < 1 \tag{1.3.3}$$

序列是稳定的。式中,A、D 为光线传输矩阵的主对角线的元素。

　　为了方便而清晰地描述光学谐振腔的稳定性,现引入两个表示谐振腔几何结构参数的因子:

$$\begin{cases} g_1 = 1 - \dfrac{L}{R_1} \\ g_2 = 1 - \dfrac{L}{R_2} \end{cases} \tag{1.3.4}$$

将式(1.3.2)、式(1.3.4)代入式(1.3.3)得

$$0 < g_1 g_2 < 1 \tag{1.3.5}$$

称式(1.3.5)为光学谐振腔的稳定条件。依此可将光学谐振腔分为三种。

　　(1)稳定腔:当球面光学谐振腔的几何参数满足 $0 < g_1 g_2 < 1$ 时,在腔内的近轴光线经往返无限多次而不会横向逸出腔外,即没有几何偏折损耗,谐振腔处于能量损耗最低的稳定工作状态,称为稳定腔。由于腔内基模光束具有高斯函数分布特征,故又称高斯光束腔。

　　(2)非稳腔:当 $g_1 g_2 < 0$,$g_1 g_2 > 1$ 时,对 $x_n = A_n X_0 + B_n \theta_0$,$\theta_n = C_n X_0 + D_n \theta_0$,有指数函数

解，随 n 增大，x_n 按指数规律增大，这意味着光线在腔内往返传播有限次后将横向逸出，腔具有较大的几何偏折损耗称为非稳腔。由于腔内光束好像是由非稳腔的光轴上一对共轭像点发出的，所以又称为点光束腔。

(3)临界腔：当 $g_1 g_2 = 0$、1 (g_1、g_2 不同时等于 0)时的共轴球面腔为临界腔，除对称共焦腔($g_1 = g_2 = 0$，g_1、g_2 同时等于 0)外，该类谐振腔内的近轴光线有一部分经无限多次往返而不会横向逸出腔外，还有一部分光线则在腔内往返传播有限次后将横向逸出腔外。临界腔的几何损耗均高于稳定腔低于非稳腔，能量损耗介于稳定腔和非稳腔之间，其几何参数为两类腔的分界线，称为临界腔(介稳腔)。

1.3.2　工作物质的能级结构与辐射线型

激光器根据其产生和形成激光过程所涉及的激光工作物质(激活离子)的能级结构特征可分成三能级系统工作物质和四能级系统工作物质。凡是基态和激光下能级重合或者 $E_1 - E_0 \ll kT$ 的系统称为三能级系统；凡是基态和激光下能级不重合且 $E_1 - E_0 \gg kT$ 的系统统称为四能级系统。红宝石属于三能级系统；Nd^{3+}:YAG、钕玻璃、氮分子、二氧化碳、氩离子、氦镉等激光器件属于四能级系统。

激光工作物质的运转过程，即大量粒子的跃迁辐射过程。激光工作物质的跃迁辐射的光能量按照频率的分布遵循一定的规律，而不同的物质结构所辐射的规律是不同的。根据相对辐射光强按照频率的分布特征，人们将其分为三类：均匀加宽的洛伦兹(Lorentz)线型、非均匀加宽的高斯(Gauss)线型及综合线型。

表示相对光强按频率分布规律的曲线就称为光源的光谱辐射线型。用谱线的线型函数 $g(\nu, \nu_0)$ 描述这条曲线，这条曲线的轮廓形状也称为光谱线形状，其中 ν 表示辐射频率，ν_0 表示中心频率。不同的光谱线具有不同形式的 $g(\nu, \nu_0)$，称为不同的线型。线型函数 $g(\nu, \nu_0)$ 定义为：若一条光谱线的总辐射功率为 P_0，而在频率 $\nu \to \nu + d\nu$ 范围内的辐射功率为 $P(\nu) d\nu$，则有

$$P(\nu) d\nu = P_0 g(\nu, \nu_0) d\nu \tag{1.3.6}$$

所以

$$g(\nu, \nu_0) d\nu = \frac{P(\nu) d\nu}{P_0} \tag{1.3.7}$$

$$\int_{-\infty}^{+\infty} g(\nu, \nu_0) d\nu = 1 \tag{1.3.8}$$

这就是线型函数的归一化条件，ν_0 表示线型函数的中心频率。

$\nu = \nu_0$ 时，有最大值 $g(\nu_0, \nu_0) = g_{max}$，若有频率 ν_1 和 ν_2，当 $\nu = \nu_1$，ν_2 时，有

$$g(\nu_1, \nu_0) = g(\nu_2, \nu_0) = \frac{1}{2} g(\nu_0, \nu_0) = \frac{1}{2} g_{max} \tag{1.3.9}$$

则定义光源辐射的线型的谱线宽度 $\Delta \nu$ 为

$$\Delta \nu = |\nu_2 - \nu_1| = 2 |\nu_2 - \nu_0| = 2 |\nu_1 - \nu_0| \tag{1.3.10}$$

也就是说，在 $\nu = \nu_0 \pm \Delta\nu/2$ 时，g 值将下降至最大值的 $1/2$，即

$$g\left(\nu_0 \pm \frac{\Delta\nu}{2}, \nu_0\right) = \frac{1}{2}g(\nu_0, \nu_0) = \frac{1}{2}g_{max} \qquad (1.3.11)$$

每个发光粒子所辐射的光能，对谱线内任意频率均有贡献，且所有发光粒子对谱线的贡献过程所处的地位完全相同。由如此大量粒子对谱线的整体贡献的结果所引起的谱线加宽过程称为均匀加宽。

自然加宽(natural broadening)、碰撞加宽(collisional broadening)及晶格振动加宽均属于均匀加宽类型。

在气体工作物质中，谱线的均匀加宽主要源于自然加宽和碰撞加宽。我们把两者的线型函数式合并起来，称为均匀加宽线型函数 $g_H(\nu, \nu_0)$。

$$\begin{cases} g_H(\nu, \nu_0) = \dfrac{1}{\pi}\dfrac{\dfrac{\Delta\nu_H}{2}}{(\nu - \nu_0)^2 + \left(\dfrac{\Delta\nu_H}{2}\right)^2} \\ \Delta\nu_H = \dfrac{1}{\pi}\left(\dfrac{1}{2\tau_s} + \dfrac{1}{\tau_L}\right) = \Delta\nu_N + \Delta\nu_L \end{cases} \qquad (1.3.12)$$

$$\int_{-\infty}^{+\infty} g_H(\nu, \nu_0)\mathrm{d}\nu = 1 \qquad (1.3.13)$$

$g_H(\nu, \nu_0)$ 满足归一化条件。式中，$g_H(\nu, \nu_0)$ 为同时考虑自然加宽和碰撞加宽时的均匀加宽线型函数；$\Delta\nu_H$ 为相应的均匀加宽线宽。对于一般的气体工作物质，因为 $\Delta\nu_L \gg \Delta\nu_N$，所以均匀加宽主要由碰撞加宽决定。只有当气压极低时，自然加宽的作用才会显示出来。

非均匀加宽：每个发光粒子所发的光，仅对谱线内某一特定频率区域有贡献，且各个发光粒子对谱线的贡献作用地位不相同。而由如此大量的粒子对谱线的不同贡献的整体结果引起的谱线加宽，称为非均匀加宽。

$$g_D(\nu, \nu_0) = \frac{c}{\nu_0}\left(\frac{m}{2\pi kT}\right)^{\frac{1}{2}} e^{-\left[\frac{mc^2}{2kT\nu_0^2}(\nu-\nu_0)^2\right]} \qquad (1.3.14)$$

$g_D(\nu, \nu_0)$ 具有高斯函数形式，示于图 1.3.1 中，当 $\nu = \nu_0$ 时，有最大值：

$$g_D(\nu, \nu_0)\Big|_{\nu=\nu_0} = g_D(\nu_0, \nu_0) = \frac{c}{\nu_0}\left(\frac{m}{2\pi kT}\right)^{\frac{1}{2}} = g_{Dmax} \qquad (1.3.15)$$

其半宽度 $\Delta\nu_D$ 为

$$\Delta\nu_D = 2\nu_0\left(\frac{2kT}{mc^2}\ln 2\right)^{\frac{1}{2}} = 7.16 \times 10^{-7}\nu_0\left(\frac{T}{M}\right)^{\frac{1}{2}} \qquad (1.3.16)$$

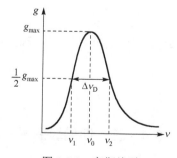

图 1.3.1　高斯线型

式中，M 为原子量，$m = 1.66 \times 10^{-27}M(\text{kg})$。式(1.3.16)也可改写为

$$g_D\left(\nu,\nu_0\right)=\frac{2}{\Delta\nu_D}\left(\frac{\ln 2}{\pi}\right)^{\frac{1}{2}}\mathrm{e}^{-\left[\frac{4\ln 2}{\Delta\nu_D^2}(\nu-\nu_0)^2\right]} \tag{1.3.17}$$

$$\int_{-\infty}^{+\infty}g_D(\nu,\nu_0)\mathrm{d}\nu=1$$

$g_D(\nu,\nu_0)$满足归一化条件。

对于气体激光工作物质，主要的加宽类型就是由碰撞引起的均匀加宽和粒子运动产生的多普勒效应引起的非均匀加宽，但两者作用均不可忽略时，需同时考虑这两种加宽，从而求得综合加宽线型函数，称为气体激光工作物质的综合加宽线型函数。

根据线型函数定义，可求得综合加宽线型函数为

$$g(\nu,\nu_0)=\int_{-\infty}^{+\infty}g_D(\nu_0',\nu_0)g_H(\nu,\nu_0')\mathrm{d}\nu_0'=g_D(\nu_0',\nu_0)*g_H(\nu,\nu_0') \tag{1.3.18}$$

式中，$g_D(\nu_0',\nu_0)*g_H(\nu,\nu_0')$为卷积。

在一般情况下，固体激光工作物质的谱线加宽主要是晶格振动引起的均匀加宽和晶格缺陷引起的非均匀加宽，它们的结构都比较复杂，很难从理论上求得线型函数的具体形式，一般都是通过实验求得它的谱线宽度。

综上所述，激光工作物质的谱线的均匀加宽和非均匀加宽实际上均为综合加宽的一种特例，实际激光工作物质的谱线线型都是多因素的、各种加宽同时存在的综合加宽线型。

1.3.3　粒子能级的有效寿命

微观粒子之间的相互作用、外界对微观粒子的扰动都可能导致粒子状态的改变。由于大量粒子相互作用的随机性，人们对其规律采用统计的方法。对于某一类粒子平均保持某个能量状态的时间，称为该类粒子在此能级(能量状态)的寿命。设一粒子处于 J 能级，在受到外界影响(含粒子之间的相互作用)时，它向其他 N 个能级的辐射跃迁几率为

$$A_{JN}=\sum_{i}^{N}A_{Ji} \tag{1.3.19}$$

而向其他 N 个能级的非辐射跃迁几率为

$$S_J=\sum_{i}S_{Ji} \tag{1.3.20}$$

则粒子在该能级的有效寿命可表示为

$$\tau_J=\frac{1}{\sum\limits_{i}A_{Ji}+\sum\limits_{i}S_{Ji}} \tag{1.3.21}$$

1.3.4　三、四能级激光系统的阈值粒子反转数

若分别用 n_0、n_1、n_2、n_3 表示激光物质中的相应的 E_0、E_1、E_2、E_3 能级的粒子数密度，则总的粒子数密度 n 为

$$n = n_0 + n_1 + n_2 + n_3 \tag{1.3.22}$$

三能级激光系统能级结构如图 1.3.2 所示，其中 E_1 为基态(ground state)，则总的粒子数密度 n 可表示为

$$n = n_1 + n_2 + n_3 \tag{1.3.23}$$

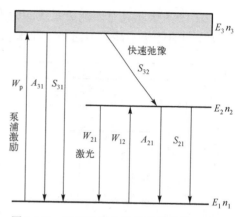

通常激光工作物质 $E_3 \to E_2$，$E_3 \to E_1$ 的跃迁非常迅速，$n_3 \approx 0$，所以三能级系统中：

$$n \approx n_1 + n_2 \tag{1.3.24}$$

而粒子数反转条件可表示为

$$\Delta n = n_2 - \frac{g_2}{g_1} n_1 \geqslant 0 \tag{1.3.25}$$

式中，Δn 为反转粒子数密度。将式(1.3.24)即 $n_1 \approx n - n_2$ 代入式(1.3.25)得

$$n_2 = \frac{\dfrac{g_2}{g_1} n + \Delta n}{\dfrac{g_2}{g_1} + 1} \tag{1.3.26}$$

图 1.3.2　三能级激光系统能级结构示意图

激光在阈值时，$\Delta n = 0$，所以三能级激光系统的阈值条件可表示为

$$n_2 = \frac{\dfrac{g_2}{g_1} n}{\dfrac{g_2}{g_1} + 1} \tag{1.3.27}$$

对于 $g_1 = g_2$ 的三能级系统(如红宝石激光器)，激光系统的阈值条件为

$$n_2 = \frac{n}{2} \tag{1.3.28}$$

则激光振荡条件为

$$n_2 \geqslant \frac{\dfrac{g_2}{g_1} n}{\dfrac{g_2}{g_1} + 1} \tag{1.3.29}$$

对于四能级激光系统，通常 S_{10} 非常大，$n_1 \approx 0$，所以有

$$\Delta n = n_2 - \frac{g_2}{g_1} n_1 \approx n_2 \tag{1.3.30}$$

则激光振荡条件为

$$\Delta n \approx n_2 \geqslant 0 \tag{1.3.31}$$

所以，激光四能级系统的阈值远远小于三能级系统。

1.3.5　粒子、光子数变化的速率方程

1. 四能级系统速率方程组

图 1.3.3 表示具有四能级系统的激光工作物质的能级简图及主要的跃迁过程,其中参与相互作用的能级被简化为四个, 即基态 E_0、泵浦吸收带 E_3、激光跃迁上能级 E_2 和下能级

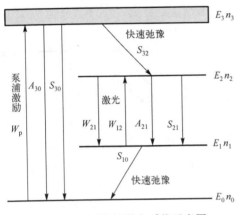

图 1.3.3　四能级激光系统示意图

E_1, 简单起见, 假设只有一个泵浦带 E_3, 对于多于一个吸收泵浦带的实际情况, 只要从各吸收带到激光上能级 E_2 的弛豫过程是快速的, 以下的讨论仍成立。

图 1.3.3 中, W_p 为单位时间内基态 E_0 上的粒子被泵浦抽运到泵浦带 E_3 上的概率; W_{ij} 为单位时间内粒子从能级 $i \to j$ 的受激吸收或辐射跃迁的概率; A_{ij} 为单位时间内粒子从能级 $i \to j$ 的自发辐射跃迁的概率; S_{ij} 为单位时间内粒子从能级 $i \to j$ 的无辐射跃迁的概率; n_i 为能级 E_i 上的粒子数密度; n 为介质中总的粒子数密度。

当工作物质受到激励源泵浦后, 根据图 1.3.3 可写出各能级上粒子数密度随时间的变化速率方程为

$$\begin{cases} \dfrac{\mathrm{d}n_3}{\mathrm{d}t} = n_0 W_p - (A_{30} + S_{30} + S_{32}) n_3 \\ \dfrac{\mathrm{d}n_2}{\mathrm{d}t} = -n_2 W_{21} + n_1 W_{12} - (A_{21} + S_{21}) n_2 + n_3 S_{32} \\ \dfrac{\mathrm{d}n_0}{\mathrm{d}t} = -n_0 W_p + n_3 (A_{30} + S_{30}) + n_1 S_{10} \\ n_0 + n_1 + n_2 + n_3 = n \end{cases} \tag{1.3.32}$$

四能级系统激光工作物质的能级结构和跃迁具有以下特点: $S_{32} > S_{30}、A_{30}、W_p, A_{30} > S_{30}$; $A_{21} \gg S_{21}$; S_{10} 很大; $E_1 - E_0 \gg kT$, 这使得在热平衡时激光下能级 E_1 上的粒子集居数可以忽略。又根据 Einstein 三系数的关系和粒子数反转的定义:

$$\begin{cases} W_{21} = B_{21} \rho \, g(\nu, \nu_0) \\ W_{12} = B_{12} \rho \, g(\nu, \nu_0) \\ B_{21} g_2 = B_{12} g_1 \\ B_{21} = \dfrac{A_{21}}{n_\nu h\nu} = \dfrac{A_{21} \nu^3}{8\pi h\nu^3} = \dfrac{A_{21} \lambda^3}{8\pi h} \\ \Delta n = n_2 - \dfrac{g_2}{g_1} n_1 \end{cases} \tag{1.3.33}$$

其中, ν 为介质中的光速, ν 为频率, λ 为波长。

各能级上粒子数密度随时间变化的速率方程简化为

$$\begin{cases} \dfrac{\mathrm{d}n_3}{\mathrm{d}t} = n_0 W_{\mathrm{p}} - (A_{30} + S_{32}) n_3 \\[2mm] \dfrac{\mathrm{d}n_2}{\mathrm{d}t} = -\Delta n W_{21} - (A_{21} + S_{21}) n_2 + n_3 S_{32} \end{cases} \tag{1.3.34}$$

$$\begin{cases} \dfrac{\mathrm{d}n_0}{\mathrm{d}t} = -n_0 W_{\mathrm{p}} + n_3 (A_{30}) + n_1 S_{10} \\[2mm] n_0 + n_1 + n_2 + n_3 = n \end{cases}$$

现在分析激活腔内的第 l 个模的光子数密度 ϕ_l 随时间变化的规律。设第 l 个模的光子的寿命为 τ_{RL}，激光腔长为 L，工作物质长为 l，则光子数密度 ϕ_l 随时间变化的速率方程为

$$\frac{\mathrm{d}\phi_l}{\mathrm{d}t} = \Delta n W_{21} + A_{21} n_2 - \frac{\phi_l}{\tau_{\mathrm{RL}}} \tag{1.3.35}$$

单模激光腔内光能密度 ρ 与光子数密度 ϕ_l 之间的关系为

$$\rho = \phi_l h\nu \tag{1.3.36}$$

2. 三能级系统速率方程组

图 1.3.4 为三能级系统的激光工作物质粒子能级及主要跃迁过程示意图。参与相互作用过程的能级数被简化为三个，即泵浦吸收能级 E_3，激光跃迁上能级 E_2 和下能级 E_1，其中 E_1 为基态。同样，假设只有一个泵浦吸收带。图中所画出的各跃迁过程的物理意义和四能级类似。三能级系统激光介质的原子能级结构和跃迁过程所具有的特点是 $S_{32} \gg S_{31}$、A_{31}、W_p、$A_{21} \gg S_{21}$。

若介质中各能级中的粒子总粒子数密度为 n，相应各能级上的粒子数密度分别为 n_1、n_2、n_3，

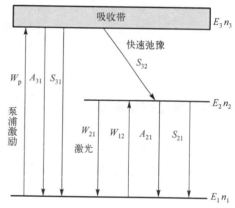

图 1.3.4　三能级激光能级跃迁示意图

介质谱线的加宽线型为 $g(\nu, \nu_0)$，单模光场的总光子数为 ϕ_l，忽略介质内光子数的非激活损耗及其他一些次要的跃迁过程，参照图 1.3.4，利用四能级中的一些结果，可得三能级系统的速率方程组如下：

$$\begin{cases} \dfrac{\mathrm{d}n_3}{\mathrm{d}t} = n_1 W_{\mathrm{p}} - (A_{31} + S_{31} + S_{32}) n_3 \\[2mm] \dfrac{\mathrm{d}n_2}{\mathrm{d}t} = -n_2 W_{21} + n_1 W_{12} - (A_{21} + S_{21}) n_2 + n_3 S_{32} \\[2mm] n_1 + n_2 + n_3 = n \\[2mm] \dfrac{\mathrm{d}\phi_l}{\mathrm{d}t} = \Delta n W_{21} - \dfrac{\phi_l}{\tau_{\mathrm{RL}}} \end{cases} \tag{1.3.37}$$

若定义 E_1、E_2 和 E_3 能级的寿命分别为

$$
\begin{cases}
\tau_2 = \dfrac{1}{A_{21} + S_{21}} \\[2mm]
\tau_3 = \dfrac{1}{A_{31} + S_{31} + S_{32}} \\[2mm]
\tau_{31} = \dfrac{1}{A_{31} + S_{31}} \\[2mm]
\tau_{32} = \dfrac{1}{S_{32}}
\end{cases}
\tag{1.3.38}
$$

式中，τ_3 为粒子在能级 E_3 上的寿命；τ_{31} 为由 E_3 向 E_1 跃迁所决定的粒子在能级 E_3 上的寿命；τ_{32} 为由 E_3 向 E_2 无辐射跃迁所决定的粒子在能级 E_3 上的寿命；τ_2 为粒子在能级 E_2 上的寿命。

则可得三能级系统的速率方程组的另一种表示形式为

$$
\begin{cases}
\dfrac{\mathrm{d}n_3}{\mathrm{d}t} = n_1 W_{\mathrm{p}} - \dfrac{n_3}{\tau_3} \\[2mm]
\dfrac{\mathrm{d}n_2}{\mathrm{d}t} = -\Delta n W_{21} - \dfrac{n_2}{\tau_2} + \dfrac{n_3}{\tau_{32}} \\[2mm]
n_1 + n_2 + n_3 = n \\[2mm]
\dfrac{\mathrm{d}\phi_l}{\mathrm{d}t} = \Delta n W_{21} - \dfrac{\phi_l}{\tau_{\mathrm{RL}}}
\end{cases}
\tag{1.3.39}
$$

1.3.6 激光振荡的条件

1. 谐振频率

设 λ 为光波长，L 为腔的几何长度，η 为工作物质的折射率，q 取一系列整数。当光在谐振腔内传播满足干涉加强条件时，波长 λ_q 应满足

$$
L' = \eta L = q \frac{\lambda_q}{2}
\tag{1.3.40}
$$

通常又称为光学谐振腔的驻波条件。式中，$\lambda_q = \lambda_{q0}/\eta$ 为物质中的谐振波长；λ_{q0} 为真空中的谐振波长；L' 为腔的光学长度。式(1.3.40)也可以用频率表示：

$$
\nu_q = q \frac{c}{2L'} = q \frac{c}{2\eta L}
\tag{1.3.41}
$$

上述讨论表明：腔长 L' 一定的谐振腔，只有满足式(1.3.41)所示频率的光波才能干涉加强，使之形成稳定的谐波振荡。式(1.3.40)、式(1.3.41)就是 F-P 腔中沿轴向传播的平面波的谐振条件。满足式(1.3.40)的波长称为腔的谐振波长，而满足式(1.3.41)的频率 ν_q 称为腔的谐振频率。式(1.3.41)表明，F-P 腔中的谐振频率是分立的。

驻波的波节数由 q 决定。通常用表征腔内驻波波节数的整数 q 描述纵向场分布，称为腔的纵模序数。不同的 q 值对应不同的纵模。在这里所讨论的简化模型中，纵模 q 的单值决定模的谐振频率。

腔的相邻两个纵模的频率之差 $\Delta \nu_q$ 称为纵模间隔。由式(1.3.41)得出

$$\Delta \nu_q = \nu_{q+1} - \nu_q = \frac{c}{2\eta L} \tag{1.3.42}$$

可以看出，$\Delta \nu_q$ 与 q 无关，对于一定的光腔为一常数，因而腔的纵模在频率标度上是等距离排列的，如图1.3.5所示，其形状像一把梳子，常常称为"频率梳"。图中每一个纵模均以具有一定宽度 $\Delta \nu_q$ 的谱线表示，称为谱线线宽。

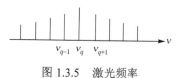

图1.3.5 激光频率

2. 荧光线宽

它是由物质内部结构(电子、原子等粒子运动轨道)所决定的，组成物质的微观粒子(电子、原子、离子或分子)发生辐射跃迁，所发出的辐射波的谱线范围的频率宽度，称为荧光线宽 $\Delta \nu_F$。

$$\Delta \nu_F = \Delta \nu_H + \Delta \nu_I \tag{1.3.43}$$

式中，$\Delta \nu_H$ 为均匀加宽所导致的线宽；$\Delta \nu_I$ 为非均匀加宽所导致的线宽。

3. 增益与损耗

增益，处于粒子数反转状态的物质称为激活物质，一段激活物质对光放大的作用通常用放大系数 G 来描述。设在光传播方向上 z 处的光强为 $I(z)$，则增益系数定义为

$$\begin{aligned}
G(z) &= \frac{\mathrm{d}I(z)}{\mathrm{d}z}\frac{1}{I(z)} = \frac{1}{\phi v}\frac{\mathrm{d}\phi}{\mathrm{d}t} = \Delta n \sigma_{21}(\nu,\nu_0) \\
&= \Delta n \frac{A_{21}v^2}{8\pi \nu_0^2} g(\nu,\nu_0) = \Delta n \frac{A_{21}\lambda_0^2}{8\pi} g(\nu,\nu_0)
\end{aligned} \tag{1.3.44}$$

所以 $G(z)$ 表示光通过单位长度激活物质后光强增长率；ϕ 为光子数密度，v 为介质中的光速。显然，$\mathrm{d}I(z)$ 正比于单位体积激活物质的净受激发射光子数。由此可见，增益系数 G 与工作物质反转粒子数密度 Δn 成正比，比例系数就是发射截面 $\sigma_{21}(\nu,\nu_0)$。$\sigma_{21}(\nu,\nu_0)$ 又决定于工作物质的自发辐射跃迁几率 A_{21} 和线型函数 $g(\nu,\nu_0)$。式中，λ_0 为介质中给定跃迁的中心波长。

同理可定义，介质的吸收系数与吸收截面间的关系为

$$\alpha = -\frac{1}{I}\frac{\mathrm{d}I}{\mathrm{d}z} = -\left(n_1 - \frac{g_1}{g_2}n_2\right)\sigma_{12} \tag{1.3.45}$$

发射截面、吸收截面决定于激光介质跃迁本身的性质，其数值可在激光手册中查到，通常是指峰值，即中心频率所对应的截面值。

同时考虑增益和损耗，则有

$$\mathrm{d}I(z) = [G(I) - a]I(z)\mathrm{d}z \tag{1.3.46}$$

假设有微弱光 I_s 进入一无限长放大器。起初，光强 $I(z)$ 将按小信号放大规律

$$I = I_0 \mathrm{e}^{(G-\alpha)z} \tag{1.3.47}$$

增长，但随着 $I(z)$ 的增加，由于增益饱和效应 $G(I)$ 将减小，因而 $I(z)$ 的增长将逐渐变缓。

当 $G(I) = \alpha$ 时，$I(z)$ 将不再增加而达到一个稳定的极限 I_m。对于均匀加宽激光器中心频率处，根据 $G(I) = \alpha$ 可求得 I_m 为

$$\frac{G^0}{1 + I_m / I_s} = \alpha$$

即

$$I_m = (G^0 - \alpha)\frac{I_s}{\alpha} \qquad (1.3.48)$$

可见，I_m 只与放大器本身的参数有关，而与初始光强 I_0 无关。特别是，不管初始 I_0 多么微弱，只要放大器足够长，总能形成确定大小的光强 I_m，这实际上就是自激振荡的概念。这就表明，当激光放大器的长度足够长时，它可能成为一个自激振荡器。

实际上，我们并不需要真正把激活物质的长度无限增加，而只要在具有一定的光放大激光介质的两端放置光学谐振腔。这样，轴向光波模就能在组成谐振腔的反射镜的作用下，在激光介质中往返传播，就等效于增加了放大器长度。光学谐振腔的这种作用也称为光的反馈，由于在激活腔内总是存在频率在 ν_0 附近的微弱的自发辐射光，它经过多次受激辐射放大，就有可能在轴向光波模上产生光的自激振荡，这就是激光振荡器，简称激光器。

4. 激光振荡的条件

一个激光器能够产生自激振荡的条件，即任意小的初始光强 I_0 都能形成确定大小的腔内光强 I_m 的条件，可从式(1.3.48)求得

$$I_m = (G^0 - \alpha)\frac{I_s}{\alpha} \geq 0$$

即

$$G^0 \geq \alpha \qquad (1.3.49)$$

这就是激光器的振荡条件之一。式中，G^0 为小信号增益系数；α 为包括放大器损耗和谐振腔损耗在内的总损耗系数。

当 $G^0 = \alpha$ 时，称为阈值振荡情况，这时腔内的光强维持在初始光强 I_0 的极其微弱的水平上。当 $G^0 > \alpha$ 时，腔内光强 I_m 就增加，并且 I_m 正比于 G_0。可见，增益和损耗这对矛盾就成为激光器是否振荡的决定因素。特别应该指出，几乎激光器的一切特性以及对激光器采取的技术措施都与增益和损耗有关。因此，工作物质的增益特性和光腔的损耗特性是掌握激光基本原理的重要线索之一。

振荡条件式(1.3.49)有时也表示为另一种形式。设工作物质长度为 l，光腔长度为 L，令 $\alpha L = \delta$（称为光腔的单程损耗条件），可写为

$$G^0 L \geq \alpha L = \delta \qquad (1.3.50)$$

$\delta = G^0 L$ 称为单程小信号增益。

再考虑频率谐振条件，则激光振荡条件可概括为三条：

$$\begin{cases} \nu_q = \dfrac{c}{2\eta L} q \\ \nu_0 - \dfrac{\nu_{\mathrm{F}}}{2} < \nu_q < \nu_0 + \dfrac{\nu_{\mathrm{F}}}{2} \\ G \geqslant \alpha \rightarrow GL \geqslant \delta \end{cases} \tag{1.3.51}$$

这是掌握激光振荡基本原理的重要理论依据，第一条、第二条是第三条的必要条件，第三条满足时，第一条、第二条也自然满足。

5. 激光振荡的纵模数

由激光振荡的条件可得，在激光谐振腔内满足振荡条件而可形成稳定振荡的频率数为

$$q = \frac{\Delta \nu_{\mathrm{F}}}{\Delta \nu_q} = 2\eta L \frac{\Delta \nu_{\mathrm{F}}}{c} \tag{1.3.52}$$

1.4　激光器件的泵浦激励

1. 激光器件的泵浦激励的类型

激光器件的泵浦激励通常可分为光激励、电激励、热激励、化学激励、电场磁场激励（自由电子激光器）等类型。光激励又可分为端面泵浦激励和侧面泵浦激励；根据激励源的运转的形式又可分为连续泵浦激励和脉冲泵浦激励。

2. 内量子效率

如果泵浦灯辐射光子的平均能量为 $h\bar{\nu}_{\mathrm{pump}}$，激光光子是 $h\nu$，则泵浦过程的内量子效率可表示为

$$\eta_i = \frac{h\nu}{h\bar{\nu}_{\mathrm{pump}}} \tag{1.4.1}$$

3. 泵浦功率和阈值泵浦功率

粒子泵浦激励到 E_2 上的速率 R_2 必须能够维持粒子数分布的反转：

$$R_2 = (A_{21} + S_{21})n_2 = \frac{n_2}{\tau_2}\ (\mathrm{m}^{-3}\cdot\mathrm{s}^{-1}) \tag{1.4.2}$$

如果能级 E_3 向能级 E_2 跃迁的概率为 S_{32}，设 η_1 是 E_3 能级向 E_2 能级的无辐射跃迁的量子效率：

$$\eta_1 = \frac{S_{32}}{S_{32} + A_{30}} \tag{1.4.3}$$

则将粒子泵浦到 E_3 上的速率 R_3 应为

$$R_3 = \frac{R_2}{\eta_1} = \frac{n_2}{\eta_1 \tau_2} \tag{1.4.4}$$

故得对应的激光工作物质吸收泵浦的功率 P_{A} 可表示为

$$P_A = R_3 h\nu_{\text{pump}} = \frac{n_2}{\eta_1 \tau_2} h\nu_{\text{pump}} \tag{1.4.5}$$

要建立粒子数的反转分布，就必须考虑激励源到达激光工作物质中的泵浦功率和辐射强度的光谱特性。也就是说，激励源辐射光谱带与激光介质的吸收带之间的匹配效率，激励源辐射光能耦合到激光介质中的效率(包括光学效率和几何效率)。假设激光介质吸收带的线型函数为 $g_3(\nu)$，泵浦辐射在激光介质中的能量密度为 $\rho(\nu)$，则将粒子激励到能级 E_3 上的激发速率可表示为

$$R_3 = \int n_0 B_{03} g_3(\nu) \rho p(\nu) \mathrm{d}\nu \tag{1.4.6}$$

如果假设激光介质受到平面光波照明，则

$$\rho(\nu) = I(\nu)/c \tag{1.4.7}$$

结合 Einstein 跃迁辐射的三系数的关系式

$$\begin{cases} \dfrac{A_{ji}}{B_{ji}} = \dfrac{8\pi h\nu^3}{c^3} \\ \dfrac{g_i B_{ij}}{g_j B_{ji}} = 1 \end{cases} \tag{1.4.8}$$

式(1.4.6)可写为

$$R_3 = \int n_0 \frac{c^2 A_{30}}{8\pi \nu^2 h\nu} I(\nu) g_3(\nu) \mathrm{d}\nu \tag{1.4.9}$$

式(1.4.9)中

$$n_0 \frac{c^2 A_{30}}{8\pi \nu^2} g_3(\nu) = \alpha(\nu) \tag{1.4.10}$$

正是激光介质的吸收系数。所以

$$R_3 = \int \frac{\alpha(\nu)}{h\nu} I(\nu) \mathrm{d}\nu \tag{1.4.11}$$

积分所覆盖的频率范围即吸收带的频谱宽度。根据式(1.4.5)同时考虑到辐射跃迁的频率参数，设在 $\nu \to \nu + \mathrm{d}\nu$ 频率范围内，E_3 能级向 E_2 能级的无辐射跃迁的量子效率为 $\eta_1(\nu)$，则

$$R_2 = \int \frac{\alpha(\nu)}{h\nu} I(\nu) \eta_1(\nu) \mathrm{d}\nu \tag{1.4.12}$$

如果 E_3 的吸收带宽 $\Delta\nu_3$ 非常窄，可以用平均值代替式(1.4.12)积分内的值，R_2 可表示为

$$R_2 = \overline{I}(\nu)\overline{\alpha}(\nu)\overline{\eta}_1(\nu)\Delta\nu_3 / h\overline{\nu}_{\text{pump}} \tag{1.4.13}$$

习　题

1. 按照不同的方式划分激光器，激光器可分为哪些类型？
2. 激光工作物质有哪些能级结构类型？简述它们各自的定义。

3．推导激光四能级速率方程组。

4．激光器的泵浦激励有哪些方式？什么是内量子效率？

5．推导激光器件泵浦功率，激励源的阈值泵浦功率。

6．有一个四能级激光介质系统(题 6 图)，其各能级对应能量及自发辐射系数分别为

$$E_0,\ E_1,\ E_2,\ E_3,\ A_{21} = 5 \times 10^7 \text{s}^{-1},\ A_{20} = 2 \times 10^7 \text{s}^{-1},\ A_{10} = 10^8 \text{s}^{-1}$$

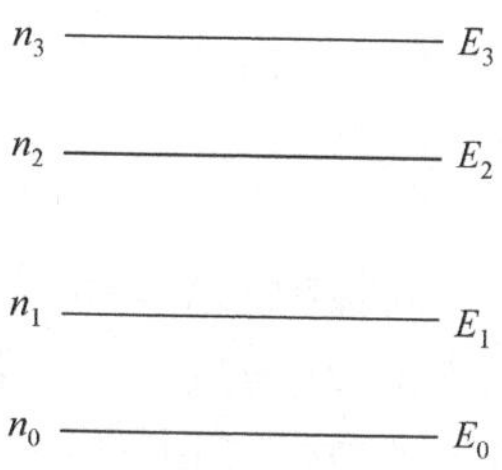

(1)求各能级跃迁波长及频率，并指明激光波长。

(2)求能级 E_2 的寿命。

n_3 ——————— E_3

n_2 ——————— E_2

n_1 ——————— E_1

n_0 ——————— E_0

题 6 图

(3)若由于激励作用，在 $t = 0$ 时，有 10^{14} 个/cm³ 粒子被激励到 E_2 能级，推导描述态 1 和态 2 的粒子数 (n_1, n_2) 变化表达式。(设 $t = 0$，$n_1 = 0$，又 $W_{21}\sim 0$，$W_{12}\sim 0$，$W_{01}\sim 0$，$S_{32} = S_{21} = S_{10}\sim 0$)

(4)若激励足够强，可使 E_2 能级粒子数密度保持在 10^{14} 个/cm³。求：

①需要多大的激励功率；

②E_1 能级稳态粒子数；

③$E_2 \to E_1$ 能级自发辐射跃迁功率；

④$E_2 \to E_1$ 跃迁量子效率。

7．一支腔长为 1m，气压为 20mmHg 的 CO_2 激光器，线宽约为 130MHz(均匀加宽)，若腔的损耗 $\alpha = 1/2G_m$(G_m 为激光介质峰值增益)。求：

(1)能同时激发起几个稳定振荡的纵模。

(2)当 $\alpha = 1/nG_m$ 时，能同时激发的纵模数。

(3)若要求器件单纵模运转，腔长最长为多少。

(4)若要同时激发起 10 个纵模，腔长最短为多少。

8．设一个工作物质为二能级系统，E_2 能级自发辐射寿命为 τ_s，无辐射跃迁寿命为 τ_{nr}，假设在 $t = 0$ 时刻能级 E_2 上的粒子数密度为 $n_2(0)$，工作物质体积为 V，自发辐射光的频率为 v，当 $W_{21} \ll A_{21}, W_{12} \ll A_{21}$ 时。求：

(1)能级 E_2 上的粒子随时间 t 的变化规律。

(2)能级 E_2 上的粒子在衰减过程中发出的自发辐射光子数。

9．由于增益饱和效应 $I(z)$ 的增长将逐渐变缓，当 $G(I) = \alpha$ 时，$I(z)$ 将不再增加而达到一个稳定的极限 I_m。对于非均匀加宽激光器中心频率处，根据 $G(I) = \alpha$，试求得 I_m 的表达式。

第 2 章　固体激光器

固体激光器是世界上诞生的第一台激光器，具有结构牢固、抗振动性好、使用寿命长及体积较小等优点。自第一台红宝石激光器问世，固体激光器就一直占据了激光器发展的主导地位，光电子由信息光电子和能量光电子两部分组成部分，而激光器及其激光设备是能量光电子的核心产品。特别是在 20 世纪 80 年代出现的半导体激光器以及在此基础上出现的全固态激光器更因为体积小、质量轻、效率高、性能稳定、可靠性好和寿命长等优点，逐渐成为光电行业中最具发展前途的领域。目前世界范围内销售的商品固体激光器有 500 余种，波长从紫外一直到近红外，从连续、脉冲、调 Q 到锁模各种类型，从多波长到单一波长，输出从毫瓦到拍瓦(10^{15}W)。

人工晶体材料是发展激光器的基础，尤其是可通过频率变换扩展激光波段范围的非线性光学晶体，突破了大多数激光器只能发出特定波长谱线的状况，是发展全固态激光器的关键技术。中国在非线性人工晶体方面居于国际领先地位，激光晶体的生产供应也在国际上占有举足轻重的地位。研制的掺钕钇铝石榴石(Nd^{3+}:YAG)、掺钕钇镓石榴石(Nd^{3+}:GGG)和掺钕钒酸钇(Nd^{3+}:YVO₄)等激光晶体主要技术指标达到国际先进水平，利用 Nd^{3+}:GGG、Nd^{3+}:YAG 晶体实现了千瓦级全固态激光输出。2020 年，山西大学单谐振腔单频连续波 1064nm 激光的输出功率从 33.7W 提高到 101W；将全固态单频连续波绿光激光器的输出功率从 18W 提升到 30.2W，二者均是目前国际上同类激光器的最高指标。通过反馈控制非线性光学效应激光器 2h 的功率波动由±0.59%降低到反馈后的±0.26%，1min 内频率漂移也从 21.82MHz 减小到 9.84MHz，分析频率 1MHz 以上的强度噪声均降低到量子噪声极限。结合腔内锁定标准具和非线性光学效应的共同作用，激光器频率连续调谐范围扩展到 222.4GHz，同样是目前国际上的最高指标。在此基础上开发了一系列具有完全自主知识产权的高功率低噪声全固态单频连续波激光器，建立起激光器转化基地并形成批量生产能力，提升了我国在精密光学仪器领域中的研制和开发水平，为我国关键仪器实现国产化，打破国外禁运方面提供了强有力的支撑。山西大学单谐振腔单频 1064nm 激光荣获山西省发明一等奖。

目前，许多国家重点工程使用的激光材料都可以自主研制，激光晶体出口数量已占国际市场的 1/3，成为 Nd:YVO₄ 晶体的生产出口大国。"十五"期间，我国在人工晶体和全固态激光器方面取得了一系列重要成果，保持了我国在该领域的世界领先地位。

半导体激光器件(semiconductor laser device，LD)泵浦全固态激光器是 21 世纪初最具魅力的激光器件之一。固体激光材料是以固体(晶体、玻璃、陶瓷及光子晶体激光器)作为基质，将能产生受激发射的金属离子按一定比例掺入其中而制成的。激光材料的物理化学性能主要由基质材料决定，而发光特性主要由掺入的激活离子决定。因此，根据基质材料的不同，固体激光器又可分成四大类：玻璃激光器，如钕玻璃激光器；晶体激光器，如红宝石激光器、Nd^{3+}:YAG 激光器、Ti^{3+}:Al₂O₃(掺钛蓝宝石)激光器、Nd^{3+}:YAlO₃(铝酸钇)激光器、Nd^{3+}:YVO₄(钒酸钇)等；陶瓷固体材料激光器，如 Nd^{3+}:YAG 陶瓷材料激光器；光子晶体激光器等。

2.1　固体激光器的基本特性

2.1.1　固体激光器的基本结构

固体激光器主要采用光泵浦固体激光器(optically pumped solid-state lasers)。固体工作物质中的处于低能态的金属离子吸收某些波段的光能。在工作物质中造成粒子数反转，形成激光。由于泵浦方式与气体激光器不相同，因此激光器的基本组成结构、特性也各异。

固体激光器由工作物质、泵浦源、聚光腔、光学谐振腔、冷却滤光及激光电源等主要部分组成。各部分之间的关系如图 2.1.1 所示。

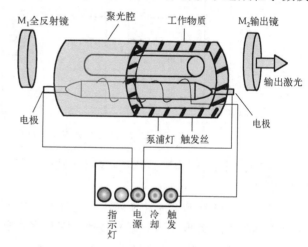

图 2.1.1　固体激光器基本结构示意图

(1)工作物质是激光器的心脏，它由掺杂离子型电介质晶体或玻璃材料加工而成。工作物质按激活离子能级结构形式，可分为三能级和四能级系统。三能级系统主要是红宝石晶体，四能级系统有钕玻璃和几种掺入三价或二价离子的晶体材料。最有代表性的是掺杂 Nd^{3+} 的钇铝石榴石晶体($Y_3Al_5O_{12}$)，简称 Nd^{3+}:YAG 及 Nd^{3+}:YAP 晶体(YAlO$_3$)。工作物质的形状有圆柱体(棒状)、平板形(板条形)、圆盘形与管状。其中棒状使用得最多。为改善热效应和提高输出功率，发展了板条形、圆盘形及管状激光器。

(2)泵浦源为工作物质中粒子数反转提供光能。常用的泵浦源有惰性气体放电灯、太阳能及激光二极管。太阳能泵浦在小功率器件中常采用，尤其在航天工作中的小激光器可用太阳能作为永久能源。激光二极管泵浦转换效率高、结构紧凑。

(3)聚光腔的作用是将泵浦源辐射的光能有效均匀地会聚于工作物质上，以获得较高的泵浦效率。

(4)光学谐振腔是激光器的重要部分，由全反射镜和部分反射镜组成。受激辐射光通过反馈在激光增益介质中形成振荡与放大，并由部分反射镜输出，等效于加长了激光增益介质。根据光在其中传播时的能量损耗的高低，它可分为稳定腔、介稳腔和非稳腔等类型。

(5)冷却滤光系统是固体激光器中必不可少的辅助装置，其作用是防止聚光腔及内部元件温升过高，同时还减小泵浦灯中紫外辐射对工作物质的有害影响。

固体激光器无论连续还是脉冲工作方式，其输入泵浦灯的能量只有很小一部分作为激光输出，其余的能量都转化为热及辐射损耗等，总体效率较低，因此在设计固体激光器时，对每个环节都应充分重视，尽可能提高效率。

2.1.2　固体激光器的能量转换

固体激光器的能级跃迁与能量转换过程示意图如图 2.1.2 所示。

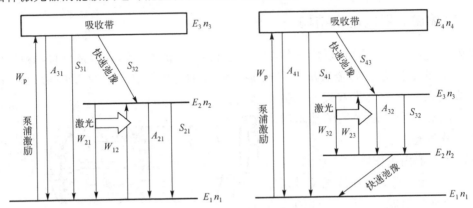

图 2.1.2　固体激光器的能级跃迁与能量转换过程示意图

图 2.1.2 中，W_{ij} 为受激跃迁(吸收或发射)几率；A_{ij} 为自发辐射跃迁几率；S_{ij} 为无辐射跃迁几率。

①η_L 为泵浦灯的电光转换效率，它与激光电源系统的结构、类型及灯的参数等有关，约为 50%；②η_C 为聚光器的聚光效率，它与聚光器的类型、内表面反射情况、泵灯与激光棒尺寸匹配以及冷却滤光系统的光能损失等有关，约为 80%；③η_{ab} 为激活离子的吸收效率，它取决于灯的发射、工作物质的体积及激活离子的浓度，约为 300%；④η_0 为荧光量子效率，是粒子吸收光子到辐射光子之间的总量子效率。固体激光器能量转换效率示意图如图 2.1.3 所示。

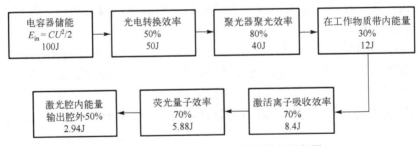

图 2.1.3　固体激光器能量转换效率示意图

可理解为：有光泵抽运到 E_3 的粒子只有一部分通过无辐射跃迁到激光上能级 E_2，另一部分通过其他途径返回基态。到达 E_2 能级的粒子，也只有一部分发射荧光返回基态，其余粒子则通过无辐射跃迁回到基态。因此量子效率为

$$\eta_0 = \frac{亚稳态发射的荧光光子数}{工作物质从光泵吸收的光子数}$$

它取决于泵浦能级(E_3)向激光上能级(E_2)无辐射跃迁的几率(η_1)与 E_2 上的粒子通过自发辐射或受激辐射跃迁至激光下能级(E_1)的几率(η_2)，$\eta_0 = \eta_1 \eta_2$。

对于三能级系统：

$$\eta_1 = S_{32}/(S_{32} + A_{31}) \tag{2.1.1}$$

对于四能级系统：

$$\eta_1 = S_{32}/(S_{32} + A_{30} + A_{31}) \tag{2.1.2}$$

无论是三能级还是四能级：

$$\eta_2 = A_{21}/(A_{21} + S_{21}) \tag{2.1.3}$$

优质红宝石激光器的 η_0 可达 0.7，普通红宝石激光器为 0.5，钕玻璃为 0.4，掺钕钇铝石榴石 (Nd^{3+}:YAG) 接近于 1。

$E_{th}(P_{th})$ 为激光器的阈值泵浦能量(功率)，它与工作物质类型、尺寸、质量、输出镜的参数及腔损耗等因素有关。$T/(T+\beta)$ 为激光器的输出耦合系数，T 为输出镜的透过率，β 为光在谐振腔内往返一次的损耗率。

2.1.3　部分光学泵浦的固体激光系统的参数

固体激光器件的参数如表 2.1.1 所示。

表 2.1.1　固体激光器件

离子	跃迁能级	波长λ/nm	基质	工作物质及折射率η	荧光线宽/cm^{-1}	荧光寿命/ms	泵浦波长/μm
Nd^{3+}	$^4F_{3/2} \rightarrow {}^4I_{15/2}$	1883	Y$_3$Al$_5$O$_{12}$	Nd^{3+}:YAG 1.823	6.5	0.23	750、810、808
	$^4F_{3/2} \rightarrow {}^4I_{13/2}$	1319	Glass	Nd^{3+}:Glass 1.54	250	0.6~0.9	750、810
	$^4F_{3/2} \rightarrow {}^4I_{11/2}$	1064	LiYF$_4$	掺钕氟化钇锂 Nd^{3+}:YLF 1.634($E \perp c$) 1.631($E \parallel c$)		0.52	802
	$^4F_{3/2} \rightarrow {}^4I_{9/2}$	9460	YAlO$_3$ (YAP)	掺钕铝酸钇 Nd^{3+}:YAP 1.97($E \parallel a$) 1.96($E \parallel b$) 1.94($E \parallel c$)		0.18	802
			YVO$_4$	Nd^{3+}:YVO$_4$ 1.958($E \perp c$) 2.168($E \parallel c$)		0.092	808
Cr^{3+}		694.3	Al$_2$O$_3$	Cr^{3+}:Al$_2$O$_3$ 1.763($E \perp c$) 1.755($E \parallel c$)	11	3	360~450 510~600
		700~830	BeAl$_2$O$_4$	金绿宝石 Cr^{3+}:BeAl$_2$O$_4$ 1.746($E \parallel a$) 1.748($E \parallel b$) 1.756($E \parallel c$)		0.26	380~630 680
		720~1070	LiSrAlF$_6$	掺铬六氟铝酸锶锂 Cr^{3+}:LiSAF 1.41		0.07	600~700、670
Ti^{3+}		660~1160	Al$_2$O$_3$	钛宝石 Ti^{3+}:Al$_2$O$_3$ 1.763($E \parallel c$) 1.755($E \parallel c$)		0.0038	400~600
Tm^{3+}	$^3F_4 \rightarrow {}^3H_5$	1870 2060 2300	Y$_3$Al$_5$O$_{12}$	掺铥钇铝石榴石 Tm^{3+}:YAG 1.83		11	785
Ho^{3+}	$^5I_7 \rightarrow {}^5I_8$	2100					785

续表

离子	跃迁能级	波长λ/nm	基质	工作物质及折射率η	荧光线宽/cm^{-1}	荧光寿命/ms	泵浦波长/μm
Tm^{3+}、Ho^{3+}		2100	Y$_3$Al$_5$O$_{12}$	掺铥钬钇铝石榴石(Tm^{3+}+Ho^{3+}):YAG, 1.83		6.5	785
Er^{3+}	$^4I_{13/2} \rightarrow {}^4I_{11/2}$	2800	Y$_3$Al$_5$O$_{12}$	掺铒钇铝石榴石 Er^{3+}:YAG 1.83		10	820、980、1480
	$^4I_{13/2} \rightarrow {}^4I_{9/2}$	1600		Er^{3+}:YAG 1.83			1480
U^{3+}	$^4I_{11/2} \rightarrow {}^4I_{9/2}$	2610					
Dy^{2+}	$^5I_7 \rightarrow {}^5I_8$	2360					
Yb^{3+}	$^4F_{7/2} \rightarrow {}^2F_{5/2}$	1030	YCa$_4$O(BO$_3$)$_3$	Yb^{3+}:YCa$_4$O(BO$_3$)$_3$			
Er^{3+}+Yb^{3+}		1516~1547	磷酸盐玻璃	(Er^{3+}+Yb^{3+}):Glass			

2.2　固体激光工作物质

目前使用最多的工作物质仍是 Nd^{3+}:YAG、钕玻璃和红宝石。本节重点介绍红宝石、钕玻璃及 YAG 激光器的有关特性及对工作物质的要求，并介绍一些新型性能较优异的工作物质。

2.2.1　激活离子和基质

固体激光工作物质由金属激活离子和基质两部分组成，其中激活离子的能级结构决定了激光物质的光谱特性和荧光寿命等激光特性。基质主要决定工作物质的物理、化学特性。

1. 激活离子

激活离子是发光中心，离子的电子组态中未被填满壳层的电子处于不同轨道运动和自旋运动状态，形成一系列能级。目前已经发现可用作激活离子的元素共有 19 种，分为四类。

(1)过渡族金属离子，如 Cr^{3+}、Ni^{3+}、Co^{2+}等。

(2)三价稀土金属离子，如 Nd^{3+}、Pr^{3+}、Sm^{3+}、Eu^{3+}等。

(3)二价稀土金属离子，如 Sn^{2+}、Dy^{2+}、Tm^{2+}、Er^{2+}等。

(4)锕系离子。多为人工放射元素，不易制备，只有 U^{3+}曾被应用。

这些掺杂到固体基质中的金属离子主要特点如下。

(1)具有较宽的有效吸收光谱带。

(2)具有较高的荧光量子效率。

(3)具有较长的荧光寿命和较窄的荧光谱线。因此易形成粒子数反转分布状态和受激辐射超过自发辐射的激光产生物理过程。

2. 基质材料

工作物质的基质材料应能为激活离子提供合适的配位场，并具有优良的机械性能、热性能及高的光学质量等。常用的基质材料分为晶体与玻璃两大类。

1)晶体

固体激光晶体经历了 20 世纪 60 年代的起步、70 年代的探索、80 年代的发展三个过程，已从最初几种基质晶体发展到常见的数十种。由于激光晶体具有优良的机械性能、高的导热率、高的光学质量及热稳定性等特性，激光晶体发展成固体激光技术的重要支柱。

激光晶体是由晶体基质和激活离子组成的。激光晶体的激光性能与晶体基质、激活离子的特性关系极大。目前已知的激光晶体，大致可以分为氟化物晶体、含氧酸盐晶体和氧化物晶体三大类。激活离子可分为过渡金属离子、稀土离子及锕系离子。目前已知的约 320 种激光晶体中，约 290 种是掺入稀土作为激活离子的。目前 90%左右的激光晶体是掺入稀土作为激活离子的。因此，稀土在激光晶体中已经成为一族很重要的元素。激光晶体的发展也推动了稀土的应用。

激光晶体所用的激活离子主要为过渡族金属离子和三价稀土离子。过渡族金属离子的光学电子是处于外层的 3d 电子，在晶体中这种光学电子易受到周围晶场的直接作用，所以在不同结构类型的晶体中，其光谱特性有很大差异。三价稀土离子的 4f 电子受到 5s 和 5p 外层电子的屏蔽作用，使晶场对其作用减弱，但晶场的微扰作用使本来禁戒的 4f 电子跃迁成为可能，产生窄带的吸收和荧光谱线，所以三价稀土离子在不同晶体中的光谱不像过渡族金属离子变化那么大。

激光晶体所用的基质晶体主要有氧化物和氟化物。作为基质晶体，除要求其物理化学性能稳定，易生长出光学均匀性好的大尺寸晶体，且价格便宜，还要考虑它与激活离子间的适应性，如基质阳离子与激活离子的半径、电负性和价态应尽可能接近。此外，还要考虑基质晶场对激活离子光谱的影响。对于某些具有特殊功能的基质晶体，掺入激活离子后能直接产生具有某种特性的激光，如在某些非线性晶体中，激活离子产生激光后通过基质晶体能直接转换成谐波输出。

在稀土元素中已实现激光输出的有 Ce、Pr、Nd、Sm、Eu、Tb、Dy、Ho、Er、Tm、Yb 共 11 个三价离子和 Sm、Dy、Tm 三个二价离子。稀土的激光性能是由于稀土离子的 4f 电子在不同能级之间的跃迁而产生的。由于很多稀土离子具有丰富的能级和它们的 4f 电子的跃迁，稀土成为激光晶体不可缺少的激活离子，提供了很多性能优越的高功率、LD 泵浦、可调谐、新波长等掺稀土激光晶体。高功率掺稀土激光晶体主要有掺钕钇铝石榴石（Nd^{3+}:YAG）、掺钕铝酸钇（Nd:YAP）、掺钕钆镓石榴石（Nd^{3+}:GGG）和掺钕铝酸镁镧（Nd:LMA）等。其中，Nd^{3+}:YAG 最重要，应用最广，用量最大。可调谐激光晶体同样很引人注目。利用 Ce 离子的宽带跃迁，从 Ce:YLF 和 $Ce:LaF_3$ 等晶体中获得可调谐的紫外激光。目前最为有效的和可连续调谐的紫外激光晶体是 Ce:LiCAF、Ce:LiSAF。

激光基质除 YAG、YAP（铝酸钇）、YLF、GGG（钆镓石榴石）、LMA（铝酸镁镧）等外，还有高增益 YVO_4 等。

用于 LD 泵浦激光器的晶体主要有 $Nd:YVO_4$、Nd^{3+}:YAG、Nd:YLF 等，其他合适的泵浦的晶体还有 Yb:YAG 等。我国的 YVO_4、$Nd:YVO_4$ 晶体均已享誉国际市场，据估计其产品目前占国际市场的 1/3。

在稀土激活离子中常用的是 Nd^{3+}，它的输出波长为 1.06μm。多年来，人们一直在进行新波长激光晶体的探索工作。其中比较成功并获得实际应用的有掺 Er 和 Ho 的激光晶体。这些晶体输出的波长对人眼安全，大气传输特性好，对战场的烟雾穿透能力强，保密性好，适合军用，而且其波长容易被水吸收，更适合于激光医疗，在表面脱水和生物工程等方面，也将获得应用。我国对 Ho:Cr:Tm:YAG、Er:YAG 和 Ho:Er:Tm:YLF 已有小批量试制能力。

(1) 金属氧化物晶体是应用最广泛的晶体材料。最具代表性的有以下几种。

① 钇铝石榴石晶体(YAG)分子式为 $Y_3Al_5O_{12}$，它具有优良的理化特性，适合于各种激活离子的掺杂，是较理想的基质晶体。其中掺入 Nd^{3+} 形成的 Nd^{3+}:YAG 激光晶体是国内外应用最广泛的激光晶体。此外，具有石榴石结构的激光晶体还有 $CaY_2Mg_2G_3O_{12}$:Nd^{3+}(室温工作，激光波长为 $0.94\mu m$)，LuAG:Er^{3+}(室温工作，激光波长为 $2.8298\mu m$)，以及 LuAG:Cr^{3+}:Ho^{3+}(室温工作，波长为 $2.946\mu m$)等。

② 铝酸钇(YAlO₃ 或 YAP)，它的理化特性接近 YAG，曾被认为是很有前途的激光晶体，其中 Nd^{3+}:YAP 制成后，转换效率高于 Nd^{3+}:YAG，其他类似的激光工作物质有 YAlO₃:Er^{3+}(室温工作，激光波长为 $1.633\mu m$)，TAlO³:Er^{3+}:Tm^{3+}:Ho^{3+}(室温工作，激光波长为 $2.119\mu m$)等。

③ 掺钛蓝宝石 Ti:Al_2O_3(Ti:Sapphire)调谐范围：$660\sim1100nm$；FOM 值：200；吸收系数α：490nm，$0.05\sim0.01cm^{-1}$。

④ 红宝石 Cr:Al_2O_3 激光波长：694.3nm；光学均匀性：双光路干涉条纹数 $0.25\sim1$ 条/in($1in=2.54cm$)，对应不同等级的激光棒。在 2mW 的氦氖激光下无肉眼可见散射颗粒。掺杂浓度：$0.05+0.005wt\%$(Cr_2O_3)、$0.03\pm0.003wt\%$；激光棒尺寸：中国科学院安徽光学精密机械研究所(以下简称中科院安徽光激所)各种规格均可提供。

⑤ 铍酸镧($La_2Be_2O_5$)。

⑥ 蓝宝石($Al_2Be_2O_5$)。

(2) 含氧酸盐晶体。它为正分高浓度激光晶体，如过磷酸盐类、偏磷酸盐类、正磷酸盐类、含氟化合物等。

(3) 氟化物晶体($LiYF_4$)。这种晶体的特点是在紫外光谱区的吸收损耗小，光损伤阈值高，非线性折射系数小，适合于三价稀土离子掺杂。主要激光晶体有：$LiYF_4$:Ce^{3+}(室温工作，可调谐范围为 $0.3005\sim0.335\mu m$)，$LiYF_4$:Pr(室温工作，波长为 $0.479\mu m$)，$LiYF_4$:Gd^{3+}:Tb^{3+}(室温工作，波长为 $0.5446\mu m$)，$LiYF_4$:Er^{3+}:Tm^{3+}:Ho^{3+}(室温工作，波长为 $2.0654\mu m$)。

2) 玻璃

激光玻璃与普通的光学玻璃的比较：

(1) 激光玻璃的光学均匀性好，其折射率误差达到$\pm2\times10^{-6}$，而普通光学玻璃的折射率误差为$\pm2\times10^{-4}$。

(2) 在 1064nm 处的透过损耗低于 $0.0015cm^{-1}$。

(3) 玻璃中 $(OH)^{-1}$ 根及铂含量极低。

一块尺寸为 500mm×300mm×50mm 的掺钕激光玻璃的造价不低于 2 万元。激光玻璃是一种以玻璃为基质的固体激光材料。它广泛应用于各类型固体激光器中，并成为高功率和高能量激光器的主要激光材料。激光玻璃与激光晶体相比，其主要优势在于：①易于制备。将制备光学玻璃的工艺技术加以改进，可以获得高度透明而光学折射率均匀的激光玻璃，较容易制得大尺寸的激光工作物质，材料成本低，大体积和含有高密度的激活粒子数是用于高功率和高能激光器的重要有利条件。②基质玻璃易于改变。基质玻璃的成分和性质变动范围大，加入的激活剂的种类和数量也不太受限制，因此较容易发展成具有各种特色的激光玻璃品种系列。③容易成型加工。利用光学玻璃热成型和冷加工的工艺，激光玻璃易于直接成型为各种形状，如圆柱、片、丝等，可研磨成高精度的光学面，以适应多种器件结构发展的需要。④玻璃结构为无定型的网络体，其结构的特点为近程有序和远程无序。

玻璃中结构缺陷对玻璃性质的影响小，并且易于消除。所以，容易获得各向同性、大体积上性质均匀一致的工作物质。钕玻璃由于能在室温下产生激光，温度猝灭效应小，光泵吸收效率和发光的量子效率高，是当前最主要的激光玻璃。

激光玻璃由基质玻璃和激活离子两部分组成。激光玻璃各种物理化学性质主要由基质玻璃决定，而它的光谱性质则主要由激活离子决定。但是基质玻璃与激活离子彼此间互相作用，所以激活离子对激光玻璃的物理化学性质有一定的影响，而基质玻璃对它的光谱性质的影响还是相当重要的。作为激光玻璃的基质玻璃，目前大多采用光学玻璃，然而并不是任何一种光学玻璃掺入任何一种激活离子都适合作激光玻璃，激光玻璃必须满足以下基本要求。

(1)激活离子的发光机构中必须有亚稳态，形成三能级或四能级结构；并要求亚稳态有较长寿命，使粒子数易于积累达到反转。从能级机构来讲，四能级优于三能级。而当激光下能级与基态能级之间能量间隔大于 $1000cm^{-1}$ 时，在室温下激光下能级几乎是空的。目前在玻璃中产生激光的各种激活离子中，以 Nd^{3+} 最佳，其为四能级机构，激光跃迁的激光下能级与基态能级的间距约为 $1950cm^{-1}$ ($1cm^{-1} = 2.9979 \times 10^{10}Hz = 1.2399 \times 10^{-4}eV$)。

(2)激光玻璃必须有各种适当的光谱性质。①吸收光谱。要求在激发光源的辐射光谱内有宽而多的吸收带，高的吸收系数，吸收带与光源的辐射带的峰值尽可能重合，从而可充分利用泵浦光源的能量。②荧光光谱。一般要求它的荧光谱带窄，这样输出能量不致分散。③同时为使吸收的激发光能量尽可能多地转化为激光能量，还要求荧光量子效率高，内部的能量损耗小。

(3)激光基质玻璃必须有良好的透明度，尤其是对激光波长。基质玻璃的透明度高，就能使光泵的能量充分地被激活离子所吸收，转化为激光。透明度降低就增加了基质对光泵和激光能量的吸收，使激光玻璃温度升高，这会带来一系列问题。目前光泵的辐射谱带大部分位于可见光及近紫外和红外区域，所以必须选择在该区域透明的基质材料。在无机玻璃中以氧化物和氟化物玻璃较为适宜。基质玻璃中若含有铁、铜、铅、锰、钴、镍等过渡金属元素的化合物，在近紫外到红外都有强的吸收，会使基质玻璃的透明度下降。在玻璃中引起激光波长吸收的主要物质是杂质。

(4)激光玻璃必须有良好的光学均匀性。光学不均匀性使光线通过玻璃后波面变形和产生光程差，促使其振荡阈值升高，效率降低，发散角增加。

(5)激光玻璃必须有良好的热稳定性。当激光器工作时，由于激活离子的非辐射跃迁，损失和基质玻璃的紫外、红外吸收光泵的一部分光能转化为使玻璃温度升高的热能。同时，由于吸热和冷却条件的不同，激光棒沿径向方向就会出现温度梯度分布。这些因素除导致激光玻璃的光学均匀性降低而影响激光性能外，还会使激光玻璃由于热而机械性能变差以致损坏。

(6)激光玻璃必须有良好的物理化学性能，如便于制造、加工和使用，化学稳定性高，有一定的机械强度和良好的光照稳定性及热导性等。

优质激光玻璃主要有硅酸盐光学玻璃和磷酸盐光学玻璃。硅酸盐光学玻璃有钡冕(BaK)玻璃、钙冕(CaK)玻璃等；晶体与玻璃相比强度大，破坏阈值高，导热性好，但制备工艺复杂，生长速度慢，很难获得大尺寸的优质材料。而玻璃则导热性差，破坏阈值低，但制备方便，容易获得大尺寸优质材料。

综上所述,对于基质材料的基本要求如下。

(1) 易于掺入起激活作用的发光离子。

(2) 具有良好的光谱特性及光学透过率、高的光学(折射率)均匀性。

(3) 物理、化学性能稳定,能保证激光器长期运转。

2.2.2 掺杂与敏化

在基质中掺入激活离子称为掺杂。单位体积的基质中所掺入的激活粒子的个数称为掺杂浓度。掺杂浓度不同,工作物质的运行特性不同。工作物质对应不同的基质材料具有各自的最佳掺杂浓度。

单掺,在基质中掺入一种激活离子的掺杂过程。双掺,在基质中掺入两种激活离子的掺杂过程。多掺,在基质中掺入三种或三种以上的激活离子的掺杂过程。

敏化,是为了提高激光工作物质对泵浦光的利用率,在工作物质中掺入一种或两种敏化剂。敏化剂可吸收激活离子不吸收的光谱能量,并通过不同的方式将吸收能量转移给基态激活离子,使之跃迁到激光上能级,提高了对泵浦光的利用率。

2.3 蓝宝石晶体基质的固体激光物质与器件

2.3.1 红宝石固体激光物质与器件

1. 红宝石的物化特性

红宝石(Cr^{3+}:Al_2O_3)属六方晶系,为呈淡红色的负单轴晶体。红宝石是由蓝宝石(Al_2O_3)中掺入少量的氧化铬 Cr_2O_3(氧化铬中的 Cr^{3+}部分取代了蓝宝石中的 Al^{3+})而形成的,最佳掺入量按质量计为 0.05%左右,Cr^{3+}浓度为 $n_{tot} = 1.58 \times 10^{19}/cm^3$。

红宝石的生长方向有三种:生长轴与光轴 C 一致的称为 0°红宝石,生长轴与光轴 C 成60°角或 90°角的分别称为 60°红宝石或 90°红宝石。表 2.3.1 列出红宝石的理化特性。

表 2.3.1 红宝石的理化特性

分子量	熔点/℃	密度/(g/cm³)	莫氏硬度	热导率/[W/(cm·K)]
101.9	2050	3.98	9	0.42(300K),10(77K)

热膨胀系数(室温)/℃	比热/[kJ/(g·K)]	折射率($\lambda = 700nm$)	折射率温度系数 dn/dT($\lambda = 700nm$)/℃$^{-1}$	热扩散率/(cm²·s)
6.7×10^{-6}(//光轴)	0.7542(293K)	1.763($E \perp C$)	11×10^{-6}	0.13
5×10^{-6}(⊥光轴)	0.1045(77K)	1.755(E//C)		

2. 红宝石的激光性能

红宝石晶体中,发光的激活离子是三价铬离子 Cr^{3+},其能级结构如图 2.3.1 所示。

Cr^{3+}的吸收带有两个,即 $^4T_1$ 和 $^4T_2$,中心波长分别为 410nm 和 560nm,吸收带宽度约为 100nm,吸收系数为 $\alpha_{||} = 2.8cm^{-1}$,$\alpha_{\perp} = 3.2cm^{-1}$,虽电矢量的偏振略有不同。能级 ^2E 分裂为 $2\bar{A}$ 和 $\bar{E}$ 两个能级,它们相差 $\Delta E = 29cm^{-1}$(相当于 $3.6 \times 10^{-3}eV$)。两条荧光线 R_1 和 R_2 分别相应于 $\bar{E} \rightarrow {}^4A_2$ 和 $2\bar{A} \rightarrow {}^4A_2$ 跃迁。在室温下,R_1 线和 R_2 线的波长分别为 694.3nm 和

692.9nm，荧光线宽均为 $\Delta \nu_F = 11.2 \mathrm{cm}^{-1}$。荧光线具有偏振特性，$R_1$ 线中，$E \perp C$ 与 $E // C$ 的成分的荧光强度比约为 $10:1$；在 $E \perp C$ 的分量中，R_1 线与 R_2 线的荧光强度比为 $7:5$。荧光线宽与温度有关，随着温度升高，线宽增大，图 2.3.2 画出了红宝石 R_1 线的荧光线宽与温度的关系。同时，波长和荧光效率也与温度有关，温度升高，波长向长波方向移动，荧光效率下降。

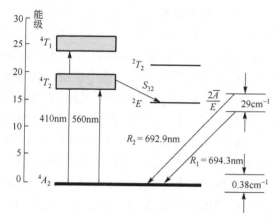

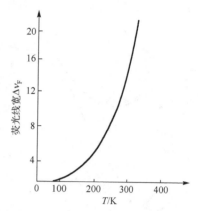

图 2.3.1　红宝石晶体 Cr^{3+} 的能级结构图　　　　图 2.3.2　红宝石 R_1 线的荧光线宽与温度的关系

红宝石属于三能级系统，吸收能级 ${}^4T_1$、${}^4T_2$（能级 E_3）通过非辐射跃迁到能级 ${}^2E$（能级 E_2），其跃迁速率 $S_{32} = 2 \times 10^7 \mathrm{s}^{-1}$，能级 ${}^2E$ 是一个亚稳态，寿命为 $3 \times 10^{-3} \mathrm{s}$。由于 ${}^2E$ 分裂为 $2\bar{A}$ 和 $\bar{E}$ 两个能级，且它们很靠近（$\Delta E = 29 \mathrm{cm}^{-1} \ll k_B T$），所以，在激励和激光振荡过程中，这两个能级上的粒子数分布由玻尔兹曼分布确定，在 $T = 300 \mathrm{K}$ 时，有

$$\frac{N_2(2\bar{A})}{N_2(\bar{E})} = 0.87 \tag{2.3.1}$$

即 $N_2(\bar{E}) > N_2(2\bar{A})$，其荧光强度比为

$$\frac{I(R_1)}{I(R_2)} = 7:5 \tag{2.3.2}$$

在泵浦时，R_1 线的增益首先达到阈值并开始产生激光振荡。此时，$\bar{E}$ 能级上的粒子被大量消耗，$2\bar{A}$ 能级上的粒子便迅速补充到 $\bar{E}$ 能级上，R_2 线的增益始终不能达到阈值。故在红宝石激光器中，通常只有 R_1 线才能形成激光。

红宝石激光器的激光发射波长（694.3nm）在荧光的峰值附近，且随温度变化，晶体的温度变化 10℃，波长变化 0.07nm，激光线宽为 0.01～0.1nm。红宝石激光器一般以多模方式工作，激光脉冲为典型的尖峰结构。一般以连续和脉冲方式工作的激光器，只有将泵浦功率限制在比阈值高为 10%～20% 时才可能实现单模运转。当晶体光轴方向平行于棒轴（晶体生长）方向时，输出的激光无偏振特性；当光轴与棒轴方向成 60° 角或 90° 角时，输出激光的电矢量垂直于棒轴和光轴所构成的平面，即输出的线偏振为 O 光。普通红宝石激光器为多模器件。它的发散角为毫弧度量级，远大于衍射角。由直径很细的红宝石棒发出的单横模激光束的发散角可接近衍射极限角。

2.3.2　掺钛蓝宝石固体激光物质与器件

掺钛蓝宝石($Ti^{3+}:Al_2O_3$)激光晶体是在刚玉(Al_2O_3)中掺入了 0.1%的 Ti^{3+}，代替了 Al_2O_3 中的铝离子而形成的，Ti^{3+}属于 3d 过渡族金属离子，掺钛蓝宝石晶体质地坚硬，耐磨损，光学性质优良，晶体长达 30cm，增益很高，一般的连续运转的掺钛蓝宝石激光器件的晶体长度小于 1cm。掺钛蓝宝石激光晶体中 Ti^{3+}对红外光的吸收对激光器的工作是有害的。

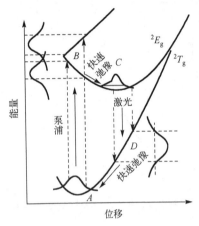

图 2.3.3　$Ti^{3+}:Al_2O_3$ 激光器的能级图

自由的 Ti^{3+}有一个五重简并的最低电子能级 ^2D。在掺钛蓝宝石激光晶体中，由于晶格场的作用，^2D 能级分裂为 ^2E_g(激发态)与 ^2T_g(基态)两个能级，激光跃迁就在 ^2E_g(激发态)与 ^2T_g(基态)两个能级之间进行(图 2.3.3)，Ti^{3+}受光泵浦跃迁到电子振动能带 B，然后弛豫到激光上能级 C(^2E_g 的低振动能级)，则在 C 和 D(^2T_g 的较高的电子振动能级)之间形成粒子数反转，经受激辐射跃迁到电子基态的振动激励次能级 D，最后弛豫到振动能带的底部基态 A。由于振动能级的能量间隔很小，因此，大量的振动能级构成了波长为 400～600nm 的宽吸收带，峰值吸收波长约为 500nm，在光泵作用下可产生 660～1180nm 的宽荧光光谱带(其峰值波长为 780nm)。所以，掺钛蓝宝石激光器可进行连续调谐输出。可见，掺钛蓝宝石激光晶体具有四能级激光系统的特点。

掺钛蓝宝石激光晶体的激光跃迁上能级的寿命仅为 $3.8\mu s$，需要足够高的泵浦速率，通常采用和其吸收谱线较匹配的激光器泵浦。如 Ar^{3+}、铜蒸气、半导体激光器列阵泵浦的倍频 $Nd^{3+}:YAG$ 或 $Nd^{3+}:YLF$ 激光器等。闪光灯泵浦的掺钛蓝宝石激光器也获得了成功。灯泵浦的掺钛蓝宝石激光器的优点是技术成熟、输出功率高，缺点为泵浦灯的光不能被掺钛蓝宝石激光晶体直接吸收，需用荧光转换器(香豆素-30 乙醇溶液)把泵浦灯的荧光转换成蓝-绿光。方法为将掺钛蓝宝石激光晶体装在充满荧光转换液的石英管内，闪光灯泵浦的掺钛蓝宝石激光器的结构与 $Nd^{3+}:YAG$ 激光器相似。

掺钛蓝宝石激光器荧光峰值波长为 780nm，而在 700～900nm 可调谐的功率最高。实用化的连续波掺钛蓝宝石激光器随输出波长而变化的输出功率可达几瓦，如图 2.3.4 所示，图中三条曲线表示选用不同腔型的调谐范围和相应输出。掺钛蓝宝石激光器产生的二次谐波为 350～470nm，三次谐波为 235～300nm，四次谐波为 210nm 左右。自锁模钛宝石激光器输出光脉冲已窄达 11fs。

掺钛蓝宝石激光器的谐振腔结构的设计，考虑到激光泵浦，常采用直线型驻波腔或环形腔，与染料激光器相似。连续运转掺钛蓝宝石激光器的结构示意图如图 2.3.5 所示。图中四镜 "8" 字腔包括以布儒斯特角切割的增益介质宽带调谐用的多片式双折射率滤光器(birefringence filter)，激光二极管的作用是保证单向振荡。调节两平面反射镜 M_1、M_2 作后向反射，使激光不再经过激光二极管，可使激光在 M_3、M_4 之间以驻波形式振荡。谐振腔的两个交叉腿共有的折叠角是为补偿像散而设计的。半波片是为保证泵浦光的偏振方向。

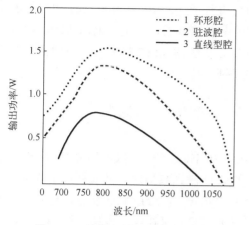

图 2.3.4　波长和输出功率的关系

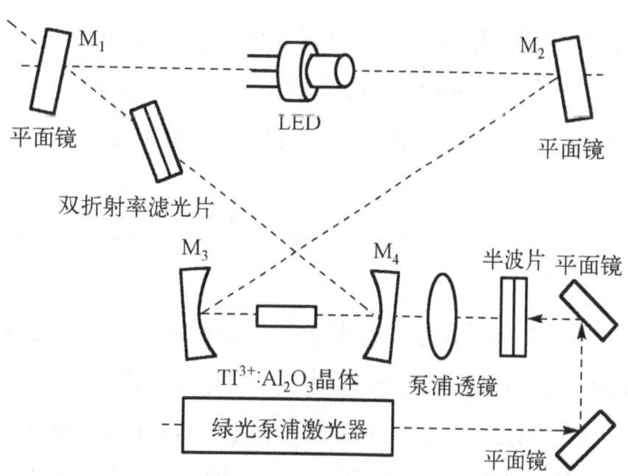

图 2.3.5　连续运转掺钛蓝宝石激光器的结构示意图

用倍频的 Nd^{3+}:YAG 激光器泵浦，脉冲运转掺钛蓝宝石激光器的结构示意图如图 2.3.6 所示。

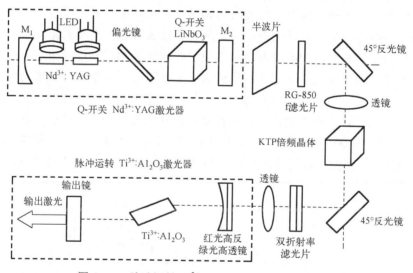

图 2.3.6　脉冲运转 Ti^{3+}:Al_2O_3 激光器结构示意图

倍频的 Nd^{3+}:YAG 调 Q 激光器使用两片 1mm 厚的 Nd^{3+}:YAG 片作为激光工作物质，用二极管激光器二维阵列从侧面泵浦。电光 Q-开关的晶体为尺寸是 4mm×4mm×25mm 的 $LiNbO_3$；谐振腔长为 100mm，输出镜曲率半径为 1000mm，透过率为 50%，Nd^{3+}:YAG 调 Q 激光器输出每个光脉冲能量为 4mJ，重复频率为 40Hz，脉冲宽度为 8ns，倍频晶体为角度调谐的 KTP（$KTiOPO_4$，磷酸钛氧钾，用水热法和助溶剂法生长，助溶剂法生长晶体的尺寸可达 60mm×51mm×25mm，中国为主要生产国和出口国）晶体，倍频输出为 2.3mJ，脉冲宽度为 7ns。在光学谐振腔中插入一个 RG-850 红外光通的可见光滤光片，以防止 532nm 谐波的后向反射损伤电光 Q-开关的 $LiNbO_3$ 晶体，利用半波片调节 1064nm 光的偏振方向，使 KTP 二次谐波达到最佳，并简化掺钛蓝宝石激光器的准直；双色分光镜抑制 KTP 剩余的 1064nm 光，并透过 532nm 光（96%），约有 94%的 532nm 光通过掺钛蓝宝石激光器的全反射镜。泵浦光经起偏器后成为 P 波，经倍频后投射到 20mm 长的按布儒斯特角切割的钛宝石棒上，光的传播方向与晶体轴 C 平行，从而可得到最大的吸收(约 85%的 532nm 的光被钛宝石棒吸收)。当泵浦能量为 70μJ 时，用透过率为 10%的输出镜，输出 125μJ 能量，器件腔长为 50mm，输出脉宽最短可达 15ns，中心波长为 795nm，最大输出时的激光线宽约为 25nm，这些情况与掺钛蓝宝石激光器自由振荡吻合。

2.4　金绿宝石基质的固体激光物质与器件

紫翠宝石是在金绿宝石($BeAl_2O_3$)中掺入 0.01%～0.4%的 Cr^{3+} 生成的激光晶体。它质地坚硬，具有良好的导热性能，但当有高峰值功率的调 Q 激光泵浦时，其表面容易损坏。

Cr^{3+}:$BeAl_2O_3$ 吸收带为 380～630nm，吸收峰为 590nm，适合用氙灯泵浦。其另一个吸收峰值为 680nm，可用激光二极管泵浦。紫翠宝石中的 Cr^{3+} 可在电子振动能级 $^4T_2$～$^4A_2$ 发生辐射跃迁，室温条件下，波长在 701～862nm(红光-近红外)连续可调，在 360℃时，长脉冲运转输出波长可调至 858nm。紫翠宝石既可脉冲运转输出也可实现连续运转输出。紫翠宝石在辐射固定波长 680.4nm 工作不理想，能级结构如图 2.4.1 所示。

介质的能级决定了电子振动的激光器的调谐性。窄线宽激光介质能级呈分立态；当振动的次能级是一些电子能级扩展为能带时，激光介质就可在一定波长范围有净增益，从而实现可调谐。由于激光介质的能级寿命与受激发射截面的乘积和增益带宽近似成反比，所以，可调谐激光器的上能级寿命和受激发射截面的乘积普遍小于不可调谐激光器。

紫翠宝石晶体在室温下发射截面为 $6×10^{-21}cm^2$，比钕玻璃低一个数量级。所以，从它提取能量比钕玻璃更难，故需要泵浦阈值也高。紫翠宝石晶体单位体积储能比钕玻璃多，其上能级(由两个电子激发构成，一个短寿命 $^4T_2$ 态和一个长寿命的、能级略低的 ^2E 态)的寿命长达 260μs，因而，可用作高功率调 Q 激光器，还可作为放大器。脉冲紫翠宝石激光器结构如图 2.4.2 所示。

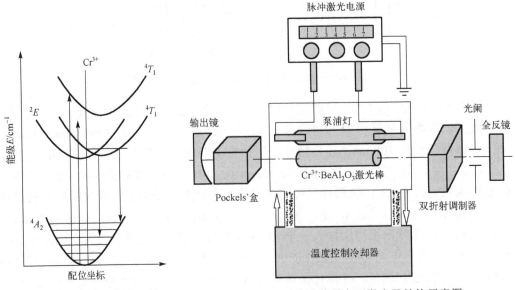

图 2.4.1　紫翠宝石激光器的　　　　　　图 2.4.2　脉冲紫翠宝石激光器结构示意图
　　　　　　Cr^{3+} 能级结构

成熟的脉冲紫翠宝石激光器输出波长在 720～800nm 可调，平均输出功率为 20W，二次谐波可在 360～400nm 产生几瓦输出，如图 2.4.3 所示。

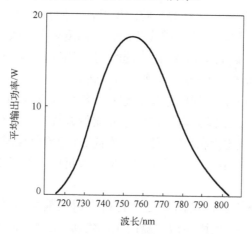

图 2.4.3　Cr^{3+}:$BeAl_2O_3$ 激光器输出功率

2.5　YAG 晶体基质激光物质与器件

YAG 是钇铝石榴石的英文缩写，化学分子式为 $Y_3Al_5O_{12}$，是一种综合性能（光学、力学和热学）优良的激光基质材料。其中，Nd^{3+}:YAG 是迄今使用最为广泛的激光晶体之一。寻找新的激光波长已成为固体激光器的一个重要发展方向。人们对 YAG 基质进行了 Er、Ho、Tm、Cr 等单独或组合掺杂，获得了多种波长的激光振荡。

2.5.1　Nd^{3+}:YAG 激光物质与器件

Nd^{3+}:YAG 称为掺钕钇铝石榴石，它是在基质晶体 YAG 中掺入 Nd_2O_3（Nd^{3+} 作激活离子）形成的。掺入 Nd^{3+} 的浓度为 1%，相当于 $N = 1.38×10^{20}Nd^{3+}cm^{-3}$。YAG 属立方晶系，无双折射现象。在室温下，$Nd^{3+}$:YAG 的荧光发射波长以 1.064μm 最强。

YAG 中 Nd^{3+} 的主要能级结构如图 2.5.1 所示。它共有 5 个吸收带，中心波长分别为 525nm、584nm、750nm、805nm 和 870nm，宽度均为 30nm 左右。激光上能级是 $^4F_{3/2}$，寿命较长，$\tau_S ≈ 5.5×10^{-4}$s，激光下能级 $^4I_{11/2}$ 距离基能级 $^4I_{9/2}$ 2111cm^{-1}，在室温下该能级上的粒子浓度为基能级的 10^{-10} 倍，通常可认为是空的。因此，Nd^{3+}:YAG 是理想的四能级激光器。$^4F_{3/2} \rightarrow {}^4I_{11/2}$ 跃迁的分支比最大（激光

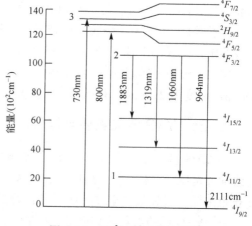

图 2.5.1　Nd^{3+}:YAG 的能级图

跃迁 $^4F_{3/2} \rightarrow {}^4I_{11/2}$，1.064μm，$^4F_{3/2} \rightarrow {}^4I_{13/2}$，1.319μm，$^4F_{3/2} \rightarrow {}^4I_{9/2}$，0.946μm 的总分之比分别

为 0.63、0.12 和 0.24)。$^4F_{3/2} \to \,^4I_{15/2}$，1.883μm 激光发射波长通常在 1.06μm(分支比为 0.185)闪光泵浦的激光器效率为 1%～3%。

Nd^{3+}:YAG 的荧光线宽与温度有关，随温度升高，线宽增大。在室温下，线宽 $\Delta \nu_F = 6.5\text{cm}^{-1}$，相当于 0.73nm。同时，荧光谱线的波长与温度有关，随着温度升高，波长向长波方向移动。1.06μm 的跃迁截面 $\sigma = 8.8 \times 10^{-19}\text{cm}^2$，为红宝石 694.3nm 跃迁截面的 35 倍，所以，Nd^{3+}:YAG 的振荡阈值低，较容易实现连续运转。

Nd^{3+}:YAG 激光器的 1.06μm 线的温度频移系数约为 $-0.064\text{cm}^{-1}/^\circ\text{C}$，激光线宽约为零点几埃到埃量级。由 Nd^{3+}:YAG 激光器输出的激光无偏振特性，但在连续工作时，热效应将引起热光畸变。一是引起热透镜效应，使水平方向(灯和棒所构成的平面)和垂直方向上的焦距不相等，两者相差可达 10%；二是引起热应力双折射，类似于单轴晶体。工作时要注意避免。

Nd^{3+}:YAG 应用十分广泛，是固体激光材料中用量最大的激光晶体。在军事方面，Nd^{3+}:YAG 晶体是应用最广泛的固体激光器的工作物质，是军用固体激光技术的支柱。90%以上的军用固体激光器是以 Nd^{3+}:YAG 激光晶体为工作物质的。在工业领域，Nd^{3+}:YAG 晶体由于能获得高功率激光输出而广泛应用于材料加工。

医学和医疗领域也一直是 Nd^{3+}:YAG 激光器的重要应用领域之一，在所有激光医疗设备中，Nd^{3+}:YAG 激光医疗设备都得到广泛的应用。这不仅因其重复频率和平均功率较高，更主要是其 1.06μm 波长可用石英光纤导光，因此能够被柔软的传输线传输功率。根据 *Laser Focus World* 的统计，全世界固体激光器在医疗方面的应用，1997 年销售额为 1.59 亿美元，1998 年销售额为 2.7 亿美元，1999 年销售额预计达 3.1 亿美元。

过去商品 Nd^{3+}:YAG 激光棒几乎都是用引上法生长得来的。通常影响晶体质量的因素，主要是存在于晶体中的位错、散射颗粒以及由[211]小面生长在晶体中心出现的"核心"。中国研究出"固液界面受控转换"的新方法，使 Nd^{3+}:YAG 晶体中的位错和核心同时得以消除，大大提高了 Nd^{3+}:YAG 的光学质量、成品率和晶坯的利用率。此方法不仅可以用于各类加热方式(如高频感应加热——铱坩埚系统及石墨加热——钼坩埚系统)的 Nd^{3+}:YAG 单晶的生长，而且还可以用于其他高熔点氧化物晶体(如 YAP、GGG、GSGG、GSAG、LNA 和红宝石等)的生长中。华北光电技术研究所 1985 年通过 JYN-1 型 Nd^{3+}:YAG 激光棒设计定型鉴定，生长的毛坯直径为 30～35mm，1991 年通过 JYN-3 型 Nd^{3+}:YAG 激光棒设计定型鉴定，生长的毛坯直径达到 40～45mm。而 2003 年生长的 Nd^{3+}:YAG 毛坯直径达到 55～60mm，长度为 210mm，并已初步形成规模化生产，成为销售国内外的重要产品。

2.5.2　Er^{3+}:YAG 激光物质与器件

在 YAG 基质中掺入铒离子(Er^{3+})形成的 Er^{3+}:YAG 晶体中，由于晶场作用引起 Er^{3+} 的能级简并消除，产生了很多晶场分裂能级。Er^{3+}:YAG 有 6 个激光亚稳能级，11 个跃迁通道，波长范围广，且多数位于红外区，是很好的长波长固体激光工作物质。

Er^{3+}:YAG 的能级结构如图 2.5.2 所示。它共有 5 个吸收带，中心波长分别是 0.38μm、0.52μm、0.65μm、0.79μm 和 1.5μm。其中，紫外和可见光的吸收带对激励起作用。Er^{3+}:YAG 在这个波段范围的吸收比 Nd^{3+}:YAG 强，所以，聚光器反射的材料多使用对紫外有高反射率的 Al 和 Ag 等材料。

Er^{3+}:YAG 的激光跃迁与 Er^{3+}的浓度有关。当掺杂浓度在 30at%～50at%时，$^4I_{11/2}$ 和 $^4I_{13/2}$ 的能级寿命比其他能级的寿命长得多，$^4I_{11/2}$ 为 0.1ms，$^4I_{13/2}$ 为 2ms。由于下能级 $^4I_{13/2}$ 上粒子数的累积，在这些低能态为长寿命的能级之间很难实现连续振荡，一般都是脉冲工作。但在强激励下，由于粒子之间的相互作用而产生显著的交叉弛豫，这可以抑制激光下能级的粒子数积累，从而可实现 $^4I_{11/2}$～$^4I_{13/2}$ 跃迁的准连续振荡。

$^4I_{11/2}$～$^4I_{13/2}$ 跃迁在室温下的激光发射波长是 2.94μm。Er^{3+}:YAG 激光器的最大平均功率早已超过 3W，最大脉冲输出已达到 5J，曾是输出功率最大、效率最高的长波长固体激光器；加之激光波长为 2.94μm，正是人体组织的吸收波长（人体组织对 2.94μm 的吸收比对 CO$_2$ 激光器 10.6μm 的吸收约大 10 倍），这在激光外科和血管外科方面有很大的应用潜力，因而受到人们的重视。

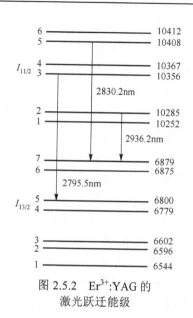

图 2.5.2 Er^{3+}:YAG 的激光跃迁能级

激光制造网 2021 年 7 月 19 日报道，中国科学院安徽光机所在高功率中红外掺铒固体激光器研究方面获新进展。中科院安徽光机所激光技术中心孙敦陆研究员课题组在高功率中红外掺铒固体激光器方面又取得了一系列研究进展：采用掺铒铝酸钇 Er^{3+}:YAP 晶体作为固体激光增益介质，高功率半导体激光器阵列作为泵浦源，在自由运转和硅酸镓镧（lanthanum gallium silicate crystal，LGS，化学式为 La$_3$Ga$_5$SiO$_{14}$ 的晶体）电光调 Q 模式下实现了高功率、高效率的中红外准连续激光输出。采用凹端面的 Er^{3+}:YAP 晶体元件来补偿激光运转过程中的热透镜效应，从而改善激光性能，并在 250Hz 和 1000Hz 的工作频率下分别获得了最大输出功率为 26.75W 和 13.18W 的中红外激光输出。据知，1000Hz 是到目前为止在 LD 侧面泵浦掺 Er^{3+}中红外激光器中实现的最高工作频率。在相同占空比条件下，它们还研究了 LD 侧面泵浦和电光调 Q 条件下，铒镨共掺铝酸钇（Er^{3+}，Pr:YAP）晶体的激光性能。在最高工作频率为 150Hz 时，获得了单脉冲能量为 20.5mJ、脉冲宽度为 61.4ns、峰值功率为 0.33MW 的调 Q 激光输出。

2.5.3 Yb^{3+}:YAG 激光物质与器件

Yb^{3+}:YAG 晶体具有优良的光学、热力学和机械性能，化学稳定性好，可进行较高浓度的掺杂等特点，是掺 Yb^{3+}激光材料中的佼佼者。在 Yb^{3+}:FAP 和 Yb^{3+}:S-FAP 晶体中，由于 FAP 和 S-FAP 基质能给 Yb^{3+}提供目前其他基质无可比拟的晶场环境而产生最大的晶场分裂能，优异的光谱性能使它具有阈值低、增益大、效率高和成本低等特点。Yb^{3+}:YAG 作为准三能级结构的晶体，比传统的 Nd^{3+}YAG 晶体更适合用半导体激光器泵浦，它的激光波长为 1030nm，峰值吸收波长在 940mm 附近，与 Nd^{3+}:YAG 晶体相比，它具有吸收带宽（18～940nm，因此对泵浦 LD 的控温精度要求低）、上能级荧光寿命长（1ms 有利于储能）、量子损耗较低、热承载小（在相同的半导体泵浦功率下，Yb^{3+}:YAG 泵浦生热为 Nd^{3+}:YAG 的 1/3）、量子效率高（91%）、热透镜效应非常小、发射线宽较宽、激光发射截面较小、可以实现调谐输出、热传导和温度梯度主要沿着轴向等特点，从而使晶体的温度分布非常均匀，波前形变非常小。

作为特殊的激光工作物质，Yb^{3+}:YAG 激光晶体不仅具有 YAG 激光基质材料本身优良的物理性质和稳定的化学性能，而且具有很好的激光工作性能，能够很容易地被可靠地 InGaAs 半导体激光器所泵浦，是一种新型的、适合 LD 泵浦的高平均功率和高光束质量的发射 1μm 左右波长的激光材料。另外，由于其二倍频是 515nm，接近 Ar 离子激光器的波长 514.5nm，从而使其有可能替换用户现存的大量氩离子激光器，因此在激光领域内受到越来越多的关注。

掺 Yb^{3+} 激光晶体的一些特性如下。1965 年，贝尔电话实验室的 L.F.Johnson 等用闪光灯泵浦 Yb^{3+}:YAG 晶体，当时由于阈值高(325J)和转换效率低未引起人们的重视；1967 年，G.Burs 等报道了掺 Yb^{3+} 的 $LiNbO_3$ 和 $LiTaO_3$ 晶体的光谱特性；1971 年，A.R.Reinberg 等用 GaAs：Si LED 泵浦 Yb^{3+}:YAG 晶体，在 77K 温度下，获得了 1.029μm 的脉冲激光输出，峰值功率达 0.7W，从而揭开了掺 Yb^{3+} 激光晶体的研究序幕。1976 年，G.A.Bogomolova 等将 Yb^{3+} 作为激活离子掺入到 YAG 和其他的石榴石结构晶体中。由于缺少更为有效的泵浦源，掺 Yb^{3+} 激光晶体仅能在低温下实现激光运行，因此，对其仅限于一些光谱特性的研究，而对激光性能的研究，则几乎处于停滞状态。进入 20 世纪 90 年代，随着高强的窄带泵浦源 InGaAs LD(输出波长为 0.87~1.1μm)的发展和成本的降低，掺 Yb^{3+} 激光晶体的研究风起云涌。尤其是随着激光二极管作为惯性约束核聚变择优泵浦源的出现和掺 Yb^{3+} 激光材料在通信、军事上的应用潜力，更将掺 Yb^{3+} 激光晶体的研究推向了高潮。许多国际著名的研究机构，如美国的劳伦斯利弗莫尔国家实验室(Lawrence Livermore National Laboratory，LLNL)、林肯实验室(MIT Lincoln Laboratory)、休斯研究实验室、德国的斯图加特大学、汉堡大学、英国的南安普顿大学、曼彻斯特大学等相继开展了掺 Yb^{3+} 激光晶体的研究，将其视为发展高效、高功率固体激光器的一个主要途径，劳伦斯利弗莫尔国家实验室还希望将其用作惯性约束核聚变点火装置中的增益介质。在国内，中国科学院上海光学精密机械研究所、山东大学等单位也相继开展了掺 Yb^{3+} 激光材料的研究。目前，对其光谱和激光性能进行了较全面研究的当数 Yb^{3+}:YAG 晶体、Yb^{3+} 掺杂磷灰石结构晶体和一些具有潜在自倍频效应的晶体，因此备受人们青睐。Yb^{3+}:BaCaBO$_3$F 晶体由于具有潜在的自倍频效应而受到人们的关注。

1)掺 Yb^{3+} 激光晶体的特点

与其他稀土激活离子相比，Yb^{3+} 具有如下特点。

(1)Yb^{3+} 为能级结构最简单的激活离子，电子构型为[Xe]4f^{13}，仅有一个基态 $^2F_{7/2}$ 和一个激发态 $^2F_{5/2}$，两者的能量间隔约为 10000cm^{-1}，在晶场作用下，能级产生斯塔克分裂，形成准三能级的激光运行机制。

(2)Yb^{3+} 吸收带在 0.9~1.1μm，能与 InGaAs 激光二极管(LD)泵浦源有效耦合，且吸收线宽，即半峰全宽(full width at half maximum，FWHM)，无需严格的温度控制即可获得相位匹配的 LD 泵浦源的泵浦波长。

(3)量子缺陷低,泵浦波长与激光输出波长非常接近,这将导致大的本征激光斜率效率,理论上量子效率高达 90%左右。

(4)由于泵浦能级接近激光上能级，无辐射弛豫引起的材料中的热负荷低，仅为掺 Nd^{3+} 同种激光材料的1/3。

(5)不存在激发态吸收和上转换，光转换效率高。

(6)荧光寿命长，为掺 Nd^{3+} 同种激光材料的三倍多，长的荧光寿命有利于储能。

(7) 在 Yb^{3+} 掺杂浓度较高的情况下 (Yb：YAG 晶体中 Y^{3+} 的原子分数可高达 10% 以上)，多数晶体不出现浓度猝灭现象。

LD 泵浦的 Yb^{3+} 激光器在某些应用上明显优于 Nd^{3+} 激光器。在掺 Yb^{3+} 激光材料中，由于可实现 Yb^{3+} 的高浓度掺杂，因此增益介质可做成微片。这对实现 LD 泵浦的固体激光器的集成化、小型化和结构紧凑将具有十分重要的意义。

2) 掺 Yb^{3+} 激光晶体的光谱特性

激活离子在晶体基质中的光谱特性能预测晶体的激光性能，是指导激光器件设计的基本参数之一。晶体光谱特性常用吸收截面、吸收线宽、发射截面、发射线宽、荧光寿命和荧光量子效率等参数衡量。在掺 Yb^{3+} 激光晶体中，由于 Yb^{3+} 简单的能级结构特征，人们通常采用倒易法计算 Yb^{3+} 的受激发射截面 (σ)，用 F-L(Fuchtbauer-Ladenburg) 公式计算辐射寿命 (τ)，并与实测的荧光寿命进行比较以确定其准确性。

2.5.4　Tm^{3+}:YAG 激光物质与器件

掺铥粒子 (Tm^{3+}) 的 Tm^{3+}:YAG 激光器的吸收波长为 785nm，因而，既可用闪光灯泵浦，也可用激光二极管泵浦。它在室温下工作，激光波长为 2.01μm。

2.5.5　$(Cr^{3+}+Tm^{3+}+Ho^{3+})$:YAG 物质与器件

掺钬 (Ho^{3+}) 的 Ho^{3+}:YAG 激光器发生在 $^5I_7 \rightarrow {}^5I_8$ 跃迁的激光波长是 2.1μm。尽管它的效率也比较高，但要在液氮温度下工作，会给用户带来极大的不便，故而不受欢迎。但是，当掺入一些敏化离子后，它不但能在室温下工作，而且还提高了总体效率(固体激光器的敏化离子的作用相当于气体激光器管中的辅助气体，敏化离子吸收激活离子不能吸收的光谱成分，然后再通过能量转移，将处于基态的离子激发到激光上能级，起到提高泵浦效率的作用)。掺敏化离子的钬激光器有 $(Tm^{3+}+Ho^{3+})$:YAG、$(Cr^{3+}+Tm^{3+}+Ho^{3+})$:YAG 和 $(Er^{3+}+Tm^{3+}+Ho^{3+})$:YAG 等。其中以 $(Cr^{3+}+Tm^{3+}+Ho^{3+})$:YAG 性能最好，它的有关能级示于图 2.2.7 中。由于 Cr^{3+} 的存在，该激光器可用闪光灯泵浦或氪离子激光器(476.2~647.1nm)泵浦，能量由 Cr^{3+} 转移给 Tm^{3+}，然后在 Tm^{3+} 不同激发态之间发生能量转移，最后被 Ho^{3+} 捕获。这个过程(图 2.5.3)可描述如下。

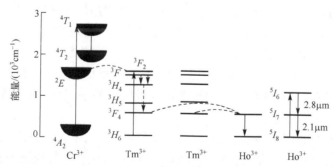

图 2.5.3　$(Cr^{3+}+Tm^{3+}+Ho^{3+})$:YAG 激光器的能量转移过程图

(1) Cr^{3+} 被激发到 $^4T_2$ 能级。

(2) 能量共振转移：$Cr({}^4T_2 \rightarrow {}^4A_2) \rightarrow Tm({}^3H_6 \rightarrow {}^3H_4)$。

(3) Tm^{3+} 激发态之间的能量转移：$(^3F_4 \rightarrow {}^3H_4)$。

(4) 能量共振转移：$Tm(^3F_4 \rightarrow {}^3H_6) \rightarrow Ho(^5I_8 \rightarrow {}^5I_7)$。

2.6　Nd^{3+}:YVO_4 晶体及器件

Nd^{3+}:YVO_4 晶体是 LD 泵浦固体激光物质中效率最高的晶体之一，其特点有受激辐射截面大、对泵浦光的吸收带宽、吸收效率高、损伤阈值高及物理、光学与机械性能良好，是制作稳定高效的高功率 LD 泵浦固体激光器的一种优秀晶体。

Nd^{3+}:YVO_4(掺钕钒酸钇)的吸收峰在 809nm 附近，在 1064nm 处增益最高，与 Nd^{3+}:YAG 晶体相比，其吸收带宽、吸收系数高、增益高、激光阈值低、损伤阈值高、受激发射截面大、荧光寿命短，特别是 Nd^{3+}:YVO_4 晶体的激光输出具有线偏振的特点，这可以避免在倍频转换时产生双折射干扰。LD 泵浦，具有良好的物理、化学与机械性能。它与磷酸氧钛钾(KTP)晶体组合进行腔内倍频转换效率很高，适合作为 LD 泵浦的内腔倍频固体绿光激光器的激光工作物质。Nd^{3+}:YVO_4 晶体、Nd^{3+}:YAG 晶体主要性能指标如表 2.6.1 所示。

表 2.6.1　Nd^{3+}:YVO_4 晶体、Nd^{3+}:YAG 晶体主要指标

	Nd^{3+}:YVO_4 晶体	Nd^{3+}:YAG 晶体
Nd^{3+} 浓度/at%	0.27%、0.5%、0.7%、1.0%、2.0%、3.0%	0.6%、0.8%、1.1%
晶体方向	c-cut①	<111>cut
散射点	用 10mW He-Ne 激光检测无散射	
波前畸变	$<\lambda/8$　@　632.8nm	
表面光洁度	10/5，参照标准：MIL-O-13830B	
平面度	$<\lambda/10$　@　632.8nm	
尺寸公差	±0.1mm	
平行度	<20″	
镀膜	AR@ 1064nm，$R<0.1\%$，HT@808nm，$T>90\%$	

①沿晶体 c 轴切割。

Nd^{3+}:YVO_4 中激活离子的位置具有低的点群对称性，离子的振荡强度大，这种基质对 Nd^{3+} 有敏化作用，提高了 Nd^{3+} 的吸收能力。在 α 轴切割时对 σ 偏振光($E \perp c$ 轴)和 π 偏振光($E // c$ 轴)的吸收系数是不同的，最强的吸收和最强的激射都发生在 π 偏振取向，因此常用 α 轴切割 π 偏振光。Nd^{3+}:YVO_4 的宽的吸收带不仅泵浦效率更高，更易与泵浦源匹配，可在更宽的温度范围下运行；较高的吸收系数使其吸收效率更高，这有利于缩短晶体的长度，便于泵浦光与激光模式的最佳耦合，缩短谐振腔长度，减小损耗，提高效率，在短程吸收泵浦光应用方面具有更大的潜力。

该晶体在 20 世纪 60 年代就已发明，由于生长困难，不能提供闪光灯泵浦要求的大尺寸晶体而停止研究。进入 90 年代，Nd^{3+}:YVO_4 晶体的优良性质特别适合激光泵浦。

缺点：①激发态寿命较低，即能量储存能力较低，在调 Q 输出脉冲时的单脉冲能量降低；②导热性较低，热负载受到限制，在高功率泵浦下热透镜、热畸变现象将变得严重起来。所以，Nd^{3+}:YVO_4 通常仅适合于小功率连续倍频的二极管泵浦固体激光器，大功率激光器一般采用 Nd^{3+}:YAG 晶体作为激光介质。

2.7　玻璃基质激光物质与器件

2.7.1　硅酸盐基质激光物质与器件

1961 年钕玻璃激光器(the Nd^{3+} glass lasers)诞生了。钕玻璃是在某些成分的光学玻璃中掺入适量的 Nd$_2$O$_3$ 制成的。Nd$_2$O$_3$ 最佳掺量为 1%～5%质量比。对应 3%的掺入量，Nd^{3+} 的浓度为 3×10^{20}/cm^{-1}。Nd^{3+}在硅酸盐、硼酸盐和磷酸盐玻璃系统中用得最多。

玻璃的制备工艺比较成熟，易获得良好的光学均匀性。玻璃的形状和尺寸也有较大的可塑性，它与熔炼坩埚的尺寸成正比，大的钕玻璃棒长可达 1～2m，直径为 0.03～0.10m，可用以制成特大能量的激光器；小的钕玻璃棒可以做成直径仅几微米的玻璃纤维，用于集成光路中的光放大或振荡。

钕(neodymium-Nd)属于镧系元素，是元素周期表中处于第六周期的第 60 号元素。Nd 的密度为 7g/cm^3，原子体积为 20.6cm^3/mol(即 1g 分子的原子体积为 20.6cm^3)。Nd^{3+}中 4f 层的三个电子，由于被外层 5s^2 和 5p^6 上的电子屏蔽，外界电场对它的影响较小。这就使得 Nd^{3+}在玻璃基质中和在晶体基质中的能级精细结构基本相同(图 2.7.1)，只是能级高度和宽度略有差异。因而钕玻璃的光谱特性与 Nd^{3+}:YAG 大致相同，但因基质不同，而有一些差异：①吸收光谱带与 Nd^{3+}:YAG 的相似，但带稍宽，如图 2.7.2 所示，因而有利于激活吸收。②与 $^4F_{3/2}$ 向 $^4I_{9/2}$、$^4I_{11/2}$ 和 $^4I_{13/2}$ 跃迁对应的三条荧光谱线，其中心波长分别为 0.92μm、1.06μm 和 1.37μm。因 1.06μm 的荧光最强，通常钕玻璃只产生 1.06μm 的激光振荡。只有采取选频措施，才能实现 1.37μm 的振荡。在低温(77K)和采用选频措施的特殊条件下，也可在 0.92μm 处产生激光振荡。图 2.7.1 给出了钕玻璃对应于 1.06μm 跃迁的能级结构。1.06μm 荧光线宽约为 250cm^{-1}，比 Nd^{3+}:YAG 的宽得多，因而有利于储能。③荧光寿命比 Nd^{3+}:YAG 长，量子效率和受激辐射截面比 Nd^{3+}:YAG 的低。具体数据随钕玻璃成分不同而异，一般荧光寿命为 0.6～0.9ms，量子效率为 0.3～0.7，受激辐射截面约为 3×10^{-20}cm^2。钕玻璃因其荧光寿命长，易于积累粒子数，储能大，又因容易制成大尺寸光学均匀性好的材料，所以在大能量、大功率激光器中得以重用；又因为钕玻璃荧光线宽很宽，所以特别

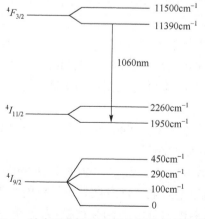

图 2.7.1　钕离子在玻璃基质中的能级精细结构

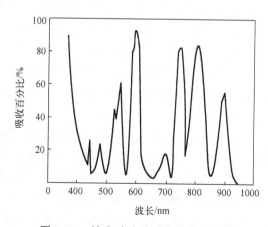

图 2.7.2　钕在玻璃基质中的吸收光谱

适用于锁模器件。大能量激光器输出脉冲能量达上万焦，多级行波放大的大功率器件的峰值功率可达 $10^{13}W/cm^2$，脉宽可小到 1ps 以下。

钕玻璃最大的缺点是导热率太低，热胀系数太大。因此，在室温条件下，不适于做连续器件和高频器件，钕玻璃材料的破坏阈值也较红宝石、钇铝石榴石低，在应用时要特别注意防止自身破坏。

2.7.2 磷酸盐基质激光物质与器件

1. 单掺磷酸盐玻璃激光器

1999 年，我国某单位研制成功掺钕磷酸盐玻璃光纤单模连续输出的激光器，其性能如下。激光输出中心波长为 $1.053\mu m$，最大输出功率为 8.036W，最大斜率效率为 30.6%，激光阈值功率小于 40mW，实验中所用光纤芯直径为 $7\mu m$，Nd^{3+} 掺杂浓度为 20wt%(浓度质量百分比)，光纤数值孔径(NA)为 0.093，光纤长度为 0.68m。实验中采用 QW-1000 型半导体激光器为泵浦源，泵浦光经过玻璃透镜聚焦后进入光纤的输入端，为了增加光纤单个行程的增益，将一片对 800nm 波长泵浦光高透而对波长为 $1.053\mu m$ 的光全反射的镜片紧贴在光纤的输入端。为了除去透过光纤的泵浦光对荧光测量的影响，在光纤的输出端后面加一个对 800nm 波长泵浦光全吸收，对波长为 $1.053\mu m$、光透过率为 67.5%的滤光片，泵浦光激发光纤产生的光信号经过滤光片后，再聚焦进入 WDG-30 型单色仪，通过光电倍增管接收，输入到 X-Y 记录仪，当光纤吸收泵浦光功率为 63.5mW 时，获得输出功率为 8.36mW 的波长为 $1.053\mu m$ 连续激光输出，谱宽(FWHM)为 3nm。

掺钕磷酸盐玻璃单模光纤激光器适合作为 $1.053\mu m$ 发射的高功率掺钕磷酸盐玻璃激光系统的前端振荡器，它在激光输出波长稳定性方面远比掺镱石英光纤激光器好得多。

2. 双掺磷酸盐玻璃激光器

以磷酸盐玻璃为基质，掺入铒(Er^{3+})的激光玻璃材料能发射 $1.5\mu m$ 附近的激光，若共掺镱(Yb^{3+})可大大提高激光效率。1965 年首次实现脉冲运转，1991 年首次采用激光二极管(LD)泵浦。此后在短短的几年里，又相继实现了窄线宽输出、单模及单频输出、调 Q 及锁模运转。与铒光纤激光器相比，铒玻璃激光器具有体积小、成本低等优点。

LD 泵浦的 Er^{3+}、Yb^{3+} 共掺的磷酸盐玻璃激光器，1999 年中国实现了激光运转，获得了功率大于 10mW 的波长为 $1.54\mu m$ 附近的激光输出。

材料为 QX/7S 型共掺的磷酸盐玻璃的掺杂浓度分别为 1.08%Er_2O_3、15%Yb_2O_3(质量分数)。图 2.7.3 和图 2.7.4 分别为波长 980nm 附近的吸收光谱和波长 $1.54\mu m$ 区域的荧光光谱(测量用的样品厚度均为 1.6mm)，分别用 UV365 型分光光度计和 F Ⅲ A Ⅰ 型荧光光度计测量。

由吸收光谱可见，共掺 Er^{3+}、Yb^{3+} 的磷酸盐玻璃在 870~1040nm 波段有一个很宽的吸收带，对 976nm 的吸收很强，经计算其吸收系数约为 $22cm^{-1}$。

实验装置：泵浦源为半导体激光器，最大输出功率为 0.5W，中心波长为 969nm；焦距分别为 60mm 和 80mm 的两个透镜准直(透镜镀增透膜)，将 LD 发散光束尽可能整形半径为几十微米的光斑。Er:Yb:Glass 的一面镀波长为 1510~1560nm 的高反膜(大于 99.9%)同时对波长为 970nm 高透膜(大于 85%)。激光介质的长度为 0.8mm。输出镜对波长为 1510~

1560nm 光的透过率为 1%，其曲率半径为 7mm。实验用热释电功率计测量功率，用单色仪测量激光波长。

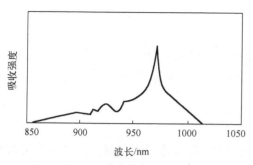 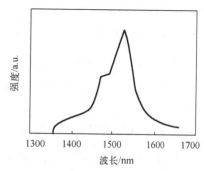

图 2.7.3　掺 Er、Yb 玻璃对波长在 980nm 附近的吸收光谱　图 2.7.4　LD 泵浦掺 Er、Yb 玻璃荧光光谱

实验结果及讨论：激光的阈值功率为 145mW，最大输出功率为 10.2mW，光-光转换效率为 2.06%，若考虑到耦合效率，则光-光转换效率为 2.94%，斜率效率为 5.26%；光谱波长为 1516～1547nm，峰值波长为 1533nm。

当时，由于泵浦光源 LD 的中心波长 969nm 不在 Er:Yb:Glass 的吸收峰(976nm)，所以影响了激光介质对泵浦光的有效吸收；激光介质的另一面未镀对泵浦光的高反膜，从而未能充分利用泵浦光；采用普通的球面透镜对 LD 的光进行准直聚焦，使泵浦光的光束质量不好，与振荡模式未能有效地匹配等，从而影响了激光效率。

2.7.3　其他固体激光材料

1. Nd:YAG 透明陶瓷

新华网上海频道 2006 年 7 月 10 日报道：经中国科学院上海光学精密机械研究所(以下简称中国科学院上海光机所)测试，由中国科学院上海硅酸盐研究所自主研发的透明陶瓷首次成功射出激光，这一"亮"标志着我国在激光材料方面取得了重大突破，成为世界上仅有的几个掌握这一尖端技术的国家之一。

《解放日报》2006 年 11 月 10 日报道：中国科学院上海硅酸盐研究所潘裕柏研究员介绍，透明陶瓷采用高纯原料，在真空或氢气条件下烧结制成，其相对理论密度通常高达99.99%。隔着透明陶瓷看报纸，白纸黑字一清二楚。

中国科学院上海光机所首次成功实现了国产陶瓷的连续激光输出。试验采用中国科学院上海硅酸盐研究所潘裕柏研究员课题组提供的 Nd:YAG 透明陶瓷，从毛坯样品的遴选、表征、热处理、切割抛光后加工，到光谱参数的测量、增益介质的长度、腔体的设计等各个环节，层层把关、精心设计，终于实现了这一突破性结果。

Nd:YAG 多晶陶瓷与 Nd:YAG 单晶相比有很多优点：制造容易，成本低，可以制造大尺寸和高掺杂，并能实现多层和多功能的陶瓷结构等。

2. 基于电子振动跃迁的"终声态声子"激光晶体

这类激光中最具代表性的有：Cr^{3+}:BeAl$_2$O$_4$，工作温度为 0～200℃，波长调谐范围为 0.701～0.820μm，最大单脉冲输出能量达焦耳级；Ni^{2+}:MgF$_2$，工作温度为 200K，波长调

谐范围为 $1.61\sim1.74\mu m$，最大连续输出功率达 100mW；$Co^{2+}:MgF_2$，工作温度为 200K，波长调谐范围为 $1.63\sim2.08\mu m$，最大连续输出功率达 100mW。$Ni^{2+}:MgO$，工作温度为 80K，连续输出功率达 9W。

3. 双色激光晶体

这类晶体温度变化时，可改变激光输出波长。如 $CaF_2:XErF_3:YTmF_3$，在室温下，激活离子 Er^{3+} 发射波长为 $2.69\mu m$ 的激光；但在 100K 时，激活离子为 Tm^{3+} 发射波长为 $1.86\mu m$ 的激光。

4. $Yb:YCa_4O(BO_3)_3$ 晶体

$Yb:YCa_4O(BO_3)_3$（简称 Yb:YCOB）晶体是 1998 年报道的新材料，具有荧光寿命长(是 Yb:YAG 的 2.4 倍)、吸收波段宽、非线性系数大、能实现自倍频运转等优点，是激光倍频和激光自倍频晶体的新品种。

5. 稀土可调谐激光晶体

稀土在可调谐激光晶体中的发展前景如下。掺稀土的可调谐激光晶体中除上述晶体以外，还有 Cr、Yb、Ho:YSGG 激光晶体等。Cr、Yb、Ho:YAG 激光晶体的波长在 $2.84\sim3.05\mu m$ 连续可调。据统计世界上用的导弹红外寻弹头大部分是采用波长为 $3\sim5\mu m$ 的中波红外探测器，因此研制 Cr、Yb、Ho:YSGG 激光晶体，可为中红外制导武器对抗提供有效的干扰源，具有深远的军事意义。另外，波长为 $3\sim5\mu m$ 的红外光可以用来远距离探测化学物质，因此可用于反化学战和环境保护。

稀土在新波长激光晶体中的应用前景是，巩固发展已有的产品，如 Ho:Cr:Tm:YAG、Ho:Er:Tm:YLF、Er:YAG 等，进一步提高晶体质量，实现大批量生产，同时要继续加强开拓应用价值大的激光新波段。

6. 硅酸盐晶体

在硅酸盐晶体中掺入不同激活离子可得到多种硅酸盐激光器，其中以掺铬镁橄榄石激光器最为重要、最有发展前途。掺铬镁橄榄石($Cr:Mg_2SiO_4$)激光器诞生于 1988 年，其以波长调谐范围宽而受到人们的高度重视。理论上 $Cr:Mg_2SiO_4$ 激光器波长调谐范围为 $680\sim1400nm$，实验上已实现的波长调谐范围为 $1130\sim1367nm$，通过改善晶体质量，有可能进一步实现波长为 $840\sim1400nm$ 的激光调谐。$Cr:Mg_2SiO_4$ 的激活离子为四价铬离子，具有大的受激发射截面和高的量子效率(77%，此效率在调谐固体激光器中是最高的)。$Cr:Mg_2SiO_4$ 激光器多用 Nd:YAG 激光及其倍频光泵浦，并可调 Q 锁模，以连续、脉冲等多种方式运转，已实现 60fs 锁模激光输出。$Cr:Mg_2SiO_4$ 激光器可输出 $1.276\mu m$ 波长激光，此波长被认为是材料的零色散波长、线宽、模式、光束直径、发散角、M^2 值等均较好。

2.8 全固态(LD泵浦)固体激光器

20 世纪 90 年代以来，由于大功率激光二极管制造工艺的成熟和生产成本的降低，二极管泵浦固体激光器的研究得到了快速发展，且已正式进入商品化。与传统灯泵浦固体激光器比较，全固态固体激光器具有以下优点。

　　(1)光-光转换效率高。由于半导体激光的发射波长与激光工作物质的吸收峰相吻合，加之泵浦光模式可以很好地与激光振荡模式相匹配，从而光-光转换效率很高，已达 50%以上，整机效率也可以与二氧化碳激光器相媲美，比灯泵固体激光器高出一个量级，因而全固态固体激光器可省去笨重的水冷系统，体积小，质量小，结构紧凑，易于系统集成，性能价格比高。

　　(2)性能可靠、寿命长。激光二极管的寿命大大长于闪光灯，达 15000h 以上，而闪光灯的寿命只有 300~1000h。激光二极管的泵浦能量稳定性好，比闪光灯泵浦优一个数量级，性能可靠，可制成全固态器件。其运行寿命长，成为至今为止唯一无需维护的激光器，尤其适用于大规模生产线。

　　(3)输出光束质量好。由于二极管泵浦激光的高转换效率，所以减少了激光工作物质的热透镜效应，大大改善了激光器输出光束质量，光束质量已接近理论极限 $M^2 = 1$。

　　(4)全固态激光器具有体积小、质量小、强度高、抗震性好、寿命长，以及通过调制电流可改变 LD 的泵浦波长，不需附加外部元件即可调整激光输出等一系列优点，因此代替灯泵固体激光器和部分气体激光器已是历史发展的必然。全固态激光器是激光器研究、开发和生产的重要方向之一。如长春镭锐光电科技有限公司商品化固态激光系列(DPSSL)，其输出波长为如下。

　　(1)紫外波长：261nm、320nm、360nm。

　　(2)可见光：蓝光为 457nm、473nm，绿光为 532nm，黄绿光为 561nm，黄光为 589nm，红光为 671nm。

　　(3)红外波长：914nm、946nm、1047nm、1053nm、1064nm、1319nm、1342nm。

　　产品特性：高功率稳定性，输出功率连续可调节，高光束质量，TEM00 模。

2.8.1　全固态激光器的类型

　　根据泵浦源的不同，全固态激光器可分为两类：LD 泵浦固体激光器和光纤激光器泵浦固体激光器。现将其结构和特点分别叙述如下。

　　LD 泵浦又可分为：发光二极管泵浦固体激光器(diode-pumped solid-state lasers，DPSSL)；半导体激光器二极管泵浦固体激光器(laser-diode pumped solid-state lasers，LPSSL)。根据泵浦源与激光工作物质的位置不同，又可分为同轴入射的端面泵浦(纵向)及垂直入射的侧面泵浦(横向)的端面泵浦和侧面泵浦全固态激光器。

　　实验结果表明，与其他泵浦方式相对比，端面泵浦的效率最高。其原因为：一方面，在泵浦激光模式不太差的情况下，泵浦光都能由会聚光学系统耦合到工作物质中，耦合损失较少；另一方面，泵浦光也有一定的模式，而产生振荡光的模式与泵浦光模式有密切关系，匹配的效果好。因此，工作物质对泵浦光的利用率也相对高一些。然而，端面泵浦虽然效率高，但受端面限制，因为端面较小只能采用单元的激光二极管，这就限制了采用功率较大的激光二极管阵列作泵浦源。

　　(1)激光二极管泵浦固体激光器。它的种类很多，可以是连续的、脉冲的、调 Q 的，以及加倍频混频等非线性转换的。工作物质的形状有圆柱和板条状的。而泵浦的耦合方式又分为直接端面泵浦、光纤耦合端面泵浦和侧面泵浦三种结构。泵浦所用的激光二极管或激光二极管阵列出射的泵浦光，经由会聚光学系统将泵浦光耦合到晶体棒上，在晶体棒的泵浦耦合面上为减少耦合损失而镀有对激光二极管波长的增透膜。同时，该端面也是固体激光器的谐振腔的全反端，因而端面的膜也是输出激光的谐振腔，起振后产生的激光束由输出镜耦合输出。针对这一弱点，人们又发展了光纤耦合的端面泵浦和侧面泵浦方式。端面泵浦激光器由激光二极管、两个聚焦系统、耦合光纤、工作物质和输出反射镜组成。与直接端面泵浦不同，这种结构先把激光二极管发射的光束质量很差的激光耦合到光纤中，经过一段光纤传输后，从光纤中出射的光束变成发散角较小的、圆对称的、中间部分光强最大的泵浦光束。用它泵浦工作物质，由于它和振荡激光在空间上匹配得很好，因此泵浦效率很高。由于激光二极管或二极管阵列与光纤间的耦合较与工作物质的耦合容易，从而降低了对器件调整的要求，而且最重要的是这种耦合方式能使固体激光器输出模式好、效率高。

(2) 侧面泵浦板条固体激光器。要得到更大功率的激光输出，就必然要采用泵浦功率较大的阵列型激光二极管，由于阵列型激光二极管的发光面较大，不可能利用端面泵浦，因此大多采用侧泵浦方式。这种结构的特点是，在工作板条的一侧用激光二极管阵列，另一侧是全反器，使泵浦光尽量集中到工作物质中。板条状激光器结构的特点是，激光通过工作物质介质全内反射传输，这样，激光经过工作物质的长度就大于工作物质的外形长度，即提供了更长的有效长度。在有效长度内，工作物质皆可直接吸收到由激光二极管发射的泵浦光，从而较易获得大功率输出。从激光二极管发出的光束经光学耦合从侧面泵浦激光晶体，从而获得单级输出的激光；并可以根据所要得到的输出功率要求而改变激光工作物质的长度，从而改变激光二极管泵浦的效率和功率。

LDPSSL 是让 LD 的输出转变为固体激光器输出的器件，它兼有半导体和固体激光器两者的优点。LDPSSL 的设想在 1964 年提出，1974 年 Keyes 和 Quist 研制成功世界上第一台 LD 泵浦的 $U^{3+}:CaF_2$ 固体激光器，获得了波长为 $2.613\mu m$ 的红外激光。由于 LD 制造技术不完善，直到 20 世纪 80 年代后，半导体分子束外延(semiconductor molecular beam epitaxy，MBE)技术的发展和金属有机化学气相淀积(metal-organic chemical vapor deposition，MOCVD)方法的出现，促进了大功率、高效率和长寿命的 LD 的诞生，使 LD 成为固体激光器。在短短几年的时间里，使 LDPSSL 走出研究室并成为大批量激光器生产工艺的主流产品之一。可用二极管泵浦的激光晶体多种多样，除了传统的激光基质 YAG、YLF 外，还有高增益 YVO_4 等，激活离子除传统 Nd 离子外，还有 Yb、Ho、Tm、Er 离子等。Yb:YAG 具有许多特点适合高功率 LD 泵浦。Yb:S-FAP 晶体将来有可能用于激光核聚变的激光材料，引起人们的关注。Tm:YAG、Ho,Tm:YLF、Ho:YLF 激光晶体的发射波长适合在军事上应用。

LD 已成功泵浦了 $Nd^{3+}:YAG$、$Nd^{3+}:YLF$、$Nd^{3+}:YVO$($Nd^{3+}:YVO_4$)、$Nd^{3+}:YAlO$($Nd^{3+}:YAlO_4$)和钕玻璃。它们的吸收和激光发射的峰值波长见表 2.8.1。

表 2.8.1　几种工作物质的吸收峰值波长和激光波长

工作物质	吸收峰值波长/nm		激光波长/μm
	范围	中心值	
$Nd^{3+}:YAG$	805～809	809	1.064、0.946、1.319
$Nd^{3+}:YLF$	795～805	较平坦	1.053
$Nd^{3+}:YVO_4$	800～820	810	1.064、1.34
$Nd^{3+}:YAlO_4$			

LD 泵浦的方式可分为两类：同轴入射的端面泵浦(纵向)和垂直入射的侧面泵浦(横向)，器件结构分别示于图 2.8.1 和图 2.8.2 中。

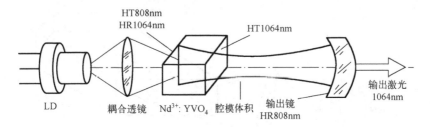

图 2.8.1　端面泵浦的 LDPSSL 结构

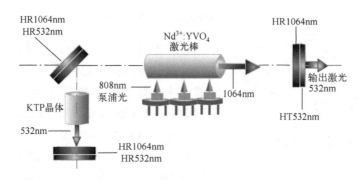

图 2.8.2　侧面泵浦的 DPSSL 结构

端面泵浦时，激光棒的两个端面都经过严格的光学研磨。在泵浦光入射方的端面上，对泵浦波长的光(Nd:YAG 在 809nm)镀增透膜，对激光振荡波长的光(Nd:YAG 在 1064nm)则镀高反膜。在激光出射方的端面上，对激光振荡波长的光镀增透膜，对泵浦波长的光镀高反膜。这样在泵浦光入射的棒端面和输出镜之间就构成激光谐振腔。LD 与激光腔之间的模匹配用一个透镜来实现，这样可使 LD 泵浦光以尽可能高的效率耦合到激光棒中。

端面泵浦的耦合方式，除用图 2.8.1 和图 2.8.2 所示的直接耦合方式，还有光纤耦合方式，如图 2.8.3 所示，它是用光纤把 LD 泵浦光导入激光棒的输入端面，其间仍用一个模式匹配透镜，直接端面泵浦的总体效率最高，光纤耦合结构使 LD 远离谐振腔，激光头尺寸最小。

还有一种称为 MISER(solid state ring laser，固态环形激光器)型的耦合方式，即端面泵浦的单块单模单相环形激光器。如图 2.8.4 所示，虽然也是直接耦合，但激光工作物质是一个特殊的八面体，如图 2.8.5 所示。激光晶体本身又作为谐振腔，泵浦光从 A 面入射，在 B、C 和 D 面上全反射，光束按图中箭头描绘的非平面路径行进，可

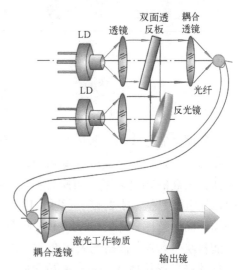

图 2.8.3　光纤耦合端面泵浦激光器

以得到行波输出。还可以在晶体上加磁场，以得到高质量的单频输出。MISER 激光器的一个突出的优点是激光束的质量特别高。

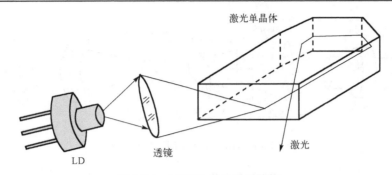

图 2.8.4　MISER 激光器的结构

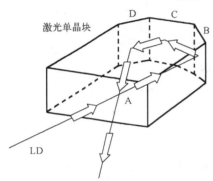

图 2.8.5　MISER 激光器所用的激光晶体形状

对于端泵方式，其优点是，由于泵浦光与振荡光束的模匹配性好，在激光工作物质中的有效吸收大，故泵浦效率高(30%～50%)，容易获得 TEM_{00} 振荡；缺点是发光范围的截面积受到限制，高功率化有困难。为了提高泵浦功率，可采用 LD 阵列，用光纤束导引泵浦光进行端面泵浦，如图 2.8.6 所示。用 7 个功率为 500mW 的 LD，通过光纤束进行端面泵浦，以得到功率为 0.66W 的 TEM_{00} 输出，泵浦效率为 35%。

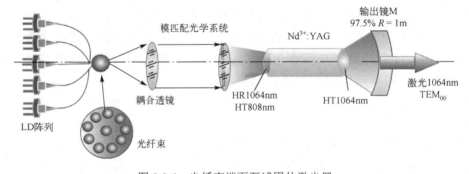

图 2.8.6　光纤束端面泵浦固体激光器

侧面泵浦方式与一般闪光灯横向泵浦相似，对谐振腔反射镜和棒端面的研磨质量的要求要低一些，一般泵浦效率低(10%～20%)，容易形成多模振荡。但这种方式有一个优点，可获得最高的输出功率。当激光棒较长时，可方便地用激光二极管阵列(laser diode array，LDA)侧面泵浦。图 2.8.7 是线性 LDA 侧面泵浦示意图。图 2.8.8 是 LDA 侧面泵浦板状示意图，振荡光束在介质内以密集的锯齿形传播，采用紧密折叠腔，简称 TFR 方式。用这种方式泵浦，光束的空间匹配性好，激光效率高，用连

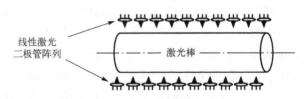

图 2.8.7　线性 LDA 侧面泵浦示意图

续功率为 10.9W 的 LDA 泵浦 TFR 方式工作的 YAG:Nd 激光器，得到功率为 3.8W 的输出，即效率为 38%。

图 2.8.9 是 LDA 侧向多端面泵浦方式的结构示意图。激光工作物质也是板状，仍采用

LDA 侧面泵浦,只是各个泵浦光的入射位置是板状介质中的振荡光束在两个侧面上的反射点。谐振腔也是采用 TFR 方式。这种 LDA 由 20 个功率为 1W 的 LD 组成,分别用透镜聚焦,用光纤导引泵浦光,得到功率为 5.4W 的输出(效率为 35%),TEM$_{00}$ 模的输出功率为 3.5W(效率为 31%)。

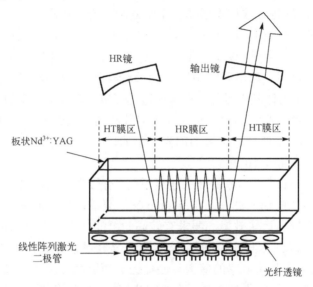

图 2.8.8　LDA 侧面泵浦板状介质的 TFR 结构

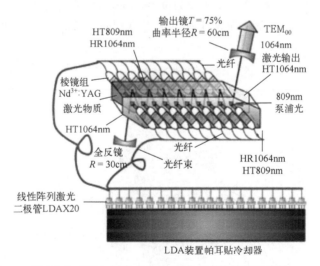

图 2.8.9　LDA 侧向多端面泵浦方式的结构示意图

还有其他一些泵浦方式,如用二维 LDA 侧面泵浦,可进一步提高输出功率。LDPSSL 的另外一个研究方向是向微型集成。

LDPSSL 与闪光灯泵浦的固体激光器相比,有很多优点:①寿命长,闪光灯的平均寿命约为 400h,LD 的平均寿命在 10000h 以上;②光-光转换效率高,产生的热量少,热光畸变小,光束质量高;③效率高,频率稳定性好;④通过调制电流可改变 LD 的泵浦波长,不需附加外部元件即可调整激光输出;⑤可做成微型集成激光器。

2.8.2　高功率 LD 泵浦固体圆盘激光器

高功率 LD 泵浦固体激光器的用途非常广泛，但热效应问题使光束质量大大降低，从而大大限制了它的应用范围。为解决这一问题，可采用多个激光棒或板，来实现超高功率(几千瓦)的输出。但是，这将导致体积增加，系统复杂，价格提高。

圆盘激光器是解决热效应问题的好方法：将腔的一端直接贴近热沉，以利于冷却；圆盘激光器输出功率高，光束质量好。这种激光器可用于焊接、切割、打孔、打标、微加工，运转成本大大减小；可用于科学研究领域，包括光学镊子、拉曼光谱等。

普通的棒状、板状固体激光器件，不仅热透镜严重，而且所产生的热还会使增益减小，这对三能级的晶体来说是非常不利的。因为大多数高功率激光器都采用具有四能级结构的 YAG 和其他掺钕晶体，用低功率密度的闪光灯泵浦，由于热透镜效应限制，每根棒的单模 TEM_{00} 输出功率一般不超过 100W。

掺镱(Yb)晶体(如 Yb^{3+}:YAG)是准三能级系统，有较宽的吸收带。Yb:YAG 吸收带宽为 10nm，能覆盖整个 LD 的辐射波长。用 940nm 波长泵浦，辐射波长为 1030nm，理论上的效率可达 91%。为了提高运转效率，要求有较高的泵浦功率密度($10kW/cm^2$，3000K)，尽管 LD 可以提供如此高的泵浦功率密度，但是，若按传统思路设计，热透镜问题仍不能解决。新的设计思想是：在几毫米厚的薄圆片晶体的一面镀高反膜(对泵浦光和振荡激光都是高反膜)，构成一个腔面，并且直接与水冷的铜热沉接触；圆片的另一面镀增透膜，外加输出腔镜，如图 2.8.10 所示。用输出光波长为 940nm InGaAs 的 LD 进行纵向泵浦，所产生的激光束分布近似平顶，在晶体上可产生均匀的温度和应力分布，从而使热透镜效应和热双折射效应减至最小。

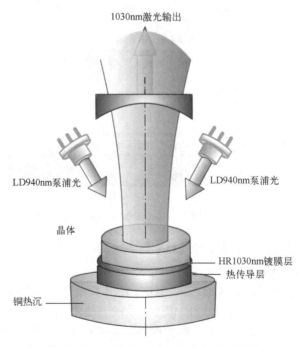

图 2.8.10　半导体二极管泵浦圆盘激光器

为进一步减小热效应，可采用光纤耦合的半导体激光器，将光纤耦合在一起，对薄片进行泵浦。这样做的好处是可以消除 LD 本身所产生的热。此外，更换泵浦器件也比较方便。如用较高出纤功率(20～60W)的器件替换原有的出纤功率为 1.2W 的器件，非常方便，不需改变器件结构。

此外，还可以通过如下的途径进一步增加圆盘激光器的输出功率。

(1)增加 LD 泵浦功率和泵浦光源直径。

(2)降低圆盘的温度，可以提高光学效率，可以抵消由于制冷所损耗的电功率。

(3)缩短谐振腔的长度，这样做可能使光束质量稍微受到一点影响。

(4)增加圆盘晶体的数量，采用折叠腔，这时需用较多的反射镜。

现在，高功率 LD 泵浦固体圆盘激光器已经取得如下结果：采用一个圆盘时，泵浦功率为 223W，最大输出功率可达 105W，$M^2 = 25$；采用两个圆盘时，泵浦功率为 201W/盘，最大输出功率为 184W，$M^2 = 9$；泵浦功率为 702W，最大输出功率为 346W，但光学质量较差。用此方法可产生单横模 TEM_{00}，当腔长为 185cm，泵浦功率为 247W 时，TEM_{00} 输出功率为 97W，$M^2 = 1.22$，电-光效率为 13.3%；用出纤功率为 10W 的 LD 泵浦 $Nb:YVO_4$ 圆盘(厚 0.2mm、直径 4mm)晶体时，输出功率为 4.4W，$M^2 = 1.5$。泵浦 Tm:YAG 圆盘晶体时，辐射波长为 1980nm，效率大于 40%。这些结果说明：圆盘激光器比棒状、板状激光器的效果都好。

采用 Yb:YAG 材料的另一个优点是：可在 46nm 的波长范围内调谐。当泵浦功率为 40W 时，可在波长为 1016～1062nm 调谐，输出功率为 9W，此时的耦合输出透过率为 1.6%。如果该透镜降至 0.1%，则调谐范围更大：1006.0～1086.5nm。

2.8.3　高功率、高稳定性 LD 泵浦 Nd^{3+}:YAG 激光器

高功率、高稳定性 LD 泵浦 Nd^{3+}:YAG 激光器，有两种类型：①LD 泵浦 Nd:YAG 微环形激光器；②高功率 LD 侧向泵浦 Nd^{3+}:YAG 激光器；采用注入锁模技术，就能得到高功率和高稳定性 LD 泵浦 Nd^{3+}:YAG 激光器，也可以满足引力波测量中激光干涉仪的高要求。

LD 泵浦 Nd^{3+}:YAG 微环形激光器的振幅噪声也非常小，采用电反馈技术，可使 300Hz～300kHz 频率的相对振幅噪声降低到 $10^{-7}Hz^{1/2}$ 以下。这些特点使 LD 泵浦 Nd^{3+}:YAG 微环形激光器非常合适作为高功率、高稳定性 LD 泵浦 Nd^{3+}:YAG 激光器的主振荡器。

高功率 LD 侧向泵浦棒状 Nd^{3+}:YAG 激光器设计为环形泵浦结构。这种结构容易实现注入锁模，即让高功率激光器的振荡频率稳定在微环形激光器的频率上。用 $f = 300mm$ 的透镜将主激光器的输出光束很好地耦合进高功率激光器的谐振腔。采用光学隔离器，可防止高功率激光器对微型激光器产生干扰，所有光学元件都镀有波长为 1064nm 的减反射膜，微型激光器输出功率 1W 时，就有 900mW 的功率耦合进高功率激光器。

通过注入锁模方式，可使高功率激光器只工作在一个纵模，输出功率为 20W，采用更高的泵浦功率和光纤耦合的半导体激光器泵浦，可进一步提高输出功率(50W)，系统更加可靠。现在，这种高稳定性的 LD 泵浦 Nd^{3+}:YAG 高功率激光器已在臂长为 600m 的汉诺威干涉仪中应用。

2.8.4　LD 泵浦固体高功率可见激光器

　　LD 泵浦绿光固体激光器，用它可代替 Ar^+ 和 He-Cd 激光器。小型的 LD 泵浦蓝绿光固体激光器，可满足生物分析、图像、光学数字存储等应用的要求。可以代替气体激光器的器件，是以 LD 为泵浦的固体激光器，包括红外蓝光半导体激光器 LD 泵浦固体激光器及其倍频或经其他非线性频率转换后所产生的可见激光器件。

　　如今，GaAs、InGaAs 和红外发光二极管(light emitting diode，LED)泵浦固体激光器的发展已处于相当先进的阶段，非线性晶体 $MgO:LiNbO_3$ 等也都有商品出售，在相位匹配的条件下，可在 820~1064nm 实现有效的倍频运转。

　　将峰值功率为千瓦量级的 Q 开关激光脉冲直接射到非线性晶体上，通过单通二次谐波产生，就可以得到绿光。但是，在用连续运转、输出功率为 1W 的 LD 来泵浦固体激光器，并用外腔进行倍频时，绿光输出功率仅为几微瓦。欲产生几毫瓦输出，需增加输入光强。如果采用内腔倍频，即将非线性晶体放在腔内(图 2.8.11)，对 1W LD 泵浦的 YAG 激光器而言，腔内波长为 1064nm 的功率可大于 100W(不易测量)。

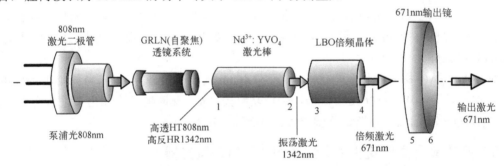

图 2.8.11　激光二极管端面泵浦腔内倍频 YAG 激光器

　　这时，绿光输出可达 150~200mW。但是，输出很不稳定，因为腔内有多个纵模振荡，而且这些纵模互相竞争。此外，纵模间还由于非线性效应产生和频、差频等，结果使输出光强波动严重，这就是所谓的"绿色问题"。"绿色问题"已经解决，已有几家公司相继推出 LD 泵浦 2~5W 绿光固体激光器(参见表 2.8.2)，2008 年西北大学光子学与光子技术研究所双端 LD 泵浦的 $Nd^{3+}:YVO_4$ 腔内倍频激光器，绿光稳定功率为输出达 8W。

　　在这些产品中，大多采用 20W 的半导体激光器，用光纤耦合到 $Nd^{3+}:YVO_4$ 激光材料，然后用 LBO(三硼酸钾)或 KTP(磷酸钛氧钾)内腔倍频，并采用有效措施克服在内腔倍频中存在的振幅波动问题。

　　同水冷激光器相比，这些激光器的优点是：光斑小，光学噪声小一个量级，效率提高百倍，无需水冷。因此，这种激光器在科研领域很受重视，已成功替代 Ar^+ 激光器泵浦锁模 $Ti^{3+}:Al_2O_3$(掺钛蓝宝石激光器)。全固体 $Ti^{3+}:Al_2O_3$ 激光系统可用来研究超快现象，如 $THz(10^{12}Hz)$ 成像、双光子显微镜和超快脉冲的微加工等。

　　CWLD(continuous operation of laser diode optometer，连续运转激光二极管光器)泵浦激光器在工业和医药方面的发展也非常迅速。如在医药方面，LD 泵浦固体激光器已代替水冷的 Ar^+ 激光器用于光凝固。

　　现在，LD 阵列泵浦 $Nd^{3+}:YAG$ 绿光激光器的平均功率已超过 100W。法国科学家用 35

只 20W 的 LD 阵列，把它们有效地耦合到激光棒上，它们被分为 5 组，每组含 7 个器件，每个器件与水冷电极相连。它们向心排列从侧向泵浦掺钕浓度为 1% 的激光棒。棒的直径为 6mm，长为 130mm，外加玻璃套以便水冷。LD 的光谱宽度为 4nm，在 20℃ 下，用 30A 驱动电流，平-凹激光腔腔长为 300mm。在用 700W 平均功率泵浦时，多模输出功率为 180W。

为获得较高的平均功率，需设计特殊的腔，因为在普通的线性腔中，非线性晶体上的光斑随功率增加而减小。高光流密度会使晶体受到破坏，研究人员设计了 Z 型腔，在激光棒和非线性晶体间加两个凹面镜作为光学延迟线，并将激光棒成像到非线性晶体(4mm×4mm×6mm)上，使光束直径增大 50%。激光器用声光 Q 开关调制(15～30kHz)，Z 型激光腔允许 KTP 在两个方向上倍频。LD 工作电流为 25～30A，脉宽为 215～245ns。当波长为 532nm 时，平均功率为 100W 和 75W。脉冲与脉冲之间的稳定性小于 1%。当重复率小于 25kHz 时，脉冲与脉冲之间的时间跳动小于 10ns。现在，人们企图用这样的激光器来代替铜蒸气激光器。

2.8.5　LD 泵浦微片可见固体激光器

激光发明之后，科学家们就开始研究激光显示的有关问题了。但当时的系统大多以气体激光和灯泵固体激光器为主，具有体积大、价格高、要求冷却等缺点，大大限制了它们的应用。LD 泵浦微片固体光激光器是实现单纵模运转的良好手段，最近的发展表明：小型、空气冷却的 LD 泵浦微片固体可见光激光器可以用来制作便携式激光投影仪、激光电视等。

现在，LD 泵浦微片红、绿、蓝光激光器的发展很快。这些激光用低价的长寿命的 AlGaAs LD 泵浦稀土掺杂晶体，利用内腔非线性过程提供可见波长。适当选择晶体和镀膜，可得到各种波长。电光效率为 1%～5% 乃至更高，消除了水冷，体积小，足以构成便携式激光投影仪，而且 LD 泵浦微片固体激光器可以大量生产。

采用 LD 作为泵浦源有利于将宽带、非衍射极限的近红外 LD 辐射转换成相干的窄带近衍射限制的可见光。为获得红、绿、蓝光，还采用了其他手段，到目前为止，激光动力公司(Laser Power Corp)已演示了 670nm、660nm、656nm、627nm、594nm、532nm、473nm、457nm、454nm、451nm 波长的可见光。

LD 泵浦微片可见光固体激光器包括增益和倍频两种晶体(图 2.8.12)，采用 F-P 腔，反射膜直接镀在晶体表面，当基波为 1313nm、1064nm、914nm 红外光时，经非线性介质倍频后，可生产 656nm、532nm 和 457nm 波长的光。

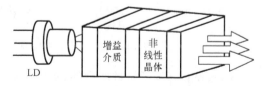

图 2.8.12　LD 泵浦微片可见固体光激光器

AlGaAsLD 列阵器件输出功率为 10W，LD、晶体、热电制冷器装在 1in×1in×4.5in 的激光头中，激光头装在空气热沉上，功率消耗为 30～60W。LPC 等已用一个 LD 泵浦绿光微片激光器(532nm，1.87W)、三个 LD 泵浦蓝光微片激光器(457nm，1.35W)和一个红光二极管激光器(650nm，4.87W)制成了一台基于主动列阵液晶显示器件(AMLCD)的 500lm 投影仪样机，分辨率为 1280×1024，显示图像大小为 0.6～3m，对比度为 100∶1，寿命大于 10000h。

2.8.6　LD 泵浦 UV 固体激光器

医用仪器的零件加工、微电子包装、塑料打标、微型光刻等已经发展成为激光工业应用的新热点。过去，在这一领域，占统治地位的是输出波长为紫外的准分子激光器，但最近情况有所变化，小型、高平均功率、高可靠性的固体紫外激光器，不仅可以代替准分子激光器，而且还使微加工、打标等技术有了新的发展。

灯泵固体激光器经非线性倍频后，波长可从 1064nm 变为 355nm(图 2.8.13)。用这类器件来代替准分子激光器的好处是：光斑小，重复率高达几千赫兹。用计算机控制的扫描系统，可使激光束扫出复杂图样。但是，灯泵固体激光系统的效率低，要经常换灯、维修、清洁和对准。此外，还有一个令人头痛的"三倍频"问题，即在高 UV 光功率密度时，放在腔中的非线性晶体的表面容易遭到破坏，使三倍频光的输出很不稳定。在这种情况下，技术人员需要经常调节晶体，将破坏区移到光束以外。尽管如此，灯泵固体激光器件还是在某些领域代替了准分子激光器，如微电子器件封装和微打孔等。

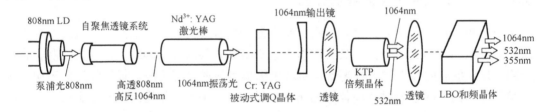

图 2.8.13　激光二极管端面泵浦 $Nd^{3+}:YVO_4$ 腔外倍频和频 355nm 激光器

近几年来，LD 泵浦 UV(ultraviolet laser，紫外激光器)固体激光器发展迅速，用单个或多个 LD 棒泵浦的 $Nd^{3+}:YAG$，$Nd^{3+}:YVO4$ 或 $Nd^{3+}:YLF$ 激光器经 Q 开关、三倍频后，可输出高功率的波长为 355nm 紫外光。四倍频后，可输出高功率的波长为 266nm 紫外光(图 2.8.14)。

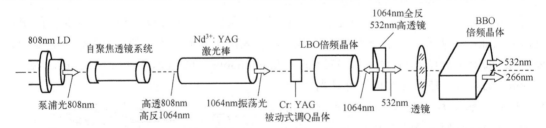

图 2.8.14　激光二极管端面泵浦 $Nd^{3+}:YVO_4$ 四倍频 266nm 脉冲激光器

Coherent 开发了一种新型的、实用化的 LD 泵浦 UV 固体激光器。其输出波长为 355nm，最高平均功率为 1.5W，最佳重复频率为 15kHz，但可在单次 40kHz 之间调谐。重复频率为 6～25kHz，平均功率均大于 1W，脉宽小于 40ns，保证有较高的峰值功率。器件运转寿命为 5000h，激光头的寿命大于 20000h。

LD 泵浦 UV 固体激光器的基本应用是在聚合物和铜的印刷线路板上，在一些特殊的医疗器械上打孔、切割、打标等。如在微电子工业中打直径为 10～75μm 的小孔，在导液管等医疗器械上打 8μm 至几百微米的小孔，在 0.005in[①] 的 Kapton 材料上打直径为 20～80μm

---

的小孔等。打标是 LD 泵浦 UV 固体激光器的另一项重要应用。尽管灯泵波长为 1064nm 固体激光器已在这一领域统治了多年，但它是利用热在表面产生标记，或者在表面形成某种附加物的，在这两种情况下，都会形成烧焦的痕迹。用波长为 355μm 的 UV 光打标，可产生高对比度的标记，光在塑料上引起化学变化，着色于表面。UV 光不会破坏材料表面，而只改变表面的光谱性质。这对药品和食品工业的好处极大，因为在这一领域，表面破坏是不允许的，否则，细菌就可能在那里聚集。在打印条码时，LD 泵浦 UB 固体激光器也比准分子激光器优越，它可以每秒 100 个字符的速度在各种塑料上打印各种标记。

2.8.7　全固体蓝光激光器

20 世纪 80 年代以来，随着金属有机化学气相沉积(MOCVD)的发展和多量子阱(multiple quantum well，MQW)技术的出现，半导体激光器件(LD)的工作特性，无论是激光功率、阈值电流，还是运转条件、输出特性等都有了显著的改善，这反过来又极大地推动了固体激光技术的发展。基于 LD 的各种激光器件的日益成熟，标志着全固态激光系统终成现实。目前，LD 泵浦的全固体绿激光器已开始走向商品化，在某些场合已经取代了传统的离子激光器。实现全固态激光光源的途径主要有四种，即直接发射蓝光的 LD、LD 倍频的蓝色光源、蓝色波导激光器和利用 LD 泵浦、通过非线性光学手段获得的蓝光激光器。

1.　直接发射蓝光的半导体激光器

由于结构简单、使用方便、电-光转换效率高等优点，能够直接发射蓝色激光的 LD 一直受到人们的关注。最先的研究集中于 II-IV 族材料尤其是 ZnSe 上。这种材料禁带宽度约为 2.1eV，发射波长相应于深蓝色 480nm，且其栅格结构非常接近常用的 GaAs，因而显得非常适合于蓝光 LD。1996 年日本索尼公司采用 ZnSe/ZnCdSe 单量子阱激活层分别限制双异质结构实现了在 20℃下、输出功率为 1mW 并且可连续工作 100h 的蓝-绿(波长为 515nm)LD。然而生长过程中 p-n 结内形成的缺陷在高阈值电流、高结温环境下会迅速扩散，使得其寿命的进一步提高十分困难，距离商品化 10000h 的目标还有很长一段距离。在此同时，日本 Nichia 化学工业公司(以下简称 Nichia 公司)的 Shuji Nakamura 另辟蹊径，致力于 III-V 族 GaN 材料的研究。他在冲氮环境下，借助于双束气流反应技术，在 15% 失配的石英基底上，采用 MOCVD 方法生长出了 InGaN 多量子阱结构的波长为 408.6nm 蓝光 LD，1997 年初室温寿命为 35h，同年秋季通过侧向外延生长技术将之提高到 1000h。同年，东芝材料与器件研究室在相似的结构下也获得了室温波长为 417nm 的蓝色激光脉冲运转。然而，半导体材料本身的缺陷难于克服，使蓝色激光二极管的发展相对缓慢，与实用化之间还有较长的一段距离。Nichia 公司预计于 1998 年底研制出功率达 20～30mW，能够用于可擦写光盘的蓝紫光 LD，2002 年蓝色激光二极管已经迅速发展及运用。

2.　用直接倍频 LD 输出的方法得到的蓝光激光器

这种通过二次谐波(SHG)将 LD 的红外输出直接倍频而得到蓝色激光的方案(图 2.8.15)，能够实现高的光-光转换效率。要求 LD 不仅能够输出较高的激光功率，还必须

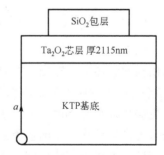

图 2.8.15　倍频钛宝石激光器的带线加载 $SiO_2/Ta_2O_5/KTP$ 波导结构

实现单管、单频运转。因此，采用电学边带压缩或光学反馈压缩等技术，通过外腔加强的方法，改善 LD 光束质量、压缩其发射线宽，并且将 LD 输出锁定在非线性晶体无源谐振腔的共振频率上就成为这项技术的关键。1989 年，L.Goldkey 和 M.K.Chun 用 KN 晶体倍频波长为 842nm 的 LD 输出得到功率为 24mW 的连续蓝色激光，W.J.Kozlovsky 和 W.Lenth 用电学反馈技术钳制功率为 858nm LD 的输出，在 140mW 入射功率下得到 41mW 的波长为 428nm 连续输出。1994 年德国 A.Hemmerich 将单块 KN 同时用于环形倍频和 LD 光学频率自锁，在 90mW、856nm 波长光的入射功率下，获得了 22mW、428nm 激光输出。相关公司正计划将此项成果转化为可用于光存储的商品。

3. 蓝光波导激光器

这种激光器由于波导中传播的激光功率高、与泵浦光耦合充分、阈值低、转换效率高、相位匹配范围宽而受到了重视。1994 年，G.Gupta 运用 1mm 长的畴反转 $LiTO_3$ 波导对波长为 840nm 的 LD 倍频而得到 $26\mu W$ 的输出功率、$290\% \cdot W^{-1} \cdot cm^{-2}$ 的转换效率和 0.3nm 的相位匹配宽度。我国南京大学的陆亚林等用三阶准相位匹配的 $LiNbO_3$ 倍频 810nm GaAsAl 激光，在入射功率为 250mW 时，获得了 0.3mW 的 405nm 输出，光学转换效率达 0.14%。最令人注目的是离子 KN 波导和薄膜 KTP 波导。日本的 Tohru Doumuki 等用带线加载(strip load)结构的 $SiO_2/Ta_2O_5/KTP$ 薄膜波导对钛宝石激光进行倍频，在波导长度为 4.1mm 时得到了 13mW 的近 TEM_{10} 模 413nm 输出，转换效率接近 $1000\% \cdot W^{-1} \cdot cm^{-2}$，试验装置见图 2.8.16。薄膜波导激光器的优点是效率高，缺点是波导制作复杂，对泵浦光束质量要求高，而获得的倍频(SHG)激光光束较差。

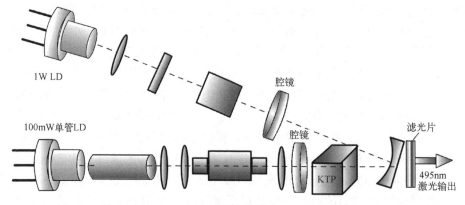

图 2.8.16　P.N.Kean 折叠腔和频 459nm 蓝光激光器

4. LD 泵浦、非线性光学频率转换的蓝光激光器

把 LD 作为泵浦源，不仅可以将发散角大、光谱结构差的半导体激光转换为谱线窄、基横模的固体激光输出，并且谐振腔内高的往返激光功率，还使得通过非线性光学手段进行频率转换，实现全固体化激光器的波长扩展成为可能。这种方法主要利用了 LD 发射谱线能够很好地与 Nd^{3+}、Cr^{3+} 等激活离子的吸收带相匹配这一特性，并通过倍频、和频等方法来得到高转换效率的蓝色激光输出。

1) 通过和频方法得到的蓝光激光器

这主要是运用 GaAlAs LD 输出的 809nm 与 Nd^{3+} 1.06μm 的激光器和频来得到 459nm

的蓝光输出。1987 年，J. C. Baumert 及其同事首次在 Ⅱ 类相位匹配的 KTP 晶体中运用和频方法得到了 0.96mW 的蓝光输出。1989 年，W. P. Risk 和 W. Lenth 利用同样的晶体在常温下实现了此和频过程的非临界相位匹配，也获得了蓝色激光输出。1992 年，W.P.Risk 和 W.J.Kozlovsky 利用外腔谐振加强的办法，在 KTP 单块驻波腔内获得 4mW 的基横模 452nm 输出，这相应于 809nm 入射功率 30mW 的 55%，1064nm 入射功率 33mW 的 45%，他们还通过调制 LD 得到了脉宽为 5ns 的蓝色激光脉冲序列。P.N.Kean 和 R.W.Stanley 在 1993 年采用如图 2.8.17 所示的折叠腔结构，利用 100mW 的单管 LD 得到了 20mW 的 459nm 蓝光输出，单管 LD-蓝光的转换效率高达 68%，在改变和频晶体的匹配角度时，实现 12nm 的调谐宽度，但是这种技术对起注入作用的 LD 要求高。

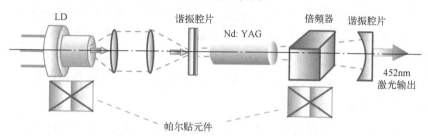

图 2.8.17　谐振腔内倍频 452nm 蓝光激光器

2) 腔内倍频的掺钕(Nd^+) 蓝光激光器

从 20 世纪 80 年代末期开始，人们就利用 808nm 的 LD 泵浦 Nd^{3+}:YAG 及 Nd^{3+}:YVO$_4$，实现 $^4F_{3/2} \rightarrow {}^4I_{9/2}$ 准三能级的 946nm 或 912nm 激光振荡，并运用 KN 或 LBO 等非线性晶体通过内腔倍频以得到蓝色激光输出的方案进行了研究。1987 年，W.P.Risk 和 W.Lenth 在一个未优化的 Nd^{3+}:YAG-LiIO$_3$ 激光腔外得到了 100μW 的 473nm 蓝色激光。1989 年，W.P.Risk 用 KN 晶体对 LD 泵浦的 Nd^{3+}:YAG 倍频，在吸收功率为 400mW 时得到了 3.7mW 的蓝色激光。同年，斯坦福大学的 T.Y.Fan 申请了关于通过倍频掺 Nd^{3+} 介质而获得蓝绿激光的专利。1997 年，岛津公司京阪研究所的工作者采用如图 2.8.18 所示的结构，用 1W 的 LD 泵浦 Nd^{3+}:YAG，使用 KNO$_3$ 和 BBO 内腔倍频，在室温下分别得到了 32.3mW 和 25.1mW 的 473nm 的输出，电-光效率分别达到 1.1% 和 0.9%。前者输出 TEM$_{00}$ 模，后者输出为纵横比 1 : 4 的椭圆高斯光束。近几年，各种采用 Nd^{3+}:YAG/KN 微片腔或者微晶体腔结构来获得小型化、高光束质量蓝色激光光源的方案引起了研究者的重视。这种激光器结构比较简单，关键在于采取适当的措施抑制发射截面大的 1.06μm 振荡，使 0.914μm 光振荡，再经过倍频成 452nm 的蓝光，其技术已逐渐趋向成熟化，多家公司正试图推进其产品化。

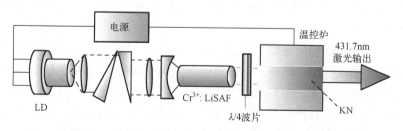

图 2.8.18　温度匹配的可调谐 Cr:LiSAF-KN 蓝光激光器

3) 腔内倍频的可调谐掺铬(Cr^{3+})蓝光激光器

1992 年，美国劳伦斯利弗莫尔国家实验室成功地研制出两种可调谐激光晶体 Cr:LiCAF 和 Cr:LiSAF。其荧光光谱范围覆盖 800～1000nm 波段，并且在 630～690nm 有吸收带。Cr:LiCAF 晶体由于存在严重的散射机制、引入大的损耗而较少在激光系统中使用。更令人感兴趣的是 Cr:LiSAF，其晶体生长工艺较为成熟，峰值发射波长为 846nm，再加上 670nm、500mW 级的红光 LD 的商品化，推动了基于 Cr:LiSAF 的内腔倍频蓝光激光器的发展。1996 年，日立金属株式会社的研究人员佐藤正纯等研制出高稳定性的 430nm 的蓝光激光器，输出功率大于 10mW。它采用电学反馈，将输出稳定性控制在 0.7%。1997 年底，国内某单位采用 Cr:LiSAF-KN 结构，利用非线性晶体结合激光晶体的偏振发射特性组成一种特殊的双折射滤光片，实现了可调谐蓝色激光输出，调谐范围为 423.4～445.5nm，吸收功率为 256mW 时，在 431.7nm 处输出最大功率 3.15mW，实验装置结构如图 2.8.19 所示。只是目前用作泵浦源的 LD 和高质量的 Cr:LiSAF 晶体均比较昂贵，使得这种激光器的成本居高不下，随着关于红色 LD 制造工艺和晶体生长工艺的成熟，这一现象将会得到改变。

5. 全固态蓝色激光器的应用

固态蓝色激光光源的研究热潮，主要得益于其广阔的应用前景和巨大的潜在价值，全固态蓝色激光器具有体积小、结构紧凑、寿命长、效率高、运转可靠等一系列优点，能够在许多其他激光器无能为力的场合得到应用。

1) 高密度光储存

蓝色激光的最重要优点是波长短，光点面积小，若再利用存储介质对短波长激光更加敏感的特点，采用新的编码技术，则可以提高存储密度近一个量级。

2) 数字视频技术

全固体蓝激光器用作数字视频领域中 CD-ROM、CD 及 DVD 等的光源。2004 年，日本推出了以蓝激光器为光源的只读数字视盘(DVD-ROM)，在适当改善光学系统数值孔径和数字处理电路的性能后，其容量为 40～50GB，而 105GB 球形母盘早在 2002 年已诞生，是以 635nm 红光 LD 为光源的 CD-ROM 650MB 的 7 倍以上。

3) 彩色激光显示

高亮度的蓝色激光系统完全可以和发展相对成熟的红色 LD、内腔倍频的全固态绿激光器一起，作为彩色显示的全固体标准三原色光源。这种新型的低功率、长寿命、高光束质量的激光光源，不仅效率高(与荧光光源相比)，而且更加接近于自然光，能够消除白炽光源产生的黄影和荧光光源产生的绿影，实现三原色的平衡。

4) 海洋水色和海洋资源探测

400～450nm 的蓝色激光光源是感知系海洋水色的有力武器，探测海洋渔业资源。

5) 激光制冷

蓝色激光可用于捕获和阻尼铯原子的热振动，消除因热振动而引起的多普勒加宽，为光谱线的精确计量提供保证。此外，全固态蓝色激光光源还有望在数-模转换器件、激光印刷术、激光医学、生化技术、材料科学和光通信等许多领域得到广泛的应用。

由于高功率全固态固体激光器的相继成熟，其应用领域也已从最成熟的光通信方面向其他更为广阔的激光应用领域扩展，如材料加工中的激光标记、激光焊接、激光打孔和激光切割等，其他领域如激光医学、激光检测和测量等。

2.9　聚光与冷却系统

2.9.1　聚光器

聚光器的作用是将泵浦光源辐射的光能最大限度地聚集到工作物质上去，聚光器设计的好坏直接影响激光器的转换效率和激光性能。

泵浦光可以从侧面进入棒内，也可以从端面进入棒内，前者称为侧面泵浦，后者称为端面泵浦。本小节介绍侧面泵浦方式的聚光器。

1.　聚光器的类型

侧面泵浦方式的聚光器类型很多，其主要类型和特点如下。

(1)椭圆柱聚光器。这种聚光器的内反射表面的横截面是一个椭圆。因为从椭圆一个焦点发出的所有光线，经椭圆面反射后将会聚到另一焦点。因此，如果把直管灯和棒分别置于椭圆柱聚光器的两条焦线上(各焦点的连线如图 2.9.1 所示)，则可以得到比较好的聚光效果。这种放置方法称为"焦上放置"。也可将泵灯和激光棒平行地安置在焦线和腔壁之间，这种放置称为"焦外放置"。如图 2.9.2 所示，椭圆长轴上焦点外任一点发出的光，经椭圆反射后必交于另一端焦点外的长轴上，因此，焦外放置的棒可以截获焦外放置的泵灯所辐射的大部分能量。焦外放置不如焦上放置成像质量好，但采用焦外放置，结构设计上可以做得比较紧凑。

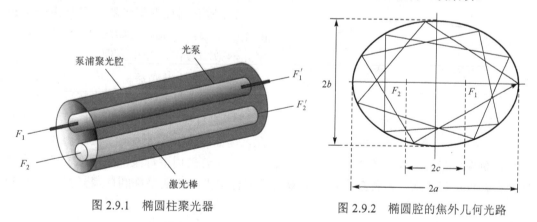

图 2.9.1　椭圆柱聚光器　　　　　　　　　　　图 2.9.2　椭圆腔的焦外几何光路

为了尽可能利用沿轴向发射的泵灯光能，在椭圆柱的两端应有反射端面。但当聚光器横向尺寸较小，而轴向尺寸比棒、灯长得多时，两端也可以不加反射面，因为此时可利用的轴向光能很少。

(2)圆柱聚光器。这种聚光器的内反射表面是一个圆柱空腔，激光棒和泵灯置于轴线两侧。由于圆相当于焦点重合的椭圆，因此圆柱聚光器内棒、灯的放置相当于圆柱聚光器的焦外放置。

圆柱聚光器对泵浦光的聚焦能力不如椭圆聚光器强，而且在同样棒、灯直径情况下，圆柱聚光器横截面积大，体积也大。但它具有结构简单、加工方便等优点。

(3)椭球形聚光器。如图 2.9.3 所示，它的反射面是一个椭球腔，灯和棒沿椭球长轴放置在焦点和顶点之间。它具有三维空间聚焦作用，即不仅垂直于灯方向的光能会聚到工作物质上，沿轴向发射的光也能会聚到工作物质上，因此比二维成像的椭圆柱聚光器效率高。同时，激光棒横截面上的泵浦光是旋转对称的，因而具有较高的均匀性，但在棒的轴线方向上却是非均匀分布的，在靠近焦点的部位光能密度较大。这种聚光器体积大，加工较复杂，适用于短灯和短棒情况。

(4) 圆球形聚光器。它也具有三维空间传输性质，灯与棒在过球心的任一轴线两侧对称靠近放置，实际的聚光器常由两个半球组成，如图 2.9.4 所示。这种聚光器的聚光效率和聚光均匀性虽不及椭球形聚光器，但比椭圆柱和圆柱好。它与椭球形聚光器一样，体积大，加工复杂，适用于短灯和短棒情况。

图 2.9.3　椭球形聚光器

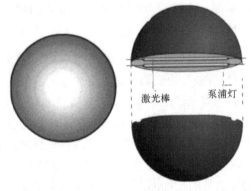

图 2.9.4　圆球形聚光器

图 2.9.5　相交圆柱形聚光器

(5) 相交圆柱形聚光器。它是由两个圆柱面相交而成，其横截面如图 2.9.5 所示。这种聚光器效率较高，加工方便。

(6) 多泵灯聚光器。上述各聚光器都适合单灯泵浦。单灯泵浦时，激光棒朝向灯的一面受到灯的直照，背向灯的一面受不到灯的直照，因而棒内光照不均匀。另外，单灯泵浦受一只灯负载能量的限制，不能得到很高的激光输出。若采用多灯泵浦单根激光棒的方式，这两种缺点可以克服。多泵激光器常用双泵椭圆柱聚光器或四泵椭圆柱聚光器，如图 2.9.6

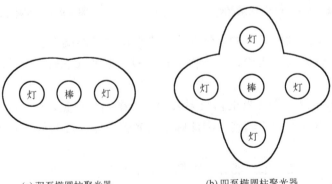

(a) 双泵椭圆柱聚光器　　　　　　　　　(b) 四泵椭圆柱聚光器

图 2.9.6　多泵灯聚光器

所示。各椭圆柱的一条焦线重合在一起，激光棒就置于这条公共焦线上，而泵灯分别放在各椭圆柱的另一条焦线上。多泵椭圆柱聚光器的聚光效率比单椭圆柱聚光器低，这是由于每个椭圆柱的表面都被截去了一部分。另外，它的加工复杂，体积大，所以只有在要求大能量和光照均匀时才采用。

(7) 紧包式聚光器。这类聚光器的特点是灯和棒靠得很近，聚光器横截面尺寸略大于灯和棒的直径之和。在这种情况下，聚光作用已不是靠光线反射成像，而是靠灯光的直接照射和聚光器内空间的高光能密度来实现，因此聚光器的形状和加工精度无关紧要。其内表面可以采用镜面，但为使棒内光照较为均匀，最好采用漫反射表面。常用的紧包式聚光器形式如图 2.9.7 所示，可以是单泵的，也可以是多泵的，其截面可以是圆形的，也可以是椭圆形的，或其他形状。最简单的形式是将灯、棒紧排在一起，外面包上经过抛光的银箔或铝箔。

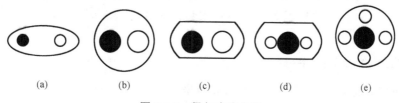

(a)　　　　(b)　　　　(c)　　　　(d)　　　　(e)

图 2.9.7　紧包式聚光器

紧包式聚光器具有结构简单、制作容易、体积小、效率高等优点。缺点是棒内光照不均匀，不利散热。因此，这类聚光器主要应用在小能量、小功率和低重复率的小型器件中。

2. 聚光器的材料选择

制作聚光器时，聚光器本体所用材料可分为两大类，即金属材料和非金属材料。常用的金属材料有铝、铜和不锈钢，常用的非金属材料有玻璃、陶瓷等。铝通常在轻型系统中；如果对质量要求不严，最好选用铜，这是因为铜的热膨胀小，热导率高；不锈钢具有不易生锈和抛光精度高等优点，但热导率很低，仅为铜的 1/10。玻璃和陶瓷虽然易碎，导热性差，但它们具有金属没有的特点，如不生锈，不易被腐蚀。陶瓷的漫反射性能也好，可制成反射率很高的漫反射聚光器。

聚光器反射面所用材料可分为三大类，即金属材料反射膜、多层介质反射膜和其他。金属材料反射膜通常有三种，即铝、银和金。

铝(Al)膜在 $0.7 \sim 0.9 \mu m$ 波段反射率有明显的下降，适用于吸收带在 $0.4 \sim 0.56 \mu m$ 的红宝石激光器，不能用于 Nd^{3+}:YAG 激光器、钕玻璃激光器及掺钕的其他器件。铝膜易氧化。银(Ag)膜对大于 $0.4 \mu m$ 波长的光具有很高的反射率，适用于红宝石激光器、Nd^{3+}:YAG 激光器、钕玻璃激光器及掺钕的其他器件等许多常见光泵器件。缺点是银膜易氧化，使用一段时间后要对膜面进行抛光，但造价适中，用得较多。

金(Au)膜化学稳定性好，使用寿命长，对小于 $0.7 \mu m$ 波长的光反射率很低，但对于吸收主要在 $0.7 \sim 0.9 \mu m$ 的连续和小能量脉冲 Nd^{3+}:YAG 激光器防色心效果好。其缺点是造价高，所以用得较少(图 2.9.8)。

多层介质反射膜，可适用的波长范围宽，通过人为地控制镀膜层厚和膜层数，可做到对有用光进行高反射，对无用光不反射的聚光效果。但其牢固度差，易磨损，使用寿命短。

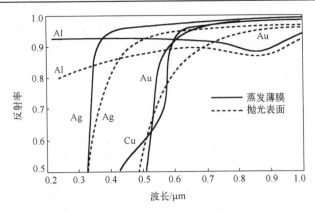

图 2.9.8　金属膜层的反射率与波长的关系

其他主要是 MgO、BaSO$_4$ 等白色细小颗粒组成的漫反射层，有很好的反射性能，反射率高(90%～96%)，且与波长无关，常将粉末装在两同心的石英管之间，常用于小功率和小能量器件。

3. 聚光器的聚光效率

本部分主要讨论几种常用聚光器的聚光效率。

1) 柱聚光器的聚光效率

泵浦光源投射到激光棒上的能量与光泵总能量之比，称为聚光效率，可表示为

$$\eta_c = \eta_{op} \cdot \eta_{ge} \tag{2.9.1}$$

式中，η_c 为聚光效率；η_{op} 为聚光器的光学效率；η_{ge} 为几何传输效率。

光学效率 η_{op} 取决于聚光系统中的反射、散射、吸收等损耗的影响，可表示为

$$\eta_{op} = R_c(1 - R_r)(1 - F)(1 - \alpha) \tag{2.9.2}$$

式中，R_c 为聚光器反射面对有用光的反射率；R_r 为激光棒和冷却玻璃套管表面的反射率；α 为滤光玻璃、冷却液等光学介质的吸收系数；F 为聚光器非反射表面积(如开孔)和总的表面积之比。

几何传输效率 η_{ge} 是在不考虑以上各种损耗时，被棒截获到的光能与会聚到棒处总光能之比。它取决于泵浦光在棒处会聚成像的大小和激光棒半径的大小。下面讨论椭圆柱聚光器在焦上放置的 η_{ge} 表示式。为使讨论简单，作如下假设：聚光器的内反射表面为镜面反射；忽略灯的轴向辐射，假设灯的辐射平均地分配到各横截面内，且在横截面内各方向上辐射相同；投到棒上的光都能被棒吸收。在以上条件下，对 η_{ge} 的讨论，只考虑聚光器横截面内一次反射成像的情况即可。当然，没被棒截获的光，可能经几次反射后到达棒上，但由于聚光器内各种散射、吸收等损耗，这种光线的泵浦作用忽略不计。椭圆上的 P 点反射成像情况叙述如下。图 2.9.9 表示的椭圆为椭圆柱聚光器内壁的横截面，泵灯置于焦点 F 上，棒置于焦点 F' 上。设椭圆长半轴为 a，短半轴为 b，焦距为 $2c(c = \sqrt{a^2 - b^2})$，偏心率为 e $(e = c/a)$，灯内径为 d_L，棒直径为 d_R。P 为椭圆上的任意点，它与 F 相距 l_L，与 F' 相距 l_R，PF 与 FF' 的夹角为 α，PF' 与 FF' 的夹角为 θ。据反射定律，F 发出的光经 P 点反射到 F'，整个灯截面辐射的光以张角 β 投向 P，经 P 反射后又以相同的张角 β 投向激光棒。过 F' 作 PF' 的垂线，交 β 角的两边于 A' 和 B'，令 $A'B' = d'_L$，则由相似三角形关系可得

$$d'_{\mathrm{L}} = d_{\mathrm{L}} \frac{l_{\mathrm{R}}}{l_{\mathrm{L}}} \tag{2.9.3}$$

反射点 P 不同，对应的 l_{R} 和 l_{L} 不同，因而 d'_{L} 是不同的。棒截获 P 点反射光能的比例应为

$$\eta_P = \frac{d_{\mathrm{R}}}{d'_{\mathrm{L}}} \tag{2.9.4}$$

这说明不同反射点对应的 η_P 是不同的。如图 2.9.10 所示，设 P_0 点 $(\alpha = \alpha_0)$ 反射的光恰好使得 $d'_{\mathrm{L}} = d_{\mathrm{R}}$，即由该点反射的全部光线都能被棒截获，故 $\eta_P = 1$；在椭圆上 P_0 之右各点（对应夹角 $\alpha = 0 \sim \alpha_0$），$d'_{\mathrm{L}} < d_{\mathrm{R}}$，这些点反射的光线都能被棒截获，亦应 $\eta_P = 1$；在椭圆 P_0 之左各点 $(\alpha = \alpha_0 \sim \pi)$，$d'_{\mathrm{L}} > d_{\mathrm{R}}$，这些点反射的光线只有部分被棒截获，因此 $\eta_P < 1$。将式 (2.9.3) 代入式 (2.9.4) 可得

$$\eta_P = \frac{d_{\mathrm{R}} l_{\mathrm{L}}}{d_{\mathrm{L}} l_{\mathrm{g}}} \tag{2.9.5}$$

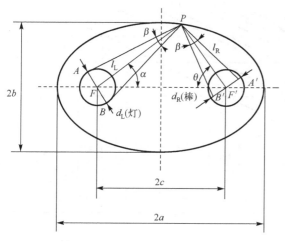

图 2.9.9　椭圆几何成像关系

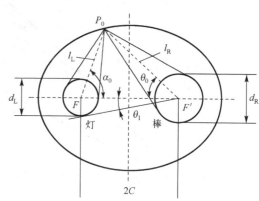

图 2.9.10　泵浦光在椭圆反射面上一点的反射

棒截获的总能量应该是截获的各点反射光能之和。设泵灯在横截面内辐射的总能量为 E，向截面内单位角度辐射的平均能量为 $E/(2\pi)$，则棒截获到的总能量为 $\int_0^{2\pi}\left(\dfrac{E}{2\pi}\eta_P \mathrm{d}\alpha\right)$，于是聚光器的几何传输效率可写为

$$\eta_{\mathrm{ge}} = \frac{\displaystyle\int_0^{2\pi} \frac{E}{2\pi}\eta_P \mathrm{d}\alpha}{E} = \frac{1}{\pi}\left(\int_0^{\alpha_0} \eta_P \mathrm{d}\alpha + \int_{\alpha_0}^{\pi} \eta_P \mathrm{d}\alpha\right) \tag{2.9.6}$$

式 (2.9.6) 的第一项中 $\eta_P = 1$，第二项中的 η_P 由式 (2.9.5) 表示。为了便于积分将第二项中的积分变量换成 θ，由图 2.9.11 不难求出 $\mathrm{d}\alpha = -(l_{\mathrm{R}}/l_{\mathrm{L}})\mathrm{d}\theta$，负号表示两角度变化规律相反。将此式代入式 (2.9.6)，并考虑当 α 由 α_0 变化到 π 时，θ 则由 θ_0 变化到零，积分可得

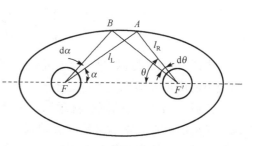

图 2.9.11　α 和 θ 的关系

$$\eta_{ge} = \frac{1}{\pi}\left(\alpha_0 + \frac{d_R}{d_L}\theta_0\right) \tag{2.9.7}$$

式中，α_0 和 θ_0 为 P_0 点对应的角度。由椭圆性质 $l_R + l_L = 2a$，以及 P_0 点的性质 $d_R = d_L' = d_L$ (l_R / l_L)，联立求出 l_R 和 l_L，再对图 2.9.10 中 $\triangle P_0 FF'$ 用余弦定律和正弦定律，并考虑 $e = c/a$ 便可求得

$$\cos\alpha_0 = \frac{1}{e}\left[1 - \frac{1-e^2}{2}\left(1 + \frac{d_R}{d_L}\right)\right] \tag{2.9.8}$$

$$\sin\theta_0 = \frac{d_L}{d_R}\sin\alpha_0 \tag{2.9.9}$$

利用式(2.9.8)和式(2.9.9)，在固定 e 下改变 d_R/d_L，可算出 α_0 和 θ_0，再由式(2.9.7)可算出 η_{ge}，图 2.9.12 是 η_{ge} 与 d_R/d_L 的关系曲线。

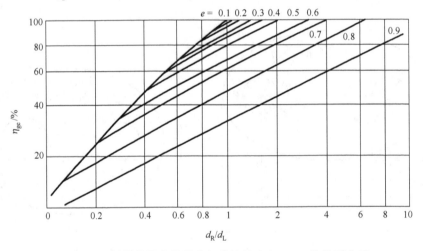

图 2.9.12　椭圆柱聚光器的几何传输效率与 d_R/d_L 的关系曲线

进一步考虑可以发现，灯背后一小部分椭圆面上的反射光线被灯本身所遮挡(灯内等离子体吸收)。遮挡角 θ_1 由图 2.9.10 中的 F' 向灯的圆截面作切线可得到

$$\sin\theta_1 = \frac{d_L / 2}{2C} = \frac{d_L}{4ae} \tag{2.9.10}$$

由于灯的遮挡，聚光效率将降低。考虑遮挡区域位于图 2.9.10 中 P_0 点的左边，应从式(2.9.7)的 θ_0 中减去 θ_1，而有

$$\eta_{ge}' = \frac{1}{\pi}\left[\alpha_0 + \frac{d_R}{d_L}(\theta_0 - \theta_1)\right] = \eta_{ge} - \frac{1}{\pi}\frac{d_R}{d_L}\theta_1 \tag{2.9.11}$$

由图 2.9.12 可以看出，当 d_R/d_L 一定时，椭圆柱聚光器的几何传输效率随着偏心率 e 的减小而增加，即椭圆越接近于圆，效率就越高。因此，为了获得高效率，宜取较小的偏心率。但 $e = c/a$，e 的减小就意味着焦点间距 c 减小和椭圆长半轴 a 增大，前者受到冷却、滤光结构的限制，后者导致聚光器尺寸增大。同时，当 c 减小时，灯和棒靠得接近，导致直照效应强，使棒内光能分布不均匀。权衡上述几方面的影响，偏心率一般取 0.4 左右为宜。

由式(2.9.7)和图 2.9.12 还可看出：在一定的偏心率 e 下，η_{ge} 随 d_R/d_L 的增加而增加。但由于灯通过椭圆成的像是弥散图形，外缘光能密度低。当 d_R/d_L 增加到一定值后，可截获的能量增加不多，而随着工作物质体积增大阈值升高较多时，d_R/d_L 的增大就有害无利了。一般取 $d_R \approx d_L$ 或 d_R 稍大于 d_L。

2) 多泵镜面椭圆柱聚光器的几何传输效率

多泵镜面椭圆柱聚光器传输效率公式的推导，可参考单椭圆柱的方法进行。由于多泵椭圆柱聚光器不能形成完整的椭圆面，在公式中要去掉被切割的反射壁的影响。图 2.9.13 表示双椭圆柱聚光器，设被切割去的反射壁对应的角度为 α_1，而 α_1 在 P_0 点之右，所以应将式(2.9.7)中的 α_0 减去 α_1，即

$$\eta_{ge} = \frac{1}{\pi}\left[(\alpha_0 - \alpha_1) + \frac{d_R}{d_L}\theta_0\right] \tag{2.9.12}$$

式中，α_1 可由直角 $\triangle AFF'$ 运用勾股定律和关系 $AF + AF' = 2\alpha$，求得

$$\cos\alpha_1 = 2e / (1 + e^2) \tag{2.9.13}$$

3) 漫反射聚光器的聚光效率

漫反射聚光器内形成均匀光场，其中所有表面都被均匀照射。每处表面吸收光的多少取决于它表面积及其吸收系数的积。因此，漫反射聚光器的聚光效率可用下式估计：

$$\eta_{ge} = S_1 A_1 / (S_1 A_1 + S_2 A_2 + S_3 A_3 + S_4 A_4) \tag{2.9.14}$$

式中，S_1 为激光棒的表面积；A_1 为棒对泵浦辐射的吸收率；S_2 为聚光器的内表面积；A_2 为聚光器内表面吸收率，约为 5%(漫反射率为 95%)；S_3 为灯的表面积；A_3 为灯对泵浦光的吸收率；S_4 为聚光器上开孔面积；$A_4 = 1$。

A_1 又称俘获系数，它取决于棒的吸收系数 α、棒半径 r_R 和棒表面的反射损失(与折射率 n 有关)。它们之间的关系如图 2.9.13 所示。对某工作物质(n 和 α 已知)，激光棒 αr_R 大时，A_1 也大，当 αr_R 大到一定值后，A_1 出现饱和。

由式(2.9.14)可见，为了提高效率，应尽量提高 S_1、A_1 的数值，棒的尺寸(直径和长度)比灯的尺寸大，以及采用漫反射紧包式聚光器，均有利于提高激光效率。

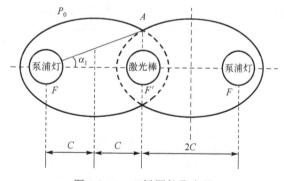

图 2.9.13 双椭圆柱聚光器

4. 泵浦光在激光棒内的分布

泵浦光在激光棒内如果分布不均匀，将造成增益和温度的不均匀，增益不均匀会造成输出光斑的强度分布不均匀，温度不均匀会形成光学畸变，使激光性能(效率和发散角)变坏。

影响激光棒内泵浦光分布的因素很多，主要与聚光器的聚光特性(聚焦还是漫反射)、激光棒的表面加工情况(抛光还是磨毛)、激光棒的吸收系数 α 与直径 r_R 之积 αr_R 以及直照情况有关。

聚光器为漫反射面时，在聚光器内可形成均匀光场，投射到激光棒上的光能也是均

匀的。若棒表面为抛光面，则由于折射聚焦作用，入射到棒表面上的光能将被聚焦到半径为 $r = r_R/n$ 的圆柱内，使得该区域的光能密度大于外缘区域。如果在抛光棒的侧面套一折射率相同的玻璃（或晶体）外套，或将激光棒浸在折射率相同的液体中，使折射会聚后的光正好充满激光棒截面，则可改善棒内光能分布的不均匀性，同时还可增加对泵浦光的截获量，提高激光输出效率。如果将激光棒侧面磨毛，激光棒内也可得到比较均匀的光能分布。上面的分析没有考虑棒的吸收作用，实际上，泵浦光由棒边缘向中心传播过程中是逐渐衰减的，其光强度变化规律符合吸收规律：$I(v) = I_0(v)\exp[-\alpha(v)x]$，其中 x

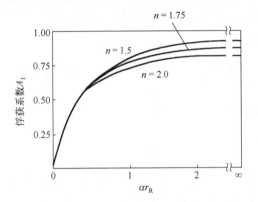

为光传播的距离，$I_0(v)$ 为射到棒表面处的光强，$\alpha(v)$ 为棒对泵浦光的吸收系数。当考虑棒吸收作用时，棒内的光强分布将取决于吸收系数 $\alpha(v)$ 和棒半径 r_R 的大小。图 2.9.14 为被均匀照射圆柱激光棒的俘获系数图，图 2.9.15 为在均匀光场中的钕玻璃棒横截面上的能量密度与归一化半径 $1/r_R$ 的关系曲线。其中，图 2.9.15(a) 对应侧面为抛光棒的情况，在这种情况下，棒的折射会聚和指数吸收共同起作用，在 αr_R 较小时（低掺杂或细棒），棒的折射会聚起主导作用，棒中心部分的能量密度比边

图 2.9.14　被均匀照射圆柱激光棒的俘获系数图

缘高，但当 αr_R 较大时（高掺量或粗棒），指数吸收起主导作用，此时棒中心光强比边缘弱；图 2.9.15(b) 对应侧面为毛面棒的情况，在这种情况下无折射会聚作用，所以主要是吸收起作用，在 αr_R 较大时，棒中心部分光能密度降低，而在 αr_R 较小时，棒内光能分布是比较均匀的。因此在用漫反射聚光器或螺旋形灯形成的均匀光场中，采用直径较小的侧面磨毛棒，可得到最均匀的棒内光能分布。

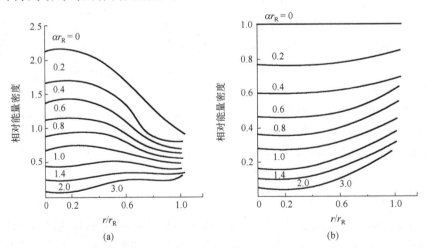

(a)　　　　　　　　　　　　　　(b)

图 2.9.15　均匀光场中钕玻璃棒横截面上相对能量密度与归一化半径的关系曲线

在聚焦式的聚光器中，会聚到激光棒处的光能密度往往是不均匀的。例如，椭圆柱聚光器，利用反射定律可画出泵灯所发出的光经椭圆上各点反射成像的情况，如图 2.9.16 所示。椭圆 $acbd$ 是能量密度较大的区域，在这个椭圆之内还有能量密度更大的小区域 $cfde$。

如果激光棒的截面积在小椭圆之内，则棒可得到均匀光照，进入棒内的光能分布与在漫反射聚光器中的情况相似。如果激光棒的截面积大于小椭圆，则照射到棒上的光能分布就不均匀。若棒的侧面抛光，则由于棒的折射会聚作用，棒内形成一个光能密度很大的椭圆核心。所以说，椭圆柱聚光器中侧面抛光的棒的聚焦作用很强。

在聚焦式聚光器中，若棒的侧面磨毛，则进入棒的泵浦光由于表面的漫反射，仍可得到比较均匀的光能分布。

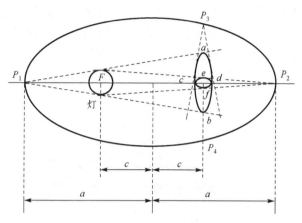

图 2.9.16　椭圆柱聚光器对泵浦光的会聚

不论是漫反射聚光器还是聚焦式聚光器，泵灯的直照均会造成棒内泵浦光分布不均匀。灯和棒靠得很近或棒的直径越大，直照影响越严重。在用螺旋灯和多灯泵浦时，棒周围由于受到直照情况相同，可以得到均匀的棒内光能分布。

5. 聚光器结构设计的一些考虑

聚光器设计的好坏对激光器的总体效率和激光输出性能影响很大，因此，对聚光器设计提出如下要求：聚光效率高；聚光均匀；利于散热和滤光。此外，还要求结构简单、加工容易、拆装方便。对某些特殊应用场合，还要求结构紧凑、体积小、质量小等。

关于聚光器的结构和尺寸应根据以下几方面来确定。

(1)根据输出能量(或功率)的大小和对聚光效率、聚光均匀性的要求来确定聚光器类型。一般采用椭圆柱、相交圆柱形聚光器；要求能量大和光照均匀者可采用多泵聚光器；既要求能量小，光照均匀，又要求尺寸小的小型激光器件，可采用紧包式或近紧包式的漫反射聚光器。

(2)在确定聚光器尺寸之前，还要先确定冷却、滤光结构和棒、灯的支架结构。采用液体冷却时还要注意密封问题，最简单可行的办法是采用 O 形橡皮圈。图 2.9.17 是全腔水冷 Nd^{3+}:YAG 激光器的装配剖面图，聚光器置于铝外壳中，由于聚光器两端没有反射端面，棒和灯都架在外壳上，用压紧螺母或 O 形橡皮圈的弹性力固紧。

(3)确定聚光器尺寸。在上述各结构确定后，棒、灯轴线之间最小距离也就确定了。如果用椭圆柱腔，且要求最小尺寸，那么棒、灯间的距离就是椭圆的焦距 $2C$。选 $e \approx 0.4$，则椭圆半长轴 $a = c / e$ 及半短轴 $b = \sqrt{a^2 - b^2}$ 便可计算出来。

聚光器长度的选取应以不小于灯的极间距为宜。图 2.9.18 给出分别冷却的双椭圆柱聚光器的截面结构尺寸。

2.9.2　冷却系统

1. 工作物质的热效应

固体激光器的总体效率只有百分之几，绝大部分输入能量都转化为使泵灯、工作物质和聚光器温度升高的热能。其中，工作物质温升后对激光输出影响最为明显。工作物质发热的主要原因有：泵浦光源辐射连续光谱，激活离子只吸收部分光谱的能量，而其余光谱能量，尤其是紫外和红外波段的能量被基质材料吸收转化为热能；激活离子的非辐射跃迁不产生光子，其能量差转化为基质材料的热能；激光器产生的受激辐射，一部分被工作物质再吸收变为热能。

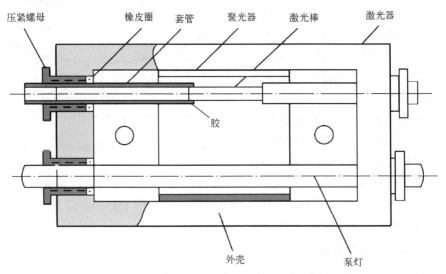

图 2.9.17　全腔水冷 Nd^{3+}:YAG 激光器的装配剖面图

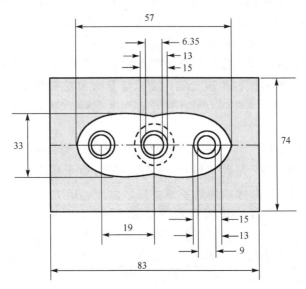

图 2.9.18　双椭圆柱聚光器截面结构尺寸比例关系

　　工作物质发热后引起本身温度升高和温度分布不均匀，温度升高后，将导致激活离子的荧光谱线加宽和量子效率降低，而使激光器的阈值升高和效率降低。温度的不均匀分布则会产生热透镜效应、热应力和热应力双折射等热畸变。由于发热造成的上述影响统称为工作物质的热效应。

　　工作物质的热效应与激光器的工作方式和工作物质本身的形状有关，下面分别对连续、单次脉冲和重复率脉冲三种工作方式和工作物质进行讨论。

1) 连续泵浦下激光棒的热效应

激光棒一方面吸收光泵辐射而发热，另一方面因冷却（自然冷却或强迫冷却）使热量散失掉。由于棒中心散热慢，平衡后必须形成中心温度高、外缘温度低的温度分布。在激光棒发热均匀，棒周围散热均匀及忽略冷却液沿轴向的微小温度变化诸条件下，求解热传导方程，可得棒横截面内径向上温度的变化规律（沿轴向各横截面内的变化规律都相同）为

$$T(r) = T(0) - \frac{Q}{4K} r^2 \tag{2.9.15}$$

式中，$T(0)$ 是棒中心的温度；K 是棒材料的热传导率；Q 是棒单位体积内发热所耗散的功率（W/cm^3），可表示为

$$Q = \eta P_{in} / (\pi r_0^2 l) \tag{2.9.16}$$

式中，η 为热耗功率系数，表示棒发热耗散的功率占输入电功率的百分数，它取决于激光棒的材料及其光学质量；P_{in} 为泵浦光源的输入电功率；l 为棒长；r_0 为棒半径。

式 (2.9.15) 表明：棒内温度沿径向的变化为抛物线关系，在 r 相同处温度相同，即棒横截面内的等温线是一组同心圆。

若棒表面温度为 $T(r_0)$，则由式 (2.9.15) 可得棒中心温度为

$$T(0) = T(r_0) + \frac{Q}{4K} r_0^2 \tag{2.9.17}$$

可见，为使中心温度不致过高，应降低棒表面温度，这不仅要求冷却液有一定的流速和流量，而且还要求冷却液本身不应过高。

由式 (2.9.16) 和式 (2.9.17) 可得出棒中心和棒表面之温差大小为

$$T(0) - T(r_0) = \eta P_{in} / (4\pi K l) \tag{2.9.18}$$

可见温差随着光泵输入功率 P_{in} 的增高而增大，随棒长增加而减小，与棒半径和棒表面实际温度无关。

较热的内层材料和相对来说比较冷的外层材料之间，由于热胀情况不一样，形成机械应力，此谓热应力。有人曾根据材料力学的原理，计算过[111]取向 Nd^{3+}:YAG 棒的热应力分布情况，在棒中心和表面温差为 60℃时，结果如图 2.9.19 所示。图中 σ_r、σ_φ 和 σ_z 分别表示各点的径向应力、切向应力和轴向应力；应力的正值表示拉应力，负值表示压应力。由图可见，最大应力发生在棒中心和表面处。

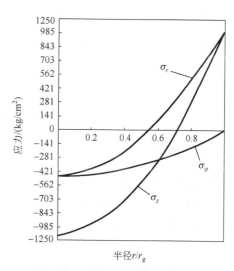

图 2.9.19 Nd^{3+}:YAG 棒内应力分布

热应力与棒中心和表面的温差成正比，即与输入功率成正比，当输入过大，产生的热应力超过材料的破坏极限（YAG^{3+}:YAG 晶的抗拉强度极限为 $1800 \sim 2100 kg/cm^2$）时，棒则破坏。

根据光弹理论，热应力会引起工作物质的折射率发生变化。对 Nd^{3+}:YAG 棒，无热应

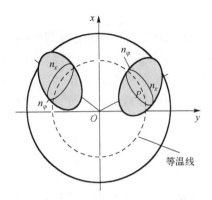

图 2.9.20　激光棒横截面上同一等温线
的两个不同点上折射率椭球

力时，为各向同性，光率体为圆球；存在热应力时，变为各向异性，光率体变为椭球。因为激光是沿棒轴方向传播的，轴向折射率的变化对激光的传播性质没有影响，可以不用考虑，而棒横截面内折射率的变化对激光的传播性质影响较大，所以横截面内折射率椭圆的情况才是我们感兴趣的。棒轴相对晶体的取向不同，椭圆的大小和形状也不同。常用的沿[111]取向的 Nd^{3+}:YAG 棒，其截面内的折射率椭圆如图 2.9.20 所示，在同一等温线上，各点椭圆的大小和形状相同，其长轴和短轴分别沿该点的切向和径向。经过复杂的推导可得热应力双折射大小为

$$\Delta n \approx n_r - n_\varphi = n_0^3 \frac{\alpha Q}{K} C_{\mathrm{B}} r^2 \tag{2.9.19}$$

式中，n_φ 和 n_r 分别表示某切向和径向折射率；n_0 为没有热应力时 YAG 的折射率；α 为热胀系数；K 为热导率；C_{B} 是与材料泊松比和光弹系数有关的常数，对 YAG，$C_{\mathrm{B}} \approx -0.01$。由以上分析可见：热应力双折射与输入功率 P_{in} 成正比，随 r 增加而增加，棒边缘双折射最大，棒中心最小。激光棒产生热应力双折射后，能够引起偏振退偏。这在以线偏振光工作的激光器(如光电调 Q 器件)中，将导致器件损耗增加，阈值升高，效率降低。棒内温度分布的不均匀及热应力均会引起棒内折射率发生变化。对于符合式(2.9.15)温度分布的棒，折射率的分布情况是这样的：中心折射率高，向外逐渐减小。光通过这种棒时，与通过正透镜相类似，因此称为类透镜效应。此外，由于棒的中心温度比外缘高，热膨胀不同使得棒端面形状发生微小变化，这也能形成一定的正透镜效应，称此为端面效应。上面两种透镜效应都是由于发热不均匀引起的，统称为热透镜效应。

热透镜效应的焦距大小可表示为

$$f_{\mathrm{T}} = \frac{K \pi r_0^2}{\eta P_{\mathrm{in}}} \left[\frac{1}{2} \frac{\mathrm{d}n}{\mathrm{d}T} + \alpha C_{r,\varphi} n_0^3 + \frac{\alpha r_0 (n_0 - 1)}{l} \right]^{-1} \tag{2.9.20}$$

式中，r_0 为棒半径；$\dfrac{\mathrm{d}n}{\mathrm{d}T}$ 为折射率温度系数，YAG 的 $\dfrac{\mathrm{d}n}{\mathrm{d}T} = 7.3 \times 10^{-6}\,°C^{-1}$；$C_{r,\varphi}$ 为由材料的光弹系数决定的常数，光的振动矢量沿径向 r 时用 C_r 表示，沿切向 φ 时用 C_φ 表示，YAG 的 $C_r \approx 0.017$，$C_\varphi = -0.0025$。

利用薄透镜主平面位置公式，可求得主平面到棒端面的距离为

$$h = l / 2n$$

通常 $f_{\mathrm{T}} \gg h$，热焦距可以近似从棒中心或棒端面算起。

由式(2.9.20)可以得出如下结论。

(1)热焦距的大小与棒半径 r_0 的平方成正比，r_0 越大，热透镜效应越轻。欲减小热透镜效应，似应增大棒截面积，但这样做常伴随器件效率降低，故一般不采用此法。最为妥善的办法是设法提高光泵浦效率，减小热耗散功率。

(2) 热焦距 f_T 与输入功率成反比。这说明输入功率越大，热透镜效应越严重。图 2.9.21 给出了各种激光棒的热焦距随输入功率变化理论和测量曲线。

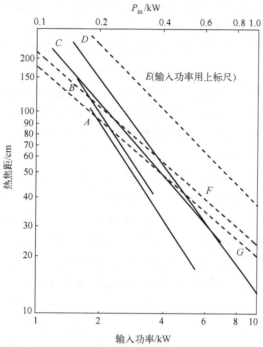

A—b 轴 Nd:YALO$_3$ 棒，ϕ0.6cm×7.5cm；B—Nd:YAG 棒，ϕ0.62cm×10cm；C、D—Nd:YAG 棒，ϕ0.62cm×7.5cm，二曲线对应
不同质量的棒和聚光器；E—Nd:LaSOAP，ϕ0.62cm×7.5cm，输入功率用上面刻度；F、G—Nd:YAG 棒理论计算值，取 $\eta = 0.5$，
　　　　ϕ0.62cm×7.5cm，G 为 f_r，F 为 f_ϕ；A～E 的焦距为径向和切向焦距的平均值 $(f_r + f_\phi)/2$

图 2.9.21　热焦距与输入功率的关系坐标数据间隔为取对数后的结果

(3) 由于式 (2.9.20) 中 C_r 和 C_φ 的数值不同，所以对于沿径向和切向振动的光其热焦距也不同，因而光通过热透镜后会产生双聚焦现象。对 Nd^{3+}:YAG，计算值 $f_\varphi/f_r \approx 1.2$，测量值为 1.35～1.5。在测量和补偿热透镜效应时，应注意径向和切向焦距不同这一特点。

(4) 式 (2.9.20) 中括号内第一项表示温度不均匀变化的影响；第二项表示热应力的影响；第三项表示端面效应的影响。这三种因素中，第一项起主要作用，第二项次之，第三项影响最小，例如对 ϕ0.6cm×7.5cm 的 Nd^{3+}:YAG 棒，代入有关参数，计算出三者的比例约为 7.3：2：0.6。

(5) 若忽略端面效应的影响，f_T 与棒长无关。即输出相同时，虽然增加棒长可以减小棒内单位体积的耗散功率，但同时却增大了激光沿着棒不同半径的轴向光程差，二者互为补偿。

若把式 (2.9.20) 右端除 P_{in} 外都用 M 表示，则热焦距可写为

$$f_T = MP_{in}^{-1} \tag{2.9.21}$$

M 与激光材料的物理参数、几何尺寸和热耗散功率系数 η 有关。对某一固定激光器而言，M 可视为常数，微分式 (2.9.21) 可得热透镜对输入功率的敏感度为

$$\frac{d(1/f)}{dP_{in}} = M^{-1} \tag{2.9.22}$$

它描述了热透镜的光焦度($1/f$)、对泵灯输入功率的变化率与 M 之间的关系。一台激光器，由于电源的起伏、灯的老化以及整个系统变质，输入功率要发生变化，热透镜的焦距也随之发生变化。例如，对于 $\phi0.63\text{cm}\times7.5\text{cm}$ 的 Nd^{3+}:YAG 棒，若取棒的热耗散功率系数 η 为 0.5，则输入功率每变化 1W，光焦度变化 0.5×10^{-3}。热焦距的变化，将会引起输出功率的光束发散角的变化。设计者必须保证在输入功率变化的范围内，输出光束的变化也在规定的变化范围内。若采用热不灵敏腔，可以减小这种影响。

一般来说，热透镜效应的危害是很严重的，主要表现为：使激光束散角加大，方向性变差；对单模工作的器件影响更大，使单模体积缩小，单模输出降低。其原因是谐振腔内有了热透镜后，相当于改变了原谐振腔的类型，如由平行平面腔变成了凹面腔。因此要设法消除固体激光器的热透镜效应。

式 (2.9.20) 中涉及的参数很多，又难以精确地选取，所以理论上计算出来的热焦距往往与实际有较大差异。因此，在实际应用中，对热焦距进行测量是非常必要的。常用的测量方法有直接测量和辅助测量两种。热焦距直接测量的装置如图 2.9.22 所示。将准直扩束 He-Ne 激光射入被测的激光棒，由于热透镜效应，通过激光棒后 He-Ne 激光束被会聚。测量从棒中心到会聚的最小光斑点间的距离，可视为热焦距 f_T 的大小。这种方法测量简便，但测量误差较大。根据理论分析可知，Nd^{3+}:YAG 棒应有双聚焦现象，用这种方法测量时，只能测得一个热焦距。

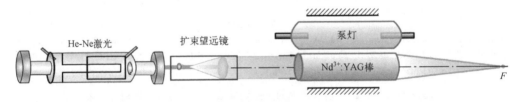

图 2.9.22　热焦距直接测量装置

当热焦距较长时，多采用加辅助透镜的方法测量。如图 2.9.23 所示，在激光棒后面加一焦距为 50cm 的辅助凸透镜，可使组合焦距变短，激光束要变得明显些，便于测量。小孔光阑可以移动，孔径应比最小光斑略大，光强度由光电元件接收，用示波器检测。光电元件前为一窄带滤光片，用以消除杂散光。显然，移动小孔光阑的位置时，检测到的光强度在变化。当测得光束强度为最大时，其光阑所在位置即为光束的聚焦位置。

图 2.9.23　加辅助透镜测量装置

由于在光路中放入了辅助透镜 M，因此光束的聚焦点 G 为热透镜和辅助透镜的组合焦点(图 2.9.24)。根据几何光学关系和透镜成像的高斯公式可得到热焦距为

$$f_{\text{T}} = d + c = d + \frac{c'f_M'}{f_M' - c'} \tag{2.9.23}$$

式中，d 为热透镜后主平面与辅助透镜 M 之间距离；c' 为辅助透镜到 G 点的距离；f_M' 为辅助透镜的焦距。如果已知 $\mathrm{Nd^{3+}:YAG}$ 棒后端面到辅助透镜的距离为 d'，后主面到棒的后端面的距离为 $h \approx \dfrac{l}{2n_0}$，则有

$$d = d' + h = d + \frac{l}{2n_0} \tag{2.9.24}$$

将已知的 f_M'、d 和测量出的 c' 代入式(2.9.23)，便可计算出激光棒的热焦距 f_T。

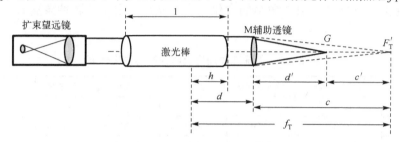

图 2.9.24　辅助透镜测量热焦距光路

因为焦点附近光强度变化不明显，所以会影响测量精度。若在光路中加入一个小圆挡板，将光束中心部分挡去，只测量变化灵敏的外缘光强，就可提高测量精度。

在用辅助透镜测量时，辅助透镜 M 与棒的距离不宜过大，否则，当热焦距 f_T 较短时，热透镜的焦点会落在透镜 M 的左方焦距之内(图 2.9.24)，这样，通过 M 会成虚像，不能实现测量。

2) 单次脉冲泵浦下激光棒的热效应

单次脉冲激光器中，激光棒因受热形成的温度分布是一个随时间变化的瞬间过程，如图 2.9.25 所示。由于泵浦光脉冲持续的时间很短(ms 或 μs 级)，激光棒温度上升的速率比因散热下降的速率快得多，因而在光泵期间棒的温度快速上升到最大值。光泵脉冲结束后，温度又缓慢地降回初始值。图 2.9.26 十分形象地表示出棒内径向温度分布随时间的变化情况，它是在假定棒对泵浦光均匀吸收条件下得出的。

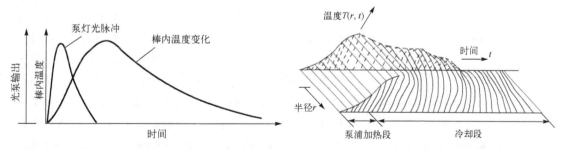

图 2.9.25　单次脉冲运转棒内温度与时间的关系　　图 2.9.26　单次脉冲泵浦棒内温度分布

对于自然冷却的大能量器件，其温升是相当可观的，而且光泵脉冲刚结束后，还能明显地加热棒，这是因为热的闪光灯可通过传导和对流把热传送到棒中。配有冷却系统的器件可以减小温升。

由于激光发生在光泵浦期间或末尾，所以单次工作的脉冲激光器，只需考虑泵浦期间

的棒的温度分布情况，而冷却阶段的温度分布对激光没有影响。因此，泵浦光的空间不均匀分布及激光棒截面内光吸收的不一致性，是产生热透镜效应及热致双折射效应的主要原因。若能确定产生激光的瞬间棒内的温度分布 $T(r)$，则单脉冲情况下的热效应便应用对连续激光器的分析方法进行讨论。

单次脉冲情况下的瞬态热效应，可以用干涉测量的方法记录。将激光棒置于干涉仪的一臂，用高速摄影机记录干涉花样随时间的变化情况，或用装在针孔后面的快速光电探测器计算瞬间的条纹数。也可以在泵浦期间直接测量瞬态热焦距；或用偏光仪测量热应力双折射；或测量泵浦期间激光束发散角的变化。表 2.9.1 列出了单脉冲泵浦时下不同材料的热效应。

表 2.9.1　单脉冲泵浦终止时棒内的温度升高

激光材料	长度×半径/cm²	输入能量/J	温度/℃	热效应	光程增量	泵浦灯
Nd:Glass	15×1.5	7000	6.4	凹透镜	10	直管灯
Cr:Ruby	15×1.5	7000	15.3	凹透镜	32	直管灯
Cr:Ruby	7.5×0.6	1250	4.0	凸透镜	10	螺旋管灯
Cr:Ruby	6.3×0.63	800	3.5	—	8	螺旋管灯
Nd:Glass	6.3×0.63	800	4.9	—	7	螺旋管灯
Cr:Ruby 棒抛光	5×0.69	5000	6.7	凸透镜	—	螺旋管灯
Nd:Glass	7.5×1.0	11500	15.0	凹透镜	9	螺旋管灯(2 倍棒长)

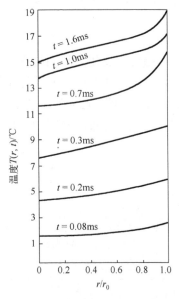

图 2.9.27　单次脉冲泵浦激光棒内温度分布与半径、时间的关系

3) 重复率脉冲泵浦下激光棒的热效应

在重复率脉冲工作的激光器中，激光棒内的温度分布主要取决于泵浦脉冲的间隔时间 Δt 和激光棒的弛豫时间 τ(棒中心处的温度从最大值降到该值的 $1/e$ 所需时间)。

实际测量发现，单脉冲泵浦的激光棒，多数情况下呈负透镜作用。其原因是棒表面对光泵能量的吸收大于棒中心部分，在光泵浦末期棒表面的温升仍大于棒中心部分。图 2.9.27 是实际测量的曲线。由图可见，在光脉冲泵浦的不同时刻，棒内温度分布是不相同的，且棒表面的温升均大于棒中心。棒内温度分布不均匀，导致激光束散角增大。由于棒内温度分布与时间有关，所以在泵浦期间不同时刻产生的激光，其束散角是不同的。图 2.9.28 是对 ϕ12.7mm×76mm 红宝石棒，用两支直管闪光灯泵浦，泵浦光脉冲宽度为 800μs，输入为 500J 情况下，测得的光束发散角随时间的变化曲线。激光棒的最大增益出现在 750μs 时刻，而这时激光的光束发散角是初始值的 2 倍。泵浦光脉冲能量最大，棒内温度分布越不均匀，激光束散角也越大。图 2.9.29 是用 ϕ1.6cm×20cm 的钕玻璃棒，泵浦光脉冲时间约为 3ms 情况下测得的光束发散角随输入能量变化的曲线。

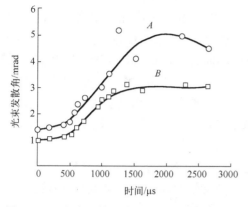 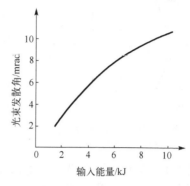

图 2.9.28　红宝石棒光束发散角随时间的变化　　图 2.9.29　光束发散角与输入能量的关系

当光泵重复率很低时，泵浦脉冲间隔时间大大超过激光棒的热弛豫时间（$\Delta t \gg \tau$）。在下一个泵浦脉冲开始之前，激光棒内各点的温度早已恢复到常温状态，后一泵浦脉冲产生的棒内温度分布不受前一个脉冲的影响。因此，这种情况下激光棒的热效应可以按单次脉冲情况分析。若 $\Delta t \approx \tau$，如图 2.9.30 所示，则激光棒的热效应也可以按单次脉冲情况分析。

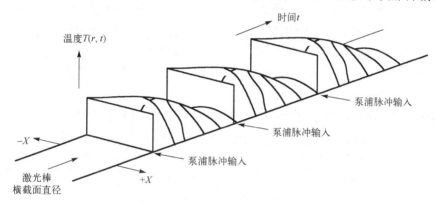

图 2.9.30　重复脉冲泵浦 $\Delta t \approx \tau$ 棒内温度分布

当重复率升高，至 $\Delta t < \tau$ 时，前一个泵浦脉冲还未恢复到常温状态，后一脉冲已经到来，因此后一脉冲对棒的作用将叠加在前一脉冲残存温度分布上，形成新的温度分布。脉冲一个接一个，温度不断积累，直至达到平衡，如图 2.9.31 所示。开始的几个脉冲，每个脉冲

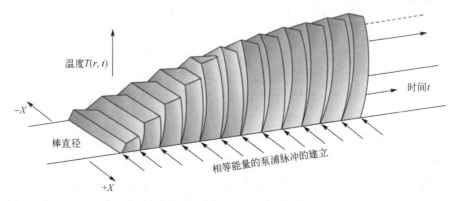

图 2.9.31　$\Delta t < \tau$ 时，棒内各点的热积累

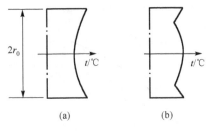

图 2.9.32　重复脉冲泵浦 $\Delta t < \tau$
棒内径向温度分布

的辐射首先到达棒的外表面，使激光棒的边缘温度高于中心温度，如图 2.9.32(a) 所示。光泵不断泵浦，棒的温度不断升高，最后达到准稳定状态。此时由于中心散热慢，中心温度高于边缘温度。而在每个光泵脉冲作用瞬间，外缘温度明显升高，形成中心和外缘温度高，中间有一较低的温度环，如图 2.9.32(b) 所示。

重复率进一步升高，当 $\Delta t \ll \tau$ 时，泵浦脉冲之间的温度下降可以忽略，棒内温度分布完全与连续泵浦情况相同，此时棒的热效应只取决于光泵的平均输入功率，其分析方法与连续工作方式相同。

2. 冷却与滤光

1) 冷却

如上所述，固体激光器在工作时，工作物质、泵灯和聚光器的温度都会升高。工作物质温升过高时，会使器件阈值升高、效率降低，甚至发生温度猝灭；泵灯的电极和灯管的温升太严重时，会缩短灯的寿命甚至造成灯的破坏；聚光器温升过高时，会引起反射表面损坏。为了维持激光器件正常工作，除了单脉冲方式工作靠自然冷却外，对于连续或重复脉冲工作方式的器件，均采用强迫冷却措施。冷却方式的选择取决于器件的工作方式和平均输入、输出水平。常用的冷却方法有液体冷却、气体冷却和传导冷却等，其中以液体冷却为最常用。

(1) 液体冷却。这是借助于流动的液体带走泵灯、棒及聚光器所产生的大量热能而达到冷却的目的。冷却液常掺入滤光物质成为滤光液，兼起冷却和滤光作用。

冷却液应具有：热容量大、密度大、凝固点低、黏度小、导热率大、不易燃、不易爆、化学稳定性好(包括光化学稳定性)、对接触的元件无腐蚀作用，以及在工作物质有用吸收带内透过性能好等特点。表 2.9.2 列出几种国外使用的冷却液性能供参考。

表 2.9.2　几种国外使用的冷却液性能

参量	水	水 60% 甲醇 40%	碳氟化合物 FC-104	乙烯乙二醇 50% 水 50%	氟利昂
热容量/$(cal \cdot g^{-1} \cdot ℃^{-1})$	1.0	0.84	0.24	0.79	0.24
黏度/$(g \cdot cm^{-1} \cdot s^{-1})$	1×10^{-2}	0.8×10^{-2}	1.4×10^{-2}	3×10^{-2}	4.1×10^{-2}
热传导系数/$(cal \cdot cm^{-1} \cdot s^{-1} \cdot ℃^{-1})$	1.36×10^{-3}	0.91×10^{-3}	0.33×10^{-3}	1.01×10^{-3}	0.16×10^{-3}
密度/(g/cm^3)	1	0.905	1.79	1.06	1.76
Npr 数	7.4	7.4	10.2	23.5	61.5
体膨胀系数/$℃^{-1}$	0.643×10^{-4}	4.14×10^{-4}	9×10^{-4}	5.7×10^{-4}	6.4×10^{-4}
沸点/℃	100	65	104	110	194
冰点/℃	0	−29	−62	−94	−94

在可供选择的冷却液中，水是最有效和最常用的，因为它的热容量和热传导系数大、体膨胀系数小、黏度小，且化学性能稳定、不易被强紫外辐射分解，是一种很方便、很合

适的冷却液。但一般自来水中含有矿物质，沉淀后容易污染激光器并堵塞管道，故常以蒸馏水或去离子水作冷却水。由于水的冰点为 0℃，所以在某些要求低温工作的器件中，可采用水与其他冰点低的有机液体（如甲醇或乙二醇）的混合液做冷却液。

　　液体冷却系统一般包括水泵、热交换器及蓄水箱，如图 2.9.33 所示。热交换器的作用是将冷却装置中循环冷却液的热能传递给其他传热介质，以免冷却液温升过高。热交换可以是液体与液体或液体与空气之间交换。前者是将热量排至外部水中，后者类似汽车发动机的散热水箱，用风扇散热。

　　激光器的液体冷却方式主要有：分别冷却（图 2.9.34）和全腔冷却（图 2.9.35）两种方式。棒、灯分别冷却或棒、灯及聚光器（泵浦腔）三者均分别冷却的方式具有很多优点：冷却液沿灯、棒的玻璃套管流过，流速大而均匀，冷却效果好，并且可防止对聚光器反射表面的污染。缺点是器件体积大，结构复杂，玻璃套管的吸收影响光泵效率。此种方法适用于较大功率输出的器件。水冷玻璃套管常选用 GG17 或具有滤紫外光作用的特种玻璃管，壁厚约为 1mm。灯、棒与玻璃管之间应有 1~2mm 的流水间隙，以便保证水流畅通。全腔冷却是冷却液直接流经密封的聚光器腔内空间，同时冷却棒、灯和聚光器。它结构简单、紧凑，适用于小型聚光器。但聚光器反射表面直接与冷却液接触，易受冷却液沉淀物污染，尤其是具有滤光作用的冷却液，污染更重。这将导致激光输出下降，因而需要定期清洗。为避免污染，可采用图 2.9.35（b）的办法，即加入滤光的玻璃板，冷却液用纯净的水。但这无疑会增加器件的外形尺寸及质量。

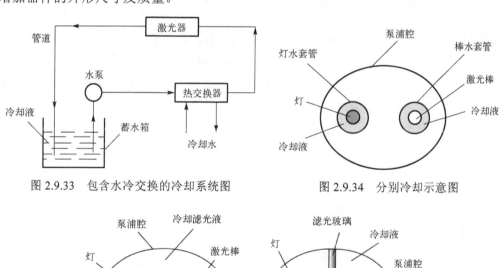

图 2.9.33　包含水冷交换的冷却系统图　　　　　图 2.9.34　分别冷却示意图

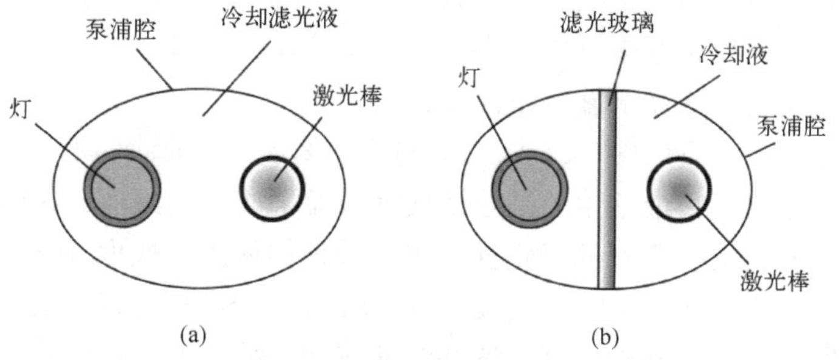

（a）　　　　　　　　　　　　　（b）

图 2.9.35　全腔冷却示意图

　　为了增加冷却效果，还可以采用空心激光棒的办法。冷却液同时沿外表面及中心孔流过进行冷却。这种方法曾用于大功率红宝石放大系统，但因技术复杂很少采用。

　　冷却液流量的调整，应视器件工作情况而定，一般应以激光器出口处冷却液温升不十分显著为原则。在中小能量激光器件中，棒的冷却流量一般为 5～10L/min，由小型电动水泵提供。

设计液体冷却系统时，要注意避免在激光器内形成死流、急流、气泡或局部沸腾，否则将影响冷却效果和使激光输出下降。同时，还应注意冷却液的密封和泵灯高压的绝缘问题。

(2)气体冷却。用化学性能稳定、透光性好、不导电的氮、氢、氦等气体作冷却介质也能达到一定的冷却效果。最简单的办法是用空气压缩机或电扇产生高速空气流，使之通过泵灯和工作物质而把热量带走。因为空气密度低，热传导系数小，且高速气流输入到聚光器内部后速度会大幅度下降，所以冷却效果不太好。为了提高冷却效果，可以把聚光器密封在一个耐高压的装置中，用压缩机驱动高压冷却气体(10～30 个大气压)，使之流经灯、棒，将热量带走并由散热片散发出去。这种方法冷却效果很好，但高压技术复杂而有一定危险性，而且影响泵灯寿命。气体冷却一般用于小功率便携式器件中。

(3)传导冷却。它是使激光棒直接与散热器紧密接触，激光棒将热量传递给散热器，散

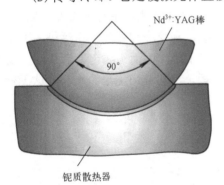

图 2.9.36　激光棒与散热器直接接触

热器再由自然冷却或强迫冷却把热量散发掉。激光棒与散热器结合越紧密，导热性越好。这可采用机械夹紧、胶合或焊接方法达到目的。图 2.9.36 是一种典型结构，Nd^{3+}:YAG棒支承在铌(Nb)质散热器的凹槽中，凹槽与棒表面成 90°紧密接触。采用铌的原因是铌的热胀系数与 Nd^{3+}:YAG 相近，且其导热性能好。为实现紧密均匀接触，激光棒及铌表面皆镀以镍、金，再用低熔点、高导热率的纯铟(In)焊接在一起。

传导冷却结构简单，质量小，不易损坏，适用于空间应用的小型固体激光器。

2)滤光

泵灯所辐射的光只有一小部分被激活离子吸收，其余部分或者跑掉或者成为有害辐射。主要危害是使工作物质发热，造成不良的热效应。其中紫外辐射危害最大，它会使工作物质形成稳定色心，造成工作物质性能劣化。另外，泵灯中处于激光波长的辐射以及工作物质中非轴向的荧光辐射，均会使处于激活态的粒子产生受激辐射，引起粒子反转数下降的所谓退泵浦现象。必须想法滤去这些有害的光，尤其要滤去紫外光，因为它直接影响工作物质的寿命。经常采用的滤光措施有下面几种。

(1)滤光液法。在冷却液中加入一定比例的滤光物质，配成滤光液，兼起冷却和滤光的作用。对于掺钕工作物质，最常用的是重铬酸钾和亚硝酸钠水溶液。在强光之下重铬酸钾滤光液比亚硝酸钠滤光液有更好的稳定性。重铬酸钾的浓度一般取 0.3%～1%(质量)，亚硝酸钠取 1%～2%。棒、灯之间的滤光液厚度一般以 3～5mm 为宜。这种滤光方法的不足之处是，使用一段时间后，滤光液会分解并沉淀在灯、绷、聚光器内壁上，破坏透光和聚光效果，使器件效率下降，所以要经常更换新液和清洗污染部件。高质量的红宝石晶体很少发现劣化现象，质量差的可用硫酸铜水溶液等滤去紫外光即可。

因滤光液易污染器件，而且有的滤光物质对人体有害，目前正逐渐采用新的方法取代。

(2)滤光玻璃法。将能透过有用光谱而滤去有害光的玻璃做成玻璃管，套在工作物质

上或泵灯上，或做成玻璃片放在灯、棒之间(图 2.9.35)。这是一种很方便而有效的滤光方法。目前已使用的滤光玻璃有 JB_6、JB_7、JB_8 等型号的硒铬有色(黄色)玻璃，它们可滤掉小于 0.5μm 波长的辐射，但对有用泵浦光也有一定的损失。还有掺铈(Ce)石英玻璃、掺钛(Ti)石英玻璃、掺钐(Sm)石英玻璃等。掺铈石英玻璃可吸收波长为小于 0.3μm 的紫外辐射，并发出可见荧光，不仅滤光效果好，而且还可提高泵浦效率。掺铈、掺钐玻璃在波长为小于 0.3μm 的紫外和 1.06μm 处吸收系数大，用于 Nd:YAG 和钕玻璃器件既可滤紫外又可消退泵浦现象。

(3)在聚光器上采用措施。利用聚光器内表面镀层材料不同，其光谱反射率也不同的特点，选择合适的镀层材料，便可达到一定的滤光目的。此外，在聚光器上镀多层介质膜，使有用泵浦光的反射率很高，而紫外和激光波长的反射率很低。这不仅可消除紫外线的危害，而且可消退泵浦现象。

(4)在灯管上采取措施。目前已见到的有在灯管外表面镀滤光膜和在灯管材料中掺入滤光物质两种方法。在泵灯外表面镀上光学滤光膜，只允许有用泵浦光透过，而把其他波长的光反射回泵灯中。这不仅滤去了对工作物质有害的辐射，而且由于部分辐射发射回到泵灯中去，提高了灯内气体的温度，使辐射强度增大，辐射效率提高。采用掺铈石英灯管，可把有害的紫外辐射变成有用的光辐射，从而提高了激光器效率。

另外，还有用荧光染料(如罗丹明 6G)溶液、荧光晶体变换器、滤光涂料等办法，它们都是把吸收的紫外辐射变成有用光谱辐射，达到滤光和提高效率的目的。

3. 消除及补偿热效应的措施

热效应是在连续和高重频脉冲固体激光器器件中较为突出的问题。在设计此类器件时，应采取必要的措施，尽可能地减小或消除其影响。目前较为成熟可行的措施有：冷却、光学补偿和采用非圆柱形的工作物质等。冷却着重降低激光棒的整体温度，光学补偿用于改善热不均匀造成的影响，采用非圆柱形工作物质则上面两种作用兼而有之。冷却已有叙述，这里只介绍后两种措施。

1) 光学补偿法

冷却虽然可以带走激光器内大量的热能，但并不能消除棒内的热不均匀分布，以及由此所产生的热致双折射和热透镜效应。光学补偿方法主要用来抵消热致双折射或热透镜的影响，以改善激光束的质量。

热致双折射的补偿常用石英旋光片。具体做法是将两根热致双折射效应相近的激光棒串联，其间置以 90°石英旋光片。线偏振光通过第一根棒时，由于热致双折射，切向分量 E_φ 和径向分量 E_r 之间产生相位差 δ_1。光通过石英旋光片后，E_φ 和 E_r 交换位置，即第一根棒的径向分量对第二根棒来说变为切向分量，而第一根棒的切向分量对第二根棒变为径向分量。在第二根棒内 E_r 和 E_φ 产生相位差 $\delta_2 = -\delta_1$。这样一根棒产生的热致双折射由另一根棒的抵消。

热透镜效应的补偿常用修磨端面和设计相应的谐振腔型(如用平凸腔、凹凸腔、热不灵敏腔)等方法，此处只介绍修磨端面法。如前所述，连续或高重复率脉冲器件，其热透镜为正透镜。若在谐振腔内再插入一焦距相同的负透镜，则可与热透镜相互抵消。简单的办法是把棒的两端面磨成曲率适当的凹面。根据薄透镜公式，很容易计算出凹面的曲率半径 $R =$

$2(n_0-1)f_T$，f_T 是测得的热焦距。为了调整方便，可将一端面磨凹另一端面仍为平面，此时凹面的曲率半径为 $R=(n_0-1)f_T$。此种方法简单，但仅在热焦距保持恒定的情况下才有好的补偿效果，当热焦距偏离设计值时，会产生欠补偿或过补偿。

2) 采用非圆柱形工作物质

采用非圆柱形工作物质改善激光材料和热效应常基于两个方面的考虑：一是增大散热面积，以降低激光工作物质的整体温度；二是改变热流方向，以改善激光通过工作物质时所受的影响。

非圆柱形工作物质的形状可以是盘状的或片状的。盘状者是将激光材料切成圆盘、方形盘或椭圆盘等形状，各盘表面与谐振腔轴线垂直或以布儒斯特角放置。盘与盘间可平行排列也可按 N 字形排列。盘间直径为 $10\sim20$mm，厚为 $5\sim10$mm，间隔为 $0.5\sim1$mm。采用盘状工作物，既增加了散热面积，又使热能沿光传播方向流动，从而避免或大为减弱热透镜和热致双折射效应。为减小盘表面的反射损耗，垂直光轴放置的各盘要镀增透膜或盘之间用折射率与工作物质匹配的冷却液。盘与光轴成布儒斯特角放置时，红宝石系统可直接用纯净的水冷却，而钕玻璃需用重水冷却，因水对 $1.06\mu m$ 光辐射的吸收系数约为 0.1cm^{-1}，而对重水的吸收系数为 0.008cm^{-1}。盘状激光器因盘的数量多，安装和调试比较困难，不易达到满意的效果。

片状激光器是把工作物质做成如图 2.9.37 所示的形状。在片的上下表面进行面泵浦并加冷却，因而热流是沿 x 方向，温度从片中心到上下表面按抛物线规律降低。这虽然也能产生温度不均匀和热应力，但由于光线在工作物质中是曲折前进的，当激光从一端传播到另一端时经受同样的折射率变化，所以波前没有畸变，从而可克服热致双折射和热透镜效应。例如，有一钕玻璃片状圆盘激光器，片长 263mm，宽 15mm，厚 6mm，具有布儒斯特角端面，用两支长 200mm 的脉冲氙灯泵浦，得到的激光输出为 1J，全发散角为 5mrad。

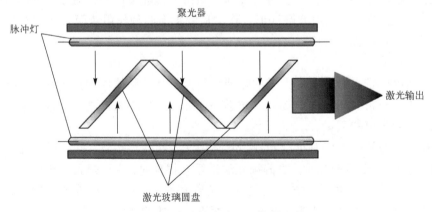

图 2.9.37　钕玻璃片状圆盘激光器

习　题

1. 激光器主要由哪几部分组成？激光谐振腔的作用是什么？激光器形成振荡的条件是什么？

2. 固体激光器的特点是什么？固体激光工作物质从基质的角度可分成哪些类型？

3. 按运转方式划分，固体激光器可分为哪些类型？

4. 比较红宝石、钕玻璃、钇铝石榴石、钛宝石等激光器的各自有缺点。

5. 聚光器可分为哪些类型？它们各自的特点是什么？

6. 有一个大功率激光器，当打开运转一段时间后，发现输出不正常，经检查是冷却系统未打开，该怎么办？

7. 设计一台由工作物质、谐振腔、聚光器、电源等组成的固体激光器。

8. 什么是全固态激光器？它有哪些优点？

第3章　光纤激光器

光纤激光器(fiber lasers，FL)属于光波导器件，以掺稀土元素(如 Nd、Yb 或 Er)的光纤为工作物质，用二极管激光泵浦，其性能明显优于二极管泵浦固体激光器。从 1963 年光纤激光器诞生至今，经过近 60 年的迅速发展，如今已是种类繁多。而光纤激光器作为新型激光器中的一匹黑马，正在大量侵蚀着 CO_2、固体激光器的工业制造市场，2021 年光纤激光器切割机从 1000~40000W 已经非常成熟。究其原因是光纤激光器具有如下特点。①纤芯很小(单模光纤的芯径只有 1~10μm)，芯内易形成高功率密度激光，激光与泵浦光可充分耦合，因此转换效率高，激光阈值低，并且能方便高效地实现与当前光纤通信系统的链接。②光纤激光器采用光纤作为增益介质，因其表面积很大而具有很好的散热功能，对产生的热量管理更为有效，它比固体激光器和气体激光器能量转换效率更高。③光纤的柔性极好，激光器可设计得小巧灵活，使得光纤激光器能轻易胜任各种三维任意空间的加工应用，使机械系统设计变得非常简单。因此，光纤激光器已经成为材料加工(特别是微加工)、医用激光的最佳选择对象之一。在印刷工业，光纤激光器可用于内鼓扫描系统，它不仅要求高功率，而且要求光束具有衍射极限的光束质量。在微加工领域，可用于磁存储和光存储、半导体、电子工业的切割、焊接弯曲、准直、应力释放、热处理等。在打标领域，也越来越多地采用光纤激光器，特别是半导体工业，用光纤激光器在塑料和陶瓷包装上打标。在通信领域，研究人员正在研究大于 1W 的高功率光纤激光器在密集波分复用(dense wavelength division multiplexing，DWDM)组件和系统中的应用，研究如何将光纤激光器用于高速调制器的激光雷达等。④与半导体激光器相比，光纤激光器光路全部由光纤和光纤元件构成，光纤和光纤元件之间采用光纤熔接技术连接，整个光路完全封闭到光纤波导中，因此，光路一旦建成，就形成了一个主体，避免了元件分立，可靠性大大增强，并且实现了与外界的隔离。⑤可以胜任各种恶劣的工作环境，对灰尘、振荡、冲击、温度和湿度具有很高的容忍度，从而使光纤激光器的应用变得非常广泛，可应用行业包括激光光纤通信、工业造船、汽车制造、金属零件熔覆、军事国防安全、医疗器械仪器设备、大型基础建设等。光纤激光技术最大的应用是光通信网络的 1550nm 掺铒光纤放大器。把光子作为信息载体，用光纤通信代替电缆和微波通信，使信息的传输发生了本质性改变。光纤激光器按照光纤材料的种类，可分为如下几种。

(1)晶体光纤激光器。工作物质是激光晶体光纤，主要有红宝石单晶光纤激光器和 Nd^{3+}:YAG 单晶光纤激光器等。

(2)非线性光学型光纤激光器。主要有受激拉曼散射光纤激光器和受激布里渊散射光纤激光器。

(3)稀土类掺杂光纤激光器。光纤的基质材料是玻璃，向光纤中掺杂稀土类元素离子使之激活，而制成光纤激光器。

(4)塑料光纤激光器。由塑料光纤芯部或包层内掺入激光染料而制成光纤激光器。根据光纤激光器的谐振腔采用的结构可以将其分为 Fabry-Perot 腔和环形腔两大类，也可根据输出波长数目将其分为单波长和多波长等。光纤激光器的主要特点是：其基本结构和固体激光器的结构雷同，由泵浦源(激光二极管和必要的光学耦合系统)、激光增益介质(掺稀土元素的增益光纤)、谐振腔(反射镜、光纤光栅或光纤环)等组成。按泵浦光的入射方式，光纤激光器可分为：端面泵浦光纤激光器、双包层光纤激光器和任意形状光纤激光器。

1) 端面泵浦光纤激光器

端面泵浦光纤激光器中的光纤与普通光纤十分相似，仅在纤芯掺以激光工作物质。与二极管端面泵浦固体激光器的泵浦方式相似，采用光学耦合系统将泵浦光直接耦合到光纤的纤芯端面上。通常情况下，两端面也是激光谐振腔的全反镜和输出镜。可以看出，这种结构简单，但其泵浦端面因面积很小，可以注入的泵浦光能量有限，故该类激光器属于小功率器件，它们大多应用于光通信中。

2) 双包层光纤激光器

为了克服端面泵浦光纤激光器注入功率小的问题，人们发明了双包层光纤激光器。它主要由纤芯、内包层、外包层和保护层组成。纤芯采用了稀土掺杂光纤为激光增益介质，稀土离子吸收泵浦光并辐射单模激光，外包层采用低折射率材料。通常情况下，泵浦光采用斜入射方式，使泵浦光在内外包层界面形成全反射，这样，泵浦光在多次反射后，多次穿过内包层和纤芯，使纤芯吸收率大大增加，可达 90% 以上。这种泵浦方式与二极管泵浦固体激光器的侧面泵浦方式很相似，注入功率可以大大增加，又提高了泵浦光的利用率。这类光纤激光器的输出功率在百瓦量级。

3) 任意形状光纤激光器

为了进一步提高输出功率，克服双包层光纤激光器输出功率受到的限制，日本率先开发出了一种任意形状光纤激光器，有望获得千瓦量级的光纤激光器。其方案是将光纤排放成盘状结构，大大增加了泵浦光的利用面积，其有效利用面积比纤芯端面和包层端面大得多。根据光纤的排放方式不同，这类光纤激光器又可分为盘状、片状、圆柱状、环状和棒状等不同结构的光纤激光器。

光纤激光器体积小、寿命长、输出功率高、使用维护方便，使工业、医学、通信等各行业领域激光应用市场不断被它侵蚀占领。

光纤激光器是当今光电子技术研究领域中最前沿的研究课题，尤其是高功率光纤激光器，国家自然科学基金委员会和 "863" 计划均把它列入了重大攻关项目。如今，光纤激光器已经大量商用化，中国已有多家企业推出用于工业加工的连续输出几万瓦的多模光纤激光设备。美国恩耐激光技术有限公司于 2018 年 10 月正式宣布推出体型最紧凑的万瓦光纤激光器。中国多家激光公司可提供 3~10kW 的商业输出功率的光纤激光器。高功率光纤激光器的出现是激光发展史上的里程碑，它以无比卓越的性能和超值的价格，在激光加工、激光医疗、激光雷达、激光测距等方面得了日益广泛的应用。它的诞生对传统的 CO_2 和 YAG 固体激光器在工业加工上的应用提出了严峻的挑战，将掀起激光产业的一场前所未有的改革浪潮。

3.1　光纤放大器结构及工作原理

3.1.1　光纤放大器的基本结构

光纤放大器光纤通信系统对光信号直接进行放大的器件,是在使用光纤的通信系统中,不需将光信号转换为电信号,直接对光信号进行放大的一种技术。掺铒光纤放大器(Erbium-doped fiber amplifier, EDFA)即在信号通过的纤芯中掺入了铒离子(Er^{3+})的光信号放大器。1985 年,英国南安普顿大学首先研制成功光放大器,是光纤通信中最重要的发明之一。在光纤中掺入稀土材料,如钕(Nd)、铒(Er)、镨(Pr)、镱(Yb)等,用激光泵浦,将稀土离子从低能态泵浦到高能态,然后,处于高能态的粒子通过快速弛豫过程,迅速到达激光上能级,当泵浦速率超过一定值时,处于激光上能级的粒子数密度将超过处于激光下能级的粒子数密度,实现了粒子数分布的反转;通过光纤耦合器耦合到稀土光纤中的信号光作用,引起受激辐射,将存储在光纤内的能量释放出来,使信号光通过受激辐射被迅速放大。

在光纤放大器实用化以前,光通信系统为了克服光纤传输中的损耗,每传输一段距离,都要进行"再生",即把传输后的弱光信号转换成电信号,经过放大、整形后,再去调制激光器,生成一定强度的光信号,即所谓的 O-E-O 光电混合中继。其工作原理是先将接收到的微弱光信号经光电检测装置(PIN 或 APD)转换成电流信号;然后对此电信号实现放大、均衡、判决、再生等技术,以便得到一个性能良好的电信号;最后再利用该电信号调制半导体激光器(如电源调制)完成电光转换,重新发送到下段光纤中去。随着传输码率的提高,"再生"的难度也随之提高,于是中继部分成了信号传输容量扩大的"瓶颈"。光纤放大器的出现解决了这一难题,其不但可对光信号进行直接放大,同时还具有实时、高增益、宽带、在线、低噪声、低损耗的全光放大功能,是新一代光纤通信系统中必不可少的关键器件;这项技术不仅解决了损耗对光网络传输速率与距离的限制,更重要的是它开创了 C+L 波段(C 波段是原来的频率划分为通信卫星。C 波段利用 3.7～4.2GHz 为下行信号波长范围,利用 5.925～6.425GHz 为上行信号波长范围,1～2GHz 称为 L 波段)的波分复用,从而将使超高速、超大容量、超长距离的波分复用(wavelength division multiplexing, WDM)、密集波分复用(DWDM)、全光传输、光孤子传输等成为现实,是光纤通信发展史上的一个划时代的里程碑。近年来,密集波分复用与宽带掺铒光纤放大器相结合的传输技术已成为高速率、大容量光通信发展的主流方向。光纤放大器与光纤激光器的结构相似。在目前实用化的光纤放大器中主要有掺铒光纤放大器、半导体光放大器(semiconductor optical amplifier, SOA)和光纤拉曼放大器(fiber Raman amplifier, FRA)等,其中掺铒光纤放大器以其优越的性能已广泛应用于长距离、大容量、高速率的光纤通信系统,以及接入网、光纤有线电视网、军用系统(雷达多路数据复接、数据传输、制导等)等领域。在系统中 EDFA 有三种基本的应用方式:功率放大器(power amplifier)、中继放大器(line-amplifier)和前置放大器(pre-amplifier)。它们对放大器性能有不同的要求,功率放大器要求输出功率大,前置放大器对噪声性能要求高,而中继放大器两者兼顾。目前掺铒光纤放大器是最成熟和最可靠的器件之一,它的频带极宽,可大于 100GHz,放大率达到 30dB 以上,不受信号偏振方向影响，有很好的保真度，而且能同时放大几个光通道，甚至能同等对待不同的调制方式。它已成为 1.55μm 窗口陆地和海底光纤通信模拟和数字通信系统中的理想元件，是高速大容量光纤通信系统必需的关键部件。国内首先由清华大学、北京大学研制成功 EDFA；武汉邮电科学研究院研制了 EDFA、波长为 1480nm 光泵掺铒光纤(EDF)、WDM 器件和隔离器等，他们也试验了波长为 980nm 的 EDFA。

光纤放大器的基本结构：它一般由五个基本部分组成，即掺铒光纤、泵浦激光器(PUMP-LD)、光无源器件、控制单元和监控接口(通信接口)。其中光无源器件包括：光波分复用器、光隔离器(ISO)、光纤连接器(FC/APC)和光耦合器(coupler)。WDM 的作用是将信号光与泵浦光耦合起来进入掺铒光纤；光隔离器是防止光路中反向光对 EDFA 的影响；光纤连接器使 EDFA 与通信系统和光缆线路的连接变得容易；光耦合器从输入和输出中分路出一部分光(5%左右)送到光探测器(PIN)，由控制单元对光纤放大器的工作进行不间断地控制，监控接口向传输系统提供光纤放大器工作状态信息，确保光纤放大器作为传输系统的一个部件，纳入到统一的网络监控之中。

光纤放大器的泵浦源主要使用 980nm 和 1480nm 光纤耦合的半导体激光器，光纤则采用低损耗的单模稀土光纤。因此，光纤放大器紧凑、坚固、功能强大，且可大批量生产。

标准的掺铒光纤放大器是将信号光和泵浦光同时耦合在一根光纤中，在每一端都设有光学隔离器，以防止反射光的干扰(图 3.1.1)。光纤放大器的泵浦方式有多种：可以用一个或两个从正向、反向或双向进行泵浦。

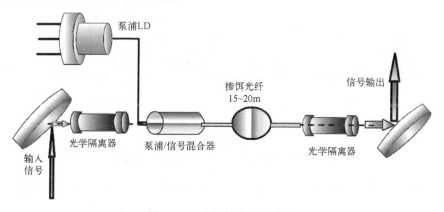

图 3.1.1 光纤放大器示意图

掺铒光纤放大器采用掺 Er 单模光纤，Er 浓度较高，为 5×10^{-4}，光纤数值孔径为 0.29，损耗为 10dB/km。在纤芯中掺入 Er 的同时还掺入 Al，目的是增加带宽，使增益在波长为 1540～1560nm 范围内。典型的掺 Er 光纤放大器，由 980nm 半导体激光器从正向泵浦，其增益在 1530nm 附近有一个高峰(较窄<10nm)，在 1560nm 附近有较小的峰(20nm)，在整个 1527～1560nm(33nm)范围内，增益>20dB，增益变化量为 15dB。

上述光纤放大器主要是用来放大单波长的光信号，为适应波分复用技术的需要，实际光纤放大器要比上述光纤放大器复杂得多。高性能的适合于 WDW 应用的光纤放大器数据传输能力可达 100GdB/s。

3.1.2 掺铒光纤的放大原理

掺铒光纤放大器的基本结构及工作原理如下。

EDFA 主要由掺铒光纤、泵浦光源、波分复用器、光学隔离器等组成，EDFA 的内部按泵浦方式分为三种最基本的结构，即同向泵浦、反向泵浦和双向泵浦。

（1）同向泵浦，信号光与泵浦光以同一方向从掺铒光纤输入端注入，如图 3.1.2 所示。

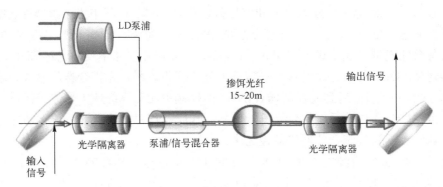

图 3.1.2 同向泵浦掺铒光纤放大器结构示意图

（2）反向泵浦，信号光与泵浦光从两个不同方向注入掺铒光纤，如图 3.1.3 所示。

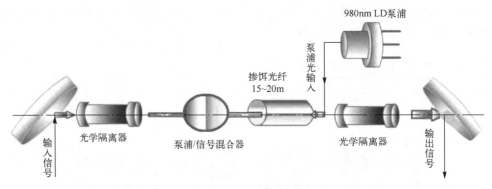

图 3.1.3 反向泵浦掺铒光纤放大器结构示意图

（3）双向泵浦，它是同向泵浦和反向泵浦同时泵浦的一种结构，如图 3.1.4 所示。

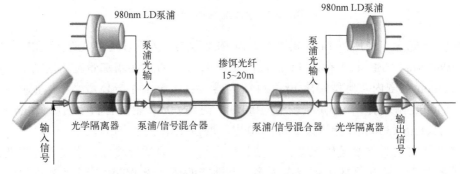

图 3.1.4 双向泵浦掺铒光纤放大器结构示意图

EDFA 的放大作用是通过波长为 1550nm 的信号光在掺铒光纤中传输过程中与 Er^{3+} 相互

作用产生的。在光与物质相互作用时，每个光子的能量为 $E = h\nu$，其中，E 为光子的能量，ν 为光的频率，h 为普朗克常量。

掺铒光纤中的 Er^{3+} 所处的能量状态是不能连续取值的，它只能处在一系列分立的能量状态上，这些能量状态称为能级。当在掺铒光纤中传输的光子能量与 Er^{3+} 的某两个能级之间的能量差相等时，Er^{3+} 就会与光子发生共振的相互作用，产生受激辐射和受激吸收效应。受激辐射是指 Er^{3+} 与光子相互作用从高能级跃迁到低能级，发射出一个与激发光子完全相同的光子(即光子的频率、相位、传播方向、偏振态相同)；受激吸收是指 Er^{3+} 与光子相互作用从低能级跃迁到高能级，并且吸收激发光子。

图 3.1.5 给出了 Er^{3+} 与光放大作用有关的能级结构。

放大过程：如铒离子能带图所示，与 Er^{3+} 产生光放大效应的能级有三个，即激发态(吸收带 $^4I_{11/2}$)、亚稳态($^4I_{13/2}$)、基态($^4I_{15/2}$)。激发态与基态之间的能量差与泵浦光子能量相同，亚稳态与基态之间的能量差与 1550nm 的光子能量相同。在掺铒光纤中注入足够强的泵浦光，就可以将大部分处于基态的 Er^{3+} 抽运到激发态上，处于激发态的 Er^{3+} 又迅速无辐射地转移到亚

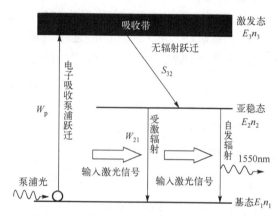

图 3.1.5 Er^{3+} 与光放大作用有关的能级结构

稳态上。掺铒光纤放大器之所以能放大光信号，其基本原理在于 Er^{3+} 吸收泵浦光的能量，由基态 $^4I_{15/2}$ 跃迁至处于高能级的泵浦吸收态，对于不同的泵浦波长，电子跃迁到不同的能级，当用波长为 980nm 的光泵浦时，如图 3.1.5 所示，Er^{3+} 从基态跃迁至泵浦态 $^4I_{11/2}$。由于泵浦态上的载流子的寿命只有 1μs，电子迅速以非辐射方式由泵浦态弛豫至亚稳态，在亚稳态上载流子有较长的寿命，在源源不断的泵浦下，亚稳态上的粒子不断累积，从而实现粒子数反转分布。信号光子通过掺铒光纤，与 Er^{3+} 相互作用发生受激辐射效应，产生大量与自身完全相同的光子。这时，通过掺铒光纤传输的信号光子迅速增多，产生信号放大作用；

Er^{3+} 的亚稳态和基态具有一定的宽度，使 EDFA 的放大效应具有一定波长范围，其典型值为 1530～1570nm。如用波长为 1550nm 的信号光通过已被激活的掺铒光纤，在信号光的感应下，亚稳态上的粒子以受激辐射的方式跃迁到基态，同时释放出一个与感应光子全同的光子，从而实现了信号光在掺铒光纤的传播过程中不断放大。另外，还有少数处于基态的 Er^{3+} 对信号光子产生受激吸收效应，吸收光子。在放大过程中，Er^{3+} 处于亚稳态时，除了发生受激辐射和受激吸收以外，还要产生自发辐射，即 Er^{3+} 在亚稳态上短暂停留还没有受到光子相互作用，由于部分粒子的寿命到了，就会自发地从亚稳态跃迁到基态并发射出波长为 1550nm 的光子，这种光子与信号光不同，它构成 EDFA 的噪声。由于自发辐射光子在掺铒光纤中传输时也会得到放大，这种放大的自发辐射(amplified spontaneous emission, ASE)会消耗泵浦光并引入噪声，因此在 EDFA 的输入光功率较低时，会产生较大的噪声。

EDFA 中，当接入泵浦光功率后，输入信号光将得到放大，同时产生部分 ASE 光，两

种光都消耗上能级的铒粒子。当泵浦光功率足够大，而信号光与 ASE 很弱时，上下能级的粒子数反转程度很高，并可认为沿掺铒光纤长度方向上的上能级粒子数保持不变，放大器的增益将达到很高的值，而且随输入信号光功率的增加，增益仍维持恒定不变，这种增益称为小信号增益。

在给定输入泵浦光功率时，随着信号光和 ASE 光的增大，上能级粒子数的增加将因不足以补偿消耗而逐渐减少，增益也将不能维持初始值不变，并逐渐下降，此时放大器进入饱和工作状态，增益产生饱和。饱和增益值不是一个确定值，随输入功率和饱和深度及泵浦光功率而变。

(1)增益：输出端口的信号功率与输入端口的信号功率的比值，以 dB 表示。(增益包括输入光纤跳线和输入口之间的连接损耗，并且实验中需要假定跳线与用作 EDFA 输入输出端口的光纤同类，同时需要注意从信号光功率中排除 ASE 噪声功率)。

$$G = 10\lg[(P_{out} - P_{ASE})/P_{in}] \tag{3.1.1}$$

(2)小信号(线性)增益：EDFA 工作在线性范围区时的增益，(这时在给定的信号波长和泵浦光功率电平下，它基本上与输入信号光功率无关)输出与输入信号光功率之比，不包括泵浦光和自发辐射光。

$$G = 10\lg(P_{out}/P_{in}) \tag{3.1.2}$$

式中，P_{in} 和 P_{out} 分别是被放大的连续信号光的输入和输出功率；P_{ASE} 是放大的自发辐射噪声功率。图 3.1.6 中可以认为线 b 的左侧是 EDFA 的线性工作区，即小信号工作区，右侧是饱和工作区。在实际测量中，由于 P_{out} 中会含有一定的 P_{ASE}，所以在 P_{in} 很小的情况下，计算的增益偏大，当输入功率增大时，P_{out} 远远大于 P_{ASE}，计算结果就相当精确了。

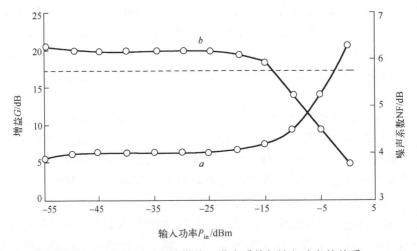

图 3.1.6　典型 EDFA 的增益、噪声系数与输入功率的关系

(3)饱和输出功率：增益相对小信号增益减小 3dB 时的输出功率称为饱和输出功率，在本实验中通过作图法得到(应该说明测量该参数的波长)。

噪声系数(noise figure，NF)：定义为放大器输入信噪比和输出信噪比之比，

$$NF(dB) = 10 lg \left(\frac{P_{ASE}}{h\nu G_1 B_0} + \frac{1}{G_1} \right)$$

$$= 10 lg \left[\frac{P_{ASE} P_{in}}{h\nu B_0 (P_{out} - P_{ASE})} + \frac{P_{in}}{P_{out} - P_{ASE}} \right] \qquad (3.1.3)$$

式中，h 为普朗克常量；ν 为光频率；B_0 为有效带宽。

掺铒光纤放大器是一段不长的石英光纤，在纤芯中掺有铒离子。波长为 1550nm 窗口的光信号输入至这段光纤的一端，而在另一端输出。当这段光纤受到波长为 980nm 或 1480nm 的半导体激光管输出足够大的功率抽引时，传输经过一定波段宽度，波长为 1550nm 信号得到有用的功率增益和平坦的增益特性，也就是得到放大作用。由于光子从抽引至信号间有显著的转换效率，光纤的输出信号得到较大的功率，并保持较低的噪声系数，这样的 EDFA 对一定的波段宽度提供有用增益和平坦特性，表明它们能对波分多路信号的每一路都提供放大作用，而平坦特性意味着 WDM 各路同样放大，不会相互间产生路标串扰。EDFA 能提供一定大的输出功率，就可使 WDM 信号沿线路传输较长距离后才需要再次放大，从而减少线路中间放大器的数目。EDFA 能保持一定小的噪声系数，这就容许长距离线路沿线设置较多的放大器，而整个线路的噪声累积不致太严重。

最初的 EDFA 是在波长为 1540~1560nm 的 20nm 宽度提供增益。它有两段掺铒光纤，各由波长为 980nm 激光管经过耦合器抽引。就是说，它是两级放大：输入级主要是提高增益，输出级则是提供饱和的输出功率，而两级之间设置一个避免放大自发性发射的滤波器。后来，EDFA 能在 C 波段 1530~1565nm 或 1525~1560nm 的 35nm 宽度提供平坦增益，在两级之间设置增益均衡滤波器。这样的 EDFA 已经实际应用于长途线路的 32 路和 64 路的 DWDM 系统，光纤的传输容量加大为 320Gbit/s 和 640Gbit/s。进一步准备在 L 波段 1565~1615nm 的 50nm 宽度同时提供平坦增益。办法是把 C 波段 EDFA 和 L 波段 EDFA 装在一起联合使用，两者宽度相加，得到 85nm，构成宽带的分开波段掺铒光纤放大器 W-EDFA（W-erbium doped fiber amplifier），这种实际试验的 W-EDFA 是采用分开波段的结构，在输入端设置分波器，把输入的宽带信号分为 C 波段和 L 波段两支，由两支 EDFA 各自放大，在输出端设置合波器，把放大过的 C 波段和 L 波段信号合并为一个宽波段的输出信号。C 波段 EDFA 和 L 波段 EDFA 各有 3 级，即 3 部分掺铒光纤。这 3 级分别称为色散补偿级、增益均衡滤波级和功率级，它们的第 1、2 级都是各有一段掺铒光纤，各由波长为 980nm 激光管抽引。第 1 级各有色散补偿光纤光栅，第 2 级各有增益均衡滤波器。C 波段的第 3 级有一段掺铒光纤，由 980nm 和 1480nm 抽引，而 L 波段的第 3 级则有 3 段掺铒光纤，分别由 980nm 和 1480nm 抽引。这样的两个 EDFA 各自调整到同样的增益、同样的输出功率和同样的噪声系数。它们组成 W-EDFA 后，波段是 C 和 L 两个波段的总和，即 40.8nm+43.5nm = 84.3nm，有平坦效益 24dB，每路输出功率 24.5dBm，噪声系数 6.5dB。这样的 W-EDFA 曾与 DWDM 配合应用于 1Tbit/s，400km 的大容量、长距离传输系统。

光纤放大器的噪声也很低，为 4~5dB，接近于量子噪声极限 3dB，低噪声光纤放大器可在长距离通信系统串起来应用。

光纤放大器的作用是放大弱信号，输出较强的信号。它输出的最大功率（饱和输出功率）

是关键参数。用单个 LD 泵浦时，最大输出功率为 16~18dBm，用两个 LD 泵浦时，最大输出功率为 19~22dBm。

　　图 3.1.7 给出了掺 Er 光纤放大器的结构及输出光参数测量装置示意图，由测量装置测得的掺 Er 光纤放大器输出的光斑如图 3.1.8 所示，测得光束的 M^2 因子为 1.04，输出光斑的椭圆率为 1.04。

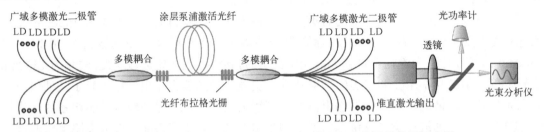

图 3.1.7　多芯耦合掺 Er 光纤放大器结构及输出光参数测量装置示意图

图 3.1.8　掺 Er 光纤放大器输出光斑

　　密集波分复用技术能有效地利用光纤的带宽实现大容量、长距离光纤通信，能在用户分配系统中增加业务数量。为实现多波长和超长距离传输，需要较大的带宽和多个放大器的级联，技术日益成熟的掺铒光纤放大器无疑将是最佳的选择。EDFA 具有增益高、带宽宽、噪声低、增益特性、对光偏振状态不敏感、对数据速率，以及格式透明且在多路系统中信道交叉串扰可忽略等优点，是其他光放大技术所不可比拟的。然而，一般的掺铒石英光纤放大器应用于 DWDM 系统中，存在着一些不足之处：其在 1.55μm 波段的放大特性与波长有关，即本征增益谱不平坦，各个波长间有增益差。这将使 DWDM 系统可用的平坦增益带宽不够宽，且各信道的信号获得的增益不均衡，特别是在多个 EDFA 级联的情况下，各信道的输出信号功率之差和信噪比之差将随放大器级数的增加而大量累积，并限制了最大信道数和传输距离。另外，放大器的增益与输入信号总功率有关，对高功率输入，放大器会趋于饱和，导致网络中功率瞬态。针对这一问题，国内外专家学者进行了深入研究，研究自身增益平坦的 EDFA 或在 EDFA 外部采用各种增益均衡技术，如端到端增益均衡，插入各种无源光滤波器(M-Z 滤波器，声光可调滤波器，长周期光纤光栅滤波器)等。对功率瞬态，可采用泵浦反馈控制法和全光增益控制法等。

3.2　双包层光纤激光器

　　现代高功率光纤激光器的组成如下。泵浦源是高功率的多模二极管，通过一个围绕着单模纤芯的双包层来实现。双包层光纤包括涂敷层、外包层、具有光敏性的内包层和掺杂纤芯。在简单的双包层光纤结构中，一个轴向的单模玻璃纤芯被掺入人们所期望的激光离子，如铷、铒、镱、铥等。核心光纤被一层直径几倍于它的不掺杂的玻璃包层所包围，包层具有更低的折射率。接下来是内部的泵浦包层，被更外一层不掺杂的玻璃包层所覆盖，同样具有更低的折射率。在这种光纤结构中，多模二极管泵浦光通过一个复合光纤的终端面射入泵浦包层，通过光纤结构传播，周期性地穿越掺杂质的单模光纤核心，并在核心光纤中产生粒子数反转。

双包层光纤激光器的基本结构与光纤放大器类似，差别在于光纤激光器有谐振腔，光纤激光器的谐振腔可用两块反射镜构成，也可将反射镜面直接做在光纤的两端，现将光纤的端面抛光，然后再镀膜。一般在输入端镀高反射膜（1.1μm），在输出端镀低反射膜。根据光线的性质，采用适当的光纤长度，可使全部的泵浦光在到达输出端以前被完全吸收。光纤激光器使用的光纤与光纤放大器不同，采用双包层稀土掺杂光纤。它使用的 LD 泵浦源的输出功率也远大于光纤放大器泵浦源，通常选用输出功率为 20W 光纤耦合的半导体激光器，对泵浦源的波长也无须严格控制，因为稀土掺杂光纤吸收光谱很宽。为了提高激光输出的稳定性，常将光纤激光器的输出光经准直后取一小部分用于反馈。

纤芯功率密度为 $20\sim30MW/cm^2$，没有发现光纤有任何退化现象。用纯石英做实验表明，破坏阈值为 $1\sim2GW/cm^2$（$1GW=10^9W$），器件相应的输出功率可达 $10^4\sim10^5W$。与功率相当的其他激光器比较，光纤激光器体积小、效率高、光束质量好、可靠性高，模式不因环境、输出功率、老化而受影响，永远保持 $M^2<1.1$ 的单横模质量；它预热时间短（<1min）；光纤本身就是导光系统，免除了耦合引起的损耗，既提高了设备的可靠性，又降低了成本。用单个 LD 泵浦，减少了系统的复杂性和损坏 LD 棒的可能性。

光纤激光器正在工业领域与大功率半导体激光器泵浦的固体激光器（DPSSL，它具有半导体激光器与固体激光器的双重优点）竞争，DPSSL 在高功率运转时，会因热效应而使光束质量下降，光纤激光器的激光工作物质是光纤，其长度可达几十米，具有很大的表面积，散热条件很好，不存在热效应，消除了光束质量退化的主要因素，使效率大大提高。再者，双包层结构的泵浦形式，也保证了泵浦光能被光纤完全吸收，使光纤激光器的光-光转换效率比 DPSSL 几乎提高了两倍，又因为激光器是由整体性的单模石英光纤构成，不存在腔内污染和对准失灵等问题，所以不会发生性能退化。无论系统或环境如何变化，器件将保持输出衍射极限的光束质量。

在 Yb 掺杂双包层石英光纤激光器中，纤芯对泵浦光吸收很小，故采用 Er/Yb 共掺的光纤，由于 Yb 的吸收截面大于 Er，高浓度的 Yb 吸收泵浦光，通过共振转移将能量转给 Er 原子，在 1550nm 的波长提供增益。Er/Yb 共掺吸收带宽较宽（920～980nm），稳定性很高，容易吸收多模 LD 的泵浦光，光-光转换效率>60%。由光纤激光器构成的台式机工系统，聚焦后的光斑直径为 1μm，亮度高达 $10^9W\cdot cm^{-2}\cdot Sr^{-1}$，可用于微机械零件的退火、切割，（$1\times10^{-5}\sim2\times10^{-5}m$）加工不锈钢、选择焊接和复杂结构焊接、塑料和金属打标，条形码制作、塑料焊接、打孔，半导体材料的剥离和修理及各种印刷等。

3.2.1　脉冲光纤激光器

提高脉冲能量和峰值功率的关键是增加光束模式的尺寸。这样，在增益达到饱和之前，介质中可以储存更多的能量，这种储存的能量可以或多或少地正比于模式的面积。从峰值功率这方面来看，大的模式也是非常有利的，因为这样可以减小光纤芯中光的强度。很显然，也不可能无代价地任意增加光纤的尺寸。许多应用都要求单模光束。脉冲光纤激光器具有结构紧凑、光束质量好、阈值低、效率高等特点，能广泛应用于激光雷达、测距、加工等领域。国防科技大学龚智群团队利用国产器件，用主振荡功率放大器结构，采用声光调 Q 方式种子激光，获得重复频率为 50kHz 的脉冲激光输出；两级放大器将种子激光平均功率从 0.2W 放大到 52W，脉冲激光单脉冲能量为 1.04mJ，脉宽为 400ns，激光峰值功率达到 2.5kW，系统中没有发现明显的非线性效应。2010 年，陈胜平团队研制成功30W 皮秒脉冲光纤激光器，对高功率超连续谱的产生采用三级主振荡功率放大(master oscillator power-amplifier，MOPA)结构，建立了一台平均输出功率为 30W 的皮秒脉冲掺镱光纤激光器。其输出尾纤芯径为 30μm，输出激光脉宽约为 20ps，重复频率为 59.8MHz 的脉冲。

光纤激光器实现脉冲输出的方式与普通的激光器一样，主要采用锁模技术、调 Q 技术和脉冲种子源放大技术。调 Q 光纤激光器是在谐振腔内插入 Q 开关器件，通过周期性改变腔损耗，实现调 Q 脉冲激光输出。

2012 年，A.Chamorovskiy 等得到中心波长为 1160nm 的半导体碟片激光器抽运的被动锁模飞秒光纤激光器。在波长为 2085nm 处产生了 890fs、功率 46mW 的脉冲输出，该波长是目前飞秒光纤激光器最长的输出波长。

使用外层直径大于 200μm 的光纤，可以减小基模和高阶模之间的耦合，从而保证光束的质量。当调 Q 工作时，在波长为 1550nm 时的单模激光可输出能量为 0.5mJ，峰值功率为 10kW。用一个封装泵浦掺镱激光器，即使在多模情况下($M^2 = 3$)，也得到了脉冲能量为 16mJ、平均输出功率大于 5W 的激光输出。在一个改进过的腔型结构中得到了 2mJ 的脉冲能量，大约比普通单模光纤激光器的输出能量大两个量级。

由于大模式面积的非线性失真比较低，锁模激光器从中受益匪浅，这些激光器能产生几微焦的能量和几千瓦的峰值功率。此外，全光纤的啁啾脉冲放大装置可以把飞秒脉冲的峰值功率放大到 1MW，能量放大到几微焦。现在脉冲光纤激光器的性能已经满足广泛应用所需的最低要求，如激光刻蚀、激光雷达等。

3.2.2　连续光纤激光器

当能量输出不断增加时，为了避免光学损伤和非线性影响，连续光纤激光器也需要较大的模芯。大的模式截面非常重要的优点是可以改进封装泵浦的二级或三级光纤激光器的效率，因而镱(Yb)发出的在 980nm 附近的荧光和掺镱光纤激光器可以作为掺铒激光器的首选泵浦源。这是一个二能级的跃迁，工作时需要至少一半的 Yb^+ 被激发，在较长波长上，相对较高增益的准四能级跃迁占主导地位，这就会引起一部分受激离子发生跃迁，妨碍 980nm 激光的产生，除非光纤足够短，否则会使得准四能级增益较低。

可是这样的短光纤只能吸收泵浦功率的一小部分，这就降低了效率。为了避免这种现象，可以把光纤芯做得大点，这样对于固定长度的光纤，就可以在降低准四能级增益的时候增加对泵浦功率的吸收。如一台腔长 60cm、波长为 980nm 掺镱光纤激光器，泵浦光波长为 915nm，吸收泵浦功率为 30%。如果需要的话，还可以用比较有利于基模的掺杂结构来改进激光光束质量。

光纤设计和制造工艺在光纤激光器中有着重要的作用。目前还有许多研究小组正在从事空气包层光纤的研究，对于空气包层光纤，如果按照空气/玻璃界面定义，泵浦光纤的数值孔径超过 1 个单位，这对于高功率激光器的设计有着重大的影响，双层包层光纤的包层和光芯之比将大大减小，这就使较短的装置和较低的阈值成为可能，这对激光波长为 980nm

的双能级激光器(如掺镱光纤激光器)非常有利。空气包层光纤可能对功率达到千瓦级的单模光纤激光器提供技术支持。

3.2.3　多芯光纤耦合

首台 100W 级衍射限制的光纤激光器由 IPG 公司于 2000 年推出，应用其多芯光纤耦合技术。这种激光器具有高功率输出，可用于焊接、烧结，以及低功率的铜焊。而相比之下，传统的二极管泵浦固态激光器通过二极管阵列条来泵浦，运行 5000~10000h 为正常寿命，且价格昂贵的 DPLLS 40W 二极管阵列大约只能保证整台 DPSSL 激光器寿命是 8000h。光纤激光的寿命通常超过 100000h。

3.3　单频和可调谐光纤激光器

(1)单频光纤激光器。普通的双包层光纤激光器由于纤芯直径很小，能保证单横模运转，若在光纤上制作光栅，也可使光纤激光器实现单纵模运转。光纤光栅波长 λ_B 可以被精确地确定，而且随温度的变化很小($\Delta\lambda_B/\lambda_B = 8\times10^{-6}°C^{-1}$)，这一特点使它特别适合于制作 WDW 用的激光器。

(2)可调谐光纤激光器。光纤光栅也可用来制作可调谐光纤激光器。稀土掺杂的光纤激光器本质属于宽带器件。如 Nd 硅酸盐光纤激光器可在 1.05~1.12μm 范围调谐；Yb 光纤激光器可在 1.03~1.15μm 范围调谐，Er 和 Tm 光纤激光器可在 1.5~2.0μm 范围调谐等。

利用光纤光栅选择波长，使光纤激光器单频运转，再利用 MOPA 结构将功率放大，单频光纤激光器的连续输出功率已超过 55W，效率高达 60%。

带有光纤光栅的光纤激光器可在 Yb 光纤激光器中获得纯拉曼移动的谱线，将放大或受激波长扩大到 1700nm；光栅还可以将光纤激光器波长稳定在 1030/1130nm，用来泵浦镨(Pr)掺杂的氟化物光纤放大器或钬(Ho)激光介质。用周期性极化 $LiNbO_3$ 等非线性材料可使带有光纤光栅的光纤激光器输出可见和中红外的光。例如，Yb 掺杂倍频光纤激光器可输出单频连续几瓦功率的绿-黄橙光，用于医学和光谱学。

3.4　超快光纤激光器

超快光纤激光器为超快技术与光纤激光的结合，具有双重优势。超快激光技术发展得很快，稀土掺杂光纤激光器对泵浦功率要求低，具有很高的饱和能量和很宽的带宽。被动式锁模是获得超短脉冲的常用方法，它需要控制光纤中的偏振态，而且要保持这种状态。

环形稳定腔锁模光纤激光器可提供飞秒量级的脉冲，脉冲能量为 1nJ，激光波长为 1560nm。这种器件具有最小的自由空间路程，不需要色散补偿元件(在固体激光器超快系统中必须用)，有利于系统的小型化。在双包层光纤中，当用 100W 的 LD 泵浦耦合到直径 50μm 的光纤中，掺 Yb 的连续光纤激光器的输出功率可达 36W。

2019 年 11 月，天津大学韦小乐团队在姚建全院士指导下在《光子学报》发表文章"重复频率 1.2GHz 皮秒脉冲全光纤掺镱激光器"，实现了基于半导体可饱和吸收体被动锁模的高重频全光纤掺镱皮秒脉冲激光器。种子源采取环形腔结构，当抽运功率为 112mW 时，获得了稳定的锁模脉冲激光，其中心波长为 1064.1nm，3dB 谱宽为 3.6nm，脉冲宽度为 4.2ps，重复频率为 19.2MHz。受限于谐振腔长度，光纤激光器重复频率很难得到进一步提高，因此设计并搭建了一种基于分束器和延时光纤的全新低损耗高重频脉冲调制器，将种子激光重复频率提高到 1.2GHz。该设计有效降低了脉冲在耦合过程中的能量损耗，为提高全光纤超短脉冲激光器重复频率提供了新途径。

在放大飞秒脉冲过程中，当峰值功率达到 1kW 时，双包层泵浦放大器将面临非线性光学效应所引起的限制（如拉曼和高阶光孤子效应）。为提高峰值功率，必须采用啁啾脉冲放大和多模光纤放大等技术。啁啾脉冲放大是指采用一对光栅来延长和压缩脉冲（在放大前后）。即在光脉冲放大之前，利用光栅装置将光脉冲延长变宽，使光脉冲的峰值功率降低，以避免在放大过程中因光脉冲的峰值功率过高而引起非线性光学效应，经过光放大之后，再利用一相反的光栅装置，将光脉冲宽度压缩，使之恢复到原来的超短脉冲的水平，称为啁啾脉冲放大。在非光纤系统中，采用这项技术比较麻烦，需要重新对准，而且体积大。在光纤系统中，无需重新对准，超快光纤放大器就变得非常紧凑。在光脉冲放大之前，先用一个色散啁啾光纤光栅暂时延长光脉冲，经光纤放大器放大后，再用相反的啁啾光纤光栅压缩光脉冲，使之恢复到原来的脉宽。采用这一技术后，1999 年人们得到了单个脉冲能量为 100nJ，平均功率为 1W 的器件。

超快光纤激光器作为诸多超快激光应用系统的核心部件，其性能是整个应用系统的首要限制因素。因此，更窄的脉冲宽度、更高的功率输出、更高的重复频率、脉冲形状以及脉冲波长范围的拓展等是研发人员关注的重点领域。只有当各个维度的性能整体稳步提升后，才能更好地满足不同领域的应用需求。

超快光纤激光系统具有体积小、质量小、坚固耐用、易维修和价格低廉等优点，可用于高速 IC 芯片测量、超高精度微加工、医学治疗和医学成像等许多领域。

3.5　光纤激光器的频率转换

掺 Er 光纤激光器在波长为 1.56μm 处已能产生飞秒脉冲，但大部分的应用要求光波长在 800nm 附近，为此，需采用光学倍频技术。而周期性极化晶体 $LiNbO_3$ 倍频效率高，高功率双包层泵浦光纤激光器输出光，经聚焦后通过 $LiNbO_3$ 晶体，可获得 780nm 波长飞秒脉冲，平均功率可达 100mW，倍频效率为 50%。光纤激光器的频率转换发展非常迅速，如调 Q 掺 Er 光纤激光器用周期性极化晶体倍频，获得波长为 772～779nm 的倍频 Q 开关光脉冲后，灾区泵浦光学参量放大器可获得 0.99～1.45μm 的输出波长；还可用掺 Yb 光纤激光器（输出波长为 1.029～1.060μm）泵浦周期性极化晶体-光学参量放大器，产生 1.6～1.78μm 或 2.5～3.14μm 波段的可调谐激光。在氟化物（ZBLAN，ZrF_4-BaF_2-LaF_3-AlF_3-NaF）光纤中掺铥，可将红外光上转换为可见光，加拿大 P.Laperle 用 1.06μm 的 Nd:YAG 激光泵浦 Ti:ZBLAN 产生了 70mW 的蓝光（481nm）。德国 H.Zellmer 用输出 4W 的钕玻璃激光泵浦 Tm/Yb 共掺 ZBLAN 光纤激光器，获得了 375mW 的蓝光输出。

小型化的光纤激光器应用短波长、超短脉冲的领域受益匪浅，随着商品化进程的加快，新的应用领域必将不断涌现，光纤激光器的未来一片光明。

3.6　Raman 放大器

EDFA 的可用带宽约为 84nm，而受激 Raman 放大器具有更宽的带宽。受激 Raman 放大器的原理是在常规光纤中直接用光泵浦，利用光的非线性将信号光放大。采用 Raman 放大器的一个优点是放大是沿光纤分布而不是集中作用，因而发送的光功率可以比较小，降低了 FWM(四波混频效应)的干扰。

现在光纤通信和互联网(Internet)紧密地联系在一起，如果没有光纤通信，Internet 很难有大的发展。IP over WDM 的关键作用已经摆在人们的面前。

现在光纤通信研究正向大容量、低成本和集成化方向发展。单路高速技术、Raman 光放大、L 波段的开发利用、色散补偿、色散斜率补偿、偏振模色散补偿、波长转换、多级复用、高速器件等其实都是针对大容量光纤通信研究的，这些研究方向值得引起人们充分的重视。

近几年，高功率光纤激光器获得突飞猛进的发展。高功率、高亮度多模半导体泵浦激光器的改进和封装泵浦光纤技术的发展，使得光纤激光器呈现出一片光明的前景。光纤激光器的散热特性以及高效率(超过 80%)受到广泛的欢迎。高功率光纤光源在工业加工、印刷、打标、军事、医疗和通信事业上有着巨大的应用。激光波长在 1080nm 附近的掺镱光纤激光器有非常高的效率和功率，在材料加工应用方面向传统的 Nd:YAG 激光器发起了挑战。

在通信方面，波分复用技术使得光纤传输能力达到 10^{12}bit/s。在日新月异的因特网技术发展的驱动下，高功率光纤放大器对通信方面的发展起着举足轻重的作用。然而现在的掺铒光纤放大器(输出功率仅在 1W 以下)依赖于单模泵浦激光二极管。相对而言，封装泵浦光纤可以把廉价的多模泵浦二极管的能量集中起来，使之变为可用的单模高能信号光束。

医学应用的多样性需要不同波长的激光。显微外科手术使用波长大约为 2μm 的高能辐射。功率超过几瓦的铥光纤激光器在这个领域内扮演了非常重要的角色。治疗皮肤癌需要可见光，这种光可以通过用倍频晶体把光纤激光器的输出光倍频的方法获得，在脉冲状态下效率超过 80%，在连续情况下效率超过 60%。进一步来说，通过拉曼频移和参量波长变换技术，可以得到紫外到中红外任意波长的激光。

以上这些和其他一些例子都突出了当前高功率光纤激光器的作用，未来它们会有巨大的开发潜力。尤其值得注意的是，特制的光纤在各个不同的应用领域有着巨大的使用价值。各种掺杂制造工艺，比如改进的化学气相沉积法和溶液掺杂法使人们可以得到灵活的折射率和稀土材料掺杂的径向分布。

习　　题

1. 简述光纤放大器的基本结构及掺铒光纤的放大原理。
2. 在通信系统中 EDFA 的三种基本应用方式是什么？
3. 简述光纤激光器的特点，双包层光纤激光器的基本结构，它与光纤放大器不同之处。
4. 简述单频光纤激光器、可调谐光纤激光器结构与工作原理。
5. 说明超快光纤激光器与普通的超快激光器相比的异同及优点。

第4章 气体激光器

气体激光器是最重要、诞生最早、应用最广泛的激光器件之一，本章重点学习气体激光器：泵浦激励过程粒子数反转分布的产生形成机理、气体激光器的放电过程和特点；原子、分子、离子、准分子和金属蒸气激光器的结构、运转和输出特点及部分典型气体激光器的设计等。

4.1 微观粒子的量子态表示法及光谱符号

4.1.1 电子组态

1. 电子态

原子是由电子和原子核组成的，在不考虑外场和原子核自旋时，由量子力学可知，核外的电子状态可由 n、l、m_l、m_s 四个量子数来确定。

n——主量子数。取值范围为 $n = 1, 2, 3, 4, \cdots$；主要决定电子在原子中的能量。

l——副（轨道）量子数。取值范围为 $l = 0, 1, 2, 3, \cdots, (n-1)$；决定电子绕核运动的动量矩（轨道角动量，orbital angular momentum）$L = \sqrt{l(l+1)}\,\hbar$。

m_l——磁量子数。取值范围为 $m_l = 0, \pm1, \pm2, \pm3, \cdots, \pm l$；决定在有外磁场作用时，电子绕原子核运动的动量矩在外磁场方向上的投影值 L_z 的大小，$l_z = m_l\hbar$。

m_s——自旋量子数。取值范围为 $m_s = \pm 1/2$；决定电子自旋动量矩的空间取向 $S_z = m_s\hbar$。

也可用 n、l、s、j 四个量子数来确定。其中，$s = \pm\dfrac{1}{2}, |j| = |l + s| = l \pm \dfrac{1}{2}$，$s$ 为自旋角动量，j 为总角动量。

电子的能量不仅与 n 有关，而且与 l 也有关。若 n 相同 l 不同，则电子的能量略有差异。1916 年，柯塞尔（W. Kossel）对多电子原子系统的核外电子提出了壳层分布模型：即主量子数不同的电子，分布在不同的壳层上，对 $n = 1, 2, 3, 4, 5, \cdots$ 的电子，其壳层分别用 K、L、M、N、O、P、Q 等符号表示。n 相同而 l 不同的电子，分布在不同的分（次）壳层上。与 $l = 0, 1, 2, 3, 4, 5, \cdots$ 相对应的分壳层分别称为 $s, p, d, f, g, h, \cdots$ 分壳层。一般说来，壳层的 n 越小，其能级就越低，电子运动轨道与原子核的距离就越近，同一主壳层中，l 较小的其能级较低。电子 $s = \pm 1/2$，自旋量子数为半整数，称为费米（Fermi）子。光子 $s = 1$ 为整数，称为 Bose 子。对属于 Fermi 子的核外电子在不同壳层上的分布，还必须遵从下列两条原理。

(1) 泡利不相容原理（Pauli's exclusion principle）。在一个原子系统中，不可能有两个电子的所有的量子数完全相同。

(2) 能量最小原理。原子系统处于正常状态时，各个电子趋向可能占取的最小能量状态（最低能级）。因此，能级越低，即离核越近的壳层（轨道），首先被电子填满。依次向未被占去的最低能级填充，直至所有 Z 个核外电子分别填入可能占取的最低能级为止。所以，最活跃的电子就是能量最大的最外层的价电子，由于它的能量最大，距离原子核最远，因此受核的束缚力最小，能量状态最容易被改变，和在化学反应过程中易于和其他元素反应结合。

2.　电子组态的表示符号

原子中的原子实是一个完整的结构，它的总角动量和总磁矩均为零。对于原子态的形成只从价电子考虑就可以了。两个以上的价电子可能存在的各种状态合称为电子组态。电子组态的表示形式为：$n_1 l_1^{m_1} n_2 l_2^{m_2} n_3 l_3^{m_3} \cdots$，其中，$n_i$ 为主量子数，即电子所在的主壳层的序数；l_i 为副（轨道）量子数，即电子所在的次壳层的序数；m_i 为第 n_i 主壳层中第 l_i 个次壳层的电子数目，$m_i = 2(2l_i + 1)$。例如，He 原子中有两个电子，其基态电子组态为 $1s^2$；Ne 原子中有 10 个电子，其基态的电子组态为 $1s^2 2s^2 2p^6$。

气体激光器所用的惰性气体（如 He、Ne、Ar、Kr、Xe 等）原子最外壳层均属于满壳层。未被激发时，它们的电子组态（除 He 为 $1s^2$ 外）都可以写成 np^6 的形式，原子被激发时，通常是 np 壳层中的一个电子跃迁到更高的能级，所以电子组态变化可表示为

$$np^6 \rightarrow np^5 ms,\ np^5 mp,\ np^5 md,\ \cdots \quad (m>n)$$

4.1.2　原子态的 $L \cdot S$ 耦合表示与帕邢符号表示

一种电子组态由于电子之间相互作用的结果，可构成不同的原子态。根据电子的自旋角动量和轨道角动量耦合方式的不同，通常用两种模型来描述。

1.　$L \cdot S$ 矢量耦合模型

其方法是，首先分别将各个电子的轨道角动量和自旋角动量各自求和，得出总的轨道角动量和总的自旋角动量

$$
\begin{aligned}
\boldsymbol{L} &= \sum_i \boldsymbol{l}_i \\
\boldsymbol{S} &= \sum_i \boldsymbol{s}_i
\end{aligned}
\tag{4.1.1}
$$

然后，将总的轨道角动量和总的自旋角动量进行耦合 $\boldsymbol{L} \cdot \boldsymbol{S}$。对于原子序数较低的元素，这种矢量耦合模型得出的光谱项与实验结果符合得较好。

2.　$\boldsymbol{J} \cdot \boldsymbol{j}$ 矢量耦合模型

先将每个电子的轨道角动量和自旋角动量求和，得出单个电子的总角动量 $\boldsymbol{j}_i$，然后再将每个电子的总角动量合成为原子的总角动量，即

$$\boldsymbol{J} = \sum_i \boldsymbol{j}_i \tag{4.1.2}$$

$\boldsymbol{J} \cdot \boldsymbol{j}$ 矢量耦合模型较适合于重元素。此外还有 $\boldsymbol{J} \cdot \boldsymbol{L}$ 耦合、拉卡能级表示法等。

3.　原子态的 $L \cdot S$ 耦合表示法（光谱项）

$^{2S+1}L_J$ 为光谱项符号。

S 为总自旋角动量 P_S 的量子数，$P_S = \sqrt{S(S+1)}\,\hbar$，两个电子 $S = s_1 + s_2$，$s_1 - s_2$。多个电

子 $S = s_1+s_2+\cdots+s_n$，$s_1+s_2+\cdots+s_n-1$，$s_1+s_2+\cdots+s_n-2$，$\cdots$，1，0 或者为 $s_1+s_2+\cdots+s_n$，$s_1+s_2+\cdots+s_n-1$，$s_1+s_2+\cdots+s_n-2$，$\cdots$，3/2，1/2。

$2S+1$ 为总自旋角动量 P_S 在 Z 方向投影的数目，即自旋态的重态数(自旋空间量子化)。

L 为总轨道角动量。对应不同值的符号为

$$0, 1, 2, 3, 4, 5, 6,\cdots$$

$$S, P, D, F, G, H, I,\cdots$$

J 为总角动量 P_J 的量子数。$P_J = \sqrt{J(J+1)}\,\hbar$，$J = L+S$，$L+S-1$，$L+S-2$，$\cdots$，$|L-S|$。

电子组态是一组电子可能存在的状态。例如，一对电子，由 p 电子和 d 电子组成，则对应 $s_1 = s_2 = 1/2$，$l_1 = 1$，$l_2 = 2$，所以总的轨道角动量和总的自旋角动量取值分别为 $S = s_1+s_2$，$s_1-s_2 = 1,0$；$L = l_1+l_2, l_1+l_2-1,\cdots,|l_1-l_2| = 3,2,1$。$L = 1,2,3$ 对应的原子态总轨道角动量分别为 P、D、F。然后每一个 L 和 S 合成 J，则共形成 12 个原子态。

4. 帕邢符号表示

气体激光器所用的惰性气体(如 He、Ne、Ar、Kr、Xe)的原子能级常用帕邢符号 nL_m 表示，即用跃迁电子的轨道角动量量子数表示符号 S、P、D、F、G、H、$I\cdots$表示，原子同一轨道角动量量子数情况下的能级次序用数字 n、m 来表示。n 不是主量子数，n 越大，表示在同一轨道角动量量子数 L 条件下，对应能级排列次序分布越高，反之亦然；与总角动量无关，m 越大，表示在同一轨道角动量量子数 L 和相同 n 条件下，对应能级排列次序分布越低，反之亦然。例如，Ne 原子电子组态 $2p^5 3p$ 的能级，用帕邢符号 nL_m 表示为 $2P_1$、$2P_2$、$2P_3$、$2P_4$ 等，其中 P 为跃迁电子的轨道角动量量子数($l = 1$)，左边的 2 与角标 1、2、3、4 等都是表示能级次序的数字。表 4.1.1 为惰性气体帕邢符号。

表 4.1.1 惰性气体帕邢符号

L	S	
	0	1
1	$^1P_1$	$^3P_{0,1,2}$
2	$^1D_2$	$^3D_{1,2,3}$
3	$^1F_3$	$^3F_{2,3,4}$

4.1.3 粒子光谱

1. 分子能级和光谱

分子的能量 E 是由三部分组成，即 E_e 为分子内诸电子运动状态能量，E_v 为分子内诸原子振动能量，E_r 为分子绕其质心轴转动的转动能量。

$$E = E_e + E_v + E_r$$

$$\Delta E_e \gg \Delta E_v \gg \Delta E_r \tag{4.1.3}$$

式中，ΔE_e 为电子能级的间隔；ΔE_v 为分子内诸原子振动能级的能量间隔；ΔE_r 为分子绕其质心轴转动的转动能量间隔。分子的能级结构特点为：在两相邻的电子能级之间，可以存在较小的原子振动能级；在两相邻的振动能级之间，可以存在更小的分子转动能级，如图 4.1.1 所示。

分子光谱类型通常可包括如下几种。

(1)可见光和紫外光谱：由分子中电子能级之间的跃迁产生的辐射谱线，即电子状态的改变产生的辐射光谱线，波长 $\lambda = 10^{-9} \sim 10^{-7}$m。

(2)近、中红外光谱：由分子中原子的振动或振动加分子转动的状态改变产生的辐射，波长在微米量级，波长 $\lambda = 10^{-7} \sim 10^{-5}$m，$0.76 \sim 25\mu$m。

图 4.1.1　分子能级结构示意图

(3)远红外光谱：分子转动能量状态的改变所产生的辐射，波长$\lambda = 10^{-5} \sim 10^{-3}$m，$25 \sim 1000\mu$m。

红外光谱范围划分：近红外光谱波长为 $0.76 \sim 2.5\mu$m；中红外光谱波长为 $2.5 \sim 25\mu$m；远红外光谱波长为 $25 \sim 1000\mu$m。

2．原子光谱

原子光谱类型通常可包括如下几种。

(1)近红外光、可见光：外层电子轨道间的跃迁所发生的光辐射，$\lambda = 2.5 \times 10^{-6} \sim 4 \times 10^{-7}$m。

(2)紫外光：外层电子轨道间、外层与内层之间的跃迁所发生的光辐射，$\lambda = 4 \times 10^{-7} \sim 10^{-9}$m。

(3)X 射线：外层轨道上的电子向内层轨道的跃迁所发生的光辐射，$\lambda = 10^{-9} \sim 10^{-11}$m。

3．原子核光谱

γ 射线是由原子核状态的改变所引起的辐射光谱，$\lambda < 10^{-11}$m。

4.1.4　原子光谱跃迁选择定则

原子光谱跃迁选择定则：原子不同能量状态之间发生跃迁的规则为奇性态↔偶性态，但是，奇性态与奇性态之间属禁戒跃迁，偶性态与偶性态之间属禁戒跃迁。

对不同的耦合类型，跃迁的条件如下。

(1)$\boldsymbol{L} \cdot \boldsymbol{S}$ 矢量耦合：$\Delta S = 0$，$\Delta L = 0$，± 1，$\Delta J = 0$，± 1（0，0 之间不能跃迁）。

(2)$\boldsymbol{J} \cdot \boldsymbol{j}$ 矢量耦合：$\Delta J_p = 0$，$\Delta j = 0$，± 1 或 $\Delta J = 0$，± 1（0，0 之间不能跃迁）。

4.2　气　体　放　电

气体激光器泵浦激励使用最多的方式是气体放电激励。根据放电管电极上所加电压的不同，气体放电可分为直流连续放电、高频放电及脉冲放电。

4.2.1　直流连续放电

1．直流连续放电的伏安特性

如图 4.2.1 所示，在气体放电管两端的电极上加上适当的直流电压，测出不同电压下的放电电流，即得到气体放电管的伏安特性曲线，如图 4.2.2 所示。根据直流连续放电的伏安特性曲线的特点，直流连续放电过程可分为 6 个阶段。

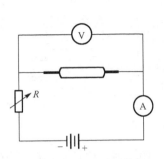

图 4.2.1　气体放电管伏安特性放电回路

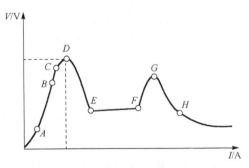

图 4.2.2　气体放电管伏安特性曲线

1)非自持放电段(AD 段)

无外界催离，自身不能维持放电的阶段，即图 4.2.2 中 D 点以前的放电阶段。在 D 点以前，电压 V 增加，电流 I 也增加，但放电电流很小，维持放电所需的电子和离子主要依靠外界催离剂(如紫外线、X 射线、宇宙射线(即γ 射线)等)的作用而产生。当撤去外界催离剂，放电便会停止。此种放电过程称为非自持放电。

2)自持放电段(D 点以后)

即不需要外界催离剂的作用放电回路自身就能维持放电的阶段。当电压升到 D 点时，放电电流突然增加，放电管管压随即迅速降低，同时放电管内产生了可见的辉光。称 D 点为气体放电管的着火点，对应的电压为着火电压，称为起辉电压。在放电着火之后，即使将外界催离剂撤离，放电过程仍然继续，称为自持放电。能自持放电的原因是：当气体放电管两端所加电压达到一定值后,气体中的正离子在电场的作用下以很快速度打到阴极上，使阴极产生了二次电子发射，二次电子又可使气体电离，从而保证了自持放电所需的导电粒子的浓度。

3)负阻特性(DE 段)

伏安曲线上的 DE 段呈现负阻特性，即随着放电电流的增大，放电管端电压反而降低。在此阶段放电是不稳定的，若外电路没有串联电阻限流，电流就会一直增加，直至烧毁放电管。当外电路串有限流电阻 R 时，放电电流增大，限流电阻 R 上的电压也增大，放电管端电压则降低，从而限制了放电电流的继续增加。

4)正常辉光放电(EF 段)

EF 段伏安曲线平坦。该段由于二次发射的电子随着电场的增加而迅速增加($E = \mathrm{grad}(V)$，V 增加，E 也增加，I 同时增加)，因此放电管端电压略有增加时，电流就增加很多。

5)反常辉光放电(FG 段)

在 FG 段，二次电子发射速率接近最大，再增加电压，二次电子增加不多，使放电管放电电流增加变缓慢。反常辉光放电时，阴极将发生很强烈的电子溅射，一般应防止放电管在此状态下工作。

6)弧光放电(G 点以后)

G 点以后又产生一个突变，管压再次大大降低，电流增加更快，放电管中发出夺目刺眼的亮光，称为弧光放电。此时由于较多的高速正离子轰击阴极，阴极温度升高并产生激烈的热电子发射，热电子发射率比阴极二次电子发射率高得多，因此弧光放电电流比辉光放电电流大得多。G 点所对应的电压称为弧光着火电压。弧光放电的 GH 段呈负阻特性，放电不稳定，H 以后为稳定弧光放电段，弧光放电激光器即工作在 H 点以后的放电段。

气体激光器主要利用辉光和弧光放电两种方式工作。例如，He-Ne、CO_2、He-Cd、N_2 分子等激光器均工作在辉光放电段；Ar^+ 激光器则工作于弧光放电状态。

2. 辉光放电

1）正常辉光放电区

辉光放电是一种高电压、小电流的自持放电。起辉后，放电管内充满均匀的辉光，从放电管侧面观察，可看到明暗相间的 8 个区域，如图 4.2.3 所示。

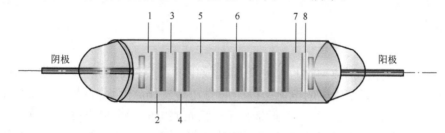

图 4.2.3　正常辉光放电区

1—阿斯顿暗区；2—阴极辉区；3—阴极暗区；4—负辉区；5—Faraday 暗区；6—正柱区；7—阳极暗区；8—阳极辉区

(1) 阿斯顿暗区：电子在电场作用下，由阴极向阳极运动，在靠近阴极区域附近约 1mm 长。因为电子刚从阴极发出，能量很小，不能产生电离和激发，所以形成一暗区。

(2) 阴极辉区：电子经过阿斯顿暗区加速，动能有所增加，可以使气体粒子(原子、分子等)激发，形成阴极辉区。

(3) 阴极暗区：电子经过前两区加速后，具有更大的动能，已远超过气体粒子激发所需的能量，只能产生强电离，不能激发发光，故形成阴极暗区。

(4) 负辉区：经阴极暗区后，电子能量有所下降，可以有效地使气体粒子激发发光，形成负辉区。

(5) Faraday 暗区：电子的能量在负辉区内消耗很大，进入下一区域后不再能激发气体粒子发光而形成 Faraday 暗区。

(6) 正柱区：经 Faraday 暗区后，电子得到加速，但由于与大量气体粒子(原子、离子等)发生弹性碰撞，电子的运动方向变得没有规律而进入正柱区，所以电子与气体粒子发生频繁碰撞，大量的气体粒子被激发和电离，形成均匀的辉光放电正柱区。

(7) 阳极暗区：经正柱区后，电子能量消耗较多，已不能激发气体粒子发光，在电场作用下，电子继续向阳极运动，形成了阳极暗区。

(8) 阳极辉区：电子经过阳极暗区加速，动能有所增加，可以使气体粒子(原子、分子等)激发，形成阳极辉区。

2）正柱区的特性

在辉光放电的 8 个区域中，正柱区占了整个放电管长度的绝大部分，它是放电管中最重要的发光区，它有如下特性。

(1) 正柱区为等离子体区。在正柱区里，带正电的粒子和带负电的粒子数量基本相等，故又称为等离子体区。

(2)等离子体区呈电中性。由于带正电的粒子和带负电的粒子数量基本相等,所以该区对外呈电中性,但带电粒子的浓度很大,导电能力很强,是很好的导体。

(3)粒子按速率(能量)的分布近似服从 Maxwell 分布率。

(4)正柱区的电子浓度ρ_e正比于放电电流密度 I,$\rho_e \propto I$。

(5)电子的温度 T_e 比气体原子的温度 T_A 高得多,$E_K = \dfrac{2}{3}kT = \dfrac{1}{2}mv^2 \rightarrow T = \dfrac{1}{3}mv^2/k$,原子的绝对温度不过几百摄氏度,而电子温度可达到几万摄氏度甚至十几万摄氏度。

(6)正柱区的电子温度与放电电流大小无关,而正比于 E/P 值(E 为轴向电场强度,P 为气体压强)。

3. 弧光放电

1)特点

弧光放电是一种自持放电过程,它与辉光放电的主要差别是:弧光放电的电流密度比辉光放电大得多。辉光放电的电流密度一般为几毫安(mA)至几百毫安,而弧光放电的电流密度是几十安(A)至几千安。一般情况下,弧光放电的着火电压比辉光放电的着火电压高。但对阴极表面和电子逸出功均很小的放电管,弧光放电的着火电压亦可低于辉光放电着火电压。

2)弧光放电的类型

弧光放电的类型有三种:热阴极弧光放电、冷阴极弧光放电和人工热阴极弧光放电。

(1)热阴极弧光放电:依赖阴极热电子发射来维持放电,高速度的正离子不断轰击阴极,使阴极温度升高并产生热电子发射。电流越大,阴极温度越高,热电子发射率也就越高。所以,放电电极采用熔点很高的材料制造,如石墨、钨等。Ar^+激光器常采用石墨做热阴极。

(2)冷阴极弧光放电:阴极通常由熔点很低的材料做成。弧光放电所需的大量电子是依赖阴极表面附近强大的电场引起阴极场致发射来维持。阴极表面附近强电场是由带电粒子轰击阴极,使阴极表面蒸发出密度足够大的金属蒸气,金属蒸气被电离后在阴极表面附近形成空间正电荷层,空间正电荷层又促使阴极发射电子,进一步电离蒸气并加强正电荷层,这样反复作用,就在阴极附近形成强大的电场。

冷、热阴极弧光放电实际上并无严格界限,究竟产生哪种放电形式取决于阴极变热时先出现哪种放电现象。若先发生热电子发射,将形成热阴极弧光放电;若先出现金属蒸气,则将形成冷阴极弧光放电。

(3)人工热阴极弧光放电:人为地预先加热阴极,使之产生热电子发射,若切断热源,放电将会停止。如真空电子管,就是通过栅极加热灯丝形成热电子发射。

3)弧光放电区

弧光放电的空间区域可分为三部分:阴极位降区、放电正柱区和阳极区。阴极位降区为紧靠阴极的暗区,其长度比辉光放电的阴极位降区短得多;放电正柱区发生的主要是电离和消电离,弧柱的电势梯度很低,温度很高。与辉光放电均匀地布满放电空间不同,弧光放电总是收缩成细通道,气压越高收缩越厉害。在细的放电通道中,气体的温度、电离程度及电流密度都很高。

4.2.2　高频放电

在放电管两端加以低频交流电时,其放电特性与直流放电没有本质区别。不同的是,随着电压周期性变化,放电管阴、阳极交替改变,放电电流也周期性变化。一个周期内,电压两次为零,电流也两次为零。电流为零时,放电熄灭,过零点之后再着火。

当放电管两端加以高频(兆赫以上)交流电时,其放电特性与直流放电则截然不同。电子和离子从一个电极飞越到另一个电极所需的时间远大于电源的变化周期,所以,在放电管内的电场作用下,电子和离子不能做长距离的运动,从一个电极到达另一个电极,只能在某一固定位置附近振荡,在振荡过程中与中性粒子(原子、分子等)碰撞,产生激发和电离,维持放电。实验证明,高频放电激励的效率较低,但有其优点。

4.2.3　脉冲放电

当放电管两端加上脉冲电压时,形成脉冲放电。按照放电电流密度大小,脉冲放电可分为辉光、弧光放电两种。许多气体激光器都采用脉冲放电激励,如双原子分子、准分子及高气压体激光器等。大多数气体激光器采用脉冲辉光放电激励的方式,如横向激励的 CO_2 激光器、N_2 分子激光器等。

脉冲放电又可分为直流和交流脉冲放电。按脉冲时间的长短又可分为长脉冲放电和短脉冲放电。大功率、高气压气体激光器多采用短脉冲放电激励方式。作为激励泵浦源的光泵浦灯(如 Xe 灯、Kr 灯等),通常采用脉冲弧光放电方式工作。放电方式还有电晕放电和火花放电等。

4.2.4　气体放电相似定律

对于两个气体放电管,如果它们所用的电极材料和气体相同,放电方式也相同,仅仅是放电管的几何尺寸和放电参数不同,则这两个放电管的放电特性和参数(含激光参数)存在很多共同的参数取值规律。

在激光器的设计中,利用相似定律,可由已知的激光管放电参数,推求要设计的激光器几何尺寸和相关参数(表 4.2.1),所以气体放电相似定律对于气体激光器的设计是非常有用的。人们可以利用测试已有的激光管的放电参数和已知激光管结构参数,推求新的激光器的几何尺寸和相关参数。

表 4.2.1　气体激光器设计参数

	序号	相关物理参量	相似关系式	备注
相似放电参数	1	气体温度 T_g	$T_{g1} = T_{g2}$	d 为放电管内径；L 为放电管长度
	2	气体密度与放电管内径乘积 nd	$n_1 d_1 = n_2 d_2$	
	3	气体压强与放电管内径乘积 pd	$p_1 d_1 = p_2 d_2$	
	4	电子密度与放电管内径乘积 $n_e d$	$n_{e1} d_1 = n_{e2} d_2$	
	5	电子温度 T_e	$T_{e1} = T_{e2}$	
	6	放电电流强度与放电管内径之比 i/d	$i_1/d_1 = i_2/d_2$	
	7	放电电流密度与放电管内径乘积 jd	$j_1 d_1 = j_2 d_2$	
	8	电场强度与放电管内径乘积 Ed	$E_1 d_1 = E_2 d_2$	

续表

	序号	相关物理参量	相似关系式	备注
相似放电参数	9	直流阻抗与放电管内径乘积 Zd	$Z_1d_1=Z_2d_2$	d 为放电管内径；L 为放电管长度
	10	输入电功率与放电管长度之比 P_i/L	$P_{i1}/L_1=P_{i2}/L_2$	
激光参数	1	均匀加宽增益系数 G	$G_1=G_2$	5、6实质一样，6精简化后即为5
	2	Doppler 加宽增益系数与放电管内径乘积 Gd	$G_1d_1=G_2d_2$	
	3	Doppler 加宽饱和光强与放电管内径乘积 I_sd	$I_{s1}d_1=I_{s2}d_2$	
	4	均匀加宽饱和光强与放电管内径平方乘积 I_sd^2	$I_{s1}d_1^2=I_{s2}d_2^2$	
	5	输出功率与放电管长度之比 P_o/L	$P_{o1}/L_1=P_{o2}/L_2$	
	6	输出功率密度与放电管内径平方乘积 $(P_o/V)d^2$	$(P_{o1}/V_1)d_1^2=(P_{o2}/V_2)d_2^2$	
	7	效率 η	$\eta_1=\eta_2$	

4.2.5　气体放电过程粒子的碰撞与激发

1. 影响激光过程的碰撞

在气体放电中，带电粒子(如电子、离子)之间、带电粒子与中性气体粒子(如原子、分子)之间发生着频繁的碰撞，而影响气体粒子数密度反转分布的建立与维持有两种基本的过程：电离、激发与消激发。

(1)电离是维持气体放电必不可少的过程。电离过程提供了气体放电正常进行所需的带电粒子密度；电离也为离子激光器激光形成过程中的粒子(离子)数密度反转分布提供离子。

(2)激发与消激发。激发是低能态的粒子吸收了一定的外界能量后跃迁到高能态的过程。消激发与激发相反的过程，是高能态粒子释放了一定的能量后跃迁到低能态的过程。这两种过程与激光工作物质中粒子数密度反转分布和激光的产生密切相关。

2. 非弹性碰撞与粒子的激发、电离过程

1)碰撞的分类

粒子之间的碰撞可分为两大类，即弹性碰撞与非弹性碰撞。弹性碰撞过程中，粒子之间发生碰撞后，粒子之间仅发生了平动动能的交换，各自的内能均未发生变化。非弹性碰撞过程中，粒子之间发生碰撞后，粒子之间不仅有平动动能的变化，各自的内能也发生了变化。非弹性碰撞过程又可分为两类：第一类非弹性碰撞过程，碰撞过程中，一个粒子的动能转化为另一个粒子的内能的碰撞；第二类非弹性碰撞过程，粒子之间发生碰撞后，不仅动能发生了变化，粒子的内能也发生了改变。

2)非弹性碰撞与粒子的激发、电离

气体粒子的激发与电离过程均属于非弹性碰撞过程。

(1)在第一类非弹性碰撞过程中的激发和电离。

最常见的激发和电离是电子和气体粒子之间的碰撞。

①激发。以 e 表示快速电子，e′表示失去了部分动能的慢速电子，A 表示激发的低能态气体粒子，A* 表示处于激发态的气体粒子。激发过程中，一个电子和一个气体粒子相碰撞，电子失去部分动能速度变慢，气体粒子得到能量被激发到高能态。其过程可表示为

$$A + e \longrightarrow A^* + e'$$

激发的条件是，只有当电子的动能等于或大于气体粒子的激发能时，激发过程才能发生。

②电离。当电子的动能达到或超过气体粒子的电离能时，电子与气体粒子发生碰撞，粒子将发生电离。用 A^+ 表示失去了电子的粒子，即离子。电子碰撞电离过程可表示为

$$A + e \longrightarrow A^+ + 2e'$$

③逐级激发与电离。电子和气体粒子的碰撞还可以先使粒子从一个基态跃迁到一个激发态，第二次电子和处于激发态的气体粒子碰撞，使粒子从一个激发态跃迁到另一个更高的激发态，或使激发态的粒子发生电离。这分别称为逐级激发和逐级电离。

$$A + e \longrightarrow A^* + e'$$

$$A^* + e \longrightarrow A^{**} + e'$$

或者

$$A + e \longrightarrow A^* + e'$$

$$A^* + e \longrightarrow A^{*+} + 2e'$$

由于在放电过程中，电子的动能大于粒子激发能，因此上述过程很容易发生。如果提高气体粒子动能(如加热提高气体温度)，气体粒子间的相互碰撞也可以使粒子激发和电离。

(2) 第二类非弹性碰撞过程中粒子的激发和电离。

第二类非弹性碰撞过程中粒子的激发和电离形式很多，主要有能量转移、电荷转移、彭宁效应等。

①能量转移。激发态的粒子 A^* 将能量转移给另一个基态粒子 B，B 被激发到高能态，而 A^* 跃迁到较低能量状态或返回基态的碰撞过程。

$$A^* + B \longrightarrow A + B^* + \Delta E$$

式中，ΔE 为 A^* 与 B^* 之间激发能量之差，可正可负，负表示 B^* 的激发能大于 A^*，这部分能量由 A^* 或 B 的一部分动能来补偿。ΔE 越小，越容易实现转移，当 $\Delta E \to 0$ 时，转移最容易发生，且呈现强烈的共振特性。这种能量转移称为共振能量转移。例如，He-Ne 激光的激发过程

$$He + e \longrightarrow He^* + e'$$

$$He^* + Ne \longrightarrow He + Ne^* + \Delta E$$

该粒子又从激发态返回离子基态而辐射一个光子。

$$Ne^* \longrightarrow Ne + h\nu$$

②电荷转移。它是粒子和中性气体粒子之间的碰撞过程，即正离子 A^+ 从中性粒子 B 获得一个电子，从而成为中性粒子，但仍保持原来较大的速度，原来的中性粒子 B 则变成正离子 B^+ 的碰撞过程，反应式如下：

$$A^+ + B \longrightarrow A + B^+ + \Delta E$$

许多电荷转移过程中还会出现电离激发,该粒子又从激发态返回离子基态而辐射一个光子。反应如下：

$$A^+ + B \longrightarrow A + B^{+*} + \Delta E$$

$$B^{+*} \longrightarrow B^+ + h\nu$$

B^{+*} 为离子的激发态，ΔE 为粒子 A 的电离能与离子 B^+ 激发态(B^{+*})之间的位能差。负离子同中性气体粒子相遇时，也可把多余的电子交出而成为速度较快的中性粒子，同时使原中性粒子变成速度较慢的负离子。

$$A^- + B \longrightarrow A + B^- + \Delta E$$

③彭宁效应。处于激发态的气体粒子 A^* 与处于基态的粒子 B 碰撞，A^* 失去能量返回到基态，而 B 被电离，或电离后又被激发，该粒子又从激发态返回离子基态而辐射一个光子。其反应式如下：

$$A^* + B \longrightarrow A + B^+ + e$$

$$A^* + B \longrightarrow A + B^{+*} + e$$

$$B^{+*} \longrightarrow B^+ + h\nu$$

只要 B 的电离能低于 A^* 的激发能，反应均可进行，因为反应不需要外加能，而产生的电子又可以带走过量的位能。而 He-Cd 激光器 Cd 粒子激发主要利用彭宁效应。

$$He + e \longrightarrow He^* + e'$$

$$He^* + Cd \longrightarrow He + Cd^{*+} + e + \Delta E$$

$$Cd^{+*} \longrightarrow Cd^+ + h\nu$$

由此可见，第二类非弹性碰撞过程可使处于激发态的粒子消激发，若这种过程发生在激光上能级，则对粒子数反转不利，若发生在激光下能级，则对提高反转粒子数密度 Δn 有利，又可去激发另一气体粒子，使其由基态达到激发态。例如，He-Ne 激光器中，利用 He 和 Ne 之间能量的共振转移使 Ne 激发，使 He 消激发。

(3)激发速率 R。

激发速率 R 即单位时间内在单位体积中被激发到上能级的粒子个数。它与发生碰撞激发的两种粒子的密度(n_1 和 n_2)成正比，与两粒子的平均相对运动速度成正比，即

$$R = \sigma n_1 n_2 \bar{v} \tag{4.2.1}$$

比例系数 σ 称为激发截面，σ 的单位为面积量纲，它是对激发概率描述的一种形象说法。σ 与气体粒子种类和放电条件(如充气压、各种粒子气压比、放电电流等)有关，故要选择最佳气压比和最佳放电电流，以使 σ 值达到最大，从而使得激发速率 R 达到最大值。

4.3 He-Ne 气体原子激光器

He-Ne 激光器是典型的原子气体激光器。在 He-Ne 激光器中，He 是辅助气体，Ne 是产生激光辐射的工作原子，其输出波长主要有：632.8nm($3S_2 \rightarrow 2P_4$)、3.39μm($3S_2 \rightarrow 3P_4$)、1.15μm($2S_2 \rightarrow 2P_4$)和543nm($3S_2 \rightarrow 2P_{10}$)。

气体原子激光器是利用中性气体原子的不同激发态之间发生的辐射跃迁工作的一种气体激光器。能够产生激光跃迁的原子种类很多，主要有惰性气体(如 He、Ne、Ar、Kr、Xe 等)和某些金属原子蒸气(如 Cu、Mn、Pn、Zn、Cd、Cs、Sn、Hg 等)。

He-Ne 激光器属于原子气体激光器，它是 1961 年由 Ali.Javan 及其助手首先研制成功的第一种气体激光器(输出波长为 1152.3nm)。迄今实现激光输出的中心波长主要有四条：543.3nm、632.8nm、1152.3nm 及 3391.3nm。其激光的形成与产生是通过低气压、小电流辉光放电实现的。目前应用最广泛的仍是输出波长为可见红光(632.8nm)的 He-Ne 激光器，连续输出功率通常在 $1\sim10^2$mW 量级。

与其他气体激光器相比，He-Ne 激光器的研究最为透彻，并由于结构简单、使用方便、工作可靠和制造比较容易等特点，是至今应用最广泛的一种气体激光器。

He-Ne 激光器通常为连续工作，能产生许多条可见于红外光的激光谱线。其输出功率与放电毛细管长度成正比。由于它输出的激光方向性好($\Delta\theta<1$mrad)、单色性好(带宽可小于 20 周)、输出功率和波长能控制得很稳定，且具有寿命长、结构简单、造价低廉、使用方便、质量小、体积小等优点，所以这种器件广泛用于精密计量、检测、准直、导向、全息照相、信息处理以及医疗、光学实验等各个方面。

本节讨论氦-氖(He-Ne)激光器的结构、类型、工作原理及设计，着重分析 He-Ne 激光器的增益与放电关系、小信号增益曲线、增益饱和以及在设计时主要尺寸的确定和主要部件的结构设计。

4.3.1 He-Ne 激光器的结构及类型

1. He-Ne 激光器的类型

He-Ne 激光器的结构形式很多，按照谐振腔与放电管的相对放置方式不同可分为内腔式、外腔式和半外腔式；按照阴极与储气管位置不同，又可分为同轴式、旁轴式和单毛细管式(图 4.3.1)。

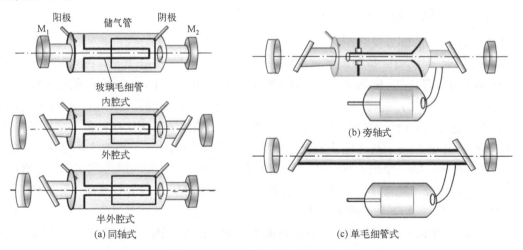

图 4.3.1 He-Ne 激光器的结构类型

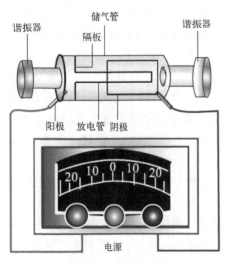

图 4.3.2　He-Ne 激光器的结构

2. He-Ne 激光器的结构

1) 组件

所有 He-Ne 激光器均由激光管和激光电源组成。激光管由放电管、电极和光学谐振腔组成(图 4.3.2)。

(1) 放电管：是 He-Ne 激光器的心脏，是进行激发和产生激光的场所。它通常由毛细管、隔板和储气管构成，内充有一定比例的 He、Ne 气体，一般用 GG17 玻璃制成。

(2) 电极：分为阳极和阴极。阳极通常由钨棒制成；阴极由电子发射率高和溅射率小的铝或铝合金制成。He-Ne 激光器通常采用冷阴极。为增大电子发射面积和减少阴极溅射，一般将阴极做成圆筒状，然后用钨棒引到管外(钨和玻璃间易密接封闭而不漏气)。

(3) 光学谐振腔：He-Ne 激光器增益低，一般采用平-凹腔，平镜为输出端，透过率为 1%～2%，凹镜为全反射镜。

2) 功能

(1) 电极与毛细管：当电极上加上高压后，毛细管中的气体开始放电，使 Ne 原子受激而形成粒子数密度反转。

(2) 隔板作用有两个：固定毛细管，放电只能在毛细管内进行。

(3) 储气管：用于储存工作气体，使毛细管内气体得以更新，减缓了管内杂质气体比例和 He、Ne 气压比的变化率，延长了器件的寿命；储气管的外套可起到加固谐振腔的作用。对于输出功率及波长要求稳定性高的器件，可采用热膨胀系数小的石英玻璃制作。

4.3.2　He-Ne 激光器的工作原理

1. He-Ne 原子的部分能级图与激发跃迁

1) He-Ne 原子的部分能级图

He-Ne 激光器中，He 是辅助气体，Ne 是产生激光辐射的工作原子，图 4.3.3 给出了与产生 He-Ne 激光有关的 He 原子和 Ne 原子的部分能级图。其中，He 原子的能级用 L-S 耦合的光谱项符号 $^{2S+1}L_J$ 表示。Ne 原子的能级标记所用符号为帕邢符号(帕邢符号：nL_m 用跃迁电子的轨道角动量量子数符号 S、P、D、F 等和区分该原子能级次序的数字来表示能级，例如，$3P_{10}$，其中 P 表示跃迁电子的轨道角动量量子数 $L=1$，P 左面的 3 不是主量子数，它表示能级次序，同一轨道角量子数，其前面的数字越大，对应的能级越高，反之亦然；P 右下角标 m 也表示能级次序，当 nL 一定时，角标 m 越小，对应能级越高，反之亦然。)。其中 $1S$、$2S$、$3S$ 各由 4 个子能级组成。

$2P$、$3P$ 各由 10 个子能级组成。He-Ne 激光器中，He 是辅助气体，Ne 是产生激光辐射跃迁过程的气体。He 原子核外有两个电子，其基态电子组态为 $1s^2$，基态能级为 1^1S_0。当能量在 0～21eV 时，He 原子有两个亚稳态，分别是 $He^*(2^3S_1)$、$He^*(2^1S_0)$；Ne 原子核外有 10 个电子，基态电子组态为 $1s^22s^22p^6$，对应基态为 $^1S_0$。当能量在 0～21eV 时，Ne 原子的激发

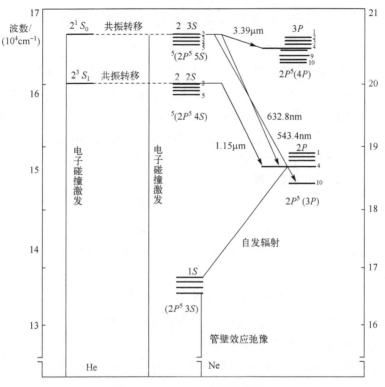

图 4.3.3　He、Ne 原子能级图

态和相应的电子组态为 $1S(2p^53s)$、$2S(2p^54s)$、$3S(2p^55s)$、$2P(2p^53p)$、$3P(2p^54p)$，而其中 $1S$、$2S$、$3S$ 各由 4 个子能级组成，如 $3S$ 由 $3s_2$、$3s_3$、$3s_4$ 及 $3s_5$ 组成；$2S$ 由 $2s_2$、$2s_3$、$2s_4$、$2s_5$ 组成。$2P$ 和 $3P$ 各由 10 个子能级组成，即 $2p_1$、$2p_2$、$2p_3$、$2p_4$、$2p_5$、$2p_6$、$2p_7$、$2p_8$、$2p_9$、$2p_{10}$ 和 $3p_1$、$3p_2$、$3p_3$、$3p_4$、$3p_5$、$3p_6$、$3p_7$、$3p_8$、$3p_9$、$3p_{10}$ 组成。

　　He-Ne 激光器的激光跃迁发生在产生激光的气体原子——Ne 原子的不同激发态之间。在适当的放电条件下，已在 Ne 原子的 $3S{\to}3P$、$3S{\to}2P$、$2S{\to}2P$ 态之间，很多能级之间实现了激光跃迁，从已实现激光跃迁的能级结构图可看出，Ne 原子的激光下能级与基态相距很大，属于典型的四能级激光跃迁系统。

　　2）Ne 原子数密度反转分布的激发过程

　　Ne 原子有关能级参数如表 4.3.1，实现 Ne 原子数密度反转分布的激发过程主要有如下三种。

表 4.3.1　Ne 原子有关能级的寿命和简并度

能级符号	$2s_2$	$2s_3$	$2s_4$	$2s_5$	$3s_2$	$2p_1\sim2p_{10}$	$3p_1$	$3p_4$	$3p_{10}$
简并度 g	3	1	3	5	3	1,3,1,5,3,5,3,5,7,1	1	5	1
能级寿命/(10^{-9}s)	98	159	98	110	96	18~24	64	9.8	85

　　（1）能量的共振转移。He 原子的 2^1S_0、2^3S_1 两激发态分别与 Ne 原子的激发态 $3S$、$2S$ 靠得很近，极易产生能量的共振转移，其转移概率高达 95%，即

$$\text{He}(1^1S_0)+\text{e} \longrightarrow \text{He}^*(2^1S_0)+\text{e}'$$

$$He^*(2^1S_0)+Ne(^1S_0) \longrightarrow He(1^1S_0)+Ne^*(3S_2)-0.048eV$$

$$He(1^1S_0)+e \longrightarrow He^*(2^3S_1)+e'$$

$$He^*(2^3S_1)+Ne(^1S_0) \longrightarrow He(1^1S_0)+Ne^*(2S_2)-0.039eV$$

式中，$He(1^1S_0)$表示处于基态 1^1S_0 能级的 He 原子；$He^*(2^3S_1)$ 表示处于激发态 2^3S_1 能级的 He 原子；$He^*(2^1S_0)$ 表示处于激发态 2^1S_0 能级的 He 原子；$Ne(^1S_0)$ 表示处于基态 $^1S_0$ 能级的 Ne 原子；$Ne^*(3S_2)$ 表示处于激发态 $3S_2$ 能级的 Ne 原子；$Ne^*(2S_2)$ 表示处于激发态 $2S_2$ 能级的 Ne 原子；e 表示碰撞前的电子；e′表示碰撞后的慢速电子。

(2) 电子与 Ne 原子的直接碰撞激发。

$$Ne(^1S_0)+e \longrightarrow Ne^*(3S)+e'$$

$$Ne(^1S_0)+e \longrightarrow Ne^*(2S)+e'$$

与能量的共振转移相比，该激发的速率远小于共振转移激发。

(3) 串级跃迁。

$$Ne(^1S_0)+e \longrightarrow Ne^*(mS)+e', \quad m>3$$

$$Ne^*(mS) \longrightarrow Ne^*(3S)+\Delta E$$

串级跃迁激发速率是三种激发中最小的。

2. Ne 原子的粒子数密度反转分布条件与激光发射谱线

1) 激光发射谱线

He-Ne 激光器的激光跃迁发生在 Ne 原子的不同激发态之间。它们同样遵循原子光谱跃迁选择定则，奇性态↔偶性态，而奇性态与奇性态之间属禁戒跃迁，偶性态与偶性态之间属禁戒跃迁。由奇、偶性态之间跃迁，主要有

$$Ne^*(3S_2) \longrightarrow Ne^*(3P_4)+h\nu(3.39\mu m)$$

$$Ne^*(3S_2) \longrightarrow Ne^*(2P_4)+h\nu(632.8nm)$$

$$Ne^*(3S_2) \longrightarrow Ne^*(2P_{10})+h\nu(543.4nm)$$

$$Ne^*(2S_2) \longrightarrow Ne^*(2P_4)+h\nu(1.15\mu m)$$

在适当的放电条件下，在 Ne 原子的 $3S \to 3P$、$3S \to 2P$、$2S \to 2P$ 态之间，获得了 100 多条激光跃迁谱线。其典型的激光谱线与对应的跃迁能级见表 4.3.2。632.8nm 的波长激光荧光线宽 $\Delta\nu$ 约为 1500MHz。

表 4.3.2　Ne 原子的激光谱线与对应的跃迁能级

波长	跃迁能级	波长	跃迁能级
632.8nm	$3S_2 \to 2P_4$	544.851nm	$3S_3 \to 2P_{10}$
3.39μm	$3S_2 \to 3P_4$	566.255nm	$3S_4 \to 2P_{10}$
1.15μm	$2S_2 \to 2P_4$	568.982nm	$3S_5 \to 2P_{10}$
543.365nm	$3S_2 \to 2P_{10}$	540.056nm	$2P_1 \to 1S_4$

2) Ne 原子的粒子数密度反转分布条件

He-Ne 激光器中，He 是辅助气体，Ne 是产生激光辐射的工作原子，He-Ne 激光器是

一种典型的四能级激光器系统。设 Ne 原子激光上、下能级的粒子数密度和简并度(统计权重)分别为 n_3、g_3、n_2、g_2，这种系统实现粒子数密度反转的条件是

$$\Delta n = n_3 - \frac{g_3}{g_2} n_2 > 0 \tag{4.3.1}$$

而 $n_2 = R_2 \tau_2$，$n_3 = R_3 \tau_3$，R_3、R_2 分别为在单位时间内单位体积激发到激光上、下能级的粒子数(激发速率)，τ_3、τ_2 分别为粒子在激光上、下能级的寿命，代入式(4.3.1)得

$$\Delta n = R_3 \tau_3 - \frac{g_3}{g_2} R_2 \tau_2 > 0 \tag{4.3.2}$$

所以

$$R_3 > \frac{g_3 \tau_2}{g_2 \tau_3} R_2 \tag{4.3.3}$$

其中，R_3 和 R_2 分别为 $3S_2$ 能级向 $2P_4$ 能级的激发速率；τ_3 和 τ_2 分别为 $3S_2$ 能级和 $2P_4$ 能级的寿命；A 为由 $3S_2$ 到 $2P_4$ 的自发跃迁几率；g_3 和 g_2 分别为 $3S_2$ 和 $2P_4$ 能级的简并度，g_3 和 g_2 的数值分别为 3 和 5。

共振俘获效应。实验测得 $3S_2$ 能级的寿命约为 96ns($1\text{ns} = 10^{-9}\text{s}$)。$3S_2$ 能级有较长的有效寿命是由于在激光器的放电条件下，$3S_2$ 能级与基态之间发生的共振俘获效应的结果，即在气压不太高时，处于 $2S$、$3S$ 能级的 Ne 原子向基态跃迁过程发射的光子还没有离开放电管，又被基态 Ne 原子吸收，Ne 原子从基态又跃迁到 $2S$、$3S$ 能级。

$2P_4$ 能级的寿命大约为 19ns。$2P_4$ 能级虽然不能直接向基态辐射跃迁，但是 $2P_4$ 能级到 $1S$ 态的辐射跃迁速率极快，故 $2P_4$ 能级的寿命很短。由于 $1S$ 态是亚稳态，$1S$ 态向基态 $^1S_0$ 属禁戒跃迁，处于 $1S$ 态的 Ne 原子需通过与放电管管壁碰撞方可返回基态，所以 He-Ne 激光器的放电管是一只又细又长的毛细管，以便处于 $1S$ 态的 Ne 原子通过与放电管管壁碰撞返回基态。Ne 原子也可通过与其他原子碰撞回到基态。

从式(4.3.3)可以看到，632.8nm 波长的激光跃迁，小的 g_3/g_2 和大的上、下能级寿命比，有利于实现粒子数反转。此外，He-Ne 激光器中粒子数反转的建立，更重要的还是依靠对上能级的选择性激发过程，即通过处于 $\text{He}(2^1S_0)$ 能级的亚稳态 He 原子与基态 Ne 原子之间的共振激发转移过程，选择性地激发 $3S_2$ 能级。该过程表示为

$$\text{He}(1^1S_0) + e \longrightarrow \text{He}^*(2^1S_0) + e'$$

$$\text{He}^*(2^1S_0) + \text{Ne}(^1S_0) \longrightarrow \text{Ne}(3S_2) - 0.048\text{eV}$$

按照式 $R = n_1 n_2 \bar{v} \bar{\sigma}$，共振激发转移过程使 $3S_2$ 能级激发的速率应为

$$R_3 = n_1 n_4' (\overline{\sigma v}) \tag{4.3.4}$$

式中，为区分 He、Ne 粒子数密度表示符号，对于 He 粒子数密度表示符号均加一撇；n_1 为基态 Ne 粒(原)子数密度；n_4' 为 $\text{He}^*(2^1S_0)$ 能级的粒(原)子数密度；$(\overline{\sigma v})$ 为 2^1S_0 亚稳态 He 原子与基态 Ne 原子之间的平均相对速率与反应速率的平均碰撞截面的乘积。

由于 Ne 原子 $3S_2$ 能级和 He 原子 2^1S_0 能级很接近，前者只比后者高大约为 0.0048eV，这样小的能量差完全可以由原子的热运动动能来补偿，所以这个反应的平均截面很大，实验测量的 $\bar{\sigma}$ 值大约为 $4 \times 10^{-16}\text{cm}^2$，比电子碰撞直接激发能级的平均截面约大两个量级。

式(4.3.4)中 n_4' 的数值取决于 $\mathrm{He}^*(2^1S_0)$ 能级的激发过程与去激发过程之间的速率平衡，并且可用速率方程的方法得到。

$\mathrm{He}^*(2^1S_0)$ 能级的激发是由电子碰撞直接从 He 原子基态产生的，按照

$$R = n\int_0^\infty \sigma(E)f(E)\mathrm{d}E$$

电子碰撞激发的速率为

$$R = \int_{E_4}^\infty n_0 v\sigma_{04}(E)\mathrm{d}n = n_0'n_e\int_{E_4}^\infty \sqrt{\frac{2E}{m}}\sigma_{04}(E)f(E)\mathrm{d}E = n_0'n_e S_{04} \tag{4.3.5}$$

$$S_{04} = \int_{E_4}^\infty \sqrt{\frac{2E}{m}}\sigma_{04}(E)f(E)\mathrm{d}E$$

式中，n_0' 为基态 He 原子的数密度；n_e 为电子密度；S_{04} 是由基态到 $\mathrm{He}^*(2^1S_0)$ 能级的电子激发速率常数；$\sigma_{04}(E)$ 为从基态到 $\mathrm{He}^*(2^1S_0)$ 能级的电子激发截面，是电子能量 E 的函数；E_4 为电子激发 $\mathrm{He}^*(2^1S_0)$ 能级需要的阈值电子能量；$f(E)$ 为电子能量分布函数。激发速率常数 S_{04} 基本上随 T_e 呈指数增长。

除了电子碰撞去激发过程之外，扩散到管壁的去激发，以及到 $3S_2$ 能级的共振激发转移过程也使 $\mathrm{He}^*(2^1S_0)$ 能级的原子数密度减少，且减少的速率与电子密度无关，则 $\mathrm{He}^*(2^1S_0)$ 能级的速率方程为

$$\frac{\mathrm{d}n_4'}{\mathrm{d}t} = n_0'n_e S_{04} - n_4'n_e S_4 - n_4'A' \tag{4.3.6}$$

式中，$S_4 = S_{40} + S_{41} + \sum_i S_{4i}$，表示电子碰撞使 $\mathrm{He}^*(2^1S_0)$ 能级原子回到基态，电离和到其他激发能级的总激发速率常数；A' 为衰减概率，它与使 $\mathrm{He}^*(2^1S_0)$ 能级原子数密度减小的扩散和共振转移过程有关。

在稳态情况下，$\mathrm{d}n_4'/\mathrm{d}t = 0$，故式(4.3.6)经整理后可得

$$n_4' = n_0'n_e S_{04}/(n_e S_4 + A') \tag{4.3.7}$$

表明，$\mathrm{He}^*(2^1S_0)$ 能级的原子数密度 n_4' 与基态 He 原子的数密度、电子密度 n_e、电子温度等放电参数有关，即与激光管的放电电流、气压、充气比例等放电条件有关。在适当的放电条件下，可得到较大的 n_4'，从而使共振激发转移过程对 $3S_2$ 能级的激发速率远比电子碰撞对其激发的速率大得多。如在典型的 632.8nm He-Ne 激光放电中（P_{He}：P_{Ne} 为 5：1，$pd = 4\mathrm{torr \cdot mm}$，$1\mathrm{torr} = 1\mathrm{mmHg} = 1.33322\times10^2\mathrm{Pa}$，$d = 10\mathrm{mm}$），实验测得 $3S_2$ 能级的共振转移激发为其电子碰撞激发的 60～80 倍。因此，较之靠电子碰撞激发的 $2P_4$ 能级的激发速率 R_2，$3S_2$ 能级的激发速率 R_3 要大得多，可在 632.8nm 波长 He-Ne 激光器中实现粒子数密度反转。

3）增益与放电条件的关系

激光器的增益系数与上、下激光能级之间的粒子数密度反转成正比。632.8nm 激光上能级 $3S_2$ 的粒子数密度 n_3 与 $\mathrm{He}^*(2^1S_0)$ 能级的亚稳态粒子数密度 n_4' 有关，并且可通过分析 $3S_2$ 能级的速率方程得到，即

$$\frac{\mathrm{d}n_3}{\mathrm{d}t} = kn_1n_4' - kn_0'n_3 - n_3/\tau_3 \tag{4.3.8}$$

右边第一项表示到 $3S_2$ 能级的共振转移激发速率，其中 k 相应于式(4.3.4)中的 $(\overline{\sigma v})$；第二项表示 $3S_2$ 能级的 Ne 原子把能量转移给基态 He 原子使之激发到 2^1S_0 能级的速率，由于 2^1S_0 和 $3S_2$ 能级很靠近，故可近似认为以上两个相反方向的共振转移过程具有相同的速率常数 k；第三项代表 $3S_2$ 能级以寿命 τ_3 弛豫到其他能级的速率。在稳态时，$dn_3/dt = 0$，将式(4.3.8)整理后可得

$$n_3 = \frac{kn_1n_4'}{kn_0' + 1/\tau_3} = \frac{kn_1n_0'n_eS_{04}}{(kn_0' + 1/\tau_3)(n_eS_4 + A')} \tag{4.3.9}$$

激光下能级 $2P_4$ 和 $He^*(2^1S_0)$ 能级一样，也是由电子碰撞激励的。因此，只要将式(4.3.7)作某些更改，就可以得到 $2P_4$ 能级的数密度 n_2 的表示式。为此，将式(4.3.7)分子中的 n_0' 改为 n_1，分母中与电子密度无关的衰减概率 A' 改为到 $1S$ 能级的自发发射概率 A，于是得到

$$n_2 = \frac{n_1n_eS_{02}}{n_eS_2 + A} \tag{4.3.10}$$

由于 $2P_4$ 到 $1S$ 的自发发射概率 A 很大，与之相比，n_eS_2 可以忽略，则式(4.3.10)成为

$$n_2 = \frac{n_1n_eS_{02}}{A} \tag{4.3.11}$$

根据表达式(4.3.9)和式(4.3.11)，就可以分析增益与各种放电条件的关系。波长为 632.8nm 激光跃迁 He、Ne 原子能级如图 4.3.4 所示。

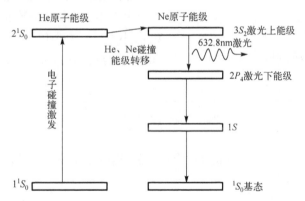

图 4.3.4　波长为 632.8nm 激光跃迁 He、Ne 原子能级图

(1)增益与放电电流的关系。

在充气压强和充气比例一定的情况下，电子密度 n_e 与放电电流 i 成正比，$n_e = K'i$，K' 为比例系数。且由于每种原子实际只有很少一部分参与激发，故式(4.3.11)和式(4.3.9)中的 n_0'、τ_2、τ_3 为粒子在能级 E_2、E_3 上的寿命。于是 Ne 原子激光下、上能级粒子密度 n_2、n_3 的上述表达式可分别简化为

$$n_2 = K_3 i$$

$$n_3 = K_1 \frac{i}{K_2 i + A'}$$

$$K_1 = KK'n_1n_0' \frac{S_{04}}{Kn_0' + 1/\tau_3}$$

$$K_2 = K'S_4$$

$$K_3 = K'n_1 \frac{S_{02}}{A}$$

$$K' = \frac{n_e}{i}$$

式中，K_1、K_2、K_3 都是与电流无关的常数，只分别与下列过程有关。

①K_1 与电子碰撞使 He 原子从基态激发到 2^1S_0 能级的过程有关。

②K_2 与 $He^*(2^1S_0)$ 能级的各种电子碰撞去激发过程有关。

③K_3 与使 $He^*(2^1S_0)$ 能级原子数密度减少的扩散过程和共振转移过程有关。

上述结果表明：①n_2 随 i 呈线性变化，不出现饱和，因为 Ne 的 $2P_2$ 上的粒子是电子直接激励基态($^1S_0$)Ne 原子得到的，且 $2P_2 \rightarrow 1S$ 能级的自发辐射速率极快；②当 i 较小时，n_3 随 i 呈线性增加；当 i 较大时，$He^*(2^1S_0)$ 的消激发过程增加，n_3 随 i 的增加变慢，最后即使继续增加，n_3 也不再增加而达到饱和。也就是说，随着放电电流的增加，电子数目增多，碰撞的概率增大，易产生消激发，影响上能级粒子数积累。所以，He-Ne 激光器存在最佳放电电流(图 4.3.5)。

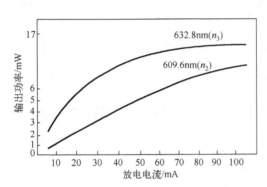

图 4.3.5　电流与增益的关系曲线

(2) 增益与 He、Ne 气压的关系。

由于 $2P_4$ 能级原子数通常较 $3S_2$ 能级的原子数 n_3 小得多，故小信号增益主要与 n_3 有关。当 i 取最佳电流值时，n_3 应取饱和情况的形式，于是式(4.3.9)变为

$$n_3 = kn_0'n_1 \frac{S_{04}}{kn_0' + 1/\tau_3} S_4 \tag{4.3.12}$$

式中，n_0' 和 n_1 与 He-Ne 总气压和混合比有关，S_{04} 随电子温度 T_e 呈指数增加，S_4 与 T_e 的关系可以忽略(图 4.3.6、图 4.3.7)。

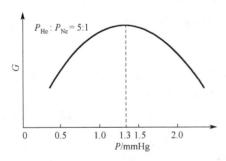

图 4.3.6　增益 G 与总气压 P 的关系曲线

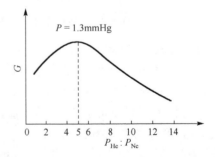

图 4.3.7　增益 G 与 He:Ne 气压比的关系

电子温度 T_e 与气压 P 和管径 d 的乘积有关，在一定气体的放电过程中，T_e 随值 Pd 的增加而降低。T_e 还与充气类和混合比例有关，即在相同的 Pd 值下，不同的气体或不同的气体混合比具有不同的 T_e。

当充气比例一定，逐渐增加充气总压强 P 时，n_0' 和 n_1 将相应地成比例增加，而 Pd 值的增加却使 T_e 下降，从而引起激发速率常数 S_{04} 下降，总的结果是 n_3 和增益随总气压 P 的增加将在某一 P 值时达到最大，之后，P 再增加，增益反而下降。

若充气压强一定（Pd 值一定），改变 He-Ne 气体混合比，当 Ne 气比例较小时，增益随 Ne 气比例的增加而增加是由于式(4.3.10)中 n_1 的增加在起主要作用，而 Ne 气比例太高时，增益反而下降则是由于 T_e 下降，激发速率降低的过程变成了主要影响的缘故。在某一 Ne 气比例（一般在 10%～20%）下，增益达到最大值。

4) 小信号增益系数

小信号增益系数是频率的函数，小信号增益曲线是小信号增益系数沿频率 ν 分布的曲线，其形状与谱线加宽的线性相同。用极大值的半值点对应的频率间隔表示的多普勒加宽宽度为

$$\Delta \nu_D = 2\nu_0 \left(\frac{2kT}{mc^2} \ln 2 \right)^{\frac{1}{2}} = 7.16 \times 10^{-7} \nu_0 \left(\frac{T}{M} \right)^{\frac{1}{2}} \tag{4.3.13}$$

用极大值的 $1/e$ 值点对应的频率间隔表示的多普勒加宽宽度为

$$\Delta \nu_d = \nu_0 \sqrt{\frac{2kT}{mc^2}} \tag{4.3.14}$$

所以

$$\Delta \nu_D = 2\sqrt{\ln 2} \, \Delta \nu_d \tag{4.3.15}$$

在气体工作物质中，谱线的均匀加宽主要源于自然加宽和碰撞加宽。把两者的线型函数式合并起来，称为均匀加宽线型函数 $g_H(\nu, \nu_0)$。

$$g_H(\nu, \nu_0) = \frac{\dfrac{\Delta \nu_H}{2\pi}}{(\nu - \nu_0)^2 + \left(\dfrac{\Delta \nu_H}{2} \right)^2} \tag{4.3.16}$$

$$\Delta \nu_H = \frac{1}{2\pi} \left(\frac{1}{\tau_s} + \frac{2}{\tau_L} \right) = \Delta \nu_N + \Delta \nu_L \tag{4.3.17}$$

$g_H(\nu, \nu_0)$ 为同时考虑自然加宽和碰撞加宽时的均匀加宽线型函数，以上 τ_L 及 $\Delta \nu_L$ 的计算包括弹性碰撞与非弹性碰撞两种过程。$\Delta \nu_H$ 为相应的均匀加宽线宽。对于一般的气体工作物质，因为 $\Delta \nu_L \gg \Delta \nu_N$，所以均匀加宽主要由气体压力影响的碰撞加宽 $\Delta \nu_L$ 决定。只有当气压极低时，自然加宽的作用才会显示出来。

在其气压不太高时，实验证明 $\Delta \nu_L$ 与气压 p 成正比：

$$\Delta \nu_L = \alpha p \tag{4.3.18}$$

式中，p 为气体总气压(Pa)，α 为实验测得的比例系数(MHz/Pa)。

实验表明，在 632.8nm He-Ne 激光器中，考虑碰撞效应后的均匀加宽线宽 $\Delta \nu_L$ 则只与充气压强 P 有关。这里 $\Delta \nu_L$ 是用极大值的半值点的频率间隔宽度表示的。在一般 He-Ne 激光器中，$\Delta \nu_L$ 总是比 $\Delta \nu_D$ 小很多，但又不是小到可以忽略的程度，故 632.8nm He-Ne 激光器中的谱线加宽是一种多普勒加宽占优势，但又必须考虑碰撞加宽的综合加宽。

对于气体工作物质，主要的加宽类型就是由碰撞引起的均匀加宽和粒子运动产生的多普勒效应引起的非均匀加宽，但当两者作用均不可忽略时，需同时考虑这两种加宽，从而求得综合加宽线型函数。

设处于能级 E_3 上的粒子的自发辐射功率为

$$p = h\nu n_3 A_{32}$$

则频率处于 $\nu \to \nu + d\nu$ 的自发辐射光功率为 $P(\nu)d\nu$，同时考虑原子按中心频率的分布和每个发光的均匀加宽，则中心频率处于 $\nu_0' \to \nu_0' + d\nu_0'$ 的高能级原子数为

$$n_3(\nu_0')d\nu_0' = n_3 g_D(\nu_0', \nu_0)d\nu_0'$$

由于为均匀加宽，这部分原子也将发出频率为 ν 的自发辐射。其对 $P(\nu)d\nu$ 的贡献为

$$n_3(\nu_0')d\nu_0' A_{32} g_H(\nu, \nu_0')d\nu h\nu = h\nu n_3 g_D(\nu_0', \nu_0)d\nu_0' A_{32} g_H(\nu, \nu_0')d\nu$$

具有不同 ν_0' 的 n_3 个原子对 $P(\nu)d\nu$ 都有贡献，所以 n_3 个原子对 $P(\nu)d\nu$ 的总贡献应当是上式对全部的 ν_0' 的积分：

$$p(\nu)d\nu = \int_{-\infty}^{+\infty} h\nu n_3 g_D(\nu_0', \nu_0)d\nu_0' A_{32} g_H(\nu, \nu_0')d\nu$$

在整个谱线范围内都有 $\nu \approx \nu_0$，所以上式中的 $h\nu$ 可用 $h\nu_0$ 近似代替，于是

$$p(\nu)d\nu = h\nu_0 n_3 A_{32} \int_{-\infty}^{+\infty} g_D(\nu_0', \nu_0)g_H(\nu, \nu_0')d\nu_0'$$
$$= h\nu_0 n_3 A_{32} g(\nu, \nu_0) \tag{4.3.19}$$

根据线型函数定义，可求得综合加宽线型函数为

$$g(\nu, \nu_0) = \int_{-\infty}^{+\infty} g_D(\nu_0', \nu_0)g_H(\nu, \nu_0')d\nu_0' \tag{4.3.20}$$

一般情况下，$g(\nu, \nu_0)$ 具有误差函数的形式，下面讨论两种极限情况。

(1) 当 $\Delta\nu_D \gg \Delta\nu_H$ 时，

$$g(\nu, \nu_0) = g_D(\nu, \nu_0) \int_{-\infty}^{+\infty} g_H(\nu, \nu_0')d\nu_0' = g_D(\nu, \nu_0) \tag{4.3.21}$$

即综合加宽近似于多普勒非均匀加宽。其物理意义是：具有频率 $\nu_0' = \nu$ 的那部分原子只对谱线中频率为 ν 的部分有贡献，对其余频率无贡献。

(2) 当 $\Delta\nu_H \gg \Delta\nu_D$ 时，

$$g(\nu, \nu_0) = g_H(\nu, \nu_0) \int_{-\infty}^{+\infty} g_D(\nu, \nu_0')d\nu_0' = g_H(\nu, \nu_0) \tag{4.3.22}$$

即综合加宽近似于均匀加宽，这时 n_3 个原子近似具有同一中心频率 ν_0，其中每个原子都以均匀加宽谱线发射。

将式 (4.3.20) 表示的综合加宽的线型函数代入小信号增益系数公式，得到

$$G^0(\nu) = \Delta n^0 \frac{\lambda_0^2}{8\pi} A_{32} g(\nu, \nu_0) \tag{4.3.23}$$

由式 (4.3.23) 即可绘出小信号增益曲线。

5) 增益饱和

激光器中的增益饱和现象，取决于其谱线加宽的类型。在 He-Ne 激光器中，由于谱线

是多普勒加宽占优势，因此，也存在非均匀加宽谱线增益饱和的"烧孔"效应。但是，由于必须考虑碰撞加宽 $\Delta \nu_p$，He-Ne 激光器中的"烧孔"效应和完全非均匀加宽的"烧孔"效应有很大区别。

He-Ne 激光器综合加宽介质的稳态饱和增益。

将高斯线型函数

$$g_D\left(\nu_0', \nu_0\right) = \left(\frac{\ln 2}{\pi}\right)^{\frac{1}{2}} \frac{2}{\Delta \nu_D} e^{-4\ln 2 \left(\frac{\nu_0' - \nu_0}{\Delta \nu_D}\right)^2}$$

代入式 (4.3.20)、式 (4.3.23) 得

$$
\begin{aligned}
G(\nu, I_\nu) &= \int_{-\infty}^{+\infty} \Delta n^0 \frac{\lambda_0^2}{8\pi} A_{32} g_D\left(\nu_0', \nu_0\right) \frac{2}{\pi \Delta \nu_H} \frac{\left(\frac{\Delta \nu_H}{2}\right)^2}{(\nu - \nu_0')^2 + \left(\frac{\Delta \nu_H}{2}\right)^2 \left(1 + \frac{I_\nu}{I_S}\right)} d\nu_0' \\
&= \Delta n^0 \frac{\lambda_0^2 A_{32}}{8\pi^2} \left(\frac{\ln 2}{\pi}\right)^{\frac{1}{2}} \frac{\Delta \nu_H}{\Delta \nu_D} \int_{-\infty}^{+\infty} \frac{e^{-4\ln 2 \left(\frac{\nu_0' - \nu_0}{\Delta \nu_D}\right)^2}}{(\nu - \nu_0')^2 + \left(\frac{\Delta \nu_H}{2}\right)^2 \left(1 + \frac{I_\nu}{I_S}\right)} d\nu_0'
\end{aligned}
\tag{4.3.24}
$$

并进行如下变数代换：

$$
\begin{cases}
\xi = \dfrac{\nu_0' - \nu_0}{\dfrac{\Delta \nu_D}{2\sqrt{\ln 2}}} \\[3mm]
\mu = \dfrac{\Delta \nu_H \sqrt{1 + I_\nu / I_S}}{\Delta \nu_D / \sqrt{\ln 2}}
\end{cases}
$$

$$t = \frac{\nu_0' - \nu_0}{\dfrac{\Delta \nu_D}{2\sqrt{\ln 2}}}$$

代入式 (4.3.24) 得

$$
\begin{aligned}
G(\nu, I_\nu) &= \Delta n^0 \frac{\lambda_0^2 A_{32}}{8\pi^2} \left(\frac{\ln 2}{\pi}\right)^{\frac{1}{2}} \frac{\Delta \nu_H}{\Delta \nu_D} \int_{-\infty}^{+\infty} \frac{e^{-4\ln 2 \left(\frac{\nu_0' - \nu_0}{\Delta \nu_D}\right)^2}}{(\nu - \nu_0')^2 + \left(\frac{\Delta \nu_H}{2}\right)^2 \left(1 + \frac{I_\nu}{I_S}\right)} d\nu_0' \\
&= \Delta n^0 \frac{\lambda_0^2 A_{32}}{4\pi} \left(\frac{\ln 2}{\pi}\right)^{\frac{1}{2}} \frac{\Delta \nu_H}{\Delta \nu_D} \frac{1}{\sqrt{1 + \frac{I_\nu}{I_S}}} \int_{-\infty}^{+\infty} \frac{\mu e^{-\xi^2}}{(\xi - t)^2 + \mu^2} dt \\
&= \Delta n^0 \frac{\lambda_0^2 A_{32}}{4\pi \Delta \nu_D} \left(\frac{\ln 2}{\pi}\right)^{\frac{1}{2}} \frac{1}{\sqrt{1 + \frac{I_\nu}{I_S}}} W_R(\xi + i\mu)
\end{aligned}
\tag{4.3.25}
$$

式中

$$W(\xi + \mathrm{i}\mu) = \frac{1}{\pi} \int_{-\infty}^{+\infty} \frac{\mu \mathrm{e}^{-\xi^2}}{\xi + \mathrm{i}\mu - t} \mathrm{d}t = W_{\mathrm{R}}(\xi + \mathrm{i}\mu) + \mathrm{i}W_{\mathrm{I}}(\xi + \mathrm{i}\mu)$$

误差函数的实部为

$$W_{\mathrm{R}}(\xi + \mathrm{i}\mu) = \frac{1}{\pi} \int_{-\infty}^{+\infty} \frac{\mu \mathrm{e}^{-\xi^2}}{(\xi - t)^2 + \mu^2} \mathrm{d}t$$

误差函数的虚部为

$$W_{\mathrm{I}}(\xi + \mathrm{i}\mu) = \frac{1}{\pi} \int_{-\infty}^{+\infty} \frac{(\xi - t) \mathrm{e}^{-t^2}}{(\xi - t)^2 + \mu^2} \mathrm{d}t$$

得到 He-Ne 激光器综合加宽介质的稳态饱和增益。误差函数的值可从数学手册中查得。

若已知介质参数 $\Delta \nu_{\mathrm{H}}$、$\Delta \nu_{\mathrm{D}}$、I_{s}、ν_0，对于给定的入射光频率 ν 和光强 I_ν，可以计算出相应的 (ξ, η) 值，从复变量误差函数表可查到对应的 $W_{\mathrm{R}}(\xi + \mathrm{i}\eta)$ 值，将该值代入式(4.3.25)即可求得介质的饱和增益系数。

可以证明，$\Delta \nu_{\mathrm{H}}$ 是光强为 I 的激光辐射场(模频率为 ν)在增益曲线上的"烧孔"的半宽度。$\Delta \nu_{\mathrm{H}}$ 随光强 I 和 $\Delta \nu_{\mathrm{p}}$ 的增加而增加。孔的面积与参与该模频受激发射的原子数成比例。因此，孔的面积越大，受激发射越强，输出功率越大。

振荡模也使整个增益曲线产生一定程度的饱和，即有一些和均匀加宽的饱和情况相类似。对于这种情况的解释是：在 Ne 的 632.8nm 跃迁上存在某种程度的交叉弛豫过程，它是由原子碰撞和从激光上能级到基态的自发发射的共振俘获效应两种原因引起的，是一个在气体原子之间进行能量交换的过程。

对于多模 He-Ne 激光器，增益饱和将出现以下两种情况。

(1) $\Delta \nu_{\mathrm{H}} < \Delta \nu_{\mathrm{q}}/2$，即相邻纵模的"烧孔"不相重叠。这时，激光器的各个纵模分别与不同原子相作用，并各自独立地饱和。由于线型在各纵模"烧孔"之间的部分不是饱和的，即与线型的这些部分相联系的原子没有参与受激发射，故输出功率较小。

(2) $\Delta \nu_{\mathrm{H}} \gg \Delta \nu_{\mathrm{q}}/2$，即各个纵模的"烧孔"发生重叠，这时，增益曲线在阈值之上的部分全部被"烧"掉了，即与那部分曲线相联系的原子全都参与了受激发射，因此，输出功率最大。此外，在这种情况下，对一个纵模有贡献的原子，也能对别的纵模发生作用，即在各个纵模之间存在对激活原子的"竞争"。因此，整个非均匀增益曲线类似均匀饱和，并和均匀加宽谱线的均匀饱和具有类似的性质。

4.3.3　He-Ne 激光器的输出特性

1. He-Ne 激光器的输出功率

1) 单模激光器的输出功率(TEM_{001} 单横模单纵模)

当频率 ν 的光振荡稳定后，其饱和增益系数 $G(\nu, I_\nu)$ 应等于总损耗系数

$$G(\nu, I_\nu) = \alpha - \frac{1}{2l}\ln(R_1 R_2) \tag{4.3.26}$$

式中，α 为除了反射镜透过损耗外的其他总损耗系数；l 为放电管长度；R_1、R_2 为反射镜的

反射率，当一端为全反射，另一端透过输出(如 $T_1 = 0$，$T_2 = T$)时，则可推得单频激光器输出功率为

$$P = ATI_\nu^+ \tag{4.3.27}$$

式中，I_ν^+ 是频率为 ν 的光沿输出方向传播的光强度，因为 He-Ne 的增益较小，$I_\nu^+ \approx I_\nu^-$，所以计算 P 只需求出 A、I_ν^+ 则 P 自求出。

对于 A，一般情况下光束受到振荡光束模体积的限制，不能充满整个毛细管。对激光输出有贡献的只是模体积内的气体。对于平-凹腔的 TEM_{00} 模光束的横截面为

$$A = \eta \frac{\pi d^2}{4}$$

$$\eta = \frac{V_m}{V_t} = \frac{\int_0^L \pi w^2(z) \mathrm{d}z}{\pi d^2 L / 4} = \frac{\lambda L}{\pi d^2 / 4} (\Gamma - 1)^{\frac{1}{2}} \left[1 + \frac{1}{3(\Gamma - 1)} \right] \tag{4.3.28}$$

式中，V_m 为腔内光束模体积；V_t 为毛细管体积；$\Gamma = R/L$，L 为腔长，R 为凹面镜曲率半径；d 为毛细管内径；η 为放电管体积利用率。

2) 基横模多纵模 He-Ne 激光器的输出功率

这样的激光器功率计算可分为两种：一种是纵模间隔大于烧孔宽度，各个纵模的功率按上述 1) 的方法逐个计算每个纵模功率，然后叠加之即可；另一种是纵模间隔小于烧孔宽度，相邻烧孔相互重叠，其输出功率为

$$P = ATI_\nu^+ = ATKI_s (\beta - 1) \tag{4.3.29}$$

当烧孔严重重叠时，综合加宽多纵模激光和均匀加宽激光输出功率计算公式相同，这是因为与均匀加宽一样，增益在阈值以上的部分均被烧掉，增益曲线处处饱和而不出现烧孔。在最佳放电条件下：

$$\begin{cases} KI_s = (30 \pm 3) \ (\mathrm{W/cm^2}) \\ \beta = \dfrac{2G_m l}{\alpha_c + T} \\ G_m = \dfrac{3 \times 10^{-4}}{d} \ (\mathrm{cm^{-1}}) \end{cases} \tag{4.3.30}$$

式中，KI_s 称为有效饱和参量，它与气压 P 无关；$\alpha_c + T$ 为光在谐振腔内往返一次的损耗，将式 (4.3.30) 代入式 (4.3.29) 得到最佳放电电流条件下的基横模多纵模激光器的输出功率为

$$P = 7.5 \pi d^2 \eta T \left(\frac{6 \times 10^{-4} l}{\alpha_c + T} - 1 \right) \ (\mathrm{W}) \tag{4.3.31}$$

d 的单位取 cm。

令 $\dfrac{\mathrm{d}P}{\mathrm{d}T} = 0$ 得多纵模 He-Ne 激光器最佳透过率为

$$T_{\mathrm{opt}} = (2G_m l \alpha_c)^{1/2} - \alpha_c \tag{4.3.32}$$

将 T_{opt} 代入式 (4.3.29) 得最佳输出功率为

$$P_{\text{opt}} = AKI_s(\sqrt{2G_m l} - \sqrt{\alpha_c})^2 \tag{4.3.33}$$

将 $KI_s = 30\text{W/cm}^2$，$G_m = 3 \times 10^{-4}/d$ 及 $A = \eta\pi d^2/4$ 代入得

$$P_{\text{opt}} = 7.5\pi d^2\eta(\sqrt{6 \times 10^{-4} l/d} - \sqrt{\alpha_c})^2 \tag{4.3.34}$$

式中，d 的单位为 cm；P_{opt} 的单位为 W。

上述各种多纵模输出功率计算公式是在相邻纵模间隔远小于烧孔宽度条件下导出的，在最佳放电条件下：

$$\frac{\Delta\nu_H}{2} \approx \left(\frac{29.5}{d} + 8\right) \times 10^6 \, (\text{Hz})$$

代入 $\dfrac{c}{2L} < \Delta\nu_H$，得

$$\frac{3 \times 10^{10} \, \text{cm/s}}{2L} < 2\left(\frac{29.5}{d} + 8\right) \times 10^6 \, (\text{Hz})$$

可推得

$$d < \frac{118L}{3 \times 10^4 - 32L} \, (\text{cm}) \tag{4.3.35}$$

不满足此条件时，各振荡模的烧孔不重叠，部分原子没有参与受激发射，输出功率会降低。

2. He-Ne 激光器的输出功率的稳定性

He-Ne 激光器输出功率会随时间作周期性或随机性的波动，一般把波动频率在 1Hz 以下的慢变化称为功率漂移，大于 1Hz 的称为噪声。

产生噪声的原因有自发辐射的随机性、振荡模的不稳定性、谐振腔的振动、激光电源的变化及放电噪声等。

造成功率漂移的主要原因有三方面。

(1)放电电流波动。原因是电源或者工作物质中温度不稳定、放电管放电特性改变等。当工作在最佳放电电流附近时，对输出功率影响较小。

(2)谐振腔光轴与毛细管轴线相对位置的变化。原因是毛细管受热变形或振动造成腔片相对位置改变。

(3)振荡纵模的变化。振荡纵模为

$$\nu_q = \frac{c}{2\eta L}q \tag{4.3.36}$$

相邻纵模间隔为

$$\Delta\nu_q = \frac{c}{2\eta L} \tag{4.3.37}$$

若温度变化或机械振动等原因使腔长发生改变，则腔内振荡频率改变，致使激光振荡频率发生移动，对振荡纵模较小的谱线或腔长短的器件影响较大。$\Delta\nu_{3.39\mu m} = 300\text{MHz}$，则受到的影响大，而对线宽为 $\Delta\nu_{632.8nm} = 1500\text{MHz}$ 的 632.8nm 激光波长振荡影响较小。

减小功率漂移的措施：

（1）根据产生漂移的原因在器件结构和工艺上采取措施。

（2）工作一段时间后将激光管转动 180°，可减少由于重力引起的毛细管下垂。

（3）靠外部控制减小功率漂移：①主动控制法，从输出功率取样送至监测器，监测器根据输出的功率变化来控制激光装置本身，使输出稳定在一确定功率附近；②被动控制法，根据输出功率的变化改变衰减器的衰减率，而使激光输出控制在某一确定功率附近。

3. He-Ne 激光器的输出光束的发散角及光点漂移

1）发散角

因为气体的光学均匀性好，可忽略光束在腔内传播过程中所产生的畸变，对 TEM_{00} 模远场发散角 θ 的大小完全由谐振腔的几何结构决定，对平凹谐振腔远场发散角 θ 为

$$\theta = \frac{\lambda}{\pi w_0} \tag{4.3.38}$$

$$\begin{cases} w_{\text{q}} = \sqrt{\frac{\lambda L}{\pi}}\left(\frac{R}{L}-1\right)^{1/4} = \sqrt{\frac{\lambda L}{\pi}}(\varGamma-1)^{1/4} \\ \varGamma = \frac{R}{L} \end{cases} \tag{4.3.39}$$

$$\theta = \left(\frac{\lambda}{\pi L}\right)^{1/2}\left(\frac{1}{\varGamma-1}\right)^{1/4} \tag{4.3.40}$$

由式（4.3.40）可知，当 L 一定时，随着 $\varGamma$ 的增加，光束发散角 θ 减小；若 $\varGamma$ 相同，随着腔长的增加，光束发散角 θ 减小，但是 $\varGamma$ 越大，腔长越长，在激光制作过程中谐振腔镜调整难度越大，所以在兼顾调整难度和发散角的同时，可适当选择曲率半径较大的谐振腔镜或腔长 L 较长的结构腔型。

对小型的内腔式 He-Ne 激光器，输出镜可设计为凹凸会聚透镜式，凹面度多层介质膜起到凹面反射镜的作用。凸面的作用是缩小发散角，由几何成像公式

$$\begin{cases} \frac{n}{s} - \frac{n'}{s'} = \frac{n-n'}{r} \\ n'=1, \quad s' \to \infty \\ s=R, \quad r=R' \end{cases} \tag{4.3.41}$$

可推得

$$R' = \frac{n-1}{n}R \tag{4.3.42}$$

对 $n=1.5$ 的玻璃，可得到 $R'\approx R/3$，这实际上等于把输出光束的束腰变换到了凸面处，由于凸面处的光腰半径比腔内的光腰半径大得多，所以发散角得到了压缩，一般可使发散角压缩几倍。

2）光点漂移

激光束光斑的中心位置不断变动的现象称为光点漂移。由激光束的方向漂移和光点的横向平移共同造成，以方向漂移影响较严重。

造成的原因：工作中由于温度变化、振动等因素，谐振腔反射镜的角度发生变化。此外，反射镜贴得不正、反射率不均匀，均能增加光点漂移，从而给一些应用带来困难。

减小措施：选择适当的谐振腔结构。对平-凹腔结构，两反射镜在倾斜时光束漂移量为 $(R\beta_{\text{凹}} + Z\beta_{\text{平}})$，$\beta_{\text{平}}$、$\beta_{\text{凹}}$ 分别为平、凹镜的倾斜角，Z 为观察平面距光束腰中心的距离。所以，采用半球腔而不用长半径腔，以减少 $R\beta_{\text{凹}}$，但对于远距离光斑，因为 Z 很大，此方法作用不大。

采用强度大的材料，减小两反射镜倾角变化。对于内腔式，采用膨胀系数小的材料，增加毛细管刚度，镜片不直接贴在放电管上，而是放在一个同轴殷钢做的套筒上。对于外腔式、半外腔式器件，要减小因毛细管变形对谐振腔的影响，要求谐振腔的调节支架热变形小、牢固可靠；合理固定激光管，为隔离外界空气流动或电源等其他热元件的影响，在激光管外加铝质热屏蔽罩等。再者，因为温度变化和放电管应力分布不均匀，当放电管处于不同方位时，其受热变形不尽相同，所以对于内腔式激光管适当地转动管子，找到光点漂移最小的位置。

被动式减小光点漂移方法，如在输出的光束通过采样，设置监测系统，当光束漂移时，产生控制信号，使激光管向相反方向偏转，调整光束回到基准位置。利用扩束望远镜法也可减小漂移，这在远距离时效果是很明显的。如中国在采用殷钢外套、自动调节和 10 倍扩束望远镜系统相结合的方法，已得到出口处光束漂移量为 ±0.012mm/2h，在 20m 处光束漂移量为 ±0.035mm/2h 的效果。

4. He-Ne 激光器的输出光束的偏振特性

对于外腔式、半外腔式 He-Ne 激光器，由于布儒斯特窗的存在，输出激光为偏振光，偏振方向在光轴(激光管轴)与布儒斯特窗法线所构成的平面内，若把与上述平面平行和垂直的光分量分别记为 $I_{\parallel}$ 和 $I_{\perp}$，实测发现 $I_{\parallel}/I_{\perp}$ 一般可达 300：1～500：1，则偏振度均在 99% 以上。贴布儒斯特窗片时布角不准确及局部应力均可造成偏振度下降。内腔式可根据需要在腔内加布儒斯特窗片或利用塞曼效应加横向磁场获得偏振输出。

4.3.4　He-Ne 激光器的设计

He-Ne 激光器是应用最广泛的激光器之一。在一些实际应用中，主要是利用其方向性强的特点；而在另一些应用中，主要是利用其单色性好的特点等。因此，应用不同，对 He-Ne 激光器输出参数的要求也不尽相同。此外，对激光器工作特性的要求也不一样。例如，在激光测距仪中使用除了要求一定的输出参数之外，还要具有机械强度好、体积小、寿命长及省电等特点。总之，"应用"对激光器设计提出的要求是多种多样的，一般都要求 TEM_{00} 模、寿命长、具有较高的输出功率和较小的发散角、结构牢固、工作稳定、使用方便等。

设计的主要任务是根据应用要求的输出参数确定激光器的几何尺寸。此外，还需根据应用的其他要求设计激光器各个部分的具体结构和相关的参数。

对于 He-Ne 激光器来说，最重要的几何尺寸是毛细管直径 d、长度 l 和反射镜的曲率半径 R，这些数据是根据应用所要求的输出特性和参数来决定的。由于这些尺寸和激光器的多种参数有关，且参数之间对同一尺寸的选择常常又相互制约。如在最大的输出功率与可靠的 TEM_{00} 模运转之间，对于毛细管直径 d、长度 l 的选择上，以及在大的输出功率和小的发散角与低的调整精度和高的稳定度之间，对于 R 的选择上就存在着矛盾，所以在设计中必须根据用户提出的要求，加以折中考虑，或适当地牺牲次要要求，以满足最主要要求的办法来确定激光器的一些主要数据。

1. 主要几何尺寸的确定

1) 毛细管长度 l 和谐振腔腔长 L

毛细管长度 l 越长则增益越高，因此 l 主要由要求的输出功率大小来确定。根据经验，l 与输出功率的关系见表 4.3.3。

表 4.3.3　l 与输出功率的关系

l/mm	100	200	300	400	500	1000
P/mW	0.5～0.8	2～3	4～6	5～8	6～10	20～40

小型 He-Ne 激光器，在最佳工作条件下，对于 632.8nm 的输出功率每米长度可得到约 20mW。

经过毛细管二次成型及非均匀磁场对 3.39μm 的抑制，1100mm TEM$_{00}$ 模单毛细管式 He-Ne 激光器稳定输出功率达 64mW（西北大学邀请清华大学等高校及科研院所鉴定结果）。

谐振腔腔长，为防止电极对谐振腔反射镜的影响，谐振腔长 L 应大于毛细管长 l，即 $L = l + \Delta L$，一般 $\Delta L > 20$mm，l 越长，ΔL 也应加大。此外，L 的大小还应考虑单纵模和多纵模的要求。

2) 毛细管内径 d

放电毛细管是提供激光增益的区域，其内径 d 的大小将影响激光器的单程增益和谐振腔的衍射损耗，因而关系到激光器的输出功率和横模选择。

多模输出功率公式是在满足条件 $2\Delta \nu_p \geqslant \Delta \nu_q = C/2L$（$\Delta \nu_p$ 为振荡纵模频率宽度）的情况下导出的。利用最佳充气条件与最佳激励情况 $\Delta \nu_p \approx [(2.95/d) + 8] \times 10^6$，该条件可以表示为 $d \leqslant 118L/(3 \times 10^4 - 32L)$。将 $L = 30$cm 代入上式，得到 $d \leqslant 0.12$cm。当 d 超过此数值后，由于充气压强 p 太低，$\Delta \nu_p$ 较小，各振荡模的"烧孔"不能相互重叠，所以一部分原子没有参与受激发射，输出功率不能增加。因此，为了获得较大的输出功率，毛细管内径 d 实际应取的数值由

$$d = \frac{118L}{3 \times 10^4 - 32L} \tag{4.3.43}$$

决定。

TEM$_{00}$ 模 He-Ne 激光器的毛细管内径 d 则是根据横模选择的要求来确定的。为了使激光器可靠地工作在 TEM$_{00}$ 模，且 TEM$_{00}$ 模的衍射损耗又能够保持在较低值，毛细管内径 d 和谐振腔内的最大光斑半径 w_M 之间应满足 $2w_M = 0.6d$。

对于平-凹腔

$$w_M = \frac{lL}{\pi} \left[\frac{R^2}{L(R-L)} \right]^{1/4}$$

代入后得

$$d = \left(\frac{\lambda L}{0.009\pi} \frac{\Gamma^2}{\Gamma - 1} \right)^{1/4} \tag{4.3.44}$$

式中，$\Gamma = R/L$，常称为腔结构参数。

为了保证毛细管的刚度和强度，其壁厚常取 2～3mm。

3) 谐振腔曲率半径 R 的确定

一般 He-Ne 激光器多用平-凹腔，凹面曲率半径 R 与输出功率、发散角、调整精度、方向稳定性及衍射损耗等有关。选取 R，首先要选 $\Gamma = R/L$，从毛细管的利用率来看，希望 $\Gamma > 2$；从发散角考虑，也希望 Γ 大；但是从谐振腔调整的难易程度、功率和方向的稳定性及衍射损耗等方面考虑，又希望 Γ 小。输出功率、发散角、调整要求稳定性、衍射损耗这几方面对 Γ 值的要求存在着矛盾。因此，选择 Γ 值时要综合考虑。一般 Γ 值在 1～3.5 内选取。如果要求的发散角和调整精度一定，则由发散角和 Γ_m 的公式可见，L 较长的器件，Γ 应选小些，L 较短的器件，Γ 可选大些。如果某一特性要求很严格，而其他特性要求又不太高，则可根据主要特性来选择参数 Γ。例如，为了获得尽可能大的功率输出，腔长很长的激光器也可选很大的 Γ 值($\Gamma > 1.5$)，即选用长半径平-凹腔。这是由于调整精度要求很高，且输出稳定性差，所以一般必须做成外腔式，并要求反射镜的调整结构牢固、可靠。甚至可将整个结构放入一个外壳中，以便减小外界对激光器工作温度的影响。而对于输出功率和发散角要求不太高的一般用途的小型激光器，设计时主要考虑价廉、牢固、可靠、易调整等。这时，L 小时也宜选择小的 Γ 值，即采用半同心腔($\Gamma = 1$～1.003)或准半同心腔($\Gamma = 1.003$～1.5)。

Γ 确定后，根据 $R = L\Gamma$ 即可确定凹面半径。

4) 最佳充气总气压和分气压比的确定

由 $p_{opt}d = 4\text{mmHg·mm}$ 和上面确定的 d，便可确定最佳总气压 $p_{opt} = 4/d\ \text{mmHg}$。

5) 阴极和储气室尺寸的确定

阴极尺寸的确定主要考虑减小阴极溅射，实验表明，当铝制冷阴极的电流密度 $j < 0.1\text{mA/cm}^2$ 时，阴极溅射基本上可忽略。因此，要求阴极表面积 $S > I/0.1 (\text{cm}^2)$，I 为放电电流，单位为 mA。当阴极直径较小时，增加阴极长度并不能有效地降低电流密度，因为这时放电电流主要集中在靠近放电管出口处比较小的阴极表面上。当阴极直径较大时，电流可分散到较大的阴极表面上，这时增加阴极长度，可减小电流密度。根据经验，$p(\Phi_{阴}/2) \geqslant 2.8\text{mmHg·cm}$，$l_{阴}/\Phi_{阴} \leqslant 4$ 时，才能得到比较好的结果，其中 $l_{阴}$ 和 $\Phi_{阴}$ 分别为阴极的长度和直径。

关于储气室，为了提高激光器的寿命，要在长时间内能使毛细管内的总气压比稳定，普通小型 He-Ne 激光器的储气室至少应大于 50cm^3。

6) 最佳透过率 T_{opt}

$$T_{opt} = (2G_m l \alpha_c)^{\frac{1}{2}} - \alpha_c \tag{4.3.45}$$

式中，α_c 为激光器单程总损耗。

2. 激光器的结构设计

1) 放电管

放电管包括放电毛细管、储气管、布儒斯特窗和放电电极等部分，它与激光器的特性和寿命都有着密切的关系。由于玻璃成本较低、容易加工，所以玻璃毛细管的拉制也比较容易，一般均采用硬质玻璃作为放电管的管壳。在要求承受震动和冲击的场合，可采用陶瓷金属结构。石英具有小的膨胀系数，常用来做谐振腔反射镜的间隔器，由于其造价昂贵，不易封接电极引线、氦气的渗透速率较高等而很少用作管壳。

　　放电毛细管是提供激光增益的区域，内径 d 的大小需按前述方式确定。毛细管内孔应非常直而圆。为了获得并保持毛细管的直度，其厚度常取 2～3mm。此外，细而长的毛细管的支持和固定也要妥善考虑，以防止外力、扭力或自身的热变形影响毛细管的准直，设置不当甚至会损坏毛细管。

　　储气管是用来稳定工作电压的，以获得稳定的激光输出并延长激光器寿命。因为阴极溅射，管壁的吸收和吸附以及气体通过管壁渗透等原因将使管内气压降低。故为了获得较长的寿命，普通小型内腔管的储气室体积至少应大于 $50(\mathrm{cm}^3)$。在实际中，套在毛细管外面的管壳即可用作储气管(同轴式)，也可用并连在毛细管旁的一个阴极泡来充当(傍轴式)，或毛细管部分伸出而作为储气管的阴极管泡。前者结构紧凑、牢固、使用方便；后者的毛细管易于固定，尤便于外加磁场。

　　布儒斯特窗要求真空密封和小的光学损耗。在低增益的 632.8nm He-Ne 激光器中，减小布儒斯特窗片的损耗尤为重要。窗片的损耗与材料有关。硼硅冕玻璃与熔融石英(水晶)相比较，后者有较低的吸收系数和较小的折射率，故对于一定的全程光学损耗，布儒斯特角公差的范围也较大。实践还表明，石英片的抛光较 K_8 玻璃容易，所以是很好的窗片材料，性能优于普通玻璃，不足的是价格要贵很多。

　　窗片越薄其吸收损耗越小，然而太薄会因管内外的压强差而变形，从而引起光学失真，甚至使窗片破坏。对于 He-Ne 激光器，一般可按窗片的直径应 10 倍于窗片厚度这个原则来选择。对于 1～3cm 直径的窗片，这个原则很安全。光学加工的好坏也影响窗片的散射损耗，要求其两表面的光洁度优于 P Ⅱ 级；在激光束通过处的平面度应优于 $\lambda/10\sim\lambda/20$；两面的平行度则应在 1′ 以下。

　　在直流激励的激光管中，必须有一个放电的阴极和阳极，He-Ne 激光管中的放电是电流较小的辉光放电，阳极用一根钨杆即可。阴极广泛采用铝制冷阴极。冷阴极具有结构简单、易于制造、不易损坏、使用方便等优点，但可能产生严重的阴极溅射效应。阴极溅射一方面会使工作气体被吸收和吸附，使管内工作气体压强降低(常称气体清除效应)，另一方面溅射到反射镜上的金属会使反射率降低。因此，阴极溅射会缩短激光器的使用寿命，故其设计的主要问题是如何防止阴极溅射。铝质冷阴极经过适当氧化处理后，其表面的氧化层能相当有效地降低阴极溅射。

　　阴极溅射的速率大致比例于电流密度的平方。实验表明，当铝制冷阴极的电流密度在 $0.1\mathrm{mA/cm}^2$ 以下时，阴极溅射基本上可以忽略。然而，阴极表面的电流密度分布通常是不均匀的，放电引出口处附近，阴极表面的电流密度较大；当阴极直径较小时，电流比较集中于放电引出口附近阴极表面。这时单纯用加长阴极的办法来防止阴极溅射是没有多大效果的。使用直径较大的阴极，电流可以分散到更大的阴极表面上，即得到一条较平坦的沿阴极长度的电流密度分布曲线，这时，加长阴极就能使整个阴极表面上的电流密度都降低到产生阴极溅射的阈值以下。

2）谐振腔

由于 632.8nm He-Ne 激光器的单程增益很低，只有使用损耗很低的反射镜，才能得到接近最佳的功率输出，为此广泛使用镀有多层介质膜的反射镜。全反射镜一般使用 17 层膜，反射率理论值可达 9908%，输出反射镜常用 9 层膜或 11 层膜。在 1.15μm 和 3.39μm 的 He-Ne 激光器中，若使用多层介质膜将因膜层太厚而使反射变得很困难，一般多用镀金或镀铝的办法来解决。多层介质膜反射镜的吸收和散射损耗的大小，取决于光学镜片的冷加工和镀膜的质量。反射镜基片的加工与布儒斯特窗片的要求相同。输出反射镜的基片材料对激光波长应有较高的透过率，为此，632.8nm 和 1.15μm 的 He-Ne 激光器则需采用熔融石英。

反射镜与放电管的连接方式有内腔式、外腔式和半内腔式三种。内腔式结构紧凑，使用时不必再调整反射镜，因此很方便。当需要在腔内插入其他的光学元件，或者需要产生线偏振的激光束时，采用外腔式结构。此外，考虑到激光器的角度稳定性，腔长较长的激光器一般也做成外腔式。

4.3.5　提高 He-Ne 激光器的 632.8nm 激光输出功率的方法

1. 最佳充气压与 He:Ne 气压比

最佳充气压与 He:Ne 气压比的选择可参考图 4.3.6、图 4.3.7，也可参考表 4.3.4。

表 4.3.4　最佳充气压与 He:Ne 气压比

d/mm	1.5	3.0	5.0
$P_{He}:P_{Ne}$	7:1	7:1~6:1	5:1
$P=P_{He}+P_{Ne}$/mmHg	2.5	1.2	0.8
$P_{opt}d/(\text{mmHg·mm})$	3.75	3.6	4.0

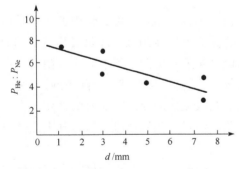

图 4.3.8　最佳气压比和毛细管内径的关系

由表可见，当取最佳充气条件时，最佳充气压与毛细管内径的乘积为常数。一般情况下，

$$P_{opt}d = 3.6\sim4.0\text{mmHg·mm}$$

毛细管内径 d 增加，最佳总气压 P_{opt} 下降，$(P_{He}:P_{Ne})$ 下降，如图 4.3.8 所示。

2. 最佳放电电流

在气压比为定值时，每个总气压都存在一个输出最大的放电电流，其大小随着总气压的升高而降低。因为气压升高只需要较小的放电电流就可以得到相同的电子密度，如图 4.3.9 所示。

图 4.3.10 表示在最佳充气条件下，最佳放电电流与毛细管直径的关系。图中 1 是没有抑制 3.39μm 波长光振荡的曲线，可近似表示为

$$I_{opt} = 3.5+1.5d^2(\text{mA})$$

图中 2 是抑制了 3.39μm 波长光振荡的曲线，可近似表示为

$$I = 19(d-1)(\text{mA})$$

上两式中 d 的单位是 mm。由图可见，毛细管内径减小，最佳放电电流降低。

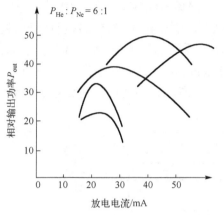

图 4.3.9　放电电流和输出功率的关系曲线

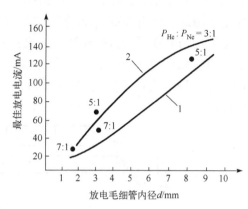

图 4.3.10　最佳放电电流和放电
毛细管内径的关系

3. 减小腔内损耗 α_c

(1) 选择损耗小、易于调整的双凹或平凹稳定腔，合理设计腔长、凹面镜曲率半径和毛细管内径，以增加菲涅耳数 N（$N = (d/2)^2/\lambda L$）。

(2) 选用直而圆的毛细管和质量好的光学元件，认真调整谐振腔和布儒斯特窗片等。

4. 抑制 3.39μm 波长的光振荡

632.8nm 和 3.39μm 波长光振荡有共同的激光上能级 $3S_2$，因为

$$G = \Delta N \frac{\lambda^2}{8\pi\Delta\nu} A_{21} g(\nu)$$

所以 3.39μm 波长光振荡的增益系数比 632.8nm 高。如果不进行抑制，则在竞争中 3.39μm 波长光振荡将占上风，消耗大量的 $3S_2$ 态原子。常用抑制方法有如下几种。

(1) 使用对 632.8nm 波长光具有高反射率，而对 3.39μm 波长光有高透过率的谐振腔片，使 3.39μm 波长光振荡达不到阈值。

(2) 在腔内加色散棱镜，将两谱线分开，通过调整反射镜的位置使 632.8nm 波长光沿光轴传播而振荡，3.39μm 波长光偏离光轴而逸出腔外，如图 4.3.11 所示。

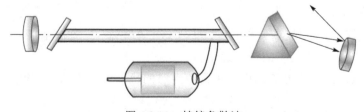

图 4.3.11　棱镜色散法

(3) 腔内放甲烷吸收盒，因甲烷对 3.39μm 波长的光具有强吸收，而对 632.8nm 波长的光透明。

(4) 沿轴向外加非均匀磁场，利用塞曼效应，磁场可引起谱线分裂，分裂大小与磁

强度成正比，如果激光管内沿轴向磁场分布不均匀，则各处谱线分裂程度不同，并连成一片，相当于谱线变宽。在 300Gs($1Gs = 10^{-4}T$)非均匀磁场中，两谱线加宽均约 900MHz，632.8nm 波长光原谱线半宽度为 1500MHz，非均匀磁场谱线展宽所占比例不大，但 3.39μm 波长光谱线原线宽仅有 300MHz，非均匀加宽比它大几倍，由于增益系数反比于谱线宽度，所以外加非均匀磁场后，3.39μm 波长光振荡的增益系数急剧下降(缩小 3 倍)，而 632.8nm 波长光的增益系数却下降较少，结果提高了 632.8nm 波长光的竞争能力。如图 4.3.12 所示，沿放电管轴向放置许多小磁铁，相邻的极性相同，这样就可以在放电管轴线上形成非均匀磁场。

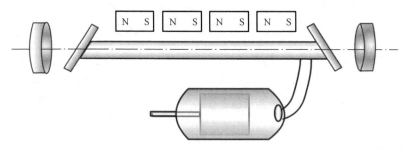

图 4.3.12　轴向加非均匀磁场法

(5)用 He 的同位素 $_2^3$He 取代 $_2^4$He ($_2^3$He 有两个质子一个中子，质量数等于 3)。通常充入的 He 气为 $_2^4$He，用 $_2^3$He 代替 $_2^4$He 可提高输出功率 25%。这是因为 $_2^3$He 原子比 $_2^4$He 轻，在相同的工作条件下，它的运动速度大，与 Ne 原子发生共振能量转移的速率加大。同时 $_2^3$He 的 2^1S_0 与 Ne 的 $3S_2$ 能级更接近，有利于能量共振转移。但 $_2^3$He 的价格要高得多，一般很少用。

(6)选取最佳透过率。

(7)毛细放电管二次成型，尤其对于 1m 以上的激光器，毛细管通常不规则，经二次成型后的放电毛细管，激光器功率可有较大提高。

现在已经出现放电管内形状做成椭圆形状，使输出功率大大提高。

4.3.6　He-Ne 激光器的寿命

国际上规定输出功率下降到额定功率的 1/2 时的工作期限为器件寿命。影响器件寿命的因素主要来自制作工艺中的问题。

1. 慢漏气

原因：放电管密封不严密，空气中氮气、氢气等气体分子渗透到管内，使放电条件改变并加快了氦、氖原子激发态的消失速率。

现象表现：激光器的放电颜色将由正常放电时的橙红色变为紫色(紫色是氮分子辉光放电产生的)。

易漏气位置：电极与玻璃密封处；谐振腔片或布儒斯特窗与放电管黏合处及吹制管坯时可能留下来的微小漏气孔。为防止慢漏气，要提高封接工艺水平并改革现有封接方法，如采用硬封的方法，即将谐振腔片直接烧结到放电管上。

2. 放电管内元件放气

原因：管内元件及管内壁都吸附有杂质气体，如果除气不彻底，以后就会慢慢释放出来，同时管内清理得不干净时，污物和洗液也会放出大量杂质气体。这些杂质气体会改变管内原有充气的成分，影响输出功率。

措施：为克服放气，对放电管及内部元件进行认真清洁处理和除气。此外，也可在放电管内放置吸气剂，如钡钛、钡铝镍等，它们可吸收大量 N_2、CO_2、CO、水蒸气、O_2、H_2 等，但不吸收 He、Ne 气体。

3. 阴极溅射

阴极在正离子轰击下会产生溅射，溅射出来的金属材料会吸收工作气体，降低工作气压，同时还会污染腔片和布儒斯特窗片。为此，要选择不宜溅射的金属作为电极，电极直径及长度选择合适尺寸，避免表面放电电流密度超过溅射阈值和电极上电流分布不均匀，造成在某些点上发生溅射，正、负极电源不可接反。为防止溅射物吸收造成的工作气压降低，在充气时可略高于最佳气压。

4. 工作气体的吸附、吸收和渗透

管内工作气体可被电极和管内壁吸附在表面或内壁，还会透过管壁渗透到大气中去。Ne 的电离电势比 He 低，更易被吸附或吸收。He 原子直径比 Ne 小，就更易渗出管外。因此，管内总气压和 He/Ne 气压比会慢慢变化，使之偏离最佳工作状态，输出功率下降。

措施：用渗 He 低的材料作放电管；充气时充入 He/Ne 气压比高于最佳气压；采用三层套管即在放电管外再加一层 He 气补偿套管，其 He 气压高于放电管内气压。

5. 谐振腔反射镜的污染

阴极溅射沉积在反射镜上或放电管内未清除掉的污物挥发后沉积到反射镜上，导致其反射率下降。为此，除制作工程要认真清洁内部和减少溅射外，设计 He-Ne 激光器时，应注意反射镜面到阴极的距离要大于 3cm。

除了 He-Ne 激光器之外，其他原子激光器主要还有包括惰性气体和某些金属蒸气的原子激光器。

在各种惰性气体中都获得了激光跃迁，谱线数多达 200 条以上。对于氩-氪等激光器曾经作过不少研究，由于它们在原理、结构和特性方面和 He-Ne 激光器有许多相似之处，所以目前应用很少。

4.4　CO_2 激光器

1964 年，Patel 等首先报道了用 CO_2 气体观察到大约为 10.6μm 的连续波激光。几个月之后，Patel 又发表了 CO_2 激光器的连续波（约 1mW）及脉冲输出功率频谱的详细研究，并对以前报道的结果提出解释，两年之内便取得了两项重大进展。第一项是由 Legay 和 Legay-Sommaire 以及 Pate1 几乎同时提出利用压缩 CO_2 的混合气作为激活介质。随着 CO_2 激光器的进展，一些新的研究领域——激光感生的荧光、红外-远红外、远红外-微波双谐振分子光谱学亦变得十分活跃。

CO_2 激光振荡谱线约有 200 条,其起因于 CO_2 分子基电子态 $^1\Sigma$ 中许多低振动能级($E_v<$ 1eV)的振动-转动跃迁。其频谱范围为 9μm～18μm,其中有两组最强的谱线,它们来自 00^01 —10^00 和 00^01—02^00 能带,能带边缘分别为 10.6μm 和 9.4μm。在该红外波长范围内,容易制作运转在许多振动-转动跃迁上稳定的单频、单模 CO_2 激光器,用 1m 长的气体放电管可得到连续波输出功率大于 20W(多模输出 100W)或 10kW 的 Q 开关激光脉冲。CO_2 激光器的制造是所有气体激光器中最简单的器件,主要是其增益和效率都很高。在设计制作时,既不需要 He-Ne 激光器所要求的高度清洁,也不需要大功率(约 10W)连续波离子激光器所要求的精心结构设计。事实上,杂质对 CO_2 激光器的增益和功率输出是有帮助的。对于密封的 CO_2 激光器来说,功率输出可以高达流动系统所获得的 60%,但激光器的寿命限制在 1000～2000h。因为激光器中含有大量的杂质,激活介质中的碰撞过程可能很复杂。对其动力学过程的研究,使激光技术取得了一些最重要的进展,能用激光器获得最高的效率(≥20%)及最大的平均功率(每米激活介质输出功率>11kW)。

CO_2 激光切割技术是激光加工应用最广泛的技术之一。中国从 20 世纪 70 年代开始已经展开应用,如今已经涉及汽车制造、电气制造、电梯业、运输机械、石油工业、纺织机械、粮食机械、医疗器械、灯具、装饰、建材加工、皮鞋制作、伞制作、包装业以及激光加工站和科研院所等多方面。至 2006 年,欧洲已安装了约 12000 台,北美洲安装有 11000 台,日本安装有 10000 台,中国台湾安装已超过 500 台,中国大陆安装数约为 8000 台,功率逐渐由几百瓦提升到 4kW,迄今已达万瓦。

4.4.1　CO_2 激光器的类型和结构

1. CO_2 激光器的类型

CO_2 激光器的种类较多,根据气体工作方式可分成封离型、流动型及气动型三大类。流动型又可分为轴向流动型、横向流动型和闭合循环流动型。

按照激励方式可分为电激励、热激励-气动型及化学激励等。电激励包括纵向电激励和横向电激励,纵向电激励又可分为低气压的普通型和波导型,横向电激励又可分为高气压型和波导型。

根据运转方式可分为连续运转 CO_2 激光器和脉冲运转 CO_2 激光器。

根据结构可分为直管式(图 4.4.1、图 4.4.2)和折叠式 CO_2 激光器(图 4.4.3)。根据谐振腔与放电管间位置关系可分为内腔式、半外腔式。

2. CO_2 激光器的结构

以纵向电激励的封离型连续运转 CO_2 激光器为例进行介绍。

1)整体结构

封即密封,离为分离,封离即工作气体像 He-Ne 激光器一样,被密封在放电管内,放电管和气瓶分离。这种结构的器件出现最早,目前仍广泛应用。其优点是结构简单、紧凑,但单位放电长度输出功率比其他结构(如流动型、气动型)CO_2 激光器低,每米放电长度只有几十瓦,而后者可达千瓦以上。

图 4.4.1 是纵向放电激励封离型 CO_2 激光器的结构示意图,此种结构称为三重套结构,即放电管、冷却管和储气管三者同轴。

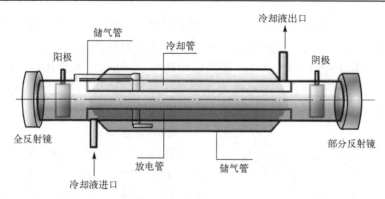

图 4.4.1　纵向放电激励封离型 CO_2 激光器结构图

尽管结构形式各异，但一般都由工作气体、放电管、谐振腔和电源组成。

2) 各部分的具体结构和功能

(1) 放电管。

①材料。大多数采用硬质玻璃(如 GG_{17})制成，只有少数因特殊要求(如要求功率频率稳定)的器件，采用石英玻璃。

②尺寸。小型 CO_2 激光器放电管内径 $d=4\sim8mm$，长度 $l<1m$，大功率一般 $d>10mm$，l 约为几十米。

$$I = I_0 e^{(G-\alpha)Z}$$

$$P \propto Gl$$

③储气管、水冷套。为防止内部气压和气压比的变化影响寿命，放电管外加有储气管。为防止发热而降低输出功率，加有水冷装置。水冷套的间隙一般为 $5\sim10mm$，若间隙太小，虽流速高，但水流阻力大；若间隙太大，则水的流速低，冷却效果不好。如图 4.4.2 所示，放电管一般采用多层套筒结构，气体放电管、水冷套管和储气管三者制成共轴套筒，称为三重套激光管；也可将储气套旁轴放置，水冷套和放电管同轴放置，称为二重套旁轴激光管。

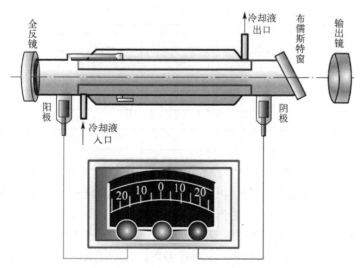

图 4.4.2　半外腔 CO_2 激光器结构图

④电极。封离型放电电流很小，阴极采用冷阴极，一般用钼片和镍片作成圆筒形，由焊在一起的钨棒一端引到管外，圆筒的面积随工作电流增加而加大，如 $l = 1m$，$d = 20mm$ 的放电管，工作电流 $I = 30 \sim 40mA$ 时，圆筒面积约为 $5 \times 10cm^2$。圆筒可与放电管同轴放置，也可旁轴放置。同轴结构紧凑，但电极发热会影响激光器输出的稳定性；旁轴制造方便，电极溅射不会污染谐振腔反射镜，激光器输出较稳定，但结构不紧凑。

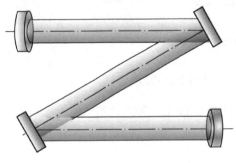

图 4.4.3　折叠式 CO_2 激光器示意图

(2)谐振腔。

①结构。CO_2 激光器增益高，易出激光，且放电管较 He-Ne 激光器粗大，为增大模体积、提高输出功率，常用大曲率半径的平-凹腔（$R \geqslant 2L$），甚至采用非稳腔，以达到增大模体积的目的。

②基质材料与介质膜。

全反射端：中小型 CO_2 激光器的全反射镜基板一般用玻璃磨制，表面镀金膜。金对 $10.6\mu m$ 光的反射率可达 98% 以上，化学性质也较稳定。高功率 CO_2 激光器的全反射镜基板用不锈钢或黄铜，抛光后再镀上金膜。由于 CO_2 激光器工作波长在中红外，所以热效应明显，而金属反射镜导热性好，也便于通水冷却，玻璃导热性差，在高功率条件下使用时，反射镜温度上升很快，容易破裂。

输出端：形式有多种，其一是小孔耦合输出，在一块镀全反射模镜的中心开一个合适的小孔，外面再密封一块能透过 $10.6\mu m$ 光的红外材料，激光通过小孔输出腔外；其二是接用红外材料磨成反射镜，表面镀金，中心留一小孔不镀金，这种方法简单，但输出易出现 TEM_{01} 或者 TEM_{10} 模，输出激光的光束强度分布不均匀；其三是半导体材料直接耦合。由于 n 型锗对 $10.6\mu m$ 光吸收小，同时它的折射率高达 $n_{10.6} = 4.02$，抛光后反射率可达 50%～60%，所以锗可作为输出镜。常用输出镜的红外材料有：NaCl（易潮解）、KCl、n 型 Ge、GaAs、CdTe（碲化镉）和 ZnSe（硒化锌）等，其主要性能指标见表 4.4.1。

表 4.4.1　几种红外材料的性能（$\lambda = 10.6\mu m$）

材料	导热系数 /(W·cm⁻¹·K⁻¹)	吸收系数 /cm⁻¹	折射率 $n_{10.6}/\mu m$	热胀系数 /(10⁻⁶℃⁻¹)	折射率随温度变化 (dn/dT)/℃⁻¹	杨氏模量 /(10⁶kg/cm²)	泊松比
NaCl	0.065	0.005	1.40	44	-2.5×10^{-5}	0.4	0.20
KCl	0.066	0.003	1.46	36	—	0.3	0.13
Ge	0.59	0.045	4.02	6.1	4.6×10^{-4}	1.01	0.27
GaAs	0.37	0.015	3.3	5.7	1.87×10^{-4}	0.84	0.33
CdTe	0.041	0.006	2.67	4.5	1.14×10^{-4}	0.38	0.40
ZnSe	0.13	0.005	2.4	7.7	—	0.7	0.37

③电源。连续运转 CO_2 激光器的电源大多为直流辉光放电电源，见图 4.4.4。电源能提供几千伏到几十千伏的直流高压。由于辉光放电的负阻特性，必须串接限流电阻才能使放电稳定。限流电阻值约为放电管等效内阻的几分之一。限流电阻值越大，放电越稳定，但功率损耗增大。放电管较长时，需要分段进行激发，这时易出现各段不能同时均匀放电的现象，为此电路中要有电压自动调节装置。

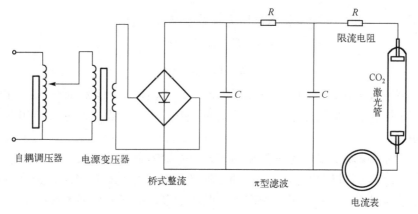

图 4.4.4　CO_2 激光器电源示意图

4.4.2　CO_2 激光器的工作机理

1. CO_2 分子结构和振动能级

1) CO_2 分子结构

CO_2 分子是一种线对称排列的三原子分子。三原子排成一条线，中间是碳原子，两端是氧原子(图 4.4.5(a))。CO_2 分子处于不断振动中，其振动形式可分为三类(图 4.4.5)。

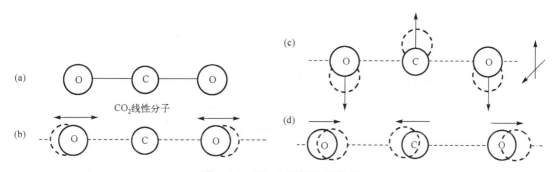

图 4.4.5　CO_2 分子振动示意图

(1)对称振动(图 4.4.5(b))：C 原子不动，两个 O 原子在分子轴上同时相向或相背运动，对称振动的振动能量是量子化的，其大小用振动量子数 v_1 表示($v_1 = 0, 1, 2, \cdots$)。

(2)形变振动(图 4.4.5(c))：三原子沿着垂直于分子轴方向振动，这种振动破坏了原子一条线的排列。C 原子与两 O 原子振动方向相反，振动能量用振动量子数 v_2 表示($v_2 = 0,1,2,\cdots$)，这类振动为二度简并，一种在纸面内做上下变形振动，另一种则在垂直纸面方向做前后变形振动。在无外界干扰时，两种振动方向具有相同的能量，合振动构成圆周运动。合振动的角量在分子轴上的投影也是量子化的，用量子数 l 表示。因此形变振动应表示为 v_2^l，而 l 取值为

$$l = v_2,\ v_2-2,\ v_2-4,\ \cdots,\ 0 \quad (v_2 = 偶数)$$

$$l = v_2,\ v_2-2,\ v_2-4,\ \cdots,\ 1 \quad (v_2 = 奇数)$$

即 l 和 v_2 的奇偶性一致，$l \leqslant v_2$。

对于不同的 l，其振动能量状态常用大写希腊字母表示：

$$l = 0, \ 1, \ 2, \ \cdots$$

$$\Sigma, \ \Pi, \ \varDelta, \ \cdots$$

(3)反对称振动(图 4.4.5(d))：三原子均沿着分子轴振动，但 C 原子的振动方向与两 O 原子的振动方向相反。振动能量也是量子化的，用振动量子数 v_3 表示($v_3 = 0,1,2,\cdots$)。

2)振动能级

CO_2 分子的总振动能量应是三类振动方式的能量之和，所以振动能量状态应由三个振动量子数 v_1、v_2 和 v_3 共同决定，其振动能级用($v_1 v_2^l v_3$)标记。图 4.4.6 表示与激光产生有关的 CO_2 振动能级图。CO_2 分子可能产生的跃迁很多，但其中最强的有两条：

$$(0,0^0,1) \rightarrow (1,0^0,0) \text{ 跃迁，辐射波长} \lambda = 10.6 \mu m$$

$$(0,0^0,1) \rightarrow (0,2^0,0) \text{ 跃迁，辐射波长} \lambda = 9.6 \mu m$$

跃迁过程：泵浦能量将 CO_2 分子从基态激发到激光上能级 $(0,0^0,1)$，CO_2 分子从 $(0,0^0,1) \rightarrow (1,0^0,0)$ 或 $(0,2^0,0)$ 辐射光子，到 $(1,0^0,0)$ 和 $(0,2^0,0)$ 能级后不能直接跃迁到基态，而是同基态粒子碰撞跃迁到 $(0,1^1,0)$ 能级，然后再通过与其他粒子碰撞后返回基态。可见激光下能级与基态不重合，CO_2 分子通过振动能级的跃迁产生激光的机制属于四能级系统。

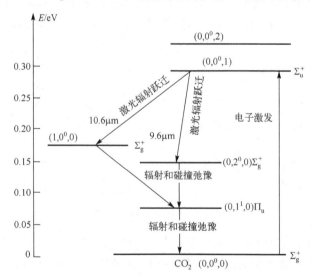

图 4.4.6　CO_2 分子激发过程和主要的振动能级示意图

量子效率：$\eta = (E_2 - E_1)/E_2$，因为 CO_2 的激光跃迁是在同一电子态中的不同振动能级之间进行的，激光上、下能级的能量及能量差比其他气体激光器都要低得多，所以量子效率较高。将 E_2 用 $(0,0^0,1)$ 能级的能量 0.291eV 和 E_1 用 $(1,0^0,0)$ 能级的能量 0.172eV 代入，可计算得 $\eta = (E_2 - E_1)/E_2 \approx 41\%$。

能级寿命：CO_2 分子有关振动能级寿命见表 4.4.2。

表 4.4.2　CO_2 分子有关振动能级寿命

能级	$(0,0^0,1)$	$(1,0^0,0)$	$(0,1^1,0)$
寿命/s	5×10^{-3}	4×10^{-5}	4×10^{-3}

由表可见，CO_2 分子激光器上能级 $(0,0^0,1)$ 寿命远远大于 Ne 原子激光上能级寿命 $(3S_2 \ \tau = 2.0\times10^{-9}s)$，所以可积累较多的粒子数，获得较大的输出功率，且激光上能级 $(0,0^0,1)$ 寿命远远大于激光下能级 $(1,0^0,0)$ 寿命，有利于粒子数密度反转的建立。

2. 激光上能级粒子的激发过程

激发过程主要有如下四种。

1) 电子直接碰撞激发

具有适当能量的电子与基态 CO_2 分子发生非弹性碰撞，直接将 CO_2 分子从基态激发到激光上能级，即

$$CO_2(0,0^0,0)+e \longrightarrow CO_2^*(0,0^0,1)+e'$$

$CO_2^*(0,0^0,1)$ 表示激发态 $(0,0^0,1)$ 能级的 CO_2 分子。

图 4.4.6 表示 CO_2 分子激发过程，图 4.4.7 为几个振动能级的分子激发截面与电子能量的关系。由图可见，不同电子能量对各能级的激发截面是不同的，而碰撞激发速率 $R = \sigma n_1 n_2 \bar{v}$，所以要提高激光上能级的粒子数和降低激光下能级的粒子数，则应使电子能量 E_e 处于 $0.3\sim0.5eV$。

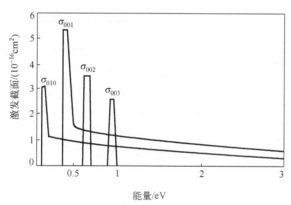

图 4.4.7 CO_2 分子激发截面和电子能量的关系

2) 串级跃迁激发

当电子能量较高时，电子碰撞还可以把 CO_2 分子激发到 $(0,0^0,v_3)$ 振动能级 $(v_3>1$，如 $0,0^0,2$、$0,0^0,3$、$0,0^0,4$ 等)，而这些能级均属于反对称振动能级，各能级间的能量差相等。很容易和基态 CO_2 分子碰撞而失去一部分能量转移至下一级能级，同时将基态 CO_2 分子激发到激光上能级，直至串级跃迁 CO_2 分子到达基态为止。此过程的激发速率很高，其反应表示式为

$$CO_2(0,0^0,0)+e \longrightarrow CO_2^*(0,0^0, v_3)+e'$$

$$CO_2^*(0,0^0,v_3) + CO_2(0,0^0,0) \longrightarrow CO_2^*(0,0^0,v_3-1) + CO_2(0,0^0,1)$$

$$CO_2^*(0,0^0,v_3-1) + CO_2(0,0^0,0) \longrightarrow CO_2^*(0,0^0,v_3-2) + CO_2(0,0^0,1)$$

$$\cdots\cdots$$

3) 能量的共振转移激发

电子 e 和 N_2 分子、CO 分子碰撞，将 N_2 分子、CO 分子激发到高能态，N_2 分子、CO

分子再通过能量的共振转移（图 4.4.7 和图 4.4.8），将能量交给基态 CO_2 分子，使之跃迁到激光上能级 $(0,0^0,1)$。

$$N_2 + e \longrightarrow N_2^*(v = 1,2,3,\cdots) + e'$$

$$N_2^*(v = 1) + CO_2(0,0^0,0) \longrightarrow N_2 + CO_2(0,0^0,1) - 18.5 \text{cm}^{-1}$$

或

$$N_2^*(v = 1,2,3,\cdots) + CO_2(0,0^0,0) \longrightarrow N_2 + CO_2(0,0^0,v_3) + \Delta E$$

$$CO_2^*(0,0^0,v_3) + CO_2(0,0^0,0) \longrightarrow CO_2^*(0,0^0,v_3-1) + CO_2^*(0,0^0,1)$$

$$\cdots\cdots$$

$$CO_2^*(0,0^0,2) + CO_2(0,0^0,0) \longrightarrow CO_2^*(0,0^0,1) + CO_2^*(0,0^0,1)$$

其中，$N_2^*(v = 1)$ 和 $CO_2(0,0^0,1)$ 之间的共振转移最重要，因为电子碰撞激发 $N_2^*(v = 1)$ 的速率高，且 $N_2^*(v = 1)$ 和 $CO_2(0,0^0,1)$ 之间的能量差小，仅为 18.5cm^{-1}，所以能量转移速率极快，气压高时，在 $t < 10^{-12}$s 内即转移。

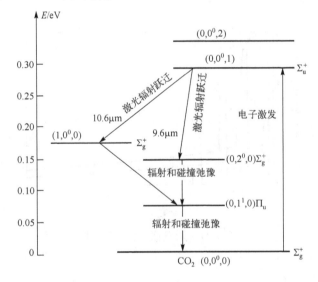

图 4.4.8　N_2 分子共振能量转移激发 CO_2 分子过程和主要的振动能级示意图

对于 CO 分子被电子激发到高振动能态后，也可通过能量的共振转移，使基态 CO_2 分子跃迁到激光上能级 $(0,0^0,1)$，CO 分子返回到低能态。

$$CO(v = 0) + e \longrightarrow CO^*(v = 1) + e'$$

$$CO^*(v = 1) + CO_2(0,0^0,0) \longrightarrow CO(v = 0) + CO_2^*(0,0^0,1) - 170 \text{cm}^{-1}$$

此能量转移的概率也很大，因为 CO_2 分子的电离能较小（2.8eV），所以在放电过程中会形成大量的 CO 分子，且当电子能量 $E_e = 1.7\text{eV}$ 时，电子碰撞激发 CO 分子的截面高达 $8 \times 10^{-16} \text{cm}^2$，比 CO_2、N_2 分子的最大激发截面均大，所以这个激发过程对形成 CO_2 分子粒子数密度反转起着十分重要的作用。因此，常在 CO_2 分子激光器中掺入 N_2 和 CO 气体。

4) 复合过程

放电过程，将有部分 CO_2 分子分解成 CO 和 O，同时也存在 CO 和 O 的复合过程。在复合时，能将原来分解时所需获得的能量重新释放出来(聚变释放能量)，而使得 CO_2 激发

$$2CO + O_2 \longrightarrow 2CO_2^*(0,0^0,1)$$

此过程较前三个过程起的作用要小得多。

3. 激光上能级 $(0,0^0,1)$ 的消激发

消激发，即除受激辐射外的其他因素所引起的激发态粒子衰减的过程。

在 CO_2 激光器中，引起消激发的主要原因有碰撞和扩散。

1) 碰撞

CO_2 分子之间及 CO_2 与 H_2、N_2、CO、He、Xe、水蒸气(H_2O)等气体分子之间碰撞，会因能量转移使 CO_2 分子由激光上能级弛豫到其他振动能级。弛豫时间越短，消激发速率越大。表 4.4.3 中给出了一些气体在室温(300K)时使激光上能级发生消激发的速率常数 k_3 值。由表可见，H_2 和 HO_2 对 CO_2^* 激光上能级的消激发速率非常快，当混合气体中 H_2 的含量约为 1mmHg 时，CO_2^* 激光上能级的寿命就短于由自发辐射所决定的值。消激发严重降低了激光器的运转效率，所以在 CO_2 激光器中要合理控制充气成分和气压比。

表 4.4.3　几种气体对 CO_2^* 激光上能级的消激发速率常数 k_3(300K)

混合气体	p_{CO_2}/mmHg	p_{other}/mmHg	k_3/(mmHg$^{-1}\cdot$s^{-1})
CO_2	1~8	—	370
CO_2-H_2	3	0.5~3.0	4.2×10^3
CO_2-H_2O	2	0.05	3.4×10^4
CO_2-N_2	1	1~7	110
CO_2-CO	2	1~5	193
CO_2-He	1	1~8	0~60
CO_2-Xe	2	0.1~1.0	0~40

2) 扩散

CO_2 分子向放电管的管壁扩散也有消激发作用，因光在谐振腔内振荡时具有一定的空间范围，向管壁扩散的激光上能级 CO_2 分子会溢出振荡区，使振荡区内的反转粒子数密度减少，同时扩散到管壁上的分子与管壁碰撞也会引起消激发，但气压超过 1mmHg 后，碰撞消激发占主要地位，扩散造成的影响可忽略。

4. 激光下能级的弛豫

由于激光下能级 $(1,0^0,0)$、$(0,2^0,0)$ 的辐射寿命长，从激光上能级跃迁到其上的粒子要想很快地返回基态，必须通过粒子间的碰撞实现，其弛豫过程分如下两步。

1) 激光下能级粒子与基态粒子碰撞，二者都会弛豫到 $(0,1^1,0)$

$$CO_2^*(1,0^0,0)+CO_2(0,0^0,0) \longleftrightarrow 2CO_2^*(0,1^1,0)+52cm^{-1}$$

$$CO_2^*(0,2^0,0)+CO_2(0,0^0,0) \longleftrightarrow 2CO_2^*(0,1^1,0)-50cm^{-1}$$

该步进行很快，其他气体与 CO_2 分子碰撞也能使 $CO_2^*(1,0^0,0)$ 弛豫到 $CO_2^*(0,1^1,0)$，$CO_2^*(1,0^0,0)$ 与其他气体分子碰撞的弛豫速率常数 k_1 见表 4.4.4。

表 4.4.4 CO_2 分子与其他气体分子之间的相互碰撞引起的从 $(1,0^0,0)$ 向 $(0,1^1,0)$ 的弛豫速率常数 k_1

混合气体	p_{CO_2} /mmHg	p_{other}/mmHg	$k_1/(mmHg^{-1} \cdot s^{-1})$
CO_2	1~8	—	2.2×10^3
CO_2-H_2	3	0.5~3.0	3.3×10^4
CO_2-H_2O	2	0.05	1.2×10^6
CO_2-N_2	1	1~7	26
CO_2-CO	2	1~5	4.1×10^3
CO_2-He	1	1~8	4.7×10^3
CO_2-Xe	2	0.1~1.0	5×10^3

2) $(0,1^1,0)CO_2$ 气体分子与基态 CO_2 气体分子或其他气体粒子 (H_2、N_2、CO、He、Xe……) 碰撞弛豫到基态

用 M 表示其他气体分子，这种过程的弛豫速率常数见表 4.4.5。这种过程可表示为

$$CO_2^*(0,1^1,0) + CO_2(0,0^0,0) \longrightarrow 2CO_2(0,0^0,0) + 667cm^{-1}$$

或

$$CO_2^*(0,1^1,0) + M \longrightarrow 2CO_2(0,0^0,0) + \Delta E$$

表 4.4.5 CO_2 分子与其他气体分子之间的相互碰撞引起的从 $(0,1^1,0)$ 向 $(0,0^0,0)$ 的弛豫速率常数 k_2

混合气体	p_{CO_2} /mmHg	p_{other}/mmHg	$k_2/(mmHg^{-1} \cdot s^{-1})$
CO_2	1~8	—	194
CO_2-H_2	3	0.5~3.0	6.5×10^4
CO_2-H_2O	2	0.05	4.5×10^5
CO_2-N_2	1	1~7	6.5×10^2
CO_2-CO	2	1~5	2.5×10^4
CO_2-He	1	1~8	3.27×10^3

表 4.4.6 给出不同 E/N 体积条件下，CO_2 激光管中 CO_2、N_2 分子分别从电子所获取的能量百分比不同，从而 CO_2 激光器效率也不一样。

表 4.4.6 电子的最佳激发能量

气体	$(E/N)/(V \cdot cm^2)$	能级	从电子获取能量百分比	效率
CO_2	10^{-16}	$(0,0^0,1)$	65%	$(65+17) \times 41\% \approx$ 33.6%
		$(0,1^1,0)$	<8%	
N_2		$v = 1$~8	约 17%	
CO_2	10^{-15}	$(0,0^0,1)$	很少	低
		$(0,1^1,0)$	80%	
N_2		$v = 1$~8		
CO_2 N_2		离子化	8%	

气体	$(E/N)/(\text{V}\cdot\text{cm}^2)$	能级	从电子获取能量百分比	效率
CO_2	3×10^{-16}	$(0,0^0,1)$	42%	$42\times41\%\approx17\%$
		$(0,0^0,2)$		
N_2		$v=1\sim8$		

从表中可见，当不加其他气体时，仅靠 CO_2 分子之间的碰撞，$CO_2^*(0,1^1,0)$ 弛豫到基态 $(0,0^0,0)$ 的速率常数 $k_2=194\ll k_1=2.2\times10^3$（$CO_2^*(1,0^0,0)$ 弛豫到 $(0,1^1,0)$ 的速率常数），$(0,1^1,0)$ 能级的粒子寿命为 4×10^{-3}s，比激光上能级粒子的寿命还长。因此，$(0,1^1,0)$ 能级的粒子将堆积起来，而 $CO_2^*(1,0^0,0)\rightarrow CO_2^*(0,1^1,0)$，$CO_2^*(0,2^0,0)\rightarrow CO_2^*(0,1^1,0)$ 为可逆过程，$(0,1^1,0)$ 能级的粒子的堆积必将导致 $CO_2^*(0,1^1,0)\rightarrow CO_2^*(1,0^0,0)$，$CO_2^*(0,1^1,0)\rightarrow CO_2^*(0,2^0,0)$ 可逆过程加速进行，使激光下能级粒子数大大增加，激光上下能级之间粒子数反转密度下降，此即"瓶颈"效应，严重时，可使激光停止振荡。常采用加入辅助气体的方法加大 $(0,1^1,0)$ 的弛豫速率。水蒸气（H_2O）、H_2 和 CO 作用最大，但它们对激光上能级的消激发也大，即要适量控制加入量。He 对 $(0,1^1,0)$ 的弛豫速率影响不及 H_2O、H_2 和 CO 的作用大，但它对激光上能级 $(0,0^0,1)$ 的消激发更小，加入量可适当加大。

CO_2 分子激光下能级的抽空主要依靠气体分子的碰撞，而不像 He-Ne 激光器依靠与放电管管壁的碰撞，所以放电管内径的大小对输出影响不大，大功率器件更是如此。

5. 最佳电子激发能量

CO_2 分子激光器中，分子的激发能均是由电子获得的。气体放电管内具有各种能量的电子，而不同能量的电子对基态 CO_2 分子到各级激发态的速率是不同的，各种能量的电子数目在总电子数中所占比例与电子温度有关，而电子温度与电子平均能量或 E/N 值（或 E/P 值，E 为电场强度，N 为气体分子密度，P 为气压）有关。当 $E/N=10^{-16}\text{V}\cdot\text{cm}^2$ 时，对基态 CO_2 分子到激光上能级 $(0,0^0,1)$ 的效率最高，见表 4.4.6。若采用预电离技术或添加易电离的气体（如 Xe、Cs 及某些有机物等），可有效降低 E/N 的值。

6. CO_2 分子激光器的输出光谱

CO_2 分子除了原子振动外，还有分子的转动。在转动影响下，振动能级将分裂成很多子能级，10.6μm 的上下能级 $(0,0^0,1)$ 和 $(1,0^0,0)$ 可分列成如图 4.4.9 所示（图中 $J>24$，$J'>25$ 未画出）。J 为转动子能级量子数，J' 为上能级，J 为下能级。由跃迁选择定则，$\Delta J=J'-J=0$，±1 可产生很多条荧光谱线。$\Delta J=+1$ 的跃迁称为 R 支，记为 $R(J)$。$\Delta J=-1$ 的跃迁称为 P 支，记为 $P(J)$。对于 $(0,0^0,1)\rightarrow(1,0^0,0)$ 的跃迁能级分裂，观察到 R 支从 $R(4)\rightarrow R(54)$ 共 26 条谱线，P 支从 $P(4)\rightarrow P(56)$ 共 27 条谱线。

对于 $(0,0^0,1)\rightarrow(0,2^0,0)$ 的跃迁能级分裂，观察到 R 支从 $R(4)\rightarrow R(52)$ 共 25 条谱线，P 支从 $P(4)\rightarrow P(60)$ 共 29 条谱线。

虽然有这么多条荧光谱线，但在激光器中能同时形成激光振荡的只有 1～3 条，这是因为同一振动能级的各转动能级之间靠得很近，粒子能级间转移弛豫速率很快（$10^{-7}\sim10^{-8}$s），一旦某一转动能级上的粒子跃迁后，其他能级上的粒子就会立即按玻尔兹曼分配律转移到这个能级上来，而使其他能级上粒子减少，即转动能级的竞争中效应。在 $(0,0^0,1)\rightarrow(1,0^0,0)$ 跃迁中，P 支跃迁几率大于 R 支，所以一般竞争中总是 P 支占优势。而在 P 支中通常是

$P(18)$、$P(20)$ 和 $P(22)$ 三条谱线占优势。在 $(0,0^0,1) \rightarrow (0,2^0,0)$ 的跃迁中，$9.6\mu m$ 最强，但它与 $(0,0^0,1) \rightarrow (1,0^0,0)$ 跃迁的 $10.6\mu m$ 属于同一上能级，而 $(0,0^0,1) \rightarrow (1,0^0,0)$ 的跃迁几率比 $(0,0^0,1) \rightarrow (0,2^0,0)$ 大得多，所以如果无波长选择器，$9.6\mu m$ 谱线就被 $10.6\mu m$ 淘汰掉。

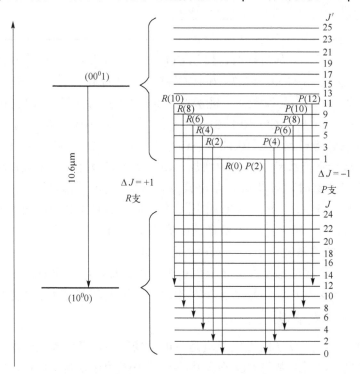

图 4.4.9　CO_2 分子的振动-转动能级跃迁示意图

　　由于转动能级的强烈竞争，谐振腔若因某种原因长度变化，易使振荡谱线转移到另一频率上。在 CO_2 激光器输出光谱中，常可见到这种振荡谱线的跳动现象，称为跳模。CO_2 选支激光器即根据需要选择不同振荡波长。

7. 影响激光器输出的因素

1) 放电管长度和内径

CO_2 激光器的输出功率随着放电管长度的增加而增加，其经验公式可表示为

$$P = kl \tag{4.4.1}$$

　　对于封离型纵向放电激励的连续运转 CO_2 激光器，在充 CO_2+N_2+He 气体，总气压、分压比和放电电流均为最佳的条件下，CO_2 激光器的输出功率随着放电管长度的变化可参考表 4.4.7。

表 4.4.7　CO_2 激光器输出功率与放电管长度的关系

放电管长度 l/m	<1	2~3	10~50	>50
$k/(W/m)$	15~20	50~60	100	180
$P = kl$		100~180	1000~9000	>9000

　　放电管内径 d 与输出功率关系不大。因为当气压一定时，d 增加，总粒子数增加，有

利于提高输出功率；但 d 增加，则冷却管与放电管中心距离增大，将造成管中心区域散热变慢，使激光下能级粒子抽空速率下降和谱线宽度增加，输出功率反而下降。总效果是输出功率基本保持不变。内径选取常从其他方面考虑。

2）气体成分和最佳气压

CO_2 激光器中加入适量的 N_2、CO、He、Xe、Ne、H_2、H_2O 等气体，能显著地提高输出功率，而含有 Ar、N_2O 时，则输出功率又大大降低。

CO_2 激光器按充入主要辅助气体成分不同，可分为含 N_2 组分和含 CO 组分两种。

含 N_2 组分的 CO_2 激光器主要充入成分为 $CO_2+N_2+He+Xe+H_2$；含 CO 组分的 CO_2 激光器主要充入成分为 $CO_2+CO+He+Xe$，输出功率比含 N_2 组分的低，但有利于提高封离型器件寿命。

实验证明，最佳总气压与放电管内径的乘积近似为一常数，此常数与加入的辅助气体及放电方式（交、直流）有关，见表 4.4.8。

表 4.4.8　最佳总气压 P 与放电管内径 d 的乘积的关系

放电类型	直流放电		交流放电	
辅助气体	缺少 H_2 或 H_2O	0.3mmHg Xe	缺少 H_2 或 H_2O	0.3mmHg Xe
$P \times d$	23～26	19～22	18～21	12～16

最佳分压比和充气压的混合比（表 4.4.9）对输出功率影响也很大，放电管越粗，N_2、He 含量越高；放电管越细，含量越低。实际上对最佳分压比要求不是非常严格，略差一点影响不大，如表 4.4.9 所示。

表 4.4.9　最佳分压比和充气压的混合比

放电毛细管内径/mm	14	20
混合气体气压 $CO_2:N_2:He:Xe:H_2$	1：1.5：7.5：0.3：0.05	1：2.7：12：0.6：0.1

3）放电电流

放电电流增加，放电管内电子数目增多，可激发更多的翻转粒子，但电子过多时，消激发将使激光上能级粒子数下降，翻转粒子数反而降低，所以存在最佳放电电流。它与放电管内径 d、总气压 P 及混合气压比有关。放电管内径 d 增加，最佳放电电流也增加，见表 4.4.10。

表 4.4.10　最佳放电电流与放电管内径 d 的关系

放电管内径 d/mm	20～30	50～90
最佳放电电流/mA	30～50	120～250

放电管两端的直流管压降 V 受 E/P（或 E/N）和稳定放电两方面的限制，E/P 低，电子转换效率高，但因为

$$\frac{E}{P} = \frac{El}{Pl} = \frac{V}{Pl}$$

l 为放电管长度，V 太低和 P 过高，都将引起放电的不稳定。为了两者兼顾，常取

$$E/P = 10\sim20\text{V}\cdot\text{cm}^{-1}\cdot\text{mmHg}^{-1}$$

由此可确定最佳放电电压。

4)温度

温度升高，将会导致以下结果：①激光上能级消激发速率增加，$(0,0^0,1)$粒子数减少，激光下能级$(1,0^0,0)$、$(0,2^0,0)$由于热激发粒子数增加，导致反转粒子数密度下降；②激光谱线加宽，增益下降；③温度太高，易造成CO_2分子分解，管内CO_2分子浓度降低，增益下降。

为降低温升，常采用如下两种冷却方法。

(1)放电管管壁冷却。在放电管外加同轴套管，通之循环水或压缩空气或液氮。

(2)流动气体法。使气体从一端送进，从另一端流出，保证了放电在温度较低的新鲜气体中进行。可是输出功率提高 2～3 倍，但装置复杂。

5)谐振腔

谐振腔参数的选择，同样影响器件输出。既要考虑增大模体积，尽量使模体积和放电等离子体体积相等，同时还要考虑最佳耦合输出、全反射镜的冷却、保持谐振腔结构的稳定等诸多因素。

4.4.3 CO_2 激光器的寿命

1. 影响寿命的因素

对于封离型 CO_2 激光器的寿命影响，除了 He-Ne 激光器寿命中已列举的几点外，还有一个重要因素是 CO_2 分子在工作过程中的离解：

$$e+CO_2 \longleftrightarrow 2CO+O_2+e'$$

离解后的 O_2 仅有小部分可以和 CO 再复合，大部分则与阴极形成化合物，或与 N_2 分子结合成 N_2O 等。因此，随着放电过程的不断进行，CO_2 分子的浓度越来越低，器件输出功率也越来越小。

2. 采取的措施

1)选择合适的放电管材料和电极材料，减少对 O_2 的吸收和氧化物的生成

(1)用 Ni 做电极材料易于和 O_2、CO 生成 $Ni(CO)_4$，如果将其加热到 300℃，则又将释放出 CO_2。对大功率器件，可直接利用气体放电生成的热量，但要在电极外加玻璃套保温；对小功率器件，利用加热器加热。

(2)采用 Ag-CuO 阴极(银铜合金电极)，不再进一步氧化，可用于 $CO_2+CO+He+Xe$ 混合气体器件。采用这种阴极的器件，寿命已超过上万小时。Pt(铂)与氧不发生化学反应，用 Pt 做电极 CO_2 气体分子的离解度很小，一般只有 10%左右。

2)加入适量的辅助气体，提高器件的寿命

(1)如适量的 H_2、水蒸气，放电时 H_2O 会分解成 OH，OH 与 CO 反应生成 CO_2。

$$H_2O \longrightarrow OH+H$$

$$2OH+2CO \longrightarrow 2CO_2+H_2$$

(2)加入适量的 Xe，Xe 的电离电势比 CO_2、N_2 和 He 的都低，放电后易形成电离，增

大了管内的电离度,降低了放电管正常放电所需的电压,使高速电子数目减少,CO_2 分解减少,器件寿命延长。

(3) 热化学法补充 CO_2 或补充氧气等。

4.4.4　高功率横向电激励 CO_2 激光器

1. 高功率 CO_2 激光器的特点

1) 工作气体快速冷却

CO_2 激光器的电光转换效率高,一般在 10%~20%。其余的放电功率大部分通过电子与气体粒子的弹性碰撞使气体加热,温度升高。对于高功率激光器来说,气体温度升高更快。为此,要求器件具备能快速、有效地带走放电区气体热量的能力。常用的有两种方法:①气体快速对流冷却,工业用轴向流和横向流 CO_2 激光器都采用该技术;②扩散传导冷却,普通低功率 CO_2 激光器都是采用这种冷却方法。气体的热量靠热传导由气体传给管壁,再由管壁传导给外层冷却液(水或冷却油)以带走热量。由于工作气体的热传导率较低,因此冷却效果较差。

2) 大体积放电的均匀性和稳定性

高气压高功率气体放电中的电流、电压、气体温度都较高,辉光放电正柱区的热不稳定性和电弧收缩等现象较严重,为保证大体积辉光放电的均匀性和稳定性,常用的技术有:

(1) 把大的放电区分成许多小的放电区分别加以控制;

(2) 气体快速流动将不稳定的扰动因素及时带出放电区;

(3) 采用气体湍流以增加放电的均匀性;

(4) 加预电离或外界电离源以增加放电的均匀性。

3) 放电激励技术多样化

除直流放电(DC 放电)激励技术外,CO_2 激光器还有多种新的激励技术。例如:

(1) 交流放电(AC 放电),5~100kHz;

(2) 射频放电(RF 放电),10kHz~100MHz;

(3) 微波中放电用得最多是 DC 放电和 RF 放电。

4) 提高工作气体压力以提高激光功率

气压大于 2×10^3Pa 时的 CO_2 激光器激光输出功率计算公式为

$$P_w = \frac{1}{2}ATI_s\left(\frac{2Gl}{\alpha+T}-1\right) \tag{4.4.2}$$

由式(4.4.2)可见,要增加激光功率 P_w,可采取增加小信号增益系数 G、饱和参量 I_s、放电空间长度 l、截面积 A 和减小光腔损耗 α 等方法。在高气压条件,$G\propto p^{-1}$,$I_s\propto p^2$。提高工作气压,虽使 G 下降,但 I_s 增加更快,因此,P_w 随 p 的增加而增加。气压增加时,放电的不均匀性和不稳定性将增加,高功率 CO_2 激光器的气压为 5.3×10^3~1.3×10^4Pa。

5) 设计最佳放电电压 E/N 值,提高激光效率

合理选用 CO_2:N_2:He 的混合比等方法可使 E/N 值接近最佳 E/N 值,亦可用预电离或外加电离源的方法控制 E/N 值达到最佳值,这时电光转换效率将明显提高。

6)优良的光束质量

激光切割、焊接等应用要求优良的光束质量。在高功率激光器中，CO_2激光器是光束质量最好的一种。国际通用的度量光束质量的系数为 TDL(times diffraction limiteratio)。其定义为实际发散角与理想的极限发散角之比。激光束在传输轴上有一个最小束腰处，其束腰直径为 w_0，远场发散角 θ 与 w_0 之间的近似简单关系为 $\theta = \lambda / w_0$，λ 为光束波长。理想的光束质量，即基模(TEM_{00}模)或高斯光束分布，w_0 有最小值，θ 是极限发散角。实际测量的发散角因光束畸变或有较高次模而大于极限发散角，因此 $TDL \geq 1$。

7)优良的红外光学元件

在高功率状态下，激光晶体输出窗口和全反射镜的热畸变与热破坏常是限制激光功率提高和光束质量改善的关键技术问题。如何提高全反镜的反射率，减小膜层的光吸收，基材的选用、冷却、抛光和超精车等工艺问题也是很重要的。

8)既能连续输出又能脉冲输出

不同材料和不同路径的激光切割、焊接、表面处理，往往要求激光束随时改变工作方式，有时要求连续输出，有时要求脉冲输出，高功率 CO_2 激光器的脉冲输出波形近年来也有发展，出现了增强脉冲输出，使加工性能明显提高。

2. CO_2 激光器理论计算和参数分析

综合以上特点，从气体放电基本原理出发，计算和分析主要参数，算出放电注入功率中有多少是用于使 CO_2 分子处于激光上能级$(0,0^0,1)$的，分析其余的电功率又是如何分配到其他过程的。这里举例设计一个气压为 $5.32 \times 10^4 Pa$ 的高功率横向电激励(TEA)CO_2 激光器，其设计方法同样适用于气压接近 $1.33 \times 10^4 Pa$ 的高功率横流和轴流 CO_2 激光器。

1)实验结果及分析

图 4.4.10 所示为一个典型的 TEA CO_2 激光器的实验装置简图。当开关 S 闭上时，电容器上的电压立即加在 A 和 K 之间。$1 \sim 2ns$ 之后，极间电离增加，电流增加；串接的镇流电阻和引线电感上的压降增加，极间电压下降。大约 20ns 之后，达到平衡状态，这时电容器的电压等于 A 和 K 间的管压降与 L、R 上的压降之和。这是一个典型的直流放电实验装置，即使电流(IA)变化了 $3 \sim 4$ 个量级，放电的维持电压(Ed)基本是不变的。放电的 E/N 值对气体混合比的变化较灵敏。He 的比例增加时，E/N 值较低，即放电要求的电子能量的平均值低，有利于激光能级的激发。

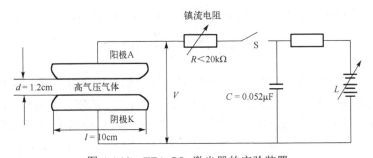

图 4.4.10　TEA CO_2 激光器的实验装置

2)理论计算

假设：

气体压力为

$$5.33 \times 10^3 \text{Pa}$$

气体混合比为

$$\text{CO}_2 : \text{N}_2 : \text{He} = 1 : 2 : 3$$

各种气体的密度为

$$n_{\text{CO}_2} = 2.36 \times 10^{18} \text{cm}^{-3}$$

$$n_{\text{N}_2} = 4.72 \times 10^{18} \text{cm}^{-3}$$

$$n_{\text{He}} = 7.08 \times 10^{18} \text{cm}^{-3}$$

$$n_{\text{J}} = 1.42 \times 10^{19} \text{cm}^{-3}$$

n_{J} 为总的气体粒子密度。混合气体发生放电时，将出现各种非弹性碰撞和弹性碰撞，其中电子与 $(0,0^0,2)$ 态的 CO_2、N_2 和 He 各种碰撞是主要的。对 CO_2 激光器来说最重要的两个非弹性碰撞是基态 CO_2 分子与电子碰撞及与氮分子的能量共振转移碰撞：

$$\text{e} + \text{CO}_2(0,0^0,0) \longrightarrow \text{CO}_2(0,0^0,1) + \text{e}'$$

$$\text{e} + \text{N}_2(v=0) \longrightarrow \text{N}_2(v=n) + \text{e}', \quad n = 1 \sim 8$$

$$\text{N}_2(v=n) + \text{CO}_2(0,0^0,0) \longrightarrow \text{CO}_2(0,0^0,1)$$

图 4.4.11 给出了气体混合比为 $\text{CO}_2 : \text{N}_2 : \text{He} = 1 : 2 : 3$ 时，不同 E/N 值下的电子速率分布函数曲线。

不难看出，E/N 值较高时有更多的高能电子。曲线表示麦克斯韦速度分布函数，它与 $E/N = 3 \times 10^{-16} \text{V} \cdot \text{cm}^2$ 比较接近，但并不完全相同。一旦确定了电子速度分布函数，就能计算出电子漂移速度 v_{d}。用数值计算方法得到 v_{d} 与 E/N 的关系曲线示于图 4.4.12 中。

同样能计算出扩散系数 D。根据爱因斯坦关系式，对麦克斯韦分布，有

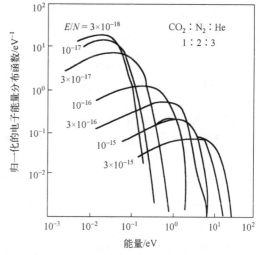

图 4.4.11 混合气体放电中不同 E/N 值下的电子速率分布函数

$$\frac{D}{K} = \frac{I}{kTe} \tag{4.4.3}$$

特征能量为

$$\varepsilon_{\text{k}} = \frac{D}{K} \tag{4.4.4}$$

图 4.4.13 给出了特征能量 D/K 与 E/N 值的关系曲线。

3) 实验结果和理论计算的关系

理论计算与实验结果是相吻合的。

稳定的放电必须是连续和平衡的，即电子的产生和损失必须相等，也就是电子密度随

时间的变化率为零。放电本身产生电子主要是电离过程，而电子的损失有多种可能性，主要是吸附过程和复合过程，故电子连续方程为

$$0 = \frac{\mathrm{d}n_{\mathrm{e}}}{\mathrm{d}t} = n_{\mathrm{e}}av_{\mathrm{d}} - n_{\mathrm{e}}\alpha v_{\mathrm{d}} - \alpha_{\mathrm{R}}n_{\mathrm{e}}n_{1} + S_{\mathrm{ext}} \tag{4.4.5}$$

式中，a 是电离系数；α 是吸附系数；α_{R} 是复合系数；S_{ext} 是外界电离源。

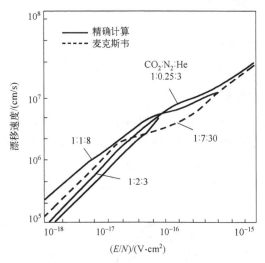
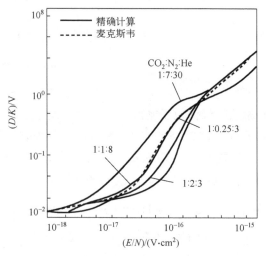

图 4.4.12　电子漂移速率与 E/N 的关系曲线　　图 4.4.13　特征能量 D/K 与 E/N 值的关系曲线

(1)电流密度较低的状况。

这里复合过程可以忽略。式(4.4.5)变成一个很简单的公式，即

$$a = \alpha, \quad \frac{a}{N} = \frac{\alpha}{N} \tag{4.4.6}$$

如前所说 a 和 α 都是 E/N 值的函数。根据计算出来的电子分布函数可计算不同气体混合比下的 a/N 值和 α/N 值。图 4.4.14 给出了两者的计算结果。

为了获得 CO_2：N_2：$He = 1$：2：3 时的 E/N 理论计算值，第一步假定选择 $E/N = 3 \times 10^{-16}\mathrm{V \cdot cm^{-2}}$，由图 4.4.14 可得这个 E/N 值时的 $\alpha/N = 1.42 \times 10^{-22}\mathrm{cm^2}$ 和 $a/N = 4 \times 10^{-21}\mathrm{cm^2}$。显然，这时电子损失大于电子产生，为了达到平衡必须选更大的 E/N 值。按照表 4.4.11 的步骤继续下去很快就得出了正确的理论计算值为

$$E/N = 4.9 \times 10^{-16}\mathrm{V \cdot cm^{-2}}$$

比较理论计算和实验结果，在 CO_2：N_2：$He = 1$：2：3 时，理论值和实验吻合得很好。

表 4.4.11　CO_2：N_2：$He = 1$：2：3 的 E/N 理论计算值求解

$(E/N)/(\mathrm{V \cdot cm^2})$	$(\alpha/N)/\mathrm{cm^2}$	$(a/N)/\mathrm{cm^2}$	注解
3×10^{-16}	1.42×10^{-22}	4×10^{-21}	电子损失≫电子产生
5×10^{-16}	3.6×10^{-20}	2.77×10^{-20}	电子产生>电子损失
4×10^{-16}	4×10^{-21}	1.7×10^{-20}	电子损失>电子产生
4.8×10^{-16}	2.66×10^{-20}	3.05×10^{-20}	二者接近
4.9×10^{-16}	3.1×10^{-20}	3.1×10^{-20}	正确解答

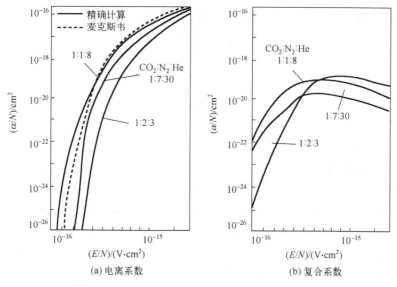

图 4.4.14　不同 E/N 值时的电离系数和复合系数

(2) 电流密度较高的状况。

这时复合过程不能忽略不计。电流密度为

$$J = n_e e v_d \tag{4.4.7}$$

式中，n_e 为电子密度，e 为电子电荷，v_d 为电子运动速度。式 (4.4.5) 变为

$$\frac{J}{N}\left(\frac{\alpha}{N} - \frac{a}{N}\right) = \frac{\alpha_R}{(\ell v_d)^2}\left(\frac{J}{N}\right)^2 \tag{4.4.8}$$

式 (4.4.8) 若要成立，必然是 $\alpha/N > a/N$，电子产生大于损耗，即要维持放电必须增加 E/N 值。从图 4.4.14 也可以看出，当 J/N 较大时，E/N 值增加。

(3) 放电参数的确定。

气体压力为 $5.33 \times 10^4 \text{Pa}$，$N = 1.42 \times 10^{19} \text{cm}^{-3}$，则

$$E = \frac{E}{N} N = 4.9 \times 10^{-16} \times 1.42 \times 10^{19} \approx 6.96 (\text{kV/cm}) \tag{4.4.9}$$

$$V = Ed = 6.96 \times 10^3 \text{V/cm} \times 1.2\text{cm} \approx 8.35\text{kV} \tag{4.4.10}$$

由 $J/N \ll 10^{-17} \text{A·cm}$ 可得

$$J < 10^{-17} N (\text{A·cm})$$

$$N = 1.42 \times 10^{19} \text{cm}^{-3}$$

$$J < 142 \text{A/cm}^2 \tag{4.4.11}$$

因此

$$I < 4.03\text{kA} \tag{4.4.12}$$

这是一个很大的电流！实际上可取 $J = 1\text{A/cm}^2$，则

$$I = 29\text{A} \tag{4.4.13}$$

$$V = 8.35\text{kV} \tag{4.4.14}$$

分配到 1.2cm×10cm×2.9cm 体积内的电功率为

$$P = 242\text{kW} \tag{4.4.15}$$

或

$$\frac{P}{V} \approx 6.95\text{kW/cm}^3 \tag{4.4.16}$$

对于高功率激光器来说是可能的。

(4) 激光能级的激励功率。

242kW 电功率中能提取多少用于 10.6μm 的激光功率？一般来说这是一个复杂的问题，但是可以估算出它的极限值，用于激光上能级的功率不会超过此极限值。

首先要根据所需的 E/N 值求出其电子分布函数，然后计算出电子对各种中性粒子能量转换。有四个方面的计算结果。①表示总功率中用于弹性碰撞（它导致气体加热，是不利的），激发 CO_2 的激光下能级和激发 N_2 的转动能级等的百分比；②表示总功率中用于激发 CO_2 激光上能级 $(0,0^0,1)$ 和 N_2 的振动能的百分比；③表示总功率中用于激发分子的一些电子能级的百分比；④表示总功率中用于电离的百分比。显然，②是对激光上能级有用的功率百分比，④是维持放电所必需的，但可忽略不计（只有在 E/N 较大时不能忽略）。

对 $E/N = 4.9×10^{-16}\text{V·cm}^2$ 来说，图 4.4.15 给的功率百分比的分配如下。

(1) 弹性碰撞等使气体加热：14.3%。

(2) 激光上能级：54.3%。

(3) 电子激发：31.4%。

(4) 电离：忽略不计。

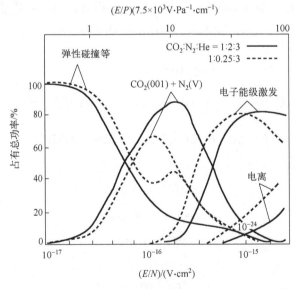

图 4.4.15　不同 E/N 值下电子对各种中性粒子能量转换

由于 CO_2 激光器的量子效率是 39.9%。可望获得的极限激光功率为

$$P_{\text{out}} = 242\text{kW}×0.543×0.399 \approx 52.4\text{kW} \tag{4.4.17}$$

总效率为 21.7%。这是可能获得的最佳激光功率，是可以接近或达到的。根据实际情况，还有如下几点要说明。

(1) 虽然有害功率的百分比 14.3%不很大，但是其功率的绝对值为 $0.143 \times 242\text{kW} \approx 345\text{W}$，还是很大的，它能使气体很快加热。

(2) 由于光功率较大，即使只有 1%的 52.4kW 被光学镜片所吸收，也可能使镜片很快发热而被损坏。

(3) 激励这样一个激光器的电源不是一个简单的设备。

总之，要制造一台高功率 CO_2 激光器，需要解决很多技术难题，其中最关键的是均匀放电。通常采用茹科夫斯基电极放电、紫外光或电子束预电离快速放电技术达到均匀放电。

激光功率在 500W～20kW 甚至更高功率的电激励。CO_2 激光器 20 世纪 80 年代后发展迅速，技术日趋成熟，它既可连续工作又可脉冲工作，在材料加工工业中得到广泛的应用。金属和非金属材料的激光切割、焊接、表面处理、涂覆和合成新材料等激光加工技术已成为激光应用技术中市场需求最大的领域之一。现代的航天航空、IT 行业、机电、汽车等工业进步与发展离不开激光加工技术。

4.4.5 CO_2 波导激光器

1. CO_2 波导激光器的结构

把气体激光器的放电管用波导管代替构成的激光器，称为波导激光器。它是适应气体激光器小型化需要而发展起来的。自 1972 年第一台 CO_2 波导激光器诞生以来，密封型可调谐 CO_2 波导激光器、横向放电激励 CO_2 波导激光器、CO_2 波导激光放大器等迅速发展起来。

CO_2 波导激光器的结构如图 4.4.16 所示，与普通 CO_2 激光器相同，由放电管、储气管、回气管、水冷管、谐振腔和电极等组成。不同之处是，放电管采用波导管，即放电管采用内表面很光且孔径很小(仅 1mm 左右)的空心导管，光的衍射损耗很大，光在其内传播和普通的放电管不一样，光在普通放电管中按照自由空间传播规律进行，激光场模式主要由谐振腔结构决定。而波导型 CO_2 激光器，光不能传播 TEM 波，而是遵循波导传播理论，以非常低的能量损耗沿轴向传播低阶横电波(transverse electric wave，TE)和低阶横磁波(transverse magnetic wave，TM)。

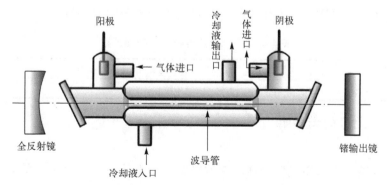

图 4.4.16 CO_2 波导激光器的结构示意图

由气体放电相似定律，$Pd =$ 常数，CO_2 波导激光器的孔径 d 很小，所以工作气压高，通常可达几百毫米汞柱(mmHg)，而碰撞加宽 $\Delta\nu \propto P$，因此，CO_2 波导激光器的频率调谐范围较大，一般可达 $\pm 600\text{MHz}$；又因为放电管孔径很小，单位体积输出功率较高(10W/cm^3，是普通纵向封离型 CO_2 激光器输出功率密度的 25 倍)，有利于器件的小型化。

2. 波导管

1) 光在波导管中的传播——波导模

波导模是在波导管中能低损耗传播的电磁场的结构形式。CO_2 波导激光器中，气体填充在波导管的孔径中，气体折射率低于波导管管壁材料的折射率，所以光不会发生全反射，这对于光意味着损耗。但由麦克斯韦方程组可推证，当波导管横截面尺寸 $2a \gg \lambda$(光波长)时，波导管内若干最低阶本征模如 EH_{11}，由于其传输方向十分接近波导管的轴线，在管壁上形成掠入射而得到很高的菲涅耳反射，保证了低阶波导模能在波导管中低损耗地传播，而其他模则被波导管损耗掉，故对于能在波导管中能低损耗传播的低阶波导模又称为漏过模(图 4.4.17)。

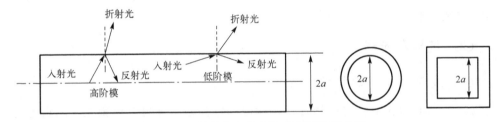

图 4.4.17　波导管中的高阶模和低阶模传播

2) 波导管的形状与材料

波导管空心的截面形状大多为圆或矩形(图 4.4.17)。材料可用玻璃(如 GG17)、氧化铍陶瓷(BeO)或铝等，其中 BeO 对光的损耗最小，见表 4.4.12。

表 4.4.12　$10.6\mu\text{m}$ EH_{11} 光波模在波导管中传播损耗 α_{11}　　　(单位：cm^{-1})

波导尺寸 $2a/\text{mm}$	0.50	1.00	1.50	2.00
BeO	3.46×10^{-4}	4.33×10^{-5}	1.28×10^{-5}	5.4×10^{-6}
SiO_2	1.44×10^{-2}	1.8×10^{-3}	5.3×10^{-4}	2.3×10^{-4}

波导管孔径小，散热面积小，要求所用材料导热系数要大，并要采取一定的冷却措施。表 4.4.13 给出了氧化铍陶瓷、氮化硼陶瓷、普通陶瓷和玻璃的导热系数。

表 4.4.13　部分波导材料的导热系数

材料	氧化铍陶瓷	氮化硼陶瓷	普通陶瓷	玻璃
导热系数/($\text{cal}\cdot\text{cm}^{-1}\cdot\text{s}^{-1}\cdot^\circ\text{C}^{-1}$)	0.52	0.16	0.07	0.01

3. 波导激光器的谐振腔

1) 驻波腔

驻波腔和内腔式气体激光器一样，在波导管两端直接贴上平面或球面反射镜，或者使反射镜和波导管之间隔一段距离。

使波导管结构在空间发生周期性的变化,可将其管壁做成波纹状、搓板状,或在内壁上刻蚀光栅等(图 4.4.18)。当波导管的空间变化周期 d 和激光波长 λ 之间满足 Bragg 条件

$$2d\sin\theta_\mathrm{B} = k\lambda, \qquad k = 1, 2, 3, \cdots$$

式中,θ_B 为 Bragg 衍射角。这时利用 Bragg 散射的反向光波可实现有效的光反馈。若反向散射光发生在激活介质所在的区域内,称为分布反馈(distributed-feedback,DFB);若反向散射光发生在激活介质所在的区域之外,称为布拉格分布反馈(distributed Bragg reflector,DBR)。DBR 在工艺上较易实现,且对波导模扰动小,应用方便。

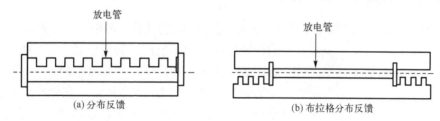

(a) 分布反馈　　　　　　　　　　　　　　(b) 布拉格分布反馈

图 4.4.18　分布反馈式激光器

2) 行波腔

环形结构波导激光器即利用环形光学谐振腔,光波以行波的形式在谐振腔内振荡。

4. CO_2 波导激光器的特点

1) 放电管内径小

普通的纵向激励 CO_2 激光器的放电管内径一般大于 10mm,而 CO_2 波导激光器的放电管内径一般在 1～2mm。

2) 工作气压高

普通的纵向激励 CO_2 激光器的放电管内径一般大于 10mm,工作气压在 20mmHg 左右,而 CO_2 波导激光器的放电管内径为 1.5mm 时,由 $Pd =$ 常数,工作气压在 300mmHg 左右。

3) 频率可调谐范围大

当气压在 300mmHg 左右时,压力加宽可达 1500MHz,比普通的纵向激励 CO_2 激光器的 50MHz 提高了 30 倍,因此可调谐范围大大增加。

4) 输出功率密度高

CO_2 波导激光器每立方厘米输出功率可达 10W 以上,是普通的纵向激励 CO_2 激光器的 25 倍,这有利于激光器件的小型化和紧凑化。

4.5　自发辐射光放大器件——氮分子气体激光器

氮(N_2)分子激光器是在 1967 年面世的自发辐射光放大器件,输出波长主要在紫外区,其中以 337.1nm 最常用。它输出激光的脉宽窄(一般为 6～10ns),输出峰值功率高(可达几十兆瓦),重复率高(一般可达每秒几十次至上千次)。它的峰值高,粒子反转数存在的时间短(一般小于 40ns),不需要任何谐振腔也能获得激光输出,是一种自发辐射的光放大激光器。因大部分短波长激光器都有类似氮分子激光器的特点,故将氮分子激光器作为典型进行分析。

氮分子激光器在育种、探测、医疗、物质荧光分析、拉曼光谱、光化学方面有着广泛的应用，还是可调谐染料激光器的重要泵浦源。337.1nm 氮激光肿瘤诊断仪，可用于子宫颈癌的早期诊断，是宫颈防癌普查的一种具有分子水平的新型诊断仪。它基于氮激光的紫外激光能激发物质产生荧光，而荧光波长又因物质分子结构不同而异的机理。1995 年该诊断仪已在广东省人民医院和广州省邮电医院(今为南方医科大学第三附属医院)应用。

4.5.1 氮分子激光器的工作原理

氮分子是同核非极性双原子分子(图 4.5.1)，按跃迁准则，非极性分子在同一电子态中的振转能级之间不能产生辐射跃迁，所以氮分子的辐射跃迁是发生在不同电子态的振转能级之间。氮分子激光器的部分能级图如图 4.5.2 所示。在脉冲放电情况下，第一正带和第二正带的电子跃迁可以获得激光。第一正带跃迁相应于能级图中 $B^3\Pi g$ 到 $A^3\Sigma_g^+$ 的跃迁，第二正

图 4.5.1 氮分子结构示意图

带相应于 $C^3\Pi u$ 到 $B^3\Pi g$ 的跃迁。第一正带跃迁产生近红外波长的光，因其增益太低，不予讨论。

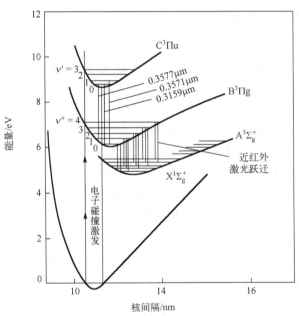

图 4.5.2 氮分子部分能级跃迁图

根据两电子态中不同振动能级之间的跃迁选择定则 $\Delta\nu = \nu' - \nu'' = 0, \pm1, \pm2, \pm3, \cdots$，第二正带跃迁($C^3\Pi u \rightarrow B^3\Pi g$)可以得到很多条谱线，其中较强的几条列于表 4.5.1 中，表中 ν'、ν'' 分别表示 $C^3\Pi u$ 和 $B^3\Pi g$ 电子态中的振动量子数。由于每个振动能级又存在许多转动能级，所以表中各波长实际上是一条谱带，由一系列谱线构成，每条谱线的宽度约为 0.1nm，从表 4.5.1 可见，跃迁几率最大的是 337.1nm 的紫外光。

表 4.5.1　N$_2$ 分子部分能级跃迁波长和相对跃迁几率

C$^3\Pi$u	B$^3\Pi$g	$\Delta \nu$	波长/nm	相对跃迁几率
ν'	ν''	$\Delta \nu = \nu' - \nu''$		
0	0	0	337.1	0.254
0	1	−1	357.7	0.185
1	0	+1	315.9	0.117
0	2	−2	380.5	0.081

　　氮分子上能级粒子数的积累主要靠放电时的电子碰撞把基态($X^1\Sigma_g^+$)分子激发到 C$^3\Pi$u 和 B$^3\Pi$g 上去。实验和理论计算表明，从基态激发到 C$^3\Pi$u 的激发概率比激发到 B$^3\Pi$g 的激发概率大得多。但是，粒子在 C$^3\Pi$u 能级的寿命仅有 40ns 左右，而在 B$^3\Pi$g 能级的寿命为 8~10μs，这对于建立 C$^3\Pi$u 和 B$^3\Pi$g 之间的粒子数反转是不利的。因此，粒子数反转只能靠上升前沿很陡的短脉冲放电，使激发时间小于上能级寿命，才不致使粒子因自发辐射而跑掉。下面估计一下对脉冲宽度的要求。

　　从图 4.5.2 可见，氮分子是三能级系统，其激光上能级为 C$^3\Pi$u，激光下能级为 B$^3\Pi$g，基态能级为 $X^1\Sigma_g^+$。因其激光下能级不是基态，所以实际为类四能级系统。若将 C$^3\Pi$u、B$^3\Pi$g 和 $X^1\Sigma_g^+$ 分别用 3、2 和 1 表示，相应能级上的粒子数密度分别用 n_3、n_2 和 n_1 表示，并令 R_{13}、R_{12} 和 R_{23} 为相应能级间的电子碰撞激发速率；y_{31}、y_{21} 和 y_{32} 为相应能级间的电子碰撞消激发速率；τ_{31}、τ_{21} 和 τ_{32} 为相应能级间的自发辐射寿命；W_{32} 为受激辐射跃迁几率。于是各能级的粒子数密度变化的速率方程为

$$\frac{dn_3}{dt} = R_{13}n_1 + R_{23}n_2 - (y_{31} + y_{32} + \tau_{32}^{-1} + \tau_{31}^{-1})n_3 - W_{32}\left(n_3 - n_2\frac{g_3}{g_2}\right) \tag{4.5.1}$$

$$\frac{dn_2}{dt} = R_{12}n_1 + (y_{32} + \tau_{32}^{-1})n_3 - (y_{21} + \tau_{21}^{-1} + R_{23})n_2 + W_{32}\left(n_3 - n_2\frac{g_3}{g_2}\right) \tag{4.5.2}$$

式中，g_3、g_2 分别为激光上、下能级的简并度，对氮分子，$g_3 = g_2$。

　　在阈值以下可略去受激辐射的影响，$W_{32}(n_3 - n_2 g_3/g_2) \sim 0$。又因 $\tau_{31} \gg \tau_{32}$，$y_{32} \gg y_{31}$，$R_{13} > R_{12}$。于是忽略次要因素后，将式(4.5.1)对时间求导并将式(4.5.2)代入，求解可得

$$n_3 \approx n_1 R_{13}t - \frac{1}{2}n_1 R_{13}(y_{32} + \tau_{32}^{-1})t^2 \tag{4.5.3}$$

$$n_2 \approx \frac{1}{2}n_1 R_{13}(y_{32} + \tau_{32}^{-1})t^2 \tag{4.5.4}$$

达到粒子数反转时，应 $n_3 > n_2$，则由式(4.5.3)和式(4.5.4)可得

$$t < 1/(y_{32} + \tau_{32}^{-1}) \tag{4.5.5}$$

此式表明，要获得粒子数反转，放电脉冲宽度必须小于 $1/(y_{32} + \tau_{32}^{-1})$，若略去碰撞消激发 y_{32} 的影响，则应小于 C$^3\Pi$u 能级的自发辐射寿命 τ_{32}(约 40ns)。当电子密度很高时，y_{32} 将超过 τ_{32}^{-1}，放电脉冲宽度要比 40ns 小得多。如果不满足上述条件，即使激光上能级的粒子数不变，也会由于激光下能级寿命很长，从激光上能级跃迁下来的粒子可以积累起来，造

成反转粒子数下降，激射自动停止。这现象为"自终止"效应，所以氮分子激光器也叫自终止型激光器。

4.5.2 氮分子激光器的结构及激励方法

快速放电是实现氮分子粒子数反转的先决条件。快速放电要求放电回路的阻抗很低，回路电感越小越好，因此要合理设计。为了得到快速脉冲辉光放电，一种方法是电子束激励，另一种是利用快速放电装置，一般多用后者。快速放电回路的形式是多样的，目前常用行波放电法和同轴传输线放电激励法。

1. 行波放电法

图 4.5.3 是行波激励 N_2 分子激光器的结构示意图。这种激光器由放电管和脉冲放电电路组成。放电管是产生激光的地方，其侧壁一般用玻璃或有机玻璃制成，横截面可以是圆形或矩形。放电管抽空后充以几十托($1torr = 1mmHg \approx 133Pa$，也有充一个大气压的)的氮气，氮气为工业纯即可。可以是封闭式的(适于每秒 1 次的低频器件)，也可以是流动式的(适于高重频器件)。由于形成粒子数反转的时间很短，放电管两端无需谐振腔，从一端发出的自发辐射沿着轴线传播的那部分能量不断得到放大，从另一端出射时就可以产生足够强的激光，它属于自发辐射的光放大激光器。激光的方向性基本上由放电室的长度与放电室横向尺寸的比值来决定。激光器的谱线宽度由于增益变窄效应比自发辐射谱线宽度窄。为了增强输出，通常在放电管的一端加全反射镜(镜面与平行电极的中线垂直)，另一端用透过性好的石英作输出窗片，石英窗片仅作密封和通光用。两端可用橡皮圈密封。放电管内，平行于轴向放置两条用黄铜或紫铜制成的电极，其长度与放电管长度相近。电极可做成尖劈状，以获得均匀放电。但放电体积小，要获得大体积均匀放电，最好采用茹科夫斯基电极并采用电离措施。

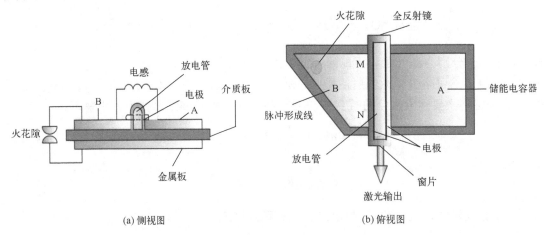

(a) 侧视图   (b) 俯视图

图 4.5.3　行波激励 N_2 分子激光器简图

放电电路由储能电容器 A、B，脉冲形成线，电感和火花隙组成。A 和 B 均是平行平板电容器，它们都是由两金属板中间夹以绝缘介质而制成。为了减小放电回路的阻抗，A、B 上面的两片金属平板直接与放电管的电极相连。A 和 B 之间用一个小电感连接起来(一般用 $\Phi 2mm$ 导线绕十几圈即成)。火花隙是一个适于产生幅度大而上升时间短的脉冲放电开关。放电电流的上升速率与火花隙的电感量有关。电感量大，开关速度慢，造成电脉冲前沿长。此外，还必须注意到火花隙与脉冲形成线间的连接分布电容，有的实验表明，当采用 10cm 长的单股导线做连接导线时，器件输出功率明显下降；当用几十厘米长的导线连接时，器件输出降低到近于零。此时连线应尽量用短而宽的铜皮，不宜用细导线。

这种放电方式的等效电路如图 4.5.4 所示，C_A，C_B 分别代表 A 和 B 的电容。其放电过程是这样的：当电路接入高压时，电容 C_A 和 C_B 同时被充电，当充电到一定数值后，将火花隙开关导通，此时电容 C_B 通过火花隙迅速放电，由于小电感对高频电压信号阻抗大，实际上等于开路，造成 A 点对 B 点的电势突然升高，当达到放电管的着火电压时，C_A 便导通放电管进行放电，对氮分子进行激励。

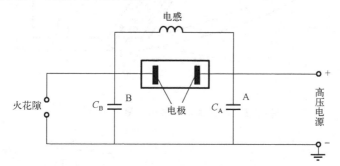

图 4.5.4　行波激励氮分子激光器的等效电路

由于氮分子激光上能级寿命很短，如果放电管长度较长，又在整个长度上同时激励，那么从放电管一端产生的光子还未到达另一端之前，另一端的氮分子就已经返回到基态，对激光不仅没有放大作用，反而造成吸收损耗，影响激光输出。

为了在较长的放电长度上都保持激光放大，需要采用行波激励。所谓行波激励就是在放电管中进行依次放电，各处的延迟时间正好等于最先放电处发出的自发辐射光传播到该处所需时间。目前比较简单和常用的行波激励方法是采用三角形传输线和抛物线形传输线。图 4.5.3 的 B 就是三角形传输线结构。火花隙放于三角形顶点处，当火花隙导通后，电容器 B 的两极板短路，这时它从顶点开始放电，以圆波形式向电极方向传播。零电势先传到 M 端，然后逐点传到远端 N 点，因而放电管内就会从 M 到 N 依次进行放电激励。

图 4.5.5 是抛物线形传输线结构，也可实现激励波以恒定的速度由 M 向 N 传播。

2. 同轴传输线放电激励法

如图 4.5.6 所示。高压电源向电容 C 充电后，火花隙 SG 导通，电容 C 通过 R_2 放电，使 R_2 两端产生高脉冲电压，这一电压通过数条并联的同轴电缆传输到激光器的两个电极上，使放电管放电。要求尽量减小放电回路接线电感，否则对快速放电不利。

4.5.3　氮分子激光器的工作特性

1. 氮分子激光器是属于自发辐射光放大发光

氮分子激光器激光产生过程与已讨论过的其他激光器不同，前面讨论过的激光器激光产生过程均属于受激辐射的光放大过程，而氮分子激光器由于其粒子在激光上能级寿命特别短，所以，其激光产生和形成过程属于自发辐射光放大，也就是说，氮分子激光器是属于自发辐射光放大发光。

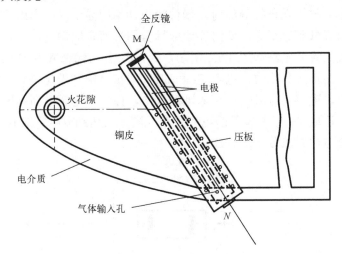

图 4.5.5　抛物线形行波激励氮分子激光器

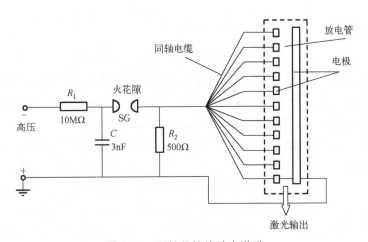

图 4.5.6　同轴传输线放电激励

2. 激光器的瞬态工作特性

图 4.5.7 表示一种小型(长 60cm，气压 60torr)的同轴传输线放电氮分子激光器的瞬态工作特性，图 4.5.7(a)是激光器两极间电压与时间的关系；图 4.5.7(b)是电流与时间的关系；图 4.5.7(c)是激光上下能级的激发速率 R_{12}(电子碰撞把能级 E_1 的粒子激发到 E_2 上的速率)和 R_{13}(电子碰撞把能级 E_1 的粒子激发到 E_3 上的速率)随时间的变化关系；图 4.5.7(d)是激光输出功率随时间的变化关系。由图可见，激光器的粒子反转数和激光输出是在很短时间内(一般小于 10ns)得到的，气压越高则时间越短。

3. N_2 分子激光器的激光脉冲宽度与气压和工作电压的关系

如图 4.5.8 所示，N_2 分子激光器的脉冲宽度随气压和工作电压的升高而变窄，这是因为电压增加后，氮分子与其他粒子间的碰撞频繁，消激发速率增加，导致能级寿命缩短；而高电压下有较多的粒子反转数，致使受激辐射速率增加。

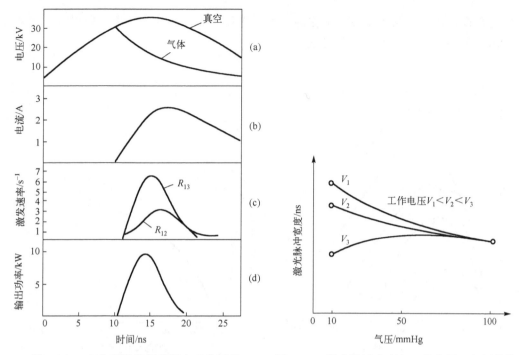

图 4.5.7　N$_2$ 分子激光器的瞬态工作特性　　　图 4.5.8　激光脉冲宽度与工作电压、气压的关系

4. 输出功率与放电电压和气压的关系

图 4.5.9 给出了在不同工作电压下，输出功率与气压和放电电压的关系曲线。在电压一定条件下，有一最佳气压使输出功率最大，且最佳气压随工作电压升高而增加。在气压一定时，工作电压增高则输出增大，输出功率与电压的平方成正比。

5. 输出功率与储能电容的关系

在平行平板行波放电结构中，增加平行板的长度可以增加电容，在一定情况下可以增加输出能量，如图 4.5.10 所示，但电容增加到一定值后，输出功率达到饱和。这是因为在电容较小时，增加电容可以增加储能，使输出增加，但随着电容的增加，放电时间也延长，不利于反转粒子数积累。

6. 输出功率与回路电感(包括传输线电感、火花隙电感等)之间的关系

如图 4.5.11 所示，输出功率与电感倒数成正比，因为回路电感大，放电电流上升时间慢，激发 C$^3\Pi$u 的速率低，使得输出脉冲的峰值功率和脉冲总能量降低。

7. 输出功率与反射镜反射率的关系

图 4.5.12 给出了输出功率与两端反射镜的反射率的实验关系。由图可见，反射镜的反射率 R_2 越高，输出功率越大，而输出镜的反射率 R_1 越小，输出功率越大。此外，由实验发现，放置输出反射镜后，激光器输出光束的发散角大大减小。

8. 激光输出的光谱特性

氮分子激光器通常在 C$^3\Pi$u 和 B$^3\Pi$g 两个电子态能级之间实现粒子数反转，在这两个电子态之间有许多振动能级，而在同一振动能级又有许多转动能级，因此在 $v = 0$ 到 $v'' = 0$ 的

跃迁中包含许多谱线。又由于没有谐振腔，不受谐振腔振荡条件的约束，所以氮分子激光器的输出波长不是分立的谱线而是带状光谱。

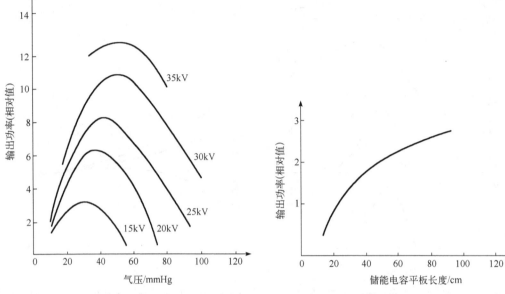

图 4.5.9　输出功率与气压和放电电压的关系　　图 4.5.10　输出功率与储能电容平板长度的关系

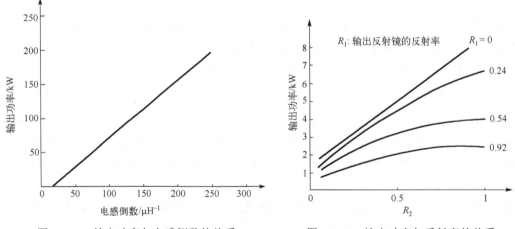

图 4.5.11　输出功率与电感倒数的关系　　图 4.5.12　输出功率与反射率的关系

9. 输出功率与温度的关系

实验发现，温度升高，输出功率下降，因此要选用导热性好的材料做放电管并要及时散热。

10. 激光脉冲形状

图 4.5.13 示出了 N_2 分子激光器的输出脉冲的形状，它通常有多个峰。出现多峰的原因主要是快速脉冲放电在时间和空间上的分散性。在几纳秒的脉冲时间内，沿整个放电长度上各处不会同时放电，总是有些地方比较早，另一些地方比较晚，因而粒子数反转密度达到最大值的时间不同，不同时刻所产生的激光脉冲功率也有差别，结果呈现出多个输出脉冲。

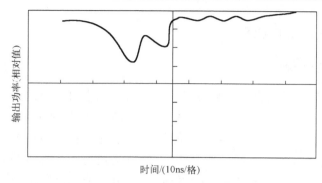

图 4.5.13　N_2 分子激光器的输出脉冲形状

11. 辅助气体对输出的影响

对多种辅助气体做实验，发现加入少量的 SF_6 气体后，输出功率有明显增加，脉冲宽度也增大了。SF_6 的作用是增加氮分子 $C^3\Pi u$ 的激发速率，并加快 $B^3\Pi g$ 的弛豫速率。

4.6　Ar^+激光器

通常将原子或分子因某种原因失去或得到电子的过程称为电离，失去电子的称为正离子，而得到电子的称为负离子。利用离子的能级跃迁而获得激光振荡的器件称为离子激光器。它包括惰性气体离子激光器，如原子离子激光器，Ar^+、Kr^+等；分子离子激光器，N_2^+、Ca^{2+}等；金属蒸气离子激光器，He-Cd、He-Se(硒)等。离子激光器输出的激光谱线范围很宽，从真空紫外一直到近红外，主要在可见和紫外区。

离子激光器的工作特点是：①低气压，大电流的弧光放电(也有辉光放电，如 He-Cd 激光器等)。例如，惰性气体离子激光器放电电流大于 $100A/cm^2$，这是因为它们的工作能级为离子能级，比原子分子的激发需要更多的能量。②离子的激发能级寿命一般也较短，要达到离子数密度反转分布则需要较高的激发速率。③能量转换效率低，一般在 10^{-3}～10^{-5}。因为气体放电过程电离度不高，形成激发态的离子密度小，而工作能级距基态距离大，所以量子效率低。

1964 年氩离子(Ar^+)激光器诞生。Ar^+激光器是惰性气体离子激光器的典型代表，它是利用气体放电管内 Ar 原子电离并激发，在离子激发态能级间实现粒子数反转而产生激光的。它可以发射 35 条以上谱线，其中 25 条是在 408.9～686.1nm 的可见光，10 条以上是在 275～386.3nm 的紫外区。它发射的激光谱线在可见光区主要有 488.0nm、514.5nm、476.5nm、496.5nm、501.7nm、472.7nm 等。在可见光区它是连续输出的一种器件。目前，Ar^+激光器的最高连续输出功率实验室水平为 200W，最高纪录达 500W，然而商品化器件的最高水平只有 30～50W。它的能量转换效率较低，最高仅为 0.6%，一般只有 10^{-4}～10^{-5}量级；频率稳定度约为 3×10^{-11}，使用寿命超过 1000h。Ar^+激光器有水冷和风冷两大类，现在又向新一代智能化方向发展。由于激光在蓝绿光波段功率大，所以广泛应用于拉曼光谱、超快技术、泵浦染料激光、全息、非线性光学等光学前沿学科的研究之中，以及医疗诊断、打印分色、计量测定、材料加工及信息处理等方面。

4.6.1 Ar⁺激光器的工作原理

1. Ar⁺的能级结构

氩(Ar)是元素周期表中原子序数为 18 的元素。基态时,它的电子组态为 $1s^2 2s^2 2p^6 3s^2 3p^6$,因最外层为封闭壳层,所以它是一种性能稳定的惰性气体。但在放电激励条件下,Ar 原子会被快速电子碰撞发生电离形成基态 Ar⁺ ($3p^5$),与其对应的能级为 $3p^0_{3/2}$、$3p^0_{1/2}$。处于基态的 Ar⁺如果再与电子发生非弹性碰撞,就会将 $3p^5$ 中的一个电子激发至更高的能级轨道形成激发态的 Ar⁺。在这些激发态中与 Ar⁺激光有关的电子组态有 $3p^4 4s$、$3p^4 4p$、$3p^4 3d$、$3p^4 5s$、$3p^4 4d$,见图 4.6.1。

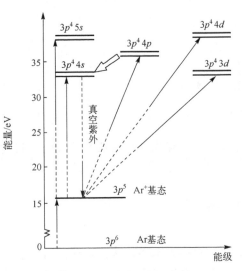

图 4.6.1　Ar⁺能级跃迁图

根据辐射选择定则,Ar⁺的辐射跃迁可以发生在 $3p^4 4p$ 和 $3p^4 4s$ 之间、$3p^4 4s$ 和 $3p^5$ 之间。

$3p^4 4p$ 与基态 $3p^5$ 之间跃迁是禁戒的,而激光谱线主要在 $3p^4 4p$ 和 $3p^4 4s$ 两组态之间产生,其中以 488nm 和 514.5nm 两波长的光最强。激光上能级 $3p^4 4p$ 离子平均寿命为 8×10^{-9}s,而激光下能级寿命短(1.76×10^{-9}s),使粒子数实现反转分布和连续输出激光成为可能。

2. Ar⁺激光器的激发机理

在 Ar⁺激光器中,Ar⁺的激发主要是靠电子碰撞激发。其激发过程有三种形式。

1)一步激发过程

这个过程是气体放电中的高能电子与基态 Ar 原子($3p^6$)碰撞,直接将 Ar 原子激发到 Ar⁺激发态 $3p^4 4p$ 上。图 4.6.2(a)即为该过程的示意图,也可以用下式表示:

$$Ar(3p^6) + e \longrightarrow Ar^+(3p^4 4p) + e' + e'$$

由图可知,激光上能级的能量为 35.5eV,这说明这种激发过程对电子的能量要求很高(大于 36eV)。要生产这样高能量的电子,只有在低气压脉冲放电中才能实现。因此,这一激发过程在低气压短脉冲工作的氩离子激光器中才占有重要地位。

2)二步激发过程

Ar 原子是经过二次激发而到达激光上能级 $3p^4 4p$ 的,其过程按下式进行:

$$Ar(3p^6) + e \longrightarrow Ar^+(3p^5) + 2e'$$

$$Ar^+(3p^5) + e \longrightarrow Ar^+(3p^4 4p) + e'$$

即首先是快速电子与 Ar 原子碰撞,形成离子基态,而后基态 Ar⁺再与电子发生非弹性碰撞形成激发态 Ar⁺($3p^4 4p$)。

由图 4.6.2(b)可以看到,二步激发过程对电子的能量要求比一步激发过程要小得多(只需 16~20eV)。此时,器件可以连续的方式运转。

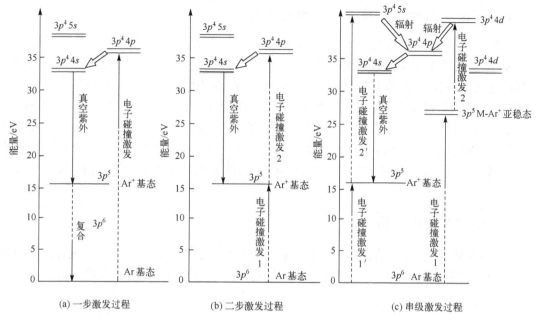

(a) 一步激发过程　　　　　(b) 二步激发过程　　　　　(c) 串级激发过程

图 4.6.2　Ar+激光器中的激发弛豫过程

3) 串级激发过程

该过程是 Ar 原子先被激发到 $3p^4 5s$、$3p^4 4d$ 等高能态上，然后通过辐射跃迁在激光上能级上 $3p^4 4p$ 积累，实现激发，见图 4.6.2(c)。其反应式为

$$Ar(3p^6)+e \longrightarrow Ar^+(3p^5)+2e'$$

$$Ar^+(3p^5)+e \longrightarrow Ar^+(3p^4 5s)+e'$$

$$Ar^+(3p^4 5s) \longrightarrow Ar^+(3p^4 4p)+h\nu$$

这种激发过程并不要求一步激发过程那样高的电子能量，它可以通过 Ar+基态或其他中间能级达到高能级的激发。这种激发在 Ar+激光器中对上能级的积累贡献较大，可占总积累数的 30%～40%。

上述是 Ar+激光器中激光上能级的激发过程。而 Ar+激光器激光下能级 $3p^4 4s$ 的激发过程也是这三种，且两能级的激发概率相差不多。由表 4.6.1 可见，只有当电子温度大于 $3×10^4 K$ 时，才出现 $4p$ 能级截面比 $4s$ 能级的大，才有可能在 $4p$ 和 $4s$ 之间实现粒子数反转。

表 4.6.1　电子从 $3p^5$ 态直接激发到 $4p$ 和 $4s$ 的截面　　　　　　　　　　（单位：cm^2）

跃迁	电子温度/($10^4 K$)			
	3	5	8	10
$3p^5 \rightarrow 4p$	$0.18×10^{-20}$	$3.0×10^{-20}$	$14×10^{-20}$	$23×10^{-20}$
$3p^5 \rightarrow 4s$	$0.23×10^{-20}$	$2.7×10^{-20}$	$11×10^{-20}$	$17×10^{-20}$

激光下能级($4s$)粒子的弛豫主要是通过辐射跃迁(72nm)先到达 Ar+基态($3p^5$)。基态 Ar+再在管壁处与电子复合或与放电空间的电子复合而跃回到原子基态($3p^6$)，其中以管壁复合为主。

3. Ar⁺激光器的工作特性与结构的特点

一个激光器的工作特性和结构通常是由其工作物质的能级特点和激发机理来决定的。Ar^+激光器的工作能级是离子激发态，为了实现激发，要求管内电子有很高的能量。根据正柱区的特性，Ar^+激光器只能在较低气压($<1.06×10^2$Pa)下工作。管内气压低，单位体积中 Ar 原子数目减少。为了增加管内电离和激发过程，以保证足够的激光上能级粒子，就需要提高管内的电子密度。其电子发射的机理与辉光放电中的不同。为此，Ar^+激光器采用弧光放电激励，使管内的电流密度可高达 $100\sim1000$A/cm²。又因 Ar^+激光下能级的弛豫依靠 $3p^5$(离子基态)粒子的管壁复合，所以它的放电管直径(管径)一般较细，为 $2\sim4$mm。

4.6.2 Ar⁺激光器的结构

图 4.6.3 是 Ar^+激光器的结构示意图。它是由放电管、电极、回气管、谐振腔、轴向磁场及冷却系统等组成。下面分别对各部分的结构、尺寸以及材料的选择作简单介绍。

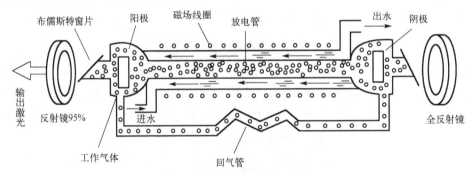

图 4.6.3 Ar^+激光器结构示意图

1)放电管

Ar^+激光器是弧光放电器件，由于工作时在放电管内要通过电流密度为 1000A/cm² 的大电流，经受大量离子轰击的腐蚀作用，同时还要耗散 120W/cm 的热量，所以提高激光输出功率和保证器件使用寿命的关键是选择好放电管材料。对 Ar^+激光器来说，一般要求放电管具有耐高温、导热性能好、耐离子轰击、气密性好(即真空状态时不放气，工作时吸附或渗漏工作气体少，常称此为气体清除速率小)和机械强度高等特性。几十年来 Ar^+激光器依次选用石英玻璃、石墨、氧化铍陶瓷、钨作放电管材料，它们相应的性能指标列于表 4.6.2 中。

表 4.6.2 几种放电管材料性能指标的比较

材料	石英	石墨	氧化铍	氧化铝	钨
熔点/℃	1760	3500	2573	2100	3382
热膨胀系数/(10^{-7}·℃$^{-1}$)	5.5	36	54	69	45
导热系数/(J·cm^{-1}·s^{-1}·℃$^{-1}$)	0.01463	1.254	2.1945	0.2257	1.9897
热冲击/(J·s^{-1}·cm^{-1})	54.34	1295.8	48.91	6.27	—
电阻率/(Ω·cm)	$>10^{13}$	$3×10^{-6}$	$>10^{13}$	$>10^{13}$	$5.3×10^{-6}$

续表

材料	石英	石墨	氧化铍	氧化铝	钨
气体清除率/(10^2mPa·l·h^{-1})	13.3~26.6	0.53~3.99	0.13~0.2	—	—
工作室内壁温度/℃	1000	2000	400	—	—
饱和电流密度/(A/cm^2)	—	750	1000	—	—
单位长度可承受功率/(W^{-1}·cm^{-1})	95	160	180	—	250

　　氧化铍是一种很好的绝缘材料。它的导热率高(同金属差不多),而且耐热冲击和抗溅射性能很好,气体清除率低,是一种很好的材料。它可以在小管径情况下多注入 25%~50% 的功率(与石墨放电管相比),故可制成结构紧凑的小型比器件(风冷型)。图 4.6.4 就是风冷型氧化铍(BeO)Ar$^+$激光器的结构示意图。由于其有剧毒,材料加工工艺要求高等,所以材料成本较高。

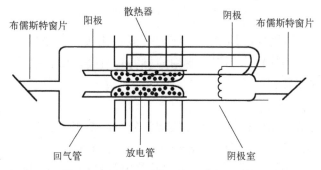

图 4.6.4　BeO Ar$^+$激光器的结构示意图

　　BeO 材料对气体的清除率很小,用它制成的器件一次充气运转的时间较长,但这种材料价格昂贵,难以获得较长的直管,对长器件有时也需要一段段密封连接在一起。现在国外产品大部分采用此材料作为放电管。目前较多采用高纯致密的石墨作为放电管材料。其优点是导热性能好、耐热冲击、气体清除率低、加工方便;但机械强度低,重离子(如 N^{2+}、O^{2+}、C^{2+})轰击下容易产生粉末污染放电管与布儒斯特窗片。因为它是导体,所以放电管采用分段石墨片结构、石墨片之间用瓷环绝缘,如图 4.6.5 所示,石墨片的厚度及片间间隔都是有一定要求的。间隔大,热辐射大,可提高热耗散率,但太大的间隔会导致管内场畸变,降低等离子体的约束。为了防上电弧突然收缩在放电管管口产生过大的热耗和飞溅,放电管两端做成喇叭形。这个区域不可太长,否则会影响放电管的有效长度。

　　钨放电管是 20 世纪 80 年代开发出的新结构,采用钨铜盘结构将使放电管的寿命和可靠性有显著提高。

　　由上述几种材料推出的产品的最高功率:石英为 2W,石墨为 18W,BeO 为 20W,钨为 25W。

　　2) 电极

　　Ar$^+$激光器的阴极一般要求具有高发射电子的能力,同时,还要能耐离子轰击和抗杂质气体的侵蚀。通常采用人工热阴极,如直热式螺旋状铝酸盐浸渍钡钨阴极等,这种阴极发射电流大,耐轰击,不易中毒,而且加热功率低。国外也有用难熔金属(钽、钨等)制成圆筒形的空心阴极和用铯、水银、镓等低熔点材料为冷阴极的 Ar$^+$激光器,但将它们应用于产品中却很少。

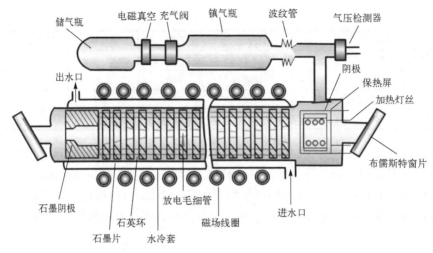

图 4.6.5　分段石墨结构 Ar$^+$激光器

由于工作电流大，阳极耗散功率高，Ar$^+$激光器的阳极也需要熔点高、导热性能好、溅射小、电子逸出功率大的材料来制作，常用的材料有石墨、钼和钽等。电极形状都是圆筒形，并按轴对称位置放置。

3) 回气管

为克服气体抽运效应以保证管内气压的均匀分布，在阴极和阳极之间要加回气管。回气管有外回气管(图 4.6.3)和内回气管(图 4.6.4)两种。石墨放电管 Ar$^+$激光器采用内回气管，就是在石墨片上开许多小孔(小孔直径小于中间放电管直径)。装配时，注意将相邻两石墨片的孔位错开，达到既使阴极与阳极间气体能静态扩散，又不致使小孔内气体击穿放电。这种结构既紧凑，回气效果又好，而且机械强度大。

用 BeO 整体材料制成的器件，其回气管通常是放一根管子在外部，将阳极和阴极连接。为防止回气管内放电，将回气管制成弯曲状(或螺旋状)，使其长度比放电管长 1.5~2 倍。在强度上此结构要比前者差些。

除此之外，设法使阴极端空间体积远大于放电管体积，一方面可储存气体、补充因气体清除而减少的工作气体，另一方面可以使管内气压略有变化时对放电管的气压影响不大。

4) 谐振腔

高功率 Ar$^+$激光器的谐振腔腔长约为 2m，而风冷型 Ar$^+$激光器可以短至 1/4 m。连续波激光器一般用稳定腔结构，多数为外腔式，腔内留有一定的空间，以插入需用的附件。放电管两端用石英晶体做布儒斯特窗片，产生线偏光(S 分量)。对一些低功率器件，可以设计成腔镜和放电管连成一体的内腔结构。

全反镜的反射率要求达到 99.8%，输出镜的透射率小，通常为 3%~4%，大管透射率为 10%~12%。镜膜全采用多层介质膜。除对紫外谱区工作的 Ar$^+$激光器需用镀紫外膜的腔镜之外，其他都可用可见光区介质膜腔镜。

5) 轴向磁场

Ar$^+$激光器的轴向磁感应强度一般在 0.01~0.1T，为达到此要求，一般采用分层绕制线圈，层间加绝缘材料，最后将它包在放电管外面。为了防止过热使绝缘损坏，整个线圈采用水冷或油冷。

6)冷却系统

冷却系统在 Ar⁺ 激光器中是至关重要的。由于效率低,工作时 Ar⁺ 激光器放电管需要耗散相当于 90%输入功率的热量。如何有效地将管内热传递出来并能及时排走是人们关注的问题,选用导热系数好的材料作为放电管只是把管内的热向外传导,而排走这些热就要靠冷却系统。现在冷却的方式有两种。第一种是水冷。这是一种常用的冷却方式,即在放电管外层加冷却水套,如图 4.6.3 所示。为了提高水冷效果,通常采用非循环用水,但水的浪费量较大。第二种是风冷。如图 4.6.4 所示,在氧化铍管外加铝制散热片,对功率为 2～500mW 的器件要求 1～13m³/min 的空气流速。这种冷却形式只适于功率较小的器件。为了满足不同的要求,目前对瓦级和毫瓦级激光器件的冷却方式有交叉式,即既有水冷又有风冷。采用风冷的器件,要注意控制其排气的温度一定要低于 80℃。上述 Ar⁺ 激光器的结构也适用于氪离子(Kr⁺)激光器。实验发现,用同一个激光器,充 Kr 器件的功率只有充 Ar 器件的 1/4。

4.6.3　Ar⁺激光器的工作特性

1. 等离子体的参数

等离子体是激光器中光放大的关键,它与器件的结构、放电方式和参数有着密切的关系,了解它的参数对于激光器的设计、放电参数的选择及材料的选取都有一定的指导作用。

1)离子温度

Ar⁺激光器是大电流弧光放电器件。其管内等离子体的密度大,温度高,尤其是离子的温度比辉光放电中的离子温度高 1～2 个量级。它的大小随激光器放电管直径、放电电流密度及气压的变化而变。对于小管径 Ar⁺激光器,离子温度常用如下经验公式来估算:

$$\frac{T_i}{300}=1+1.8\times10^{-2}Jd^{\frac{1}{2}} \tag{4.6.1}$$

式中,T_i 为离子的温度(K);J 为放电管内的电流密度(A/cm²);d 为放电管直径(mm)。由式(4.6.1)可以看到,离子的温度与气压关系不大,然而对管径较大的 Ar⁺激光器,离子温度则随气压的增大而下降。这是因为,当管径较小时,离子主要与管壁碰撞,所以与气压无关;而当管径较大时,离子不仅与管壁碰撞,还与空间气体碰撞,随气压增大,离子与气体发生碰撞机会增多,能量损失增加,故离子温度下降。

2)离子平均自由程

对于一定条件下工作的 Ar⁺激光器,其管内离子的平均自由程可由经验公式给出

$$\bar{\lambda}=6.65\frac{T}{300}p^{-1} \tag{4.6.2}$$

式中,$\bar{\lambda}$ 为离子的平均自由程(cm);T 为离子温度(K);p 为管内气压(Pa)。

以典型的氩离子激光器为例来计算其管内离子的平均自由程。设管内工作气压为 49.21Pa,管径为 2mm,放电电流密度 $J=160$A/cm²,根据式(4.6.1)和式(4.6.2)可求得离子的平均自由程约为 6.85mm。这个结果说明,在 Ar⁺激光器中,离子的平均自由程与放电管直径是同量级的,也就是说管内离子在平均自由程内主要是与壁管碰撞,其结果是导致放

电管管壁在工作过程中遭到破坏和腐蚀。为此，在设计、制作激光器时要对放电管材料进行严格的选择，以承受苛刻的工作条件。

3)电子温度

Ar^+激光器的增益区是在弧光放电正柱区，所以其等离子体内电子的温度变化与放电管直径 d 和气压 p 有关，而且是它们乘积的函数。pd 值较小时，电子温度较高，随 pd 值增大，电子温度下降，之后逐渐趋于平直。此外，电子温度还随放电电流密度的增大而升高。对常规的 Ar^+激光器，其管内电子温度一般为 3000K。

2. 气体抽运效应

直流激励器件在放电过程中出现阳极和阴极之间气压分布不均匀的现象称为气体抽运效应。也就是说，这时在阳极与阴极间存在气压差 Δp 。至于气压是阳极处高还是阴极处高及压差 Δp 大小如何，就和器件起始气压、放电电流、放电管直径以及阳极和阴极附近气体体积有关。在 Ar^+激光器中，气体抽运效应引起的压差 Δp 较大，对器件正常工作有严重的影响。

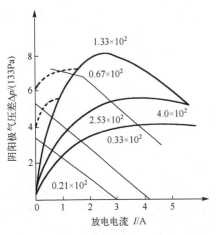

图 4.6.6 为不同气压条件下，阳极与阴极间气压差 Δp 随放电电流变化的情况。由图可见，在放电电流较低时，气压差 Δp 随电流增大而增大直至最大值(对气压高的器件，则趋于饱和)。若放电电流继续增大，充气气压低的器件的 Δp 很快下降，甚至可为负值(即阴极处气压较阳极处气压高)。在相同放电电流情况下，充气气压不同的器件，其 Δp 也是不同的。原因是：在放电电流较小的情况下，放电管内主要是由阳极向阳极运动的电子碰撞 Ar 原子，使 Ar 原子获得动能向阳极端运动，造成阳极端气压增高，这种现象称为气体碰撞泵浦效应。随着放电电流的增加，放电管内 Ar 原子电力程度增大，Ar 原子在电场作用下向阴极迁移量也增多，并在阴极多与电子复合成为 Ar 原子，使阴极端气压增高，这种在电场作用下离子向阴极运动的现象常称为电泳现象(或电泳泵浦效应)。很明显，这两种泵浦效应的作用是完全相反的。当电流增到某一值，这两种作用对气压的影响相等时，管内气压出现了一种动态平衡状态，即 $\Delta p < 0$(为负值)。不过，对于气压高的器件，因为管内电子温度较低，电离率减小以及气体碰撞概率增大，所以在电流值较大时也不会出现 $\Delta p < 0$ 的情况。

为了消除放电管两端的气压差以稳定激光器的工作，通常在激光器内附加一个回气装置，利用静态扩散作用来使管内气压达到平衡。

3. 阈值电流强度

阈值电流强度的定义是离子激光器中为输出某波长的激光所需提供的最小的电流强度。激励电流强度达到或超过此值，激光器中该波长的光才能实现振荡。在离子激光器中，每种波长激光的阈值电流强度是不相同的，它取决于充气压强、放电管管径、外加磁场、谐振腔损耗等激光器的工作条件。对于 Ar^+激光器，在最佳放电情况下，其阈值电流强度可表示为

$$I_{th} = Cd^2\sqrt{\frac{\alpha}{l}} \tag{4.6.3}$$

式中，I_{th} 为阈值电流强度；C 是与气压、磁场等因素有关的系数；d 为放电管直径；α 为谐振腔损耗；l 为放电管长度。

　　表 4.6.3 中列出 Ar+ 激光器几条主要谱线的阈值电流强度。由表可见，488nm 的阈值电流强度最小。对于多谱线离子激光器，通常是以增益最大的一条谱线的阈值电流作为表征其工作状况的指标。

表 4.6.3　Ar+ 激光器主要波长的阈值电流强度

波长 λ /nm	488.0	514.5	476.5	496.5	501.7	472.7
阈值电流强度 I/A	4.5	7	8	9	12	14

　　注：表中数值由放电管内径 d 为 4mm，管长为 77cm 的 Ar+ 激光器在气压为 34.6Pa，磁场强度为 5.4×10^{-2}T 情况下测得的。

4.6.4　Ar+激光器的输出特性

1.　输出功率

　　输出功率是表征激光器水平的重要指标。为了提高功率，这里就对影响 Ar+ 激光器输出功率的因素加以讨论。

1）放电电流的影响

　　Ar+ 激光器是工作在低气压、大电流情况下的。当放电电流超过阈值后，输出功率随电流的增加而增大（图 4.6.7），起初是成四次方增大，然后趋于平方关系地达到最大值。若继续增大放电电流，功率就出现下降。

　　Ar+ 激光器输出功率随放电电流变化的规律与其激光能级的激发过程有关。因为在这种连续输出激光器中上能级的粒子主要是靠"二步激发"和"串级激发"积累的。根据电子激发速率公式 $R = n_0^+ n_e \langle \sigma_{ev} \rangle$ 和正柱区中电子密度与离子

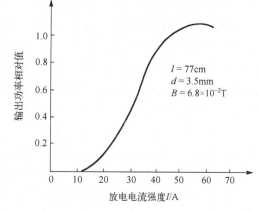

图 4.6.7　输出功率与放电电流的关系

密度相等的结论，就能清楚地看到上能级激发态离子的密度与电流之间的关系，即

$$n_{up}^+ \propto R \propto n_e^2 \propto J^2 \tag{4.6.4}$$

得出粒子反转数或激光增益 G 与电流密度的平方成正比。若放电电流较低，低气压的 Ar+ 激光器的谱线呈非均匀增宽，输出功率公式为

$$p_w = AI_s\left[\left(\frac{2Gg(v)l}{\alpha + T}\right)^2 - 1\right] \tag{4.6.5}$$

　　可以得出输出功率与电流密度的四次方成正比的关系。随着电流密度增大，放电管内的气体温度升高，气压增大，谱线线型变为均匀增宽，此时输出功率增益增长的速度减慢（p_w

$\propto G$)，以与电流密度的平方成正比的关系增大直到最大值。如果电流再增大，输出功率就出现下降的趋势，原因是过大的电流在较细的放电管内通过，导致管壁温度增高，与此同时离子对管壁的轰击也加剧，管壁材料放气和腐蚀脱落污染工作气体，使气体纯度下降，功率下降。不过，目前所用的 Ar^+ 激光器都未工作在最大功率对应的电流值上，因为管壁材料的承受能力限制了它的提高。石墨放电管能承受的电流密度为 520A/cm^2，在管径 $d = 3.2$mm 时，放电电流最大值为 40A；若改用氧化铍作为放电管，则电流密度可增大到 850A/cm^2，放电电流最大只能达到 60A。但因 BeO 陶瓷管制作过程有毒，所以制作成本高。如能解决放电管的材料的腐蚀问题，就能使 Ar^+ 激光器的功率及效率提高到一个新的水平。

2) 充气气压的影响

充气气压主要是决定管内气体的密度。提高气压会增加参与激光反转的离子数，有利于输出功率的提高。气压过高会使管壁复合减小，空间电离度增大，电子温度降低，减少反转分布的离子，使输出功率减小，因而存在一个输出功率最大的最佳气压。图 4.6.8 所示为 Ar^+ 激光器的输出功率与充气气压的关系曲线。

实验结果表明，对确定管径 d 的 Ar^+ 激光器最佳气压值满足如下的关系：

$$p_{opt}d = (1.06 \sim 1.60)\times 10^2\,\text{Pa}\cdot\text{mm} \tag{4.6.6}$$

最佳气压还随管内电流增大略有增大。

3) 磁场的影响

Ar^+ 激光器通常都加一个轴向磁场来提高功率、效率和延长器件的使用寿命。

轴向磁场对向管壁运动的电子和离子会产生洛伦兹力，并和轴向电场联合作用使管内电子和离子做螺旋运动向管轴集中。这一方面减少了扩散到管壁的带电粒子，提高放电中心的带电粒子密度，使功率提高，另一方面也减少了正离子对管壁的轰击，使管壁材料免于腐蚀，延长了激光器的寿命。但加了磁场会使谱线增宽(塞曼效应)，增益下降($G\propto 1/\Delta\nu$)，输出功率减小，还造成中心轴处带电粒子密度增大，管内轴向电场减小，电子温度下降，输出功率下降。因而存在最佳值。图 4.6.9 为 Ar^+ 激光器输出功率随磁场强度变化的关系。实验表明：最佳磁场与放电电流的关系不大，主要是取决于充气气压和放电管直径。在管径一定时，最佳磁场随气压增加而减小，在最佳充气气压下，管径越粗，磁场强度越小。

磁场的存在还能提高激光器的效率，是因为它既能使等离子体收缩，管子内阻减小，管压降降低(约 10%)，注入功率减小，又能使输出功率增加。

4) 提高输出功率的措施

为了提高 Ar^+ 激光器的输出功率，目前采取的措施有以下几点。

(1) 增大放电管的直径 d。

常用放电管的直径一般不超过 6～8mm，现在研制的放电管直径都超过 10mm。理论和实践证明，在大直径和最佳工作条件下，上能级激发速率将增加 3～4 倍，功率比小直径激光器要高 30～40 倍。这一方面是工作体积增加，另一方面是大、小直径管子中 Ar 原子的放电规律不相同，见表 4.6.4。小直径时气体放电特性由电子与原子的碰撞决定，大直径时放电特性主要取决于电子对离子的碰撞。以一个内径为 12mm 的分段水冷 Ar^+ 激光器为例，其放电有效长度为 2.2m，谐振腔总长约为 4m，增益达 0.15dB/cm，最大输出为 150W(多模)，效率已为 0.13%，不过这种器件电源装置较大。

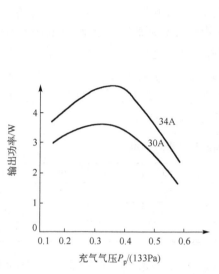

图 4.6.8　输出功率与充气气压的关系曲线

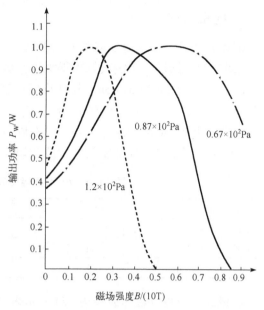

图 4.6.9　输出功率与磁场强度的关系

表 4.6.4　大直径放电管和小直径放电管参数的比较

参数	小直径放电管	大直径高放电管
直径/mm	$\leqslant 2$	$\geqslant 10$
$jR/(\mathrm{A/cm})$	$\leqslant 50$	$\geqslant 150$
kT_e(最佳)/eV	$5\sim 7$	$3\sim 4$
NR/N_0R_0(最佳)	$3\times 10^{-3}\sim 10^{-2}$	2×10^{-2}
电场	与 j 无关	正比于 j
效率	正比于 jR	正比于 j^2R^2
磁场	需要	不需要
增益	正比于 Rj^2	正比于 R^2j^4
激光功率	正比于 R^2j^4	正比于 R^4j^8
可见光功率/W	$0.1\sim 5$	$50\sim 200$

注：R 为放电管半径，j 为电流密度，k 为玻尔兹曼常量，T_e 为电子温度，N 为中性粒子密度；N_0 为 0℃时，1.33×10^2Pa 压强下中性粒子的密度($N_0=3.53\times 10^{16}\mathrm{cm}^{-3}$)；$R_0=1$cm。

(2)增加 pR 乘积。

理论分析表明，对激励有限的 Ar^+ 激光器，在没有共振俘获情况下，连续波输出功率正比于 $(pR)^2$，最大效率与 pR 成正比，所以采用大直径放电管和高气压有

$$pR=6.65\times 10^2\mathrm{Pa}\cdot\mathrm{mm} \tag{4.6.7}$$

(3)采用新型阴极。

用难熔金属(钽、钨或钨合金等)制成空心圆筒(空心阴极)，使其发射的电子中含有较大比例的高能电子，可增加气体离化率达到百分之几十。在相同发射面积条件下，它能提供两倍于热阴极的电流。阴极发射电子过程同时存在二次发射、热电子发射、光电发射及场致发射。

2. 输出谱线

Ar⁺激光器是一种发射多谱线的激光器,由于它的谱线主要是发生在 $3p^44p$ 与 $3p^44s$ 两组态能级之间的跃迁,谱线波长靠得很近,因此使用一般介质膜反射镜常出现几条谱线同时振荡,其中 488nm 和 514.5nm 这两谱线强度大些,占总输出功率的 30%～40%。表 4.6.5 列举了一支输出为 8.5W 的单横模 Ar⁺激光器的谱线及其相对强度。倘若要获得单一波长的输出,除可用阈值电流控制外,还可以在腔内或腔外用一个或几个棱镜分光,或利用特制的介质膜的不同反射特性抑制其他谱线实现一条谱线的最佳振荡。

表 4.6.5　Ar⁺激光器主要谱线波长及相对强度

波长/nm		457.9	465.8	472.7	476.5	488.0	496.5	501.7	514.5
上能级	$4p$	$^2s^0_{1/2}$	$^2P^0_{1/2}$	$^2D^0_{3/2}$	$^2P^0_{3/2}$	$^2D^0_{5/2}$	$^2D^0_{3/2}$	$^2P^0_{5/2}$	$^4D^0_{5/2}$
下能级	$4s$	$^2p_{1/2}$	$^2P_{3/2}$	$^2P_{3/2}$	$^2P_{1/2}$	$^2P_{3/2}$	$^2P_{1/2}$		$^2P_{3/2}$
相对强度		0.5	0.15	0.2	0.9	2.3	0.8	0.45	3.2

Ar⁺激光器也可以输出波长为 351.1nm 和 363.8nm 的紫外谱线,它们是 Ar 二次离化的离子(Ar⁺⁺)受激辐射的谱线,这在电流密度很大时可以观察到。

4.6.5　Ar⁺激光器的设计

Ar⁺激光器的精确计算是十分复杂和困难的,在此只能就经验公式对输出 488nm 谱线的风冷氧化铍 Ar⁺激光器(图 4.6.4)作粗略估算。

1. 确定放电管直径 d

首先根据风冷器件的结构特点考虑,取谐振腔腔长

$$L = 330\text{mm}$$

因 Ar⁺激光器增益较小,所以谐振腔一般选用平-凹腔。凹面镜的曲率半径由下式确定:

$$R = 1.8L \approx 600\text{mm}$$

要获得 TEM₀₀ 的放电管直径,通常应选为凹面镜处光斑的 3～4 倍,为此,先将 L、R、λ 值代入下式,算出波长 $\lambda = 488\text{nm}$ 时平面镜和凹面镜上的光斑半径。对于平凹腔

$$w_M = \frac{\lambda L}{\pi}\left[\frac{R^2}{L}(R-L)\right]^{1/4}$$

$$w_0 = 0.215\text{mm}, \quad w_1 = 0.32\text{mm}$$

代入后得

$$d = \left(\frac{\lambda L}{0.009\pi}\frac{\Gamma^2}{\Gamma-1}\right)^{1/4} \tag{4.6.8}$$

式中,$\Gamma = R/L$,常称为腔结构参数。最后,算得放电管直径为

$$d \approx 1\text{mm}$$

2. 确定放电管长度

已知 Ar⁺激光器输出功率的经验公式

$$P_w = KJV \tag{4.6.9}$$

式中，K 为由实验确定的系数，对此器件 $K = 0.0008$；J 为管内电流密度（A/cm^2）；V 为激活介质的体积，其大小为

$$V = \frac{\pi d^2 l}{4} \tag{4.6.10}$$

式中，l 为 Ar$^+$激光器放电管的长度。

将式(4.6.9)代入式(4.6.8)，得

$$l = \frac{4P_w}{KJ\pi d^2} \tag{4.6.11}$$

若用户对 488nm 谱线输出功率要求为 10mW，根据 488nm 谱线的功率 P'_w 约占总功率的 40%，那么，对该激光器要求的总功率应为

$$P_w = P'_w / 40\% = 25\text{mW}$$

已知管内额定电流 I 为 8A，则管内的电流密度为

$$J = \frac{I}{\pi d^2 / 4} = 1000(\text{A/cm}^2)$$

将 P_w、J、K、d 等值代入式(4.6.10)，求得放电管长度为

$$l \approx 4\text{cm} = 40\text{mm}$$

3. 确定输出镜的最佳透射率

已知激光器最佳透过率的公式为

$$T_{opt} = \sqrt{2G_0 l \alpha} - \alpha \tag{4.6.12}$$

式中，α 为基模（TEM$_{00}$ 模）在腔内的损耗，包括镜面的吸收与散射的损耗 α_m 和腔的衍射损耗 α_{00}。对 Ar$^+$激光器一般取 $\alpha_m = 0.001$，α_{00} 则由算出的菲涅耳数 N 和谐振腔几何参数 g 在 TEM$_{00}$ 模衍射损耗图中查定。

$$N = \frac{d^2}{4\lambda L} = 1.55$$

$$g = 1 - \frac{L}{R} = 0.45$$

查得

$$\alpha_{00} = 0.002$$

谐振腔的总损耗：

$$\alpha = \alpha_m + \alpha_{00} = 0.003$$

取小信号增益系数：

$$G_0 = 2 \times 10^{-2} \text{ cm}^{-1}$$

算得最佳透过率：

$$T_{opt} = 2\%$$

4. 光束发散角 θ 的计算

根据公式 $\theta = \dfrac{\lambda}{\pi w_0}$，将 λ、ω_0 值代入算得 Ar$^+$ 激光器 488nm 谱线的发散角为

$$\theta = \frac{0.488 \times 10^{-3}}{\pi \times 0.215} \approx 0.722 \times 10^{-3}\,\text{rad}$$

4.6.6　Ar$^+$激光器的电源系统

氩离子激光器放电管的放电特性为典型的弧光放电，具有低电压、大电流的特点。点燃过程是：先加一较高电压，使放电管击穿形成辉光放电，主电源接入后，形成大电流弧光放电。但是氩离子激光器电源系统还有特殊的要求：其一为沿放电管的纵向需加磁场，磁场常用导线绕成的螺旋管形成，故需磁场供电系统；其二为使阴极能发射几十安乃至上百安的电流，需要大功率的阴极和灯丝电源。所以一个完整的氩离子激光器电源系统应包括：供应弧光放电的主放电回路；使放电管触发的辉光放电电路，或称触发回路；磁场供电回路；灯丝电源回路；为实现一定的操作程序的连锁和保护回路。下面简单介绍氩离子激光器电源系统的主放电回路和触发回路。

1. 主放电回路

主放电回路采用单相或三相整流电路，为使输出更平稳，常加上一定的滤波回路。常用电路如图 4.6.10 所示，电流调节可利用限流电阻或饱和电抗器。因为输出激光功率与气体放电电流密度的四次方成正比，即激光功率随电流密度增长很快，氩离子激光器有一个最佳工作电流值。最佳电流密度约为 1000A/cm^2，加入辅助气体(如氮)后可达 1500A/cm^2，因此电流太大，激光器工作在此电流下会使寿命缩短，一般根据器件情况，使其处于曲线上升部分即可。

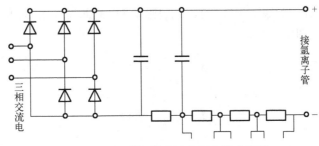

图 4.6.10　氩离子激光器电源主放电回路

2. 触发回路

氩离子激光器的触发回路有两种形式：一是利用高压直流触发形成辉光放电，此时仅需供给高于放电管着火电压的高压，便能使放电管击穿，为弧光放电形成通道；二是利用高压脉冲触发，此脉冲触发由变压器和触发电容器 C 组成，即为多节滤波器回路中的一节。为了保证可靠的触发，触发脉冲至少要持续 0.1ms 并能输出几安电流，当触发脉冲衰减时，为保证主回路接着放电，可利用一个二极管和电阻阻尼触发变压器高压侧的残余振荡。

4.7 金属蒸气激光器

4.7.1 金属蒸气激光器概述

金属蒸气激光器是气体激光器中的一个分支,它是用金属在一定温度下蒸发出来的蒸气作为工作物质,用不同的激发方式实现离子数反转,从而产生激光振荡。按照离子数反转激发机理和工作状态,可以把金属蒸气激光器分为三类:自终止跃迁金属原子蒸气激光器,金属蒸气粒子激光器,光泵浦金属蒸气激光器。第一类:自终止跃迁金属蒸气激光器,工作粒子为金属原子,用高压脉冲放电激发,可在高重复频率下工作;第二类:金属蒸气粒子激光器,工作粒子为金属离子,用放电激发,可在连续或脉冲状态下工作;第三类:光泵浦金属蒸气激光器,工作物质为碱金属(如 K、Rb、Cs)蒸气,用光激发。在简化元素周期表 4.7.1 中,列举了至今为止已获得激光振荡的金属元素,如 Na、Mg、Al、K、Ca、Mn、Fe、Cu、Zn、Ga、Ge、Se、Rb、Sr、Ag、Cd、In、Sn、Sb、Te、Cs、Ba、Au、Hg、Ti、Pb、Bi、Sm、Eu、Tm、Yb 等。其中的某些元素同时实现原子和离子激光振荡,如 Cu、Au、Ba 等。本节将较详细地阐述自终止跃迁金属原子蒸气激光器,并以高效率、高功率的铜原子蒸气激光器为代表,讨论其典型器件结构和工作特性。最后对其他同类型金属原子蒸气激光器进行介绍。

表 4.7.1 已获得激光振荡的金属元素(灰底部分元素)

自终止跃迁金属蒸气激光发射于 1965 年首次在铅原子蒸气中获得成功。1966 年,Walter 报道了铜原子蒸气的激光发射,并从理论上分析了铜原子是这一类激光器中最有发展前途的体系。在早期的工作中,铜原子的 510.6nm(绿光)和 578.2nm(黄光)激光辐射是由脉冲纵向放电、纯铜体系在温度高于 1500℃下得到的,转换效率只有 0.1%。虽然进一步的研究使效率提高到 1%,但是几年后除了平均功率有所提高之外,工作温度并没有降低,效率也没有提高。

1973 年,C. S. Liu 等关于解决高温工作问题的报道中,用铜的卤化物作为工作物质,工作温度接近 600℃,在这个温度下,铜的蒸气压约为 133Pa,而在纯铜体系中,要获得 133Pa 的压力,则需要 1600℃。他们在全石英放电管中,用 CuI:Ar 放电获得了铜原子两个波长的放大自发辐射;在这以后,用双脉冲放电技术相继实现了 Cu、Pb、Mn 卤化物为工作物质的激光辐射跃迁,并测量了激光功率为最大值时的最佳延迟时间,进一步用乙酰丙酮铜($Cu[CH \cdot (CO \cdot CH_3)_2]$)和硝酸铜($Cu(NO_3)_2$)做工作物质,在 200℃到室温的温度范围内也得到了铜的激光发射。所有这些实验都证明了铜蒸气激光器可以在较低的温度下正常运转,克服了铜激光器的制作工艺、绝缘和材料等困难。

卤化铜蒸气激光器可在双脉冲放电和高重复频率放电情况下运转。在双脉冲放电卤化铜体系中，第一电流脉冲使卤化铜部分或全部分解成铜和卤素原子以及离子，第二电流脉冲使铜原子激发到较高激发态，同时也有部分能量消耗在分解激活体积中剩余的少数分子上。而在高重复频率的多脉冲放电卤化铜体系中，每个电激发脉冲都可以得到 510.6nm 和 578.2nm 的激发辐射。显然，除第一个脉冲为分解脉冲之外，其后的每个脉冲不仅激发了铜原子，而且对脉冲序列中的下一次放电也起预分解的作用。但是由于存在积累效应，只在几个脉冲之后才观察到激光输出。在高重复频率下工作的卤化铜激光器对于电源脉冲发生器的要求将大大简化，其重复频率可高达 100kHz。在这样高的重复频率下，采用直径很小(1.6mm)的纵向放电管，还可观察到自锁模铜蒸气激光输出。

在提高脉冲铜蒸气激光器输出功率水平方面，最显著的成绩是 Цсаев 于 1977 年所做的工作，他们在内径为 30mm、加热区长度为 800mm 的纯铜蒸气器件中，采用放电自加热方式，获得了平均功率为 43.5W 的激光输出，峰值发射功率为 200kW。进一步，由 АртеЦьеь 等研制了横向放电的铜蒸气激光器。在研究平均功率与各参数关系的基础上，制成了重复频率 3Hz，平均功率 75W 的器件。而劳伦斯利弗莫尔国家实验室(LLNL)，已研制成平均功率为 100W 以上的铜蒸气激光器，并已用它泵浦染料系统。目前看来，铜蒸气激光辐射泵浦染料激光器是原子法分离铀同位素最有竞争力的器件。对于卤化铜激光器，目前较好的器件是由 Chen 等研制的内径为 25mm，电极间距为 200cm 的 CuBrNe 放电体系的设备，其激光输出平均功率为 19.5W。

铜激光器的效率在相当长时间一直为 1%，由 Bokhan 研制的纵向放电铜蒸气激光器选择了最佳参数，其效率已达 3%。对于横向放电的铜激光器，利用电缆送泵浦脉冲，其效率进一步提高到 5%。

放电脉冲时间缩短到与铜激光脉冲时间间隔相比拟，是实现高效率、高功率工作的主要途径。因此，改善储能元件、开关元件以及放电管的部件，使线路的电感最小，从而获得最窄的激发脉冲。这样，对铜激光器的电源就要进行全面考虑。实践证明，采用 Blumlein 线路是很适宜的。

对铜激光器与各种参数的依赖关系进行深入研究。诸参数包括双脉冲延迟时间、工作温度、缓冲气体压力和种类等。从实验中可找出最佳工作条件。对铜原子基态和亚稳态的粒子数密度进行测量，揭示反转机构、激发动力学过程等方面的实验基础。脉冲铜蒸气激光器的理论模型，类似于脉冲氮激光器和氩激光器的模型。所用的电子激发和离化截面是用经典的 Gryzinski 方法计算的。对于铜激光器的全面研究，推动了整个金属蒸气激光器的研究，诸如铅、金、锰、钡等金属蒸气激光器也同时有了较大进展。

在金属蒸气原子激光器中，脉冲铜蒸气激光器是目前研究得最多并有可能在光谱的可见光区域提供大功率和高效率运转的放电激励的气体激光器，其主要跃迁波长是 510.6nm(绿光)和 578.2nm(黄光)。

与上述两个跃迁波长相对应的激光上、下能级分别是

$$510.6nm：4p^2p_{5/2} \longrightarrow 4s^2D_{5/2}$$

$$578.2nm：4p^2p_{1/2} \longrightarrow 4s^{22}D_{3/2}$$

激光上能级的寿命与从激光上能级到基态的辐射跃迁是否发生共振俘获有关。在共振俘

获可以忽略的情况下，两条谱线上激光能级的寿命都只有几纳秒；而在共振跃迁完全被俘获的情况下，这些能级的有效寿命和激光跃迁的 A 系数的倒数 $\tau_2 = 1/A_{21}$ 相等。$1/A_{21}$ 为几百纳秒。

激光下能级是与基态没有光学联系的亚稳态，其有效寿命仅由扩散决定，在典型条件下，激光下能级的寿命 τ_1 约为零点几纳秒。

由于 $A_{uL}^{-1} \leqslant \tau_L$，故铜蒸气激光器不能满足连续激光作用的最低条件，即 A_{uL}^{-1}。然而若用上升时间极短的脉冲进行激发，可在很短的时间间隔(例如在数量是最大的 A_{uL}^{-1} 的时间内)建立粒子数反转。这时，激光作用很快地使下能级粒子数积累到一定数目，激光作用便自行终止。故这种激光器只能以脉冲方式工作，一般称为自终止跃迁方式的激光器。

自终止跃迁的能级结构具有如下的特点：激光振荡的上下能级一般都比较接近基态。上能级与基态有较强的光学联系，因此，对基态必须有相反的宇称(通常它是共振线的第一项)。而下能级则是具有很低的激发能量的亚稳能级(通常是基项的一个能级)。

与脉冲铜蒸气激光器类似的还有铅、铋、铊的蒸气激光器。

为使金属气化，金属蒸气原子激光器必须具备一个使金属变为蒸气的电热装置。对于铜来说，为了获得足够的蒸气压，电热装置必须使铜加热到高达 1500℃ 的温度。一般使用能耐高温并有良好真空气密性能的氧化铝材料作为管壳，并在其外面绕上电热丝来加热管内的金属。这种激光器工作温度相当高，因而存在严重的工艺问题。

目前有一种使用金属卤化物的双脉冲激光器，其工作温度较上述激光器要低得多。因为卤化物在很低的温度也有可观的蒸气压(如 CuI 只需要 450～500℃)。然而，这时为提供自由原子形式的金属，对每一个激光脉冲，必须使用两个放电脉冲，第一个脉冲使分子蒸气发生一定的分解，第二个脉冲激发还未来得及扩散到管壁的基态自由原子，并在此期间产生激光。

4.7.2　自终止跃迁激光器

1. 一般考虑

目前，在可见、紫外和近红外光谱区工作的气体激光器的效率是不理想的。效率低的主要原因是必须选取与基态间距大的激光下能级气体，以便保证通过自发辐射过程迅速衰变。为了克服这个困难，曾提出所谓"碰撞"激光器的方案，这种激光器的运转机制是下能级的粒子衰变过程通过与重粒子进行碰撞，但这只有在中红外光谱区的激光器中才能实现。

连续激光器的效率可简单地表示为

$$\eta = fh\nu / E \tag{4.7.1}$$

式中，f 为泵浦能量中用于激发激光上能级的百分比；$h\nu$ 为激发跃迁的能量；E 为激光上能级的能量。既然在多数情况下，连续气体激光器都使用较高的能级，比值 $h\nu/E$ 就很少超过 0.1。使用高能级对 f 也是不利的。在气体放电等离子体的条件下，大部分能量消耗在激发最低的能级和电离过程中，而消耗于激发高能级的能量通常只有约 1%。因此，连续原子气体激光器转换效率的典型值仅为 $10^{-4} \sim 10^{-3}$。

在大多数原子系统的放电过程中，大部分能量用于激发第一共振能级，这可以从如下的分析得到说明。在中性原子中彼此靠近且与基态有光学联系的那些能级，可由电子碰撞有效地选择激发，其激发截面由下列近似公式给出：

$$Q_{12} \propto \left| \iint \varphi_1 e^{ikr} \varphi_2 d\tau \right|^2 k \, dk \tag{4.7.2}$$

式中，k 为入射电子的传播矢量；φ_2 和 φ_1 分别为激发态和基态的波函数。设入射电子能量为 E_e，激发能量阈值为 E_n，则当 $E_e \gg E_n$ 时

$$Q_{12} \propto \left| \iint \varphi_1 \varphi_2^* d\tau \right|^2 k \, dk \tag{4.7.3}$$

上式中的积分为辐射跃迁电偶极矩阵元。在电子交换相互作用可忽略的电子能量下，激发截面近似为

$$Q_{12} \propto A_{21} \tag{4.7.4}$$

式中，A_{21} 为爱因斯坦辐射跃迁几率。对于光学允许跃迁，A_{21} 值可能很大，因此可得到大的激发截面。

由于原子体系的第一激发共振能级具有最大的电子激发截面，因而它可选作激光上能级。这时激光下能级只能是比第一共振能级低的亚稳态能级。在短脉冲电流激发条件下，这两个能级之间会有效地产生粒子数反转，由于亚稳态的禁戒跃迁性质，因此很快就不满足激光振荡条件而终止激光振荡，故称跃迁终止于亚稳态的脉冲激光器为自终止跃迁激光器。

金属蒸气激光器是典型的自终止跃迁激光器。一些金属和过渡族元素具有较低的原子能级，用它们作为激光介质可预期使效率大为提高。为了表示这一类激光器的效率，应将式(4.7.1)稍作改动。在一个激光脉冲终止以后，激光上能级的一部分粒子没有被利用，这取决于激光上下能级统计权重 g_h 与 g_b 之比，考虑到这个因素，激光转换效率应为

$$\eta = f \frac{g_h}{g_h + q_b} = f\eta_l \tag{4.7.5}$$

式中，f 为极限转换效率；因子 $g_h/(g_h+g_b)$ 通常为 1 的数量级(一般为 1/3～2/3)；而因子 $h\nu/E$ 要比稳态体系大得多，对下能级位置不高的原子，$h\nu/E$ 为 0.5～0.7；f 的估计有一定的困难，因为它与实验条件很有关系。对于激发共振能级来说，f 约为 0.5。将所有因子相乘得到极限转换效率约为 25%。在实际情况下，实现这个极限值将受到许多条件的限制，如激发脉宽必须与激光脉宽同量级。此外，还必须考虑到，在脉冲状态下建立工作等离子体要消耗大量的能量，它与激发工作能级所消耗的能量相比拟。考虑到以上这些因素，从共振能级到亚稳能级激光振荡的转换效率实际的预期值是 10%左右。

2. 自终止跃迁有效反转的条件

自终止跃迁激光器的工作能级如图 4.7.1 所示，它包括原子基态的三能级系统。在气体放电时，原子激发态被填充的主要机制是电子和基态原子间的第一类非弹性碰撞，即

$$e + X \longrightarrow X^* + e$$

电子与原子的非弹性碰撞，使原子

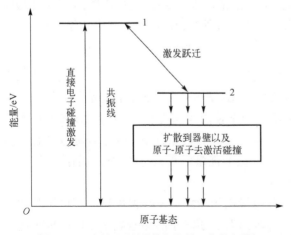

图 4.7.1　自终止跃迁激光器的工作能级图

激发到某一能级的有效截面正比于偶极跃迁矩阵元。由于这些系统的自终止性质,激光下能级的寿命大于激光上能级,因而激光振荡只发生在上能级寿命的时间间隔内,一般只在激发脉冲的前沿才能观察到。自终止跃迁激光器以脉冲峰值功率高和脉冲宽短为特性。

在研究各种高效率的金属蒸气原子系统时,考虑图 4.7.1 所示的三能级系统便可确定实现自终止跃迁粒子数反转的如下五个条件。

(1)激光上能级是共振能级,它与基态有强的电偶极辐射跃迁。因此,快放电可使上能级强激发。

(2)激光下能级是亚稳态,与基态没有电偶极跃迁。即基态与下能级宇称相同(电偶极禁戒跃迁),与上能级宇称相反(电偶极允许跃迁),因此下能级的激发截面很小。

(3)希望激光上能级仅与基态和下能级有光学联系。激光上能级到任何其他能级跃迁的电偶极矩阵元应比这两个弱很多,以使上能级实际上没有噪声跃迁。为了减小上能级到基态的跃迁几率,必须使原子浓度足够高,并有效地俘获共振辐射。当基态有子能级时,它们应靠得很近,使之在工作温度下有足够的粒子数,以便俘获上能级的自发辐射。

(4)激光跃迁的辐射跃迁几率 A 值应小于激发跃迁的 A 值,但是大于弛豫跃迁的 A 值,实际的范围为

$$10^7 \text{s}^{-1} > A(\text{激光跃迁}) > 10^4 \text{s}^{-1}$$

如果激光跃迁的辐射寿命比电流脉冲的上升时间短,那么自发辐射将在实现足够的粒子数反转之前使上能级抽空。另外,如果激光跃迁的 A 值很小,则为了得到足够高的增益,所需要的反转密度很难达到。

(5)为使激光效率高,要求激光振荡量子能级与基态和上能级能量差之比足够大,因此下能级的位置要尽可能靠近基能级。但下能级的玻尔兹曼热分布不能超过原子总数的 0.1%,因此下能级应选在基态之上 $6000 \sim 18000 \text{cm}^{-1}$。

当满足上述条件时,可以达到激光转换效率的理论预期值,但同时满足全部要求是困难的。从分析原子的能级结构出发,许多原子都不能满足上述的式(4.7.2)、式(4.7.5)要求,而只有 p 和 d 壳层部分填充的元素符合这些要求,因此重点研究的应是重元素的原子。然而,对于这些重元素,为了得到几百帕(约几托)的原子气体,通常需要高温。达到 1000℃ 以上的高温还存在较大的工艺困难。

在已经获得激光振荡的金属元素中,铜原子能获得最高的脉冲功率值和最大的转换效率。显然,这是由于铜的能级结构比其他金属元素更符合上述五个条件。

4.7.3 铜蒸气激光器

1. 铜原子能级

铜蒸气激光器主要输出绿光(510.6nm)和黄光(578.2nm),可达到 100W 的平均功率和 100kW 的峰值功率,其主要应用领域为染料激光器的泵浦源。此外,还可用于高速闪光照相、大屏幕投影电视及材料加工等。

铜蒸气激光器的工作特性可由图 4.7.2 的铜原子能级图说明。铜的电离电势只有 7.72eV,低于惰性气体氦和氖的电离电势(分别是 24.6eV 和 21.6eV)。因此,在典型的

铜激光器中，用于非弹性碰撞激发过程的电子是产生于铜原子的电离，而不是缓冲气体添加物。铜原子的激光能级是自旋劈裂双重态，$4P^2P_{3/2}$ 和 $4P^2P_{5/2}$ 共振能级与 $4S^2S_{1/2}$ 基态之间分别由 324.8nm 和 327.4nm 共振跃迁相联系。该两个能级分别为 510.6nm 和 578.2nm 激光跃迁的上能级，彼此相距 248cm^{-1}。因为在 600℃时的平均热能是 607cm^{-1}，在电流脉冲期间，这些共振能级可能很快地交换激发能，并且 570nm($4P^2P_{3/2} \rightarrow 3d^94S^{22}D_{3/2}$) 跃迁发自 510.6nm 激光上能级，终止于 578.2nm 激光下能级。而所有其他已知的铜原子的光跃迁都发自两个共振能级之上的能级，且终止于这些共振能级。这些辐射跃迁的时间都较慢，和放电电流时间大致相同，因此在激光上、下能级之间没有其他的噪声跃迁。

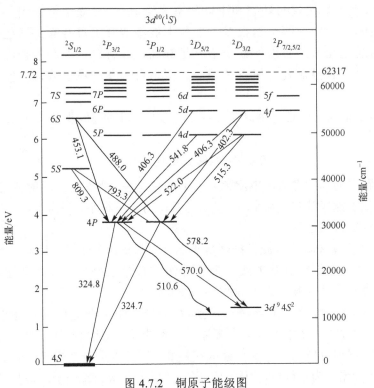

图 4.7.2　铜原子能级图

$4P^2P_{3/2}$ 和 $4P^2P_{1/2}$ 激光上能级的有效寿命严重地影响铜原子激光动力学，特别是在近阈值条件下，当铜原子基态离子数密度 N_1 和管半径 R 满足条件 $N_1R \geqslant 10^{13}$cm^{-2} 时，324.8nm 和 327.4nm 共振线被捕获，因此增加了共振线的有效寿命。在部分能级图 4.7.3 中说明了这个过程。在不发生共振捕获时，$4P^2P_{3/2}$ 和 $4P^2P_{1/2}$ 能级的寿命分别是 9.60ns 和 10.24ns，在共振跃迁完全被捕获时，这些能级的有效寿命和激光跃迁的爱因斯坦系数的倒数相等，能级 $^2P_{3/2}$ 的寿命为 615ns，能级 $^2P_{1/2}$ 的寿命为 370ns。因此，在 $N_1R \geqslant 10^{13}$cm^{-2} 的情况下，对泵浦的要求可大大降低。如果管半径为 1cm，纯铜激光器的有效最小工作温度近似为 1200℃，实际的工作温度要更高些。卤化铜激光器的最小工作温度是 400℃。由以上说明可知，共振捕获是铜激光器能够实现泵浦的必需条件，在最佳工作温度下，这个条件是容易被满足的。

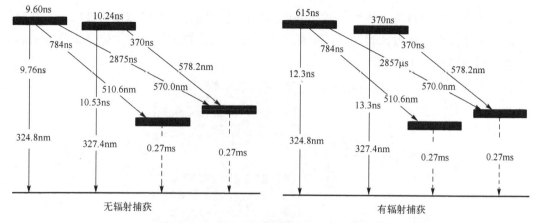

图 4.7.3 铜原子激光系统的有效跃迁寿命

用铜化合物作为激光工作物质，除了要求有低的分解能和高的蒸气压之外，还要求它们或者它们的热分解产物在共振线和激光波长都没有严重的吸收。对共振线的吸收使铜共振能级寿命由于辐射捕获的增长受到影响，对激光波长的吸收明显地减少了激光增益。测量电激发 CuI:Ar 混合物中的这两个吸收效应，证实了这些有害的吸收是可以忽略的。

2. 器件类型

在脉冲金属蒸气激光器研究中，由于铜激光器具有许多优点，所以研究最为广泛。铜激光器的器件比较成熟，种类也十分繁多，可以分类如下。

(1)按工作物质分类，有纯铜、卤化铜和铜的有机化合物。由于纯铜体系需要 1500℃以上的工作温度，氧化铜体系需要 1300℃的工作温度，它们都必须采用氧化铝管或氧化铍管作为激光放电管；而卤化铜及铜的有机化合物工作温度为 600℃以下乃至室温，所以只需要石英放电管甚至派力克斯玻璃放电管。

(2)按激励方式分类，有纵向放电和横向放电。它们可在多脉冲和双脉冲状态下工作。

(3)按介质工作方式分类，有流动体系和封离式工作。一般都要加氢、氖或氩作为缓冲气体。

(4)按加热方式分类，有外加热和自加热方式。外加热要有合适的高温炉和保温装置。自加热指放电管的温度靠脉冲放电的能量达到，但也需要保温。这时，当放电管尺寸一定时，加热温度主要由电源的功率值决定。

对于一个总体器件，常常综合不同的分类方式，使其发挥各自的长处。例如，纯铜激光器通常采用高重复频率自加热方式，而卤化铜激光器通常采用双脉冲低重复频率外加热方式，这要根据具体的需要和可能而定。

3. 纯铜蒸气激光器

铜蒸气激光辐射首次是在纯铜体系中得到的。虽然在后来的实践中，卤化铜激光器有很大的发展，但是由于纯铜体系能获得比卤化铜高得多的输出功率，并且对其他纯金属原子体系激光器的研究有普遍意义。纯铜激光器装置如图 4.7.4 所示。

激光上能级 $4P^2P_{3/2}$ 和 $4P^2P_{5/2}$ 与激光下能级 $4S^{22}D_{5/2}$ 和 $4S^{22}D_{3/2}$ 之间的跃迁是一个从 $4P$ 到 $4S(\Delta l = 1)$ 和 $3d$ 到 $4S(\Delta l = 2)$ 的双电子跃变。下能级的亚稳态性质说明了 510.6nm 和

578.2nm 激光辐射的自终止特性。激光跃迁的快速受激辐射使亚稳态很快被填充，并当达到与激光上能级粒子数近似相等时，增益减小到零，当亚稳态粒子由于碰撞去激活而衰减时，又可以出现第二个激光脉冲。

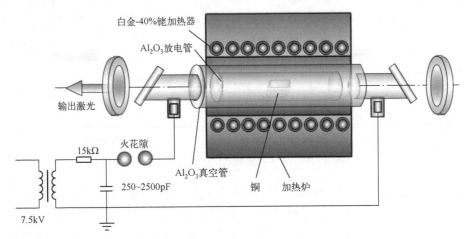

图 4.7.4　纯铜激光器结构图

　　纯铜激光器是用陶瓷管作为放电管，外面用白金-40%铑的条状加热器包围，在陶瓷管中产生直径 1cm、长 80cm 的外加热区。放电管外端用法兰封上布儒斯特窗，窗的温度仍接近于室温，钨电极也处在冷区。

　　管子充以 133～400Pa 的氦气作为缓冲气体，以防止金属蒸气沉积在窗口上，同时也起从电极到金属蒸气区载运放电作用。

　　谐振腔由 3m 曲率半径的球面镜和相距 158cm 的平面镜组成，前者镀以全反射介质膜，后者镀以部分透过的介质膜作为输出端。

　　放电电容在 250～2500pF 可调，最高充电电压 7.5kV，用可调的气体火花隙作为开关与陶瓷放电管串联。放电峰值电流为几百安，电流脉冲上升时间约为 20ns，半峰值宽度约为 200ns。采用平面光二极管和示波器监视激光脉冲，用定标的热偶测量输出平均功率。

　　利用这个实验装置，首次实现了铜的 510.6nm$(4P^2P_{3/2} \rightarrow 4S^{22}D_{5/2})$ 和 578.2nm$(4P^2P_{1/2} \rightarrow 4S^{22}D_{3/2})$ 的脉冲振荡，这两条线的增益分别是 58dB 和 42dB，并在绿线(无镜)和黄线(单镜)上观察到放大自发辐射。工作温度约为 1500℃，与这个温度相应的铜蒸气压约为 40Pa。这时，基态和激光上能级粒子数密度在脉冲期间估计分别为 $10^{15}cm^{-3}$ 和 $10^{12}cm^{-3}$。随着温度的升高，没有观察到功率的饱和，这表明尚有巨大的潜力。

　　为得到高功率、高效率的铜激光器，必须使放电线路的电感最小，从而产生短激发脉冲。为此，进行精心设计，将放电电容、开关元件固定在激光器的法兰上，结成一体，如图 4.7.5 所示。这种激光器一般在高重复频率(1～20kHz)下进行放电自加热工作，无须再采用外加热的高温炉。纯铜蒸气激光器多半以纵向放电的方式进行。

　　图 4.7.6 是铜激光器剖面图。激光管用双层管制成，内管是外径为 32mm、内径为 26mm 的高纯度氧化铝管，里面放有激光介质，外部有温度保护层。钽电极装在氧化铝管的两端，流动水是为了保护电极。+H.V.为闸流管加正高压，缓冲气体用氦气，布儒斯特窗的材料是石英玻璃，需保证真空密封。该激光器可在 5～10kHz 的重复频率范围工作，其输出功率

达 10W 以上。横向放电纯铜激光器的特点是放电电流比纵向放电大一个量级(可达 10kA),减小放电线路的寄生电感,能确保高效率。

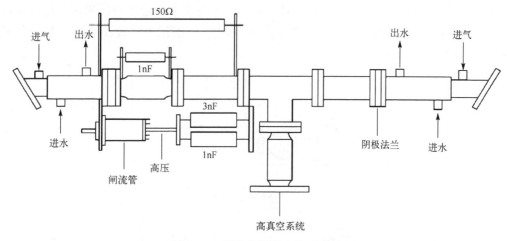

图 4.7.5 紧凑的铜激光管示意图

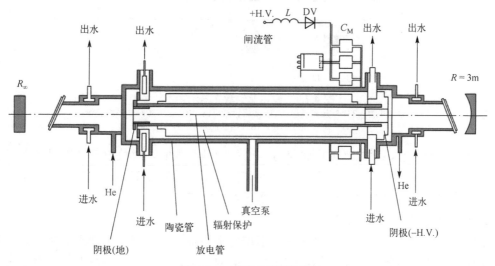

图 4.7.6 铜激光器剖面图

4. 卤化铜激光器

由于卤化铜激光器降低了工作温度,并且也能得到相当高的输出功率以及较长的工作寿命,因此是一种较实用的铜激光器。这里介绍两种卤化铜激光器。

1)纵向放电的溴化亚铜(CuBr)激光器

实验装置如图 4.7.7 所示。激光放电管由全石英制成,直径为 2.5cm,电极间距为 200cm,谐振腔由一个平板和一个曲率半径为 6m 的镜片组成,后者镀以 510.6nm 全反射介质膜。放电管带有两个侧管,作为激光介质溴化亚铜的储存器,它们分别加热,并有温度控制装置,以便为激光管提供溴化亚铜蒸气,放电管本身单独加热。电极用两个直径为 0.64cm 的钨棒制成,放在垂直于放电管轴的水冷套内。能量存储电容用 90cm 长同轴电缆,并联后总电容为 0.0035μF。这个激光器的特点是可以用较高的缓冲电压(氖气,压力为 10600~

13300Pa)，扩大了激光管的直径和长度，在 16.7kHz 的重复频率下得到 19.5W 的较高平均功率，激光脉冲宽度为 40ns，相应的激光脉冲能量和峰值功率分别是 1.2mJ 和 30kW。在工作近百小时后，激光功率没有显著下降，只显示出有少量的金属铜沉积在布儒特斯窗上且电极稍有破坏，管子不漏气，闸流管性能良好。1992 年，浙江大学设计了平均寿命为 500h 的溴化亚铜激光器。

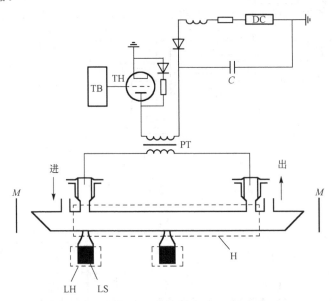

图 4.7.7　溴化亚铜激光器示意图

DC-直流电源；TB-闸流管栅极；TH-闸流管热阴极；PT-变压器；M-谐振腔镜；
LH、LS-溴化亚铜粉末池加热温控装置；H-保温罩

为提高器件性能，对激光放电管进行精心处理是必要的。对放电管管壁以及电极进行去气处理，然后在管中放入无水卤化铜，并在低于熔点的温度下加热去气，最后充以适当压力的缓冲气体，即可开启放电电源，使激光器正常运转。

2) 横向放电碘化亚铜(CuI)激光器

纵向放电的铜激光器比较容易制作，但放电不稳定，放电沟道无规则不能重复，并且难于实现在大激活体积中放电。横向放电优于纵向放电之处是放电电流上升速率很快，放电均匀性好，并且可扩大激活介质体积，因而可得到高的激光输出功率。

图 4.7.8 是一个实际的横向放电碘化亚铜激光器示意图。器件主体是用内径为 45mm 的硅钽管制成，电极由两排半圆截面的不锈钢电极组成，共 10 对，分放于两边，相距 25mm，此距离为放电间隙，整个激活放电体积近似是 700mm(长)×25mm(高)×5mm(宽)，主体管用石英纤维加热带加热。采用横向放电氮激光器的放电线路(图4.7.9)为双脉冲放电，低电感储能电容 C_1 和 C_2(每个 0.01μF)分别经过镇流电阻由高压直流电源充电。当加压的火花隙 S_1 被触发时，C_1 上的电荷迅速转移到倒空电容系列 $C_1\sim C_{10}$ 上，每一个电容皆为 1000pF，分别与 10 对电极相并联。由于在倒空电容中的电荷积累，因此跨在激光管上的电压升高，并且在激光管击穿后，它们迅速通过气体放电。用这样的双脉冲放电线路，重复频率为 30Hz，放电电流脉冲上升时间为 40ns，持续时间为 200ns，峰值电流为 150A。激光介质的蒸发温度是 480～500℃，缓冲气体氖压为 13300～26600Pa，在双脉冲延迟时间大约为 50μs

的条件下，得到了最佳的铜激光输出。激光脉冲宽度为 20ns，峰值功率为 3kW，并且重复性相当好。

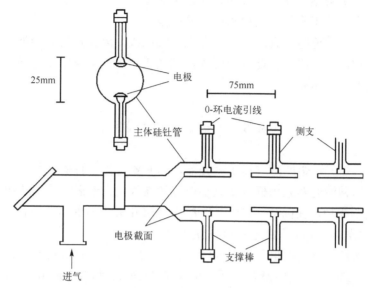

图 4.7.8 横向放电碘化亚铜激光器示意图

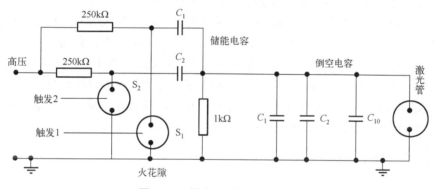

图 4.7.9 横向双脉冲放电线路

这种横向放电的卤化铜激光器的特点是，放电参数在很宽的范围变化，都能得到满意的激光输出。例如，缓冲气压可高到 1atm，并且其转换效率也可与纵向放电的卤化铜激光器的转换率相媲美。尤其重要的是，横向放电可解决放电稳定性问题，这将使铜激光器的性能大大改善。

除铜原子之外，已在其他金属元素的原子，如铅(Pb)、锰(Mn)、金(Au)、钡(Ba)、银(Ag)、铊(Tl)、锡(Sn)、钙(Ca)、锶(Sr)、铁(Fe)、铕(Eu)、镱(Yb)等金属元素中获得了自终止跃迁脉冲受激发射，波长从紫外到近红外光谱区。

原则上，大多数金属原子都能产生从共振态到亚稳态的跃迁振荡，但这些可能性的实现遇到了技术上的障碍，其中最主要的是建立激发脉宽和振荡脉宽同数量级的电源以及高温放电管等问题，如铁蒸气激光振荡就要求 1680℃的高温度工作。

以上的一系列论述和分析说明脉冲金属蒸气激光器比其他类型脉冲气体激光器有一系列的优点：宽的辐射光谱区、高的量子跃迁转换效率、高的辐射功率和重复频率。此外，脉冲金属蒸气激光器作为在紫外、可见和红外光谱区建立连续运转的碰撞激光器也是很有希望的，主要问题是必须保证下能级的碰撞弛豫速度高。这取决于猝灭气体的选择。猝灭原子或分子应具有接近工作原子亚稳态能级的能量。

另外，为了保证快速弛豫到基态，应存在过渡能级，因为亚稳态的能量一般过大，因此应有一组位置相近的能级，以便分级碰撞，把能量从下能级传给基态或任一过渡态，在这方面仍需要大量的基本研究。

4.8　He-Cd 激光器

He-Cd 激光器是一种金属蒸气离子激光器，产生激光跃迁的是镉离子，He 气是不可缺少的辅助气体。这种激光器采用低气压、小电流辉光放电，无需水冷，结构简单。1967 年 He-Cd 激光器研制成功，我国从 1975 年开展了 He-Cd 激光器的研制工作，不仅制成了蓝紫光 He-Cd 激光器，还制成了白光 He-Cd 激光器。

He-Cd 激光器可在直流放电条件下连续工作，输出功率一般为几十毫瓦到 100mW。输出波长为 3250～8530nm，其中最强的两条谱线是 4416nm 和 3250nm，处于蓝紫区。它的转换效率比 He-Ne 高 9%～10%（He-Ne 的 6328nm 的能量转换效率约 0.09%），比氩离子激光器也高（氩离子激光器的 4880nm 的能量转换率约为 0.05%）。

由于大多数探测器和感光材料在蓝光区灵敏度最高，所以 He-Cd 激光器已广泛地应用在癌细胞检查、血细胞计数、激光准直、制版、显示、全息照相、存储、测距、测污、拉曼分析及作为光电材料光致发光性能测试的光源等。例如，蓝光 LED 的基础材料，宽禁带的Ⅲ-Ⅴ族半导体（如 GaN、InGaAn 等）需要短波长的激光光源。HeCd 激光器提供 325nm 优质、稳定的激光输出，可用于半导体材料的研发。由于它可以发射连续紫外光，故在光化学、光生物等领域也得到了广泛的应用。

4.8.1　He-Cd 激光器的结构

1. 一般结构

Cd 蒸气放电管的结构与普通气体激光器放电管的结构有所不同：①金属 Cd 在常温下为固体，要把它们变成蒸气需要加温，因此放电管要有加热源；②由于电泳效应，金属蒸气可能飞溅到布儒斯特窗或谐振腔反射镜上，使它们受到污染，故要设置电泳封锁区；③金属蒸气的密度受温度起伏影响较大，造成输出不稳定，因此要在结构上保证放电管内金属蒸气密度分布均匀。图 4.8.1 所示为 He-Cd 激光器的结构原理图。

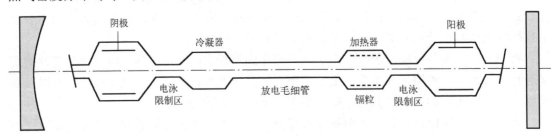

图 4.8.1　He-Cd 激光器的结构示意图

(1)放电管:一般用硬质玻璃或石英玻璃制成,内径常为 2～3mm,管内充入几毫米汞柱 He 气。在放电管内还有放电电极、冷凝器、放电毛细管、Cd 池、电泳限制区等。

(2)Cd 池:放在阳极附近,内装纯度达 99.99% 的 Cd 粒,也有用天然 Cd 和同位素 Cd 的。用同位素 Cd 时激光器的增益系数比较高,但同位素 Cd 的产量少,不易获得。Cd 的消耗量约为 1.5g/k·h。Cd 的熔点为 321℃,在真空中升华温度为 164℃。通过外电炉加热(外热式结构)和管内气体放电加热(自然式结构),将 Cd 池的温度控制在 200～250℃,Cd 就会升华为蒸气,并扩散到放电区。

(3)防污染措施:在放电区一些 Cd 原子被电离,并在电场作用下不断向阴极运动,这个过程称为电泳效应。为了防止镉离子在电泳过程中冷凝在毛细管内壁上,毛细管外要加外套进行保护,使毛细管内壁的温度高于 Cd 蒸气冷凝温度。为了防止 Cd 蒸气冷凝在谐振腔反射镜和布儒斯特窗片上,在 Cd 池和阴极之间加一冷凝器,使镉离子电泳到阴极之前,先在此凝结。同时在毛细管两端都有电泳限制区(长约 3cm,内径比毛细管小),使 Cd 蒸气不能顺利地运动到两端面。有时把阴极放在放电管中间,两端各放一阳极,镉离子就不会向两端电泳,防污染效果也很好。

(4)镉离子均匀分布措施:单纯靠电泳效应不可能在较长的放电管内获得镉离子密度均匀分布,从阳极到阴极会有密度梯度。当放电电流变化时,密度梯度将发生变化,反过来又导致放电电流变化,因此,器件输出功率起伏很大。为了获得比较均匀的密度分布,常采用分段结构、加回气管或空心阴极等措施。

(5)腔型结构:He-Cd 激光器一般做成全外腔结构,使得在更换反射镜的情况下,既能产生 4416nm 激光,又能产生 3250nm 激光。同一台 He-Cd 激光器紫外激光的输出功率一般只有蓝色激光的 15% 左右。

2. 分段镉环结构 He-Cd 激光器

分段结构如图 4.8.2 和图 4.8.3 所示,其中图 4.8.2 为分段镉(Cd)环结构,它的结构是将放电毛细管分成 6～8cm 的小段,装入套管内,各段毛细管间放长约 4mm 的 Cd 环,靠放电管放电时产生的热量使 Cd 环加热,不再专设加热炉。由于分段,减少了阳极和阴极间的密度梯度。Cd 环和毛细管壁之间应留有一定的间隙,以供气体回气之用。图 4.8.3 是分段开孔结构,它是将整支毛细管置于大的 Cd 蒸气储气套内,而毛细管上开有很多小孔,与储气室相连,Cd 蒸气通过小孔进入毛细管内。

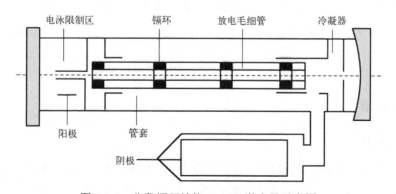

图 4.8.2　分段镉环结构 He-Cd 激光器示意图

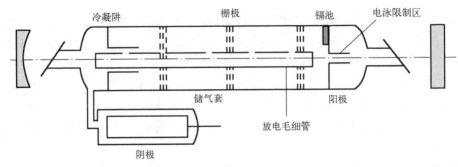

图 4.8.3　分段开孔结构 He-Cd 激光器示意图

3. 空心阴极结构 He-Cd 激光器

为了得到蓝色和红色激光，放电管可采用阴极结构，它是利用放电的阴极辉区工作，其结构如图 4.8.4 所示。阴极是一根长的圆形金属管(用无氧铜制成)，管侧壁开了很多小孔。把此金属管放入玻璃套管中，金属管既起阴极作用，又起放电毛细管的作用。把 Cd 直接放在阳极钨杆处，靠放电产生的热量使之蒸发，可以省去 Cd 池和加热炉。这种结构之所以能得到红、绿光辐射，是因为靠近阴极的阴极位降区存在大量的高速电子，通过碰撞可以使 He 电离，产生足够的氦离子，再通过转荷效应使 Cd 被激发到能量比较高的红、绿光的激光上能级。用空心阴极结构做成的 He-Cd 激光器，其输出功率与加热温度、放电电流和 He 气压强等因素有关。实验表明，加热温度为 270～320℃ 的激光输出变化不大，这就是可采用自加热方式的原因。不同波长的最佳气压不同，在 6.2～20torr，红绿蓝三色激光都能振荡。红色激光在低气压下功率较大，蓝色激光在较高气压下功率较大。在低气压下，激光功率随放电电流的上升而上升，在较高气压下，激光功率随放电电流上升会趋于饱和。由于空心 He-Cd 激光器不仅可同时产生三种颜色的光，而且各色光的功率可调，因此在彩色记录、彩色全息和彩色激光电视方面比其他光源更优越。

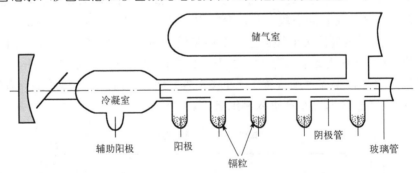

图 4.8.4　空心阴极结构 He-Cd 激光器示意图

4.8.2　工作原理

1. 一般原理

Cd 的原子序数为 48，其外层的电子组态为 $4s^2 4p^6 4d^{10} 5s^2$。与产生激光有关的能级如图 4.8.5 所示。一般情况下，镉离子只能被激发到 $5s^2 (^2D_{3/2}、^2D_{5/2})$，辐射跃迁时产生两条比较强的谱线 441.6nm 和 325.0nm，对应的能级跃迁为

441.6nm　$5s^2\ ^2D_{5/2} \longrightarrow 5p^2P^0_{3/2}$

325.0nm　$5s^2\ ^2D_{3/2} \longrightarrow 5p^2P^0_{1/2}$

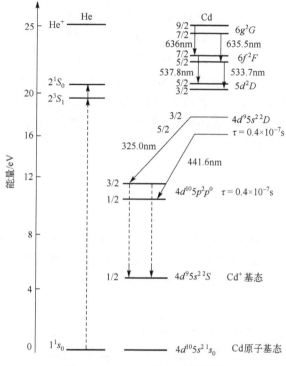

图 4.8.5　He-Cd 激光器能级图

把 Cd 由基态 $1S_0(4d^{10}5s^2)$ 激发到镉离子的激发态 $^2D_{3/2}$ 和 $^2D_{5/2}$ 主要有两个过程。

第一个是所谓的彭宁效应，即

$$\text{He}(1^1S_0)+\text{e} \longrightarrow \text{He}^*(2^1S_0,\ 2^3S_0)$$

$$\text{He}^*+\text{Cd} \longrightarrow \text{Cd}^{+*}(^2D_{3/2},\ ^2D_{5/2})+\text{He}+\text{e}+\Delta E$$

式中，He 和 Cd 为基态的 He 原子和 Cd 原子；He^* 和 Cd^{+*} 分别表示激发态的 He 原子 $(2^1S_0,\ 2^3S_0)$ 和激发态的镉离子 $(^2D_{3/2},\ ^2D_{5/2})$。

第二个过程是电子直接碰撞激发，即

$$\text{e}+\text{Cd} \longrightarrow \text{Cd}^{+*}(^2D)+2\text{e}'$$

这两个激发过程中，第一个过程比第二个更重要。

在激发过程中，也可把 Cd 由基态激发到激光下能级 $^2P^0_{1/2}$、$^2P^0_{3/2}$，但 $^2P^0$ 的能级寿命约 $0.4\times10^{-9}\text{s}$，比激光上能级 $2D$ 的寿命 10^{-7}s 小得多，即使上下能级的激发速率相等，也能形成粒子数反转。

2. 空心阴极结构工作原理

如果采取措施增加电子能量，可以把 He 气电离成 He^+，He^+ 和基态 Cd 原子碰撞，通过电荷转移可以把 Cd 电离并激发到镉离子的更高能态(图 4.8.5)，其反应式为

$$\text{He}^++\text{Cd} \longrightarrow \text{He}+\text{Cd}^{+*}$$

电荷转移激发的 Cd$^+$高能态通常是 $6g\,(^2G_{9/2},\ ^2G_{7/2})$、$5f\,(^2F_{7/2},\ ^2F_{5/2})$、$5d\,(^2D_{5/2},\ ^2D_{3/2})$，它们跃迁可以产生四条谱线：

红光　　　　　　635.5nm　　$6g\,^2G_{7/2} \rightarrow 5f\,^2F_{5/2}$

　　　　　　　　636.0nm　　$6g\,^2G_{9/2} \rightarrow 5f\,^2F_{7/2}$

绿光　　　　　　533.7nm　　$5f\,^2F_{5/2} \rightarrow 5d\,^2D_{3/2}$

　　　　　　　　537.8nm　　$5f\,^2F_{7/2} \rightarrow 5d\,^2D_{5/2}$

因为红光的下能级就是绿光的上能级，所以当产生红光时，其辐射到下能级的粒子数就会增加绿光上能级的粒子数，随之产生绿光。若谐振腔用宽带反射镜，可以使蓝(441.6nm)、绿(533.7nm 和 537.8nm)和红(635.5nm 和 636.0nm)三种颜色的激光同时出现，混合在一起而成为白光，这就是白光激光器。

4.8.3　输出特性

1. He 气压

图 4.8.6 是在放电流和 Cd 源温度一定的情况下，测出的输出功率与 He 气压的关系曲线。可见，He 气压对输出的影响很大，并且具有最佳值。最佳 He 气压与放电毛细管直径成反比，实验得到 $p_{opt}\,d = 10\sim12\text{mmHg·mm}$ 的近似关系。

2. Cd 源温度

Cd 蒸气气压升高，参与激光作用的粒子增多，有利于提高输出功率。但 Cd 的电离电势和激发电势都很低，自由电子和它碰撞容易失去动能，因而 Cd 蒸气气压过大会导致管内电子温度下降，造成亚稳态的 He 原子减少，影响 Cd 的激发速率，使输出功率下降，因而存在最佳 Cd 蒸气气压。Cd 蒸气气压主要由对 Cd 镉源的温度来控制，因此，为获得最佳 Cd 气压，应具有最佳加热温度。图 4.8.7 是输出功率与镉源温度的关系。实验发现，最佳加热温度与 He 气气压的关系较小，主要取决于激光器的结构。一般温度最佳值为 200～250℃，由此推算 Cd 蒸气压强约为 10^{-2}mmHg，相应原子密度约为 $3\times10^{14}\text{cm}^{-3}$。

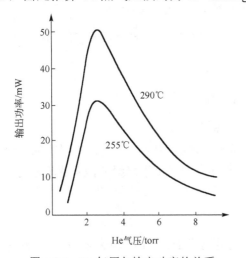

图 4.8.6　He 气压与输出功率的关系

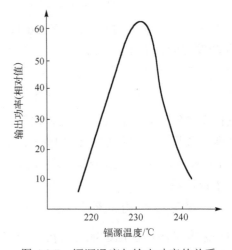

图 4.8.7　镉源温度与输出功率的关系

3. 放电电流

图 4.8.8 是输出功率与放电电流的关系的实验曲线，可见存在最佳电放电电流值。最佳电流与 He 气压、Cd 源温度和放电管直径有关。在最佳 He 气压和最佳 Cd 源温度时，最佳放电电流 I_{opt} 与放电毛细管内径 d 成正比，有经验公式 $I_{opt} \approx (40 \sim 50)d(\text{mA})$，其中 d 以 mm 为单位。

4. 同位素效应

天然 Cd 元素有八种同位素，由于它们的原子量不同，所以辐射光谱略有差异。单一同位素线宽约为 1100MHz，而天然 Cd 由于存在多种同位素，相应线宽约为 4000MHz。由于增益反比于线宽，所以采用单一同位素可提高输出功率。

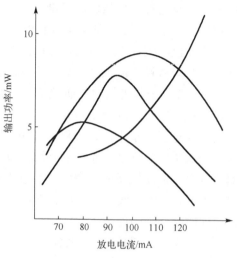

图 4.8.8　输出功率与放电电流的关系

实验发现，采用单一同位素的增益比用天然纯 Cd 的增益提高约四倍，线宽也要窄很多。

5. 噪声

由于加热炉温度的起伏、放电电流的起伏和放电管温度的起伏，所以输出功率不稳定。为了降低噪声，应采用恒温器加热 Cd 池，不宜采用简单的热电丝作为加热器；将放电管放入套筒内，减小外界温度影响；放电电流应有自动稳流措施；放电管采用分段毛细管结构和加回气管结构等。经过努力，现在 He-Cd 激光器的噪声可降到小于 1%，接近 He-Ne 激光器的水平。

6. 最佳耦合输出

输出腔镜透过率的最佳选择是提高激光器输出的重要途径之一，西北大学物理学系光学教研室曾在 1983 年对于 1.1m 的 He-Cd 激光器，采用输出镜透过率 5% 和结合毛细管二次成型技术，使 1.1mHe-Cd 激光器输出达 104mW，达到当时国内最高。迄今为止，国内主要生产 He-Cd 激光器的仍为原西北大学一老师创办的公司。

7. 放电毛细管二次成型

对于放电毛细管长度在 1m 以上的激光器，如 He-Cd 激光器、He-Ne 激光器等，购置毛细管内通常不是很规则，作为激光器放电管需要对其进行加热拉直和管内壁再次加工光滑，这将大大减小激光振荡过程在放电管传播时的损耗，从而使该类激光器输出功率有一定提高。

4.9　准分子激光器

4.9.1　准分子激光器概述

准分子是一种在激发态时原子结合为分子，在基态离解为原子的不稳定的缔合物。对于双原子准分子，如果是由两个相同的粒子(原子或分子)组成的准分子，称为同核双原子准分子，反之称为异核双原子准分子。准分子激光器在紫外波段优势明显，激光治疗近视眼用的就是准分子激光器。美国科医人公司在 2002 年中国激光医学会学术会上曾宣布，他们在中国已经销售 100 台准分子眼睛治疗仪，其每台售价 500 万元，也就是说，仅这一种激光治疗器械销售额已经达到 5 亿元。2007 年光刻用准分子激光器的销售额达 3.99 亿美元。中国准分子激光技术的研究工作开始于 1977 年。中国科学院安徽光机所和中国科学院上海光机所较早对准分子激光技术开展了大量研究。中国原子能科学研究院和西北核技术研究所进行了电子束抽运的百焦耳级高功率准分子激光研究。中国科学院长春光机所、华中科技大学等也开展较早。20 世纪 80 年代中国科学院安徽光机所席时权小组承担国家项目，为北京原子能研究所惯性约束核聚变课题研制了三台准分子激光器，后又研制了实用型 248nm 长脉冲低发散角氟化氪准分子激光器，并用此器件为上海一家跨国公司剥除约 20 万组的计算机硬盘磁头导线绝缘层，效果极佳。

人们又在高气压 Hg 蒸气放电中观测到 $Hg^*(^3P_0)$ 与由基态 Hg 原子组成的另一个能量较低的激发态分子 Hg_2^*，它的辐射谱亦是连续带，中心波长为 480nm。观测放电激励的稀有气体辐射谱发现：在低气压下，只有对应原子允许跃迁的线状谱出现；随着气压的升高，自猝灭效应越来越严重(压力猝灭)，原子荧光量子产额随之减少，同时荧光谱中出现一个或几个无结构的连续谱，它的中心波长比被猝灭的原子谱线长。这一现象表明，在高气压下，激发原子在猝灭过程中生成了一种激发分子，而这种激发分子的基态并不是稳定分子。

许多芳香族碳氢化合物溶液的荧光光谱具有类似的特性。在稀薄溶液中，荧光光谱是一些具有特定结构的分子光谱；随着溶液浓度的增加，自猝灭变强(浓度猝灭)，具有结构的分子光谱荧光量子产额降低，同时出现波长比猝灭的分子荧光波长长的无结构辐射带，它们的基态极不稳定，一般在振动弛豫时间内便离解为分立的粒子。然而，它们的激发态相对于基态而言是较稳定的，并且以结合的形式出现，以发射辐射的形式衰减。这类分子被称为"准分子"，英文是 excimer。准分子是这样一类二聚物，它的激发态具有结合的形式，而基态却是离解的。除此之外，还有不同粒子以及两个和两个以上粒子组成的准分子，如本节将介绍的 XeF、Xe_2F 等。为了使"准分子"这个术语包括以上几种体系，将"准分子"定义为：准分子是具有结合的激发态、离解的基态的复合物，即物质在激发态时以分子结构形式存在，返回基态时又离解为分立的原子形式的物质状态。

1975 年，Birks 曾将准分子的概念扩充于晶体中以及大分子内部的这类粒子。由于本节主要内容是介绍双原子准分子，包括同核双原子准分子和异核双原子准分子。准分子总是指它的能量最低的结合态，而称处于更高能态的准分子为激发准分子。一般地，如果 A、B 两个粒子构成分子后的总能量大于单个粒子能量之和，也就是说随着 A、B 间的距离从无限远逐渐减小，体系的总能量反而增加，则它们就只能构成准分子。

4.9.2　准分子能级结构及其特性

1. 准分子能级结构

典型的准分子位能曲线如图 4.9.1 所示，X 为排斥基态，B 为最低激发态，C 为更高的激发态。准分子的特征谱是由 B 态到排斥基态 X 的跃迁。一般地，B 态辐射寿命为 10^{-8}s，$v'=0$ 分子间作用为 0 区，而基态 X 在 10^{-13}s 内便离解，是振动弛豫时间的量级。设 R_0 是

B 态的平衡核间距，即对应 R_0 处 B 态位能曲线具有最小值，则按 Franck-Condon 原理，在 R_0 附近的 Franck-Condon 区内有最大的跃迁几率，又因基态 X 在 R_0 附近是排斥的，处于这一核间距的基态分子将迅速离解，而使之保持抽空状态。因此，在 R_0 附近的 Franck-Condon 区内很容易建立起粒子数反转，并获得很高的增益系数，特别是基态可在振动弛豫时间内抽空，即使超短脉冲运转，仍是很好的四能级系统。而且，由于跃迁终止于基态，不存在一般四能级系统的激光下能级到基态的无辐射损失，有利于做成高效率激光器件。

　　另外，由于跃迁终止于排斥的基态，没有瓶颈效应的限制，所以拉长脉宽和高重复率运转都没有原则性困难。最后，由于准分子的荧光谱是一连续带，可制成在一定谱宽内连续调谐的激光器。

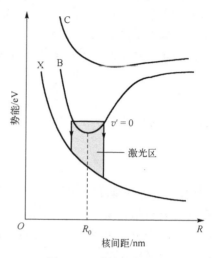

图 4.9.1　准分子能级图

　　我国准分子激光器的研究工作开始于 1977 年，目前已在电子束激励的 XeF*、KrCl* 体系和自持放电引发的 XeF*、ArF*、KeF*、ArF*、XeCl*、KrCl*、XeF* 体系中获得了激光振荡，并对这些体系的辐射特性和动力学过程进行了研究。

2. 准分子激光器的泵浦装置

1) 最小泵浦功率与激活体系的关系

　　对于绝大部分准分子体系而言，其辐射波长处于紫外和可见波段，而且辐射上能级的寿命很短，这就对激励技术提出了较高的要求。为弄清获得某一增益系数 G_0 要求的最小泵浦功率，我们来分析一个简单的两能级系统。以 τ 表示上能级的自发辐射寿命，则在此二能级间得到反转粒子密度 Δn 所要求的最小泵浦功率密度为

$$P = \Delta n h v / t \tag{4.9.1}$$

对应反转密度 Δn，谱线中心处的小信号增益系数为

$$G_0 = \frac{c^2}{8\pi v} \cdot \frac{1}{t} \cdot \frac{\Delta n}{\Delta v} \tag{4.9.2}$$

式中，v 为跃迁频率；Δv 为辐射线宽；c 为介质中的光速。将式 (4.9.1) 代入式 (4.9.2)，得

$$G_0 = k \frac{P}{\Delta v \cdot v^3} \tag{4.9.3}$$

式中，$k = c^3/(8\pi\lambda h)$。P 为常数，由式 (4.9.3) 给出

$$P = K^{-1} G_0 v^3 \Delta v$$

　　对多普勒加宽 $\Delta v \propto v$，对辐射加宽 $\Delta v \propto v^3$。于是，我们可以得到结论：同样增益系数 G_0 所要求的最小泵浦功率密度，对多普勒加宽，它比例于 v^4；对辐射加宽，它比例于 v^6。因此，随辐射波长的缩短，实现激光振荡要求的最小泵捕功率将急剧增加。实际上，为得到能量为 hv 的光子，往往要把粒子泵浦到能量比 hv 高的能级上，所以实际必须提供的泵浦功率

比 P 还要高些。此外，在两能级间建立粒子数反转时包括两种互相对立的过程。一是泵浦源使上能级粒子增加的正过程；二是自发辐射和其他去激发反应使上能级粒子数减少的逆过程。因此，为使上能级粒子数积累起来，至少必须保证正过程的速率大于逆过程，即

$$Pn > \frac{\Delta n}{\tau} \tag{4.9.4}$$

这里，n 为单位功率在单位时间内产生的上能级粒子数；τ 为上能级的总寿命。在公式中

$$\frac{1}{\tau} = \frac{1}{t} + \frac{1}{t_{\mathrm{g}}}$$

式中，$1/t_{\mathrm{g}}$ 表示除自发辐射外所有衰减过程的总速率。不满足式 (4.9.4) 的泵浦脉冲部分对反转没有贡献，所以为有效利用泵浦脉冲，希望脉冲的前沿越陡越好。综上所述，工作在短波长的准分子激光器的有效泵浦系统必须具有高的功率密度和短的脉冲上升时间。

2) 电子束泵浦

由于电子束可以达到相当强的泵浦功率密度，能满足许多激活体系对泵源的要求，早在激光器出现不久，人们已认识到，它将是紫外和可见波段激光器的有效泵浦装置。然而直到 1970 年，它的价值才真正从实验中显示出来。第一个用电子束泵浦并发出在真空紫外波段激光的是 Xe_2 准分子。迄今，不但许多准分子体系都在电子束泵浦装置上获得了激光振荡，而且在各种泵浦手段中保持了最高的输出水平。

由上面分析可以看出，如果我们让电子从四面八方射向激活区的中心，将会获得更均匀的激发，这就是径向泵浦电子束。在很高的气压下，电子进入气体的射程很短，这种泵浦的优点就更加明显。如果仍用横向泵浦，因为要电子穿透很"厚"的气体层，必须增大电子能量，将使电子枪变得很庞大。

纵向泵浦一般是用磁场将电子束引入、引出激活区，多半是用在气压不太高的情况。电子束的箍缩和气体、箔片引起的散射，是限制激活体积的扩大、影响泵浦效果的主要因素。采用磁场约束的方法，可以有效地克服这种影响，使电子束成平行状态进入激活区。对于典型的稀有气体单卤化物准分子激光器，只要加一个约 0.1T 的约束磁场，就可以大大减小电子束的扩散效应。当然，磁场的加入使器件结构更加复杂。

由于电子束具有相当高的电子能量和快的脉冲上升时间，因而它可成功地用于可见和紫外光器的泵浦，特别是对那些必须在高气压下工作的体系。然而，电子束也有它的重要限制：①这种结构本身庞大，制造工艺复杂，因而价格昂贵，不便于中、小规模应用；②高能电子必须穿过将电子束发生器与激光器分开的箔片才能进入激活区，箔片造成的能量损失限制了器件效率的提高，而箔片由于吸收电子能量的变热，不仅限制了脉冲的拉长，而且也不利于重复率运转。

3) 电子束控制放电泵浦

预电离的基本原理是，在主放电开始之前，预先建立起一定的电子密度，作为引发放电的电子源，以保证放电的均匀性和抑制弧光的产生。电子束控制放电是非常有效的预电离手段，与电子束泵浦比较，电子束控制放电对电子束电流密度的要求小一个量级以上。这不仅使器件的体积大为缩小，而且也减少了穿过箔片的电子能量损失，使器件效率大大提高。目前许多研究者认为，电子束控制放电是准分子激光器最有效的泵浦方式，一般用

来作控制放电的电子束的电子能量为 100~200lkeV,在电子束控制放电器件中,亚稳态稀有气体原子的激发和电离是重要的损耗机构,特别是这些亚稳态原子从 $(n+1)S$ 态向 $(n+1)P$ 态的电子轰击激发和电离截面远大于从基态到亚稳态的激发截面,加之前者要求的电子能量较低,大部分电子都可以引起激发和电离,而后者要求电子能量较高,只有电子能量分布的高能部分才起作用,这些将严重影响激光效率。一方面为增加激发粒子的生成率,希望亚稳态密度越高越好;另一方面为减少亚稳态的激发和电离引起的效率下降,希望有较低的亚稳态密度。这两方面就决定了一个最佳值。表征电子束控制放电器件性能的一个重要参数是放电增强比 a,它定义为放电输入气体的功率与电子束输入气体功率之比,即

$$a = \frac{Pd}{P_e b} = \frac{eV_b E}{(\beta - \nu_0)E_i} \quad a = \frac{Pd}{P_e b} = \frac{eV_b E}{(\beta - \nu_{i0})E_i}$$

式中,V_b 是电子漂移速度;E 是所加电场强度;E_i 是产生一个电子-离子对要求的能量;β 是电子吸附速率;ν_{i0} 是平衡态二次电子电离速率。分析表明,在稳定放电条件下 $\beta \geq 2\nu_{i0}$ 于是有

$$a = \frac{Pd}{P_e b} \leq \frac{V_b E}{\nu_v E_{i0}}$$

因为电子束在这里主要是用来产生初始电子,气体的激励由放电引起,所以 α 越大,器件效率越高。但 α 值受放电稳定性的限制,一般可达 5~10。

4) 放电泵浦

与体积庞大、造价昂贵的电子束泵浦系统相比,Blumlein 型器件具有特别诱人的优点。它不仅价格低廉,而且小巧轻便,容易制作,可以高重复率运转。它输出能量不高,但已能满足许多应用要求。在不加任何预电离的情况下,为使放电能量有效地耦合到激活介质中去,放电必须在弧光出现之前结束,因此只能以短脉冲运转,一般在几十纳秒内完成。为实现短脉冲放电,必须尽可能减小回路电感,所以这种器件一般采用平行平板传轴线、电缆、无感陶瓷电容器做储能元件,放电通过脉冲开关——火花隙或闸流管引发。实验表明,在采用平行平板传输线的 Blumlein 型电路中,电感主要来自开关元件。火花隙的电感比闸流管小,但由于火花隙灭弧时间的限制,不能在高重复率频率下运转,为此必须选用低电感闸流管。此外,还必须选择合理的工作参数,如气压、电极距和放电电压等。随着工作介质气压的升高,辉光放电的获得将变得困难,因此这种简单的不加任何预电离措施的器件一般只工作在 1mmHg 以下。亚稳态稀有气体的生成率是与气压成正比增加的,因而为提高器件输出必须提高工作气压。然而,随着气压的升高,辉光放电越来越困难,必须采取预电离措施。除电子束预电离外,用在准分子激光器中的预电离技术还有如下两种。

(1) 双脉冲预电离。

双脉冲预电离是最早引进准分子激光器的预电离技术之一。图 4.9.2 是这种器件的一个简图,一根金属丝与电极板放平行置,并经小电容 C_3 与阴极耦合。充电时,阳极、阴极、金属丝处于同一电位状态,一旦球隙火花隙开关 SG 导通,金属丝、阴极与阳极间产生电势差。由于金属丝是丝状并距阳极更近,首先在阳极和丝之间放电,在阳极附近形成一层电子,然而由于耦合电容很小,丝与阳极间的放电很快停止,这些电子便成为引发两主电极间均匀辉光放电的初始电子。初始电子的密度由改变耦合电容的大小控制,这种预电离

方式不需要增加供电网路和同步电路，结构比较简单。但主放电和预电离之间的时间延迟不容易控制。而对许多准分子体系，特别是含有电负性气体的体系，这一时间延迟是很重要的，因而对这些体系由预电离得到的改进不明显，工作气压提高不大，只有当时延调节得恰当时，才会有好的效果。

（2）紫外光预电离。

紫外光预电离是利用光辐射中的能量较高的紫外光子产生均匀辉光放电要求的初始电子。预电离的初始光子可以通过闪光灯、火花放电、电晕等方法获得。一般认为，紫外光子可以通过下述过程产生二次电子。

（1）照射阴极，使之发射出光电子。

（2）电离气体中电离电势适度的部分，产生电子-离子对。

（3）通过多光子电离过程，在电离电势较高的气体中形成电子-离子对。

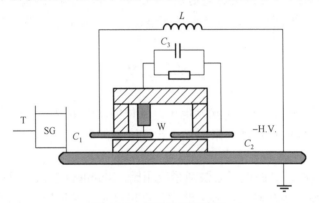

图 4.9.2　双脉冲预电离器
C_1-阳极；C_2-阴极；SG-火花隙开关；–H.V.-负高压

这种预电离的优点是预电离与主放电间的延迟可以通过同步延迟电路调节，以得到最佳效果。目前这种预电离方法已在稀有气体卤化物准分子器中广泛使用，并可在 6mmHg 气压下均匀辉光放电。

Hsia 曾提出含有电负性气体的紫外光预电离模型。他认为预电离的过程是，紫外光产生的初始电子，迅速被电负性气体吸附，即

$$e + F_2 \longrightarrow F + F^-$$

这个反应的速率可达 $(2.3 \pm 0.3) \times 10^{-9}\ \mathrm{cm^3 \cdot mol^{-1} \cdot s^{-1}}$，在 He/Xe/NFs 体系中，可在 1ns 内发生。当总气压约为 1mmHg 时，原子、离子将经三体碰撞复合，即

$$F^- + Xe^+ + M \longrightarrow F + Xe + M$$

此反应的速率常数几乎与气压无关。因为在气体中，正负粒子数目相等，描述 F^- 数密度的速率方程为

$$\frac{\mathrm{d}n_{F^-}}{\mathrm{d}t} = -a n_{F^-}^2(t) \tag{4.9.5}$$

式中，a 为三体碰撞复合速率常数；n_{F^-} 为 F^- 数密度。式(4.9.5)的解为

$$n_{F^-}(t) = \frac{n_{F^-}(0)}{n_{F^-}(0) \cdot at + 1} \tag{4.9.6}$$

式中，$n_{F^-}(0)$ 是 $\tau = 0$ 时的 F^- 数密度。式 (4.9.6) 表明，当 τ 足够大时 $n_{F^-}(t) \to 1/(at)$，与 $n_{F^-}(0)$ 无关，于是光电离产生的电子以 n_{F^-} 的形式储存起来。当主放电发生时，由于 F^- 的电子亲合力只有 3.5eV，而 Xe、F_2、He 的电离电势分别为 12eV、17eV 和 24eV，因此在主电场作用下，F^- 很容易释放出电子，提供均匀辉光放电必需的初始电子，即 F^- 起了电子库的作用。为了得到足以抑制弧光发生的初始电子密度，F^- 必须有一定 $n_{F^-} = 5 \times 10^{11} \mathrm{cm}^{-3}$ 时，$n_0 \approx 10^8 \mathrm{cm}^{-3}$，$n_{F^-}$ 的值可通过预电离的强度和延时时间控制。电子的释放可以通过下述反应：

（1）电子轰击分离：

$$F^- + e \longrightarrow F + 2e$$

（2）光分离：

$$F^- + h\nu \longrightarrow F + e$$

（3）碰撞分离：

$$F^- + M \longrightarrow F + M + e$$

为获得最好的预电离效果，紫外光与主放电之间有一最佳延迟。若延时过短，则因 n_{F^-} 分布的空间不均匀，导致初始电子密度的空间不均匀；若延时过长，则 n_{F^-} 将因复合而降低。

另一种看法则认为预电离是一瞬态过程，没有什么电子储存的问题，最佳延时时间对应于预电离峰值时引发主放电。除上述方法外，还有 X 射线预电离、α 粒子预电离、体预电离等多种方式，其中有的已用到器件上，有的正在研究中。

紫外光预电离放电泵浦准分子激光器对许多要求能量不大的应用是一种很方便的结构，然而受储能系统限制，最大输出能量一般为几焦耳量级。将这种器件放大到高能量，是目前准分子激光器的重要研究内容之一。

4.9.3　稀有气体准分子激光器

稀有气体原子具有封闭的外电子壳层，不存在不成对的电子，因此它们不能以共有电子的形式结合成稳定的分子。在通常状况下，它们总是以单原子的形态出现，由两个稀有气体原子组成的分子，其基态除了在相当大的核间距时有弱的 van der Waals 极小外，是典型的排斥态，因而极不稳定，它们将沿着位能减小的方向迅速离解成分立的原子，然而所有的稀有气体的分子、离子都是相当稳定的，对这些分子、离子的研究已相当广泛。在分子、离子的任意一个里德堡能级上加上一个电子都可以得到比较稳定的分子激发态，因此这类分子可以看成是由一个离子核心和一个远离核心的轨道上的受激电子所组成。于是，分子的振动频率、转动惯量、平衡核间距等基本上由离子核心的对应特性决定，这使得我们可以用分子、离子的已知参量预言这些激发分子的结构和辐射谱。这里讲的稀有气体堆分子是指这些激发分子的最低能量激发态。由于所有稀有气体准分子在性质上极其相似，下面以 Xe_2^* 为例进行介绍。

1.　位能曲线和辐射跃迁

图 4.9.3 是计算的 Xe_2 势能曲线。分子的第一激发态包括 $^1\Sigma_u^+$、$^3\Sigma_u^+$ 两个能级，它们之间的能量差为 ΔE，在常温下满足 $\Delta E/kT > 1$ 的条件。因此，当平衡时，粒子将主要集中在 $^3\Sigma_u^+$ 能级上，跃迁主要在 $^3\Sigma_u^+ \to {}^1\Sigma_g^+$ 之间进行。然而，在电子束辐射的气体中，处于 $^3\Sigma_u^+$ 态的粒

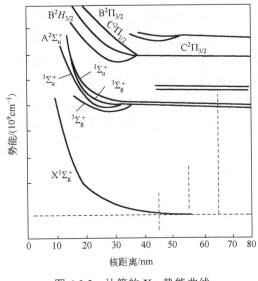

图 4.9.3　计算的 Xe_2 势能曲线

子与能量 $\geqslant \Delta E$ 的电子或其他粒子碰撞，便可引起 $^3\Sigma_u^+ \rightarrow {}^1\Sigma_u^+$ 的能量转移，这一过程是可逆的：

$$e + Xe_2(^3\Sigma_u^+) \Longleftrightarrow e + Xe_2(^1\Sigma_u^+)$$

$$M + Xe_2(^1\Sigma_u^+) \Longleftrightarrow M + Xe_2(^3\Sigma_u^+)$$

从而破坏了粒子在三重态和单重态的平衡分布，因此跃迁 $^1\Sigma_u^+ \rightarrow {}^1\Sigma_g^+$ 也可以出现。由于对应这些跃迁的下能级在与上能级同样核间距处是相排斥的，因此辐射为连续带。光谱测量给出 Xe_2^* 的辐射寿命较大，这主要是对应四个能级 $^3\Sigma_g^+$、$^1\Sigma_g^+$、$^3\Sigma_u^+$、$^1\Sigma_u^+$ 到基态 $^1\Sigma_g^+$ 的跃迁有不同的辐射寿命所致，它的量级约为 10^{-8}s。

2. 准分子的形成和猝灭

在电子束激励的高气压 Xe 气中，发生的过程相当复杂。主要过程如下：

$$e + Xe \longrightarrow e + Xe^* \tag{4.9.7}$$

$$e + Xe \longrightarrow e + e + Xe^+ \tag{4.9.8}$$

$$Xe^* + Xe + Xe \longrightarrow Xe_2^* + Xe \tag{4.9.9}$$

$$Xe^+ + Xe + Xe \longrightarrow Xe_2^+ + Xe \tag{4.9.10}$$

$$Xe_2^+ + e \longrightarrow Xe^* + Xe \tag{4.9.11}$$

$$Xe_2^* \longrightarrow Xe + Xe + h\nu \tag{4.9.12}$$

$$Xe^{**} + Xe \longrightarrow Xe_2^* + Xe \tag{4.9.13}$$

$$Xe_2^*(\nu) + Xe \longrightarrow Xe_2^*(\nu') + Xe \tag{4.9.14}$$

$$Xe^{**} + e \longrightarrow Xe^* + e \tag{4.9.15}$$

$$Xe_2^* + h\nu \longrightarrow Xe_2^+ + e \tag{4.9.16}$$

$$Xe_2^* + Xe_2^* \longrightarrow Xe_2^+ + e + Xe + Xe \tag{4.9.17}$$

$$Xe^* + e \longrightarrow Xe^+ + e + e \tag{4.9.18}$$

我们把形成 Xe^* 和 Xe_2^* 的过程归入激发机构，而把 Xe^* 和 Xe_2^* 猝灭的过程归入损耗机构。于是，式(4.9.7)、式(4.9.9)、式(4.9.11)、式(4.9.13)、式(4.9.15)对应激发过程，而式(4.9.16)～式(4.9.18)对应损耗过程，式(4.9.12)是所需的辐射过程。电子束引起的温升，将使损耗过程增强，因而是不利因素。

反应式(4.9.18)描述了低能电子的电离作用。在放电过程中这些低能电子通过对最低激发态的电离或向更高激发态的激发，引起激发原子的损耗。实验表明，动能大于 3.18eV 的电子便可以使处于最低激发态 $3P_2$ 的 Xe^* 电离，随着气压的升高，基态粒子数目增多，式 (4.9.12) 的正反应随之增强。粒子将更多地处在 ${}^3\Sigma_n^+$ 态，这使得 ${}^3\Sigma_n^+ \to {}^3\Sigma_g^+$ 的跃迁成为主导。如果以 $\sigma_1(\lambda)$ 和 $\sigma_3(\lambda)$ 分别表示 ${}^1\Sigma_n^+ \to {}^1\Sigma_g^+$ 和 ${}^3\Sigma_n^+ \to {}^3\Sigma_g^+ {}^3\Sigma_n^+ \to {}^3\Sigma_g^+$ 的感应跃迁截面，而以 $\sigma_{pi}(\lambda)$ 表示这两个能级的光电离截面，那么系统的净光学增益 $\alpha(\lambda)$ 可以表示为

$$\alpha(\lambda) = [\sigma_1(\lambda)Xe_2({}^1\Sigma_n^+) + \sigma_3(\lambda)Xe_2({}^3\Sigma_n^+)] - \sigma_{pi}(x)[Xe_2({}^1\Sigma_n^+) + Xe_2({}^3\Sigma_n^+)] \quad (4.9.19)$$

这里，$Xe_2({}^1\Sigma_n^+)$、$Xe_2({}^3\Sigma_n^+)$ 分别为处于 ${}^1\Sigma_n^+$ 和 ${}^3\Sigma_n^+$ 的粒子数密度。因为 $\sigma_1(\lambda) > \sigma_3(\lambda)$，粒子向 ${}^3\Sigma_n^+$ 态的转移引起式 (4.9.19) 第一括号内的数值减小，所以减小了 $\alpha(\lambda)$，导致高气压效率的下降和谱线的红移。

Rhodes 根据上述动力学过程，用一个简单的几何模型定型地描述了 Xe_2^* 的形成和猝灭反应之间的竞争，给出了平衡态的 Xe_2^* 密度，它与气压的关系为

$$n^*(P) = A_0[(1 + BP^2)^{1/2} - 1]$$

由于稀有气体原子和分子之间存在快速的能量转移过程，以及较轻气体有较大热容量和较小碰撞截面，在 Xe 中加入较轻的 Ar 或 He 可以降低温升并减小碰撞的影响，有利于克服上述限制。

最后必须指出，Xe_2^* 辐射光子能量大，足以引起激发态光电离 (这是辐射的重要损耗机构)，所以严重限制了稀有气体准分子激光器效率的提高，反应式 (4.9.16) 描述了这一损耗机构。因此，尽管 Xe_2^* 有高达 80% 的量子效率，但实际获得的激光效率只有 6% 左右。

3. Xe_2 准分子激光器

Hoff 等第一个报道了气相 Xe_2 准分子激光作用。泵浦源是 Febetron 705 相对论电子束发生器，脉宽为 40ns，电流为 10kA，标称能量为 1.5MeV，照射孔径直径为 2cm，穿过箔片入射到气体上的电流密度为 $300A/cm^2$，气室内充入高压气体 Xe，光学腔内由两块相距 5cm，半径 $R = 1m$ 的镀铝凹面镜组成。

实验发现，激光的出现有一个明显的气压阈值，低于这个阈值没有激射作用。当气压高于一定值时，激射停止，与上述理论分析完全一致。在阈值以上，观测到谱线的显著变窄和输出脉冲的时间变窄，如图 4.9.4 和图 4.9.5 所示。

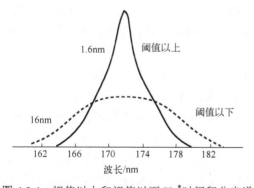

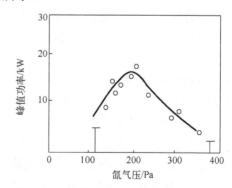

图 4.9.4　阈值以上和阈值以下 Xe_2^* 时间积分光谱　　　图 4.9.5　Xe_2^* 感应辐射与 Xe 气压的关系

Hoff 等还在同一装置中研究了 Ar/Xe 混合体系。他们很明显地看到，Ar 的加入不仅使高气压下仍可出现振荡，而且其输出比纯 Xe 提高了两倍。辐射谱线与纯 Xe 时相比有一明

显的蓝移，这与动力学过程的分析是一致的。

泵浦方式也已有横向、轴向和同轴电子束泵浦几种形式。目前获得的最大输出能量为10.6J，器件效率为6%。

Xe_2 准分子激光器的光谱调谐，在真空紫外波段可调频输出。显然，它的调频范围受振荡谱宽的限制。一个用同轴电子束泵浦的窄带连续调谐 Xe^* 激光器，内径为 4mm 的不锈钢管兼作阳极和气室壁，阴极内径为 3.5cm、长为 10cm，与阳极同轴。500kV、5ns 的脉冲加到两极之间。穿过阳极高的电子将 10J 的能量送入气体中。光学腔由全反射镜和两块

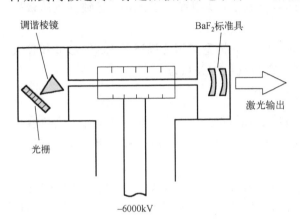

图 4.9.6　调谐 Xe_2^* 激光器结构示意图

BaF_2 平板组成，不加调谐元件，该器件输出 9mJ 能量，输出峰值功率为 3MW，线宽为 1.3nm。

图 4.9.6 是在腔内全反射镜一端加一个 60°角色散棱镜，可获得 169.2～176.5nm 的连续调谐输出，谱线宽度小到 0.13nm，输出功率为 0.7MW。有三条线（170nm、172.3nm、174.1nm）的激光谱黑度轨迹。输出 100 个脉冲没有发现光学元件的损坏。这样的峰值功率可以与闪光灯泵浦的染料激光器比较，但比染料范围大得多。腔内插入多个调谐棱镜可以获得更窄的线宽。

这种窄线宽可调谐的 Xe_2 激光器在真空紫外光谱学和光化学中将得到重要的应用。

4. 快放电激励 XeF^* 准分子激光器

由于准分子存在的寿命较短，因此其泵浦除了要求大面积均匀放电之外，还要求快速泵浦激励。通常采用快速脉冲放电激励和快速脉冲电子束激励的方式。快放电(blumlein)电路泵浦激励的 XeF^* 准分子激光器如图 4.9.7(a)所示。快放电电路也称为行波激励电路，是最常用的快脉冲放电电路。它用传输线做储能电容，同时兼做电容与放电管之间的连线（和氮分子激光器放电电路一样）。采用球隙作为开关，使传输线在放电室放电之前就被充电到所需的电压。这种放电电路能产生几纳秒的锐脉冲电压。图 4.9.7(b)为其等效电路。

XeF^* 准分子激光器的工作气体是 Xe、He 和 F_2 或 NF_3，因为 F_2 的腐蚀性较强，且在激光波长附近还有较强的吸收带，所以通常采用 NF_3。激光室是密封的玻璃腔体，一对电极是用 0.15mm 厚的铜箔刀片做成，长度为 70cm，电极间距为 2cm。谐振腔为半球腔，全反射镜的曲率半径为 3～5m，输出镜为石英平面镜，表面镀增透膜（透过率 6%～30%）。

XeF^* 是由异核双原子组成的准分子。当处在高能态时，可形成稳定的分子，而跃迁到低能态时将会迅速地由分子离解为独立的自由原子。因此，其跃迁过程为：束缚态→自由态的跃迁。从 $B^3\Sigma_{1/2}^+ \rightarrow X\Sigma_{1/2}^+$ 的振动能级跃迁获得的激光波长有 348.7nm、351.10nm、351.21nm、351.36nm、351.49nm、353.15nm、353.26nm、353.37nm、354.49nm、353.62nm，最强线为 351.10nm。

激光室内工作气体气压为 400～460torr，气体混合比为 He∶Xe∶NF_3 = 100∶（2～3）∶1。快放电准分子形成过程如下：

$$\begin{cases} e + Xe \longrightarrow Xe^* + e^- \\ Xe^* + NF_3 \longrightarrow XeF^* + NF_2 \end{cases} \tag{4.9.20}$$

$$XeF^* \longrightarrow Xe + F + h\nu \tag{4.9.21}$$

$$XeF^* + h\nu \longrightarrow Xe + F + 2h\nu \tag{4.9.22}$$

$$XeF^* + NF_3(NF_2) \longrightarrow Xe + F + NF_2(NF_3) \tag{4.9.23}$$

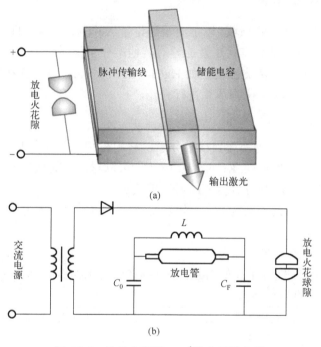

图 4.9.7　快放电泵浦 XeF^* 准分子激光器

式 (4.9.20) 是 XeF^* 准分子形成过程；式 (4.9.21) 是 XeF^* 准分子自发辐射过程；式 (4.9.22) 是 XeF^* 准分子受激辐射过程；式 (4.9.23) 是 XeF^* 准分子损失过程，并且反应速率较大，为了减弱和避免这种过程，常加入 Ar 气，以控制气体密度和温度，以达到控制 NF_3、NF_2 对的猝灭作用。

快速放电 XeF^* 准分子激光器的每个脉冲能够得到的最大输出能量为

$$\varepsilon_{\max} = 10^4 J / 100 mmHg(F_2)$$

假设每升工作气体含 F_2 的气压为 0.1% 大气压，则每升工作气体能获得的激光能量是每个脉冲 10J。

XeF^* 准分子激光器的脉冲重复频率约为 $7 \times 10^4 s^{-1}$，能量转换效率理论值为 20%，实际值为 5%。

5. Kr_2 和 Ar_2 准分子激光器

在上述 Febetron 705 相对论电子束装置上，同时观察到 Kr_2^* 的 145.7nm 激光辐射，脉宽为 10ns，线宽为 0.8nm。应该指出的是，Kr 总是不可避免地含有少量的 Xe，在 Kr 的谱线中明显地出现 Xe 的吸收线，如果 Xe 的含量较大，甚至会使激光振荡停止，因此降低 Xe 的含量是很重要的。

电子束泵浦高达 70mmHg 的 Ar，获得了 Ar_2^* 激光振荡，中心波长为 126.1nm，激光线宽为 1.4nm。

对于稀有气体准分子激光器，杂质吸收是一种重要的损耗机构。因此，不仅要求气体有高的纯度，而且要求整个系统具有 1.3×10^{-4} Pa 以上的高真空度。

4.9.4　其他准分子激光器

准分子是一个相当宽广的领域。以上着重讨论了 Xe_2^*、KrF^* 等的性质和激光器件结构，它们在准分子激光领域中是具有代表性的。对其他准分子体系作为激光介质的研究也在进行，它们中有的已经获得了激光振荡，如 HgCl、HgBr、HgI；有的正在研究，如 CsXe 等。下面对已经得到激光的 Hg 卤化物体系进行介绍。

1. 汞卤化物准分子激光器

汞卤化物与稀有气卤化物都属异核准分子，它们在性质上也有很多相似之处。

(1) $Hg^*(\sigma^3 P_2^0)$ 与 $R^*(R = Xe, Kr, Ne, He)$ 一样，可以与对应的碱原子类比，如 $Hg^*(\sigma^3 P_2^0)$ 的电离电势 4.79 eV 与 Na 的电离电势 5.14 eV 很接近。

(2) HgX^* 与 RX^* 的辐射寿命为 10^{-8} s 量级，已测得 $HgCl^*$ 寿命约为 22ns，$HgBr^*$ 寿命约为 23ns。

但 HgX^* 与 RX^* 也有许多不同之处。

(1) HgX^* 的基态是弱束缚的，如 HgCl 基态键能约为 1.04eV，RX^* 的基态多数是排斥的，基态键能最大也不过约为 0.15eV。

(2) RX^* 辐射在紫外和真空紫外波段，而 HgX^* 辐射在可见波段，$HgCl^*$ 约为 558nm，$HgBr^*$ 约为 502nm，HgI^* 约为 445nm。

目前，HgX^* 激光振荡已用电子束泵浦、快脉冲放电泵浦以及 Hg 的二卤化物光解方法实现。

2. 金属-稀有气体及金属-金属准分子激光器

作为激光器的工作物质，金属-稀有气体准分子及金属-金属准分子被认为是有希望的体系，其中 $HgXe^*$、$CsXe^*$ 是研究较早的。其优点是：①在 600℃ 的条件下就可以达到相当高的饱和蒸气压，从而保证足够多的原子数密度；②准分子跃迁终止于基态位能曲线的强排斥部分，基态吸收的影响可以忽略。

与其他分子不同，$CsXe^*$ 的寿命约为 2μs，并且是 Xe 气压的函数，有希望获得更高的脉冲能量。这类分子还有一个重要的特性：进入激发态的动力学通道随气压的升高而增多。因此。可以用提高温度的方法来增加激发态粒子生成率。

K-Xe、Rb-Xe、Li-He、Na-He 等准分子的研究正在进行，金属-金属准分子 CdHg、ZnHg 等体系的研究也很活跃。表 4.9.1 给出了典型准分子激光器输出激光的中心波长。

表 4.9.1　典型准分子激光器输出激光的中心波长

准分子	Xe_2^*	Kr_2^*	Ar_2^*	ArO^*	KrO^*	XeO^*	XeF^*
波长/nm	176、170	145.7	126.1	557.6	557.8	550	353
准分子	KrF^*	ArF^*	NeF^*	$KrCl^*$	$ArCl^*$	$XeBr^*$	XeI^*
波长/nm	248	193	108	223	170	282	254
准分子	$XeCl^*$	$ArXe^*$	$HgCl^*$	$HgBr^*$	HgI^*		
波长/nm	308	173	557.6	502	445		

习　题

1．写出 Ne、Ar、Cd、Cu 的电子组态。

2．什么是原子态的 $L \cdot S$ 耦合？什么是原子态的 $J \cdot j$ 耦合？

3．有 p、d 两个电子发生 $L \cdot S$ 耦合，试求它们的光谱项表示式。

4．气体放电过程与激光过程有关的粒子的碰撞与激发有哪些？

5．写出 He-Ne 气体原子激光器的输出波长和相应的跃迁能级，说明 He-Ne 激光器的放电管为什么又细又长。

6．设计一台输出波长为 632.8nm 的 He-Ne 气体原子激光器。

7．CO_2 分子激光器有哪些类型，各自的特点是什么？简述分离型 CO_2 分子激光器的结构。

8．画出 CO_2 分子与激光有关的能级图，简述 CO_2 分子激光器的激发过程。

9．什么是瓶颈效应？CO_2 分子激光器中常加的辅助气体有哪些？它们各自的作用是什么？

10．简述波导型 CO_2 分子激光器的特点。

11．设计一台小型的 CO_2 分子气体激光器(输出功率≤100W)。

12．简述 N_2 分子气体激光器的特点和输出波长。

13．求证：N_2 分子气体激光器要实现粒子数的反转分布，放电激励的脉冲宽度 Δt 必须满足

$$\Delta t < \frac{1}{Y_{32} + \tau_{32}^{-1}}$$

式中，Y_{32} 为能级 $E_3 \rightarrow E_2$ 的电子碰撞消激发速率；τ_{32} 为能级 $E_3 \rightarrow E_2$ 跃迁的自发辐射寿命。

14．简述 Ar^+ 气体激光器的运转特点、阈值电流和输出波长。

15．金属蒸气激光器有哪些类型？举例说明金属蒸气激光器的特点和输出波长。

16．画出 He-Cd 激光器的能级辐射跃迁图，简述 He-Cd 激光器的激发和辐射跃迁过程。

17．什么是白光激光器？简述空心阴极 He-Cd 激光器的特点和输出波长。

18．准分子激光器有哪些类型？简述准分子激光器的工作原理，举例说明准分子激光器的特点和输出波长。

第 5 章　液体激光器

液体激光器可分为两类：有机化合物液体(染料)激光器(简称染料激光器)和无机化合物液体激光器(简称无机液体激光器)。虽然都是液体，但它们的受激发光机理和应用场合有着很大的差别。由于染料激光器已获得了广泛的应用，所以本章着重介绍染料激光器。

5.1　无机液体激光器

5.1.1　激光产生机理

无机液体激光器产生激光的原理类似固体激光器，如玻璃激光器。在玻璃中，三价钕离子是激活粒子，玻璃是基质。在掺钕的无机液体激光器中，激活粒子也是三价钕离子，而无机液体则是它的"基质"。因此，掺钕的无机液体激光器的激光光谱特性、器件结构特点等与钕玻璃激光器基本一致。目前，发展比较成熟、性能较优良的无机液体激光器有如下两种。

1. $Nd^{3+}:POCl_3+SnCl_4+P_2O_3Cl_4$ 无机液体激光器

在这种液体激光器中，$POCl_3$、$SnCl_4$、$P_2O_3Cl_4$ 的体积比等于 $7:1:2$，其含钕量为 $0.3\%\sim$ 0.5%质量摩尔浓度。三氯氧磷($POCl_3$)是溶剂，这种溶剂能使稀土离子在其中很好地发光。其中再加入一种称为路易斯酸的四氯化锡($SnCl_4$)后，其混合物对稀土盐有极大的溶解能力。这种溶液溶解稀土盐成岛状结构。在这些结构中，一个激活中心钕离子是复合体的核，在其最近邻的周围有八个氧原子，如图 5.1.1 所示，氧原子与磷原子相结合，磷原子也和氯及其他氧原子相结合。单价氧原子好像一个特殊的外壳把整个复合物包围起来，没有自由的化合价与外界联系，从而形成一层能可靠地防止稀土离子能量损失的溶剂壳层。这些岛状结构漂浮在溶剂中。

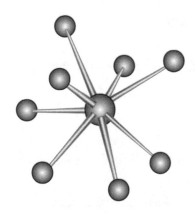

图 5.1.1　$Nd^{3+}:POCl_3+SnCl_4$ 结构图

实验证明，利用钕化合物在三氯氧磷、四氯化锡和另一种助溶剂——焦磷酰氯($P_2O_3Cl_4$)中的溶解作用可以制成非常有效的发光液体。这种液体的发光效率高达 2%，且流动性好、毒性小、腐蚀性较小。故这种液体激光器在 20 世纪 80 年代曾获得了迅速发展。

2. $Nd^{3+}:SeOCl_2+SnCl_4$ 无机液体激光器

在这种液体激光器中，$SeOCl_2$ 是溶剂，$SnCl_4$ 是助溶剂，其混合溶液能使氧化钕、氯化钕等化合物溶解，而且钕在溶液中是以三价钕离子(Nd^{3+})存在的。由于 $SeOCl_2$ 和 $SnCl_4$ 溶液的吸收带不在 Nd^{3+} 的吸收带和激光波长 $1.06\mu m$ 范围内，故能有很好的"透明度"。

这种液体激光器具有阈值低和能量转换效率高的优点，但氯氧化硒(SeOCl$_2$)溶液系剧毒物质，会影响工作人员的健康。同时它又有强腐蚀性，而且黏性大、流动性差，使之在使用中受到限制。

5.1.2　无机液体激光器的结构

无机液体激光器不仅在激光性能方面，而且在结构方面均类似钕玻璃等固体激光器，其结构原理图如图 5.1.2 所示。

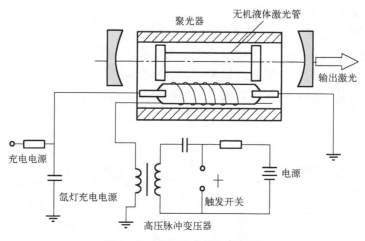

图 5.1.2　无机液体激光器结构

由图 5.1.2 可见，除工作物质有别于钕玻璃等固体激光器外，其余部件都差不多。图 5.1.3 示出液体激光工作物质的三种典型结构形式。

图 5.1.3(a) 表示一种中小型液体激光器的工作物质的封装结构。其盛液管是由耐腐蚀的石英玻璃制成的。石英管两端贴有石英玻璃窗片，石英管两端面和石英玻璃窗片分别经光学研磨抛光后紧贴在一起，靠玻璃分子间的引力把窗片粘在管子上，这种封接玻璃的方法在光学上称为"光胶"。石英管上有一个灌液槽，液体由此槽灌入，灌完后用磨口盖盖上并密封起来，灌液到密封的操作都必须在真空中进行，否则空气将与液体发生化学反应，产生胶状磷酸盐白色沉淀物，影响激光性能。

大能量激光输出，由于石英管径较粗，管内液体多，用光胶固定窗片可能不够牢靠，而常采用图 5.1.3(b) 所示的连接法，即把石英窗片塞进石英管中，在侧面进行融化烧结。烧结后，石英窗内的工作端面的平面可能变形，但由于石英玻璃和三氯氧磷的折射率十分接近，影响不大，只需将暴露在

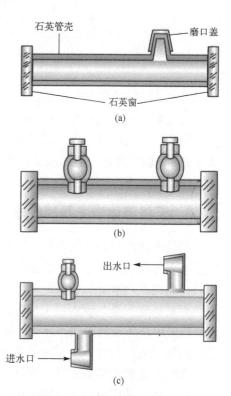

图 5.1.3　盛液管的结构形式

空气里的外端面进行适当修磨即可。

　　液体激光器在光泵灯的激励下工作，有大量能量以热的形式残留在溶液中，导致激光器的阈值提高和效率降低。氙灯照射不均匀，溶液各部分温升不均匀导致液体存在折射率梯度，影响激光器工作的重复频率。一般 $\Phi 10mm×150mm$ 的三氯氧磷液体工作物质，十余分钟才能输出一次激光。$\Phi 25mm×500mm$ 的大能量三氯氧磷液体激光器在风扇冷却的条件下工作，1h 只能输出一次。提高重复频率最简单的方法是使用水冷却工作液体，如图 5.1.3（c）所示，在液槽外面再套一个外管，使冷却水循环流过外管。这种冷却方式可使液体激光器的重复频率提高到几分钟工作一次。

　　在要求重复频率较高的场合，常采用流动的液体激光器。图 5.1.4 所示为它的原理结构。由于工作液体的不断流动更换，折射率不均匀的缺点得以克服。实现液体循环的关键之一是必须备有防腐蚀泵，因为三氯氧磷和氯氧化硒都有腐蚀性，所以不能用普通钢铁材料制成的泵，只有金属镍（Ni）和塑料聚四氟乙烯等材料能耐这种材料的腐蚀，但这种泵的造价昂贵。

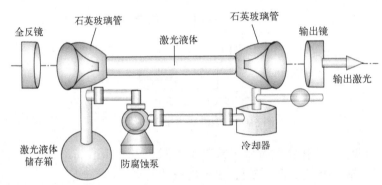

图 5.1.4　循环流动式无机液体激光器结构

　　循环流动式液体激光器工作时，工作过的液体从管内流出，进入热交换器降温，然后由防腐蚀泵送回激光管内，液体回流到工作区时，若形成湍流，便会影响工作物质的均匀性。因此，在液体流入处一般设置空心堵头，堵头的前端面是平面，其侧面是具有一定形状的曲面，以便使通过它的液体能平稳地流入工作区。这种循环流动式工作的液体激光器，其工作重复频率可达每秒数次。

5.1.3　无机液体激光器的优缺点及典型参数

　　无机液体激光器的优点是：①易于获得大功率/大能量的输出：无机液体激光器转换效率虽与固体激光器差不多，但由于掺钕浓度较高，且易于制备体积大、光学质量高的工作物质，制成高功率、大能量的器件；②工作物质——无机液体：制备简单、成本低廉。主要缺点是热膨胀系数较大，工作时的热不均匀性将导致折射率不均匀，限制其工作重复频率。若采用循环流动的工作方式，可提高器件的重复频率，但会导致设备复杂昂贵。因此，无机液体激光器适宜于需要大能量和大功率但重复频率不高的场合。

　　我国对无机液体激光器已进行了多年的研制。下面是一些可供参考的典型的参数。

　　小器件：采用 $\Phi 8mm×170mm$ 掺钕三氯氧磷激光管，谐振腔的输出反射镜的透射率为50%，则器件的脉冲阈值能量约为 90J，能量转换效率为 1%。激光的发散角为 2～3mrad，激光波长为 1.06μm。用水冷却器件时，工作的重复频率为 1～3min 一次。如采用循环流动式工作，则重复频率为每秒 5 次以上。如采用调 Q 装置，则输出峰值功率可高达数十兆瓦以上。

中等器件：采用 ϕ25mm×500mm 的掺钕三氯氧磷液体激光管，谐振腔的输出反射镜的透射率为 80%。若输入能量为 $3\times10^4\sim4\times10^4$J，则脉冲输出能量可达 500J，风冷器件时，每小时工作一次左右。

5.1.4　稀土螯合物

采用稀土元素螯合物的金属-有机体系是由真正液体溶液制成的第一个产生激光的体系。在这个体系中，稀土离子被有机配位体络合。这种螯合物激光器的第一个实例是四元螯合物的乙醇溶液。Eu^{3+}被四个苯甲酰丙酮离子 $C_6H_5COCHCOCH_3$ 围绕，氮己环作为平衡离子。溶液的温度必须维持在 140K，这时溶剂的黏滞度非常高，以致看起来不像液体，而更像有机玻璃。后来还找到一些其他配位体(如苯甲酰三氟丙酮)和其他溶剂(如丙酮氰)，它们能使液体溶液的螯合物激光器在室温下运转。

抽运辐射被螯合物有机配位体的单重吸收带所吸收，并借助分子内转移而授予金属离子。这样会引起两点主要的困难。

(1)在配位体吸收带的最大值上，分子吸收系数很高，以致在激光作用所需的浓度范围内，只要几分之一毫米厚度的一薄层就能完全吸收了抽运辐射，这样就只能用很小口径的液槽。

(2)分子内能量转移经过有机配位体的三重态，但是三重态经常低于相应的单重态。这就意味着单重态必须处于金属离子的激光上能级以上相当高处，因而在 Eu^{3+}的情况下，波长超过 400nm 的抽运辐射能均不能被吸收，这样使得抽运光源的效率非常低。此外，螯合物通常的化学稳定性都较差。螯合物激光器兼有无机和有机体系两者的缺点，所以对该方向的研究已经中断。

5.2　有机液体激光器——染料激光器

染料激光器是将某种染料溶解于某种液体(如甲醇、乙醇、水等)中，再用激光泵浦激励的激光器件。它具有波长连续可调、波长调谐范围宽、可产生超短脉冲、谱线带宽窄、输出功率高及寿命长等特性，是各种可调谐激光器中(如色心激光器、高压气激光器、自由电子激光器等)技术上较成熟、应用最广泛的一种，已广泛应用于光谱学、非线性光学、光化学、生物学与医学，以及同位素分离、大气监测等许多领域。

5.2.1　激光染料的结构及其能级图

染料属于有机化合物，大都有一个由许多碳原子组成的碳链，是一种包含一个双键或三键的有机化合物。如果两个双键被一个或多个单键对称地分开，则称此双键为共轭双键。具有共轭双键的化合物只吸收波长大于 200nm 的光子(小于 6eV)，这就是人们常见的染料都只在可见光谱区域有吸收的原因。一些染料具有若干共 9B 双键，共轭双键数越多，吸收光子的波长也越长。但并非一切染料都能作为激光工作物质，还必须有一定的化学、物理性能的要求，如光谱特性、光化学稳定性及热稳定性等。这些性质关系到染料的吸收性、辐射特性、效率、寿命，即能否具有实用价值。染料可能的辐射波长范围，在短波端主要受限于光化学稳定性，其短波限约为 300nm。在长波端则主要受热稳定性的限制，因染料分子在激活态时容易与其他分子(如溶剂分子、杂质或其他染料分子)发生不可逆反应而产生分解物。在室温下染料最长辐射波长只能达到 1.3μm。

各类染料所能覆盖的波长范围如图 5.2.1 中所示，而每种染料辐射光谱的宽度则由几纳米到百纳米不等，如常用的染料罗丹明 6G(呫吨类)，其辐射的中心波长约为 590nm，荧光带宽约为 80nm，而紫蓝色染料 LD423 其荧光带宽尚不足 10nm，但红外染料 HITC 可达 120nm。

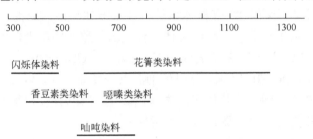

图 5.2.1　各类染料所覆盖的波长范围

图 5.2.2 为罗丹明 6G 酒精溶液的吸收光谱和荧光光谱。染料作为激光工作物质至今还多以液态工作，即以一定的浓度溶解在某些溶剂中，相当于以溶剂作为"基质"。研究表明，各种染料在不同溶剂中的溶解度是不同的，在苯、环己烷等溶剂中有较高的溶解度；罗丹明 6G 等染料，则在酒精等溶剂中有较高的溶解度。高溶解度意味着有可能得到较高的激活粒子密度，从而有可能获得能与固体激光器等相比拟的高能量、高功率。这种流体"基质"较之固体基质的优点是，在高功率情况下不会产生不可逆的辐射损伤，但其折射率则受温度影响而引起较大的光束发散，但可采取循环流动冷却等措施予以改善。

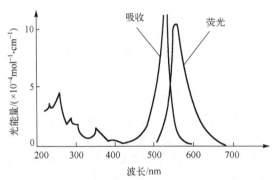

图 5.2.2　罗丹明 6G 的吸收光谱和荧光光谱

染料激光之所以能波长连续可调谐及产生超短脉冲，是与染料分子能级结构的性质有关的。染料分子的光谱特性不同于原子和离子，也不同于其他的分子。首先，染料分子的吸收光谱与荧光光谱均为宽带结构(常达几十纳米)。一个典型的有机染料分子常常是由数十个原子所组成的，这种分子就可能有上百种分子结构的振动，这些振动态之间的能量间隔约为 0.1eV，因此所有振动连同它们的谐波就覆盖了几纳米至上百纳米宽的光谱区。由于每一振动能级上又重叠上一系列能级间隔仅为 $10^{-4}\sim10^{-3}$eV 的转动能级，加之染料分子在溶液中同溶剂分子等的碰撞及静电扰动等引起的谱线加宽，最终在整个振动能级决定的光谱范围内形成了一连续的宽带。染料分子的能级结构除有一个包含基态 S_0 在内的单态能级 $S_1, S_2, S_3, \cdots$ 外，还有一个三重态能级 $T_1, T_2, T_3, \cdots$（图 5.2.3）。当染料分子吸收光子后，由基态 S_0 跃迁到第一受激态 S_1 的较高振动能级 b，或第二受激态 S_2 的较高振动能级 b'。b、b' 较高能级上的受激分子寿命极短（约 $10^{-12}=1\text{ps}$），即无辐射跃迁到 S_1 的最低振动能级 B 上（图中虚线为非辐射跃迁）。受激分子由 B 向基态的一较高能级 a 跃迁时，即产生自发辐射（荧光），继而又无辐射跃迁到基态的最低能级 A。S_1 的自发辐射寿命一般均 $< 10\text{ns}$，因此在足够大的泵浦速率下，将形成 S_1 态相对于 S_0 态的粒子数反转分布，从而有可能产生受激辐射（激光）。从 S_0 到 $T_1, T_2, T_3, \cdots$ 的吸收是自旋禁戒的，而在 S_1 态的受激分子由于同其他分子碰撞等，有可能发生由 S_1 到 T_1 态的跃迁，然后又从 T_1 态无辐射跃迁回到基态 S_0。

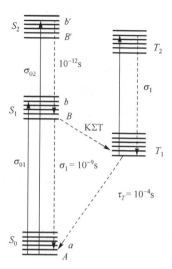

图 5.2.3　染料分子的能级

受激分子由较高的 $S_2, S_3, \cdots$ 态无辐射跃迁到较低的 S_1 态叫"内转换"，转换极为迅速，故染料的荧光光谱一般与泵浦光的波长无关；受激分子由 S_1 态向三重态 T_1 的跃迁叫"系际交叉"，其寿命远长于 S_1 态（约为 10^{-4}s），因此即使系际交叉的跃迁几率很小（$K_{\text{st}} \approx 10^7\text{s}^{-1}$），也将在三重态 T_1 上出现粒子数的积累，从而降低染料的荧光量子效率。染料的荧光量子效率定义为向基态的辐射跃迁几率与总跃迁几率之比，即

$$\phi = \frac{1/\tau_{\text{f}}}{(1/\tau_{\text{f}}) + K_{ST} + K_{SG} - K_Q} \tag{5.2.1}$$

式中，τ_{f} 为 $S_1 \rightarrow S_0$ 荧光辐射寿命（s）；K_{ST} 为 $S_1 \rightarrow T_1$ 系际交叉跃迁几率（s^{-1}）；K_{SG} 为 $S_1 \rightarrow S_0$ 无辐射跃迁几率（s^{-1}）；K_Q 为其他荧光猝灭概率（主要与溶液浓度、温度及黏度等有关）（s^{-1}）。由此式可知，染料的荧光量子效率是荧光辐射与无辐射过程竞争的结果。一般来说，荧光辐射寿命 τ_{f} 短，可能获得高荧光量子效率。但当其他无辐射过程足够强时，也会造成低荧光量子效率。染料的辐射寿命为 $10^{-9} \sim 10^{-8}\text{s}$ 量级，在多数情况下，$S_1 \rightarrow S_0$ 之间的内转换概率是很小的，因此影响量子效率的主要因素是系际交叉同浓度、溶剂等。对染料激光来说，三重态是一个严重的问题，因在三重态 T_1 上的粒子数的分布不仅会降低量子效率，而且 $T_1 \rightarrow T_2$ 三重态间的吸收将减弱光辐射的强度，特别是多数染料的 $S_1 \rightarrow S_0$ 跃迁的能级差往往与 $T_1 \rightarrow T_2$ 跃迁的能级差相近（等），因此很容易导致辐射的荧光猝灭，这是染料激光实现连续运转或长脉冲运转必须解决的最重要问题。

5.2.2　染料激光器的速率方程与泵浦方式

染料激光过程可用一组速率方程式进行定量描述。若用 N_0、N_1、N_T 分别表示染料分子在 S_0、S_1、T 态的粒子数密度（分子数/cm^3），$I^{\pm}(x,t,\nu)$ 为在 $\pm x$ 方向 t 时刻的光谱功率密度（光子数·cm^{-2}·s），则可用一微分方程组来描述。

受激态 S_1 的粒子数分布速率方程有

$$\frac{\partial N_1(x,t)}{\partial t} = W(t)N_0(x,t) - \tau_{\mathrm{f}}^{-1}N_1(x,t) - N_1(x,t)\int \sigma_{\mathrm{e}}(\nu)[I^{\pm}(x,t,\nu)]\mathrm{d}\nu$$

$$+ N_0(x,t)\int \sigma_{\mathrm{e}}(\nu)[I^{\pm}(x,t,\nu)]\mathrm{d}\nu - K_{ST}N_1(x,t) \tag{5.2.2}$$

式中，$W(t)$ 为泵浦概率（s^{-1}）；τ_{f} 为荧光辐射寿命（s）；$\sigma_{\mathrm{e}}(\nu)$ 为 S 态的受激辐射截面（cm^2）；K_{ST} 为 $S_1 \rightarrow T_1$ 的跃迁几率（s^{-1}）。

$$[I^{\pm}(x,t,\nu)] = [I^{+}(x,t,\nu) + I^{-}(x,t,\nu)]$$

而

$$W(t) = \frac{P(t)}{A}\int \sigma_{01}(\nu)f(\nu)\frac{1}{h\nu}\mathrm{d}\nu \tag{5.2.3}$$

式中，$P(t)$ 为泵浦功率；A 是泵浦光的截面积；$f(\nu)$ 为泵浦光归一化的光谱分布函数

$$\int f(\nu)\mathrm{d}\nu = 1$$

三重态 T_1 粒子数分布的速率方程有

$$\frac{\partial N_T(x,t)}{\partial t} = K_{ST}N_T(x,t) - \tau_T^{-1}N_T(x,t) - N_T(x,t)\int \sigma_T(\nu)[I^{\pm}(x,t,\nu)]\mathrm{d}\nu \tag{5.2.4}$$

式中，τ_T 为 T_1 态的寿命（s）；$\sigma_T(\nu)$ 为 $T_1 \rightarrow T_2$ 三重态的吸收截面（cm^2）。当忽略较高能态的分布后，则有

$$N_0(x,t) + N_1(x,t) + N_T(x,t) = N \tag{5.2.5}$$

故

$$\frac{\partial N_0(x,t)}{\partial t} = -\left[\frac{\partial N_1(x,t)}{\partial t} + \frac{\partial N_T(x,t)}{\partial t}\right] \tag{5.2.6}$$

在染料溶液内，光谱功率密度（单位频率间隔内光子流的功率密度）与分布可用微分方程

$$\pm\frac{\mathrm{d}}{\mathrm{d}x}[I^{\pm}(x,t,\nu)] = N_1(x,t)\sigma_{\mathrm{e}}(\nu)[I^{\pm}(x,t,\nu)] + \tau_{\mathrm{f}}^{-1}N_1(x,t)E(\nu)g^{\pm}(x)$$

$$- \sigma_{01}(\nu)N_0(x,t)[I^{\pm}(x,t,\nu)] - \sigma_T(\nu)N_T(x,t)[I^{\pm}(x,t,\nu)] \tag{5.2.7}$$

来描述。此处，$\dfrac{\mathrm{d}}{\mathrm{d}x}I^{\pm} = \dfrac{\partial}{\partial x}I^{\pm} \pm \dfrac{n}{c}\dfrac{\partial}{\partial t}I^{\pm}$；$g^{\pm}(x)$ 为 $\pm x$ 方向上自发辐射所对应立体角的几何因子；$E(\nu)$ 为归一化的荧光辐射光谱，即 $\int E(\nu)\mathrm{d}\nu = \phi$（荧光量子效率），$\sigma_{01}(\nu)$ 为 $S_0 \rightarrow S_1$ 的吸收截面（cm^2）。上述微分方程组的解定量地描述了染料激光的时间特性、增益特性及光谱特性，求解的谐振腔的参数则作为边界条件加以考虑。假设泵浦功率恒定（$W = $ 常数），且泵浦光为单色光，其频率为 ν_{F}，则 $W = \sigma_{01}(\nu_{\mathrm{F}})I_{\mathrm{F}}$，$I_{\mathrm{F}}$ 为泵浦光的光谱功率密度（光子数·cm^{-2}·s^{-1}）。则达到稳态时 $\left(\dfrac{\partial}{\partial t}f(\cdot) = 0\right)$，可分别得到

$$N_1(x) = \frac{N\left\{W + \int \sigma_{01}(\nu)[I^{\pm}(x,\nu)]\mathrm{d}\nu\right\}}{\int \sigma_{\mathrm{e}}(\nu)[I^{\pm}(x,\nu)]\mathrm{d}\nu + W(1+K_T)\tau_{\mathrm{f}}^{-1} + K_{ST} + (1+K_T)\int \sigma_{01}(\nu)[I^{\pm}(x,\nu)]\mathrm{d}\nu} \tag{5.2.8}$$

$$N_T(x) = K_T N_1(x) \tag{5.2.9}$$

式中，$K_T = K_{ST} / \left\{ \tau_T^{-1} + \int \sigma_T(\nu)[I^{\pm}(x,\nu)]\mathrm{d}\nu \right\}$ 为 T_1 能态粒子数增、减概率之比值。由式(5.2.5)可得

$$N_0(x) = N - N_1(x) - N_T(x) \tag{5.2.10}$$

通常因 $K_{ST} \gg \tau_T^{-1}$，由上述诸式可知，若不考虑 $T_1 \to T_2$ 吸收($\sigma_T(\nu) = 0$)，则三重态 T_1 上的粒子数分布将出现不断积累，这种现象相当于陷阱，甚至出现 $N_T(x) \gg N_1(x)$，致使 S_1 态上的粒子数反转分布无法形成。当存在 $T_1 \to T_2$ 吸收时，还会吸收辐射的光子而造成荧光猝灭。因此，对于泵浦功率在较长时间内近似常数的情况，如连续光泵浦或长脉冲闪灯泵浦，只要其持续时间接近于 K_{ST}^{-1}，染料分子则由于三重态的存在而无法形成反转分布。在这种泵浦条件下，若不设法解决三重态上分子积聚问题，染料就不可能产生受激放大。对式(5.2.7)进行积分，即可获得受激染料介质中光场的轴向分布，而两个不同传播方向的光谱功率密度分别为

$$I^{+}(x,\nu) = I^{+}(0,\nu)\exp\left[\int_0^x \alpha(\xi,\nu)\mathrm{d}\xi\right] + E(\nu)\tau_{\mathrm{f}}^{-1}\int_0^x N_1(\eta)g^{+}(\eta)\mathrm{d}\eta \exp\left[\int_0^x \alpha(\xi,\nu)\mathrm{d}\xi\right] \tag{5.2.11}$$

$$I^{-}(x,\nu) = I^{+}(L,\nu)\exp\left[\int_x^L \alpha(\xi,\nu)\mathrm{d}\xi\right] + E(\nu)\tau_{\mathrm{f}}^{-1}\int_x^L N_1(\eta)g^{-}(\eta)\mathrm{d}\eta \exp\left[\int_x^l \alpha(\xi,\nu)\mathrm{d}\xi\right] \tag{5.2.12}$$

其中，增益系数

$$\alpha(\xi,\nu) = [\sigma_e(\nu) + \sigma_{01}(\nu)]N_1(\xi) + [\sigma_{01}(\nu) - \sigma_T(\nu)]N_T(\xi) - \sigma_{01}(\nu)N \tag{5.2.13}$$

稳态时的增益定义为

$$G(\nu) = \exp\left[\int_0^L \alpha(\xi,\nu)\mathrm{d}\xi\right] \tag{5.2.14}$$

式(5.2.11)和式(5.2.14)对于分析染料激光及自发辐射放大(ASE)的某些基本性质具有相当重要的意义，可进行数值近似求解。

染料激光器的泵浦方式主要还是采用光泵浦，即用短脉宽的闪光灯泵浦或其他激光器泵浦两种，按运转方式则可分为脉冲泵浦和连续泵浦两类。脉冲泵浦的光源除闪光灯外，还有各种固体、气体脉冲激光器，如氮分子激光器($\lambda_F = 337\mathrm{nm}$)，红宝石激光器($\lambda_F = 694.3\mathrm{nm}$)、钕玻璃或 YAG 激光器($\lambda_F = 1.06\mu\mathrm{m}$)、铜蒸气激光器($\lambda_F = 510.6\mathrm{nm}$ 和 $578.2\mathrm{nm}$)及准分子激光器(主要在紫外区)，以及上述激光波长的二次、三次谐波等；连续泵浦光源则有氩离子激光器($\lambda_F = 488\mathrm{nm}$ 和 $514.5\mathrm{nm}$)、YAG 连续激光器等。表 5.2.1 列出了几种常用泵浦光源的主要性能。

表 5.2.1　几种常用泵浦光源的主要性能

泵浦光源	Ar$^+$ 激光器	闪光灯	N$_2$ 激光器	YAG	准分子激光器
泵浦光波长/nm	488514.5	紫外-红外	337	1064532355265	紫外线
泵浦光质量	好		不对称	好	发散
调谐范围/nm	560～1000	220～960	370～900	300～1400	220～970
峰值功率/W	10	10^5	10^4	10^7	10^6

续表

泵浦光源	Ar$^+$ 激光器	闪光灯	N$_2$ 激光器	YAG	准分子激光器
平均功率/W	10	10	0.5	2	2
脉冲能量/J		1	0.005	0.1	0.01
脉冲宽度/s		$10^{-6}\sim10^{-4}$	10^{-9}	10^{-8}	10^{-8}
重复频率/Hz		1	100	30	100
稳定性	尚好	较差	差	好	好
设备操作	要求高	简单	简单	简单	常清洗等
染料寿命	较长	短	较长	长	短
价格	贵	便宜	便宜	较贵	贵
维护费用	高 (等离子管寿命短)	较高 (灯寿命短)	较低	较低	高 (废气处理较难)

选用泵浦光源时，主要应考虑如下几点。

1. 光谱匹配

泵浦光的辐射光谱与所用染料的吸收光谱必须有较好的重叠，并有尽可能大的吸收截面。

2. 泵浦光的功率、能量要求

泵浦光的最小功率要求，可根据激光染料的振荡条件(阈值)进行估算，但主要应由实验来确定(一般为千瓦、10kW 量级)。而泵浦光的峰值功率、平均功率及脉冲能量的要求则要依据应用要求、腔的损耗及染料的效率等因素来考虑。罗丹明 6G 的脉冲染料激光器的泵浦光功率一般选为几十千瓦至几百千瓦，而一连续波染料激光器则为几瓦至 10W。

3. 脉冲宽度的要求

为了减轻三重态的猝灭作用，希望泵浦光脉冲有极快的上升时间和很窄的脉宽，一般的闪光灯由于脉宽较宽($10^{-6}\sim10^{-4}$s)而不能用作染料激光泵浦源，必须选用短脉冲的闪光灯及无感放电电路。若用其他脉冲激光器作为泵浦源，其脉宽多为 $10^{-9}\sim10^{-8}$s。窄的脉冲宽度往往能获得高峰值功率，有利于染料激光器的运转。

4. 泵浦光的截面形状及泵浦形式

泵浦光束截面一般有圆形和矩形两种，如氮分子等横向激励的气体激光器，其激光的光束截面常呈矩形(如 10mm×10mm、5mm×15mm 或 3mm×20mm 等)。对此，一般都采用如图 5.2.4(a)所示的横向泵浦形式，使矩形的泵浦光束经一柱面镜会聚成一宽为 0.15～0.3mm 的细线于染料盒上，染料中的受激细线即成为谐振腔的轴线；若是 YAG 等固体激光器，则光束截面为圆形，当选用横向泵浦的结构时，则必须用一凹(在水平方向发散扩束)一凸(会聚成水平的细线)两柱面镜(图 5.2.4(b))。

另有一种纵向泵浦形式(又分成离轴与同轴两种，图 5.2.4(c)为离轴的纵向泵浦)，泵浦光的入射方向与腔的光轴不相重合而偏离一角度 δ，故称离轴泵浦。考虑到染料中的光泵浦区同腔内高斯光束所决定的放大区有尽量大的重叠，因此取 δ 角尽可能小。图 5.2.4(d)为一同轴式纵向泵浦，腔内两反射镜采用不同的介质膜镀层，反射镜 M$_1$ 对泵浦光 λ_P 是高透过率，其反射率 $R_{\lambda p}=0\%$，对染料激光波长 λ_{Dye} 反射率 $R_{\lambda Dye}=100\%$；而反射镜 M$_2$ 对泵浦光是高反射率，其反射率 $R_{\lambda p}$=100%，对染料激光则是部分反射，其反射率 $R_{\lambda Dye}$=(1−T)%，染料激光由此耦合输出。

染料盒的两侧面一般不能与腔的光轴相垂直，因激光染料增益高，极易在两侧面间产生寄生振荡，而使可调谐的谐振腔失效。常将染料盒稍倾斜 3°～5°(图 5.2.4(c))，或将染料盒做成梯形(图 5.2.4(d))。有时为了减小侧面的反射损失，也可取为布儒斯特角。

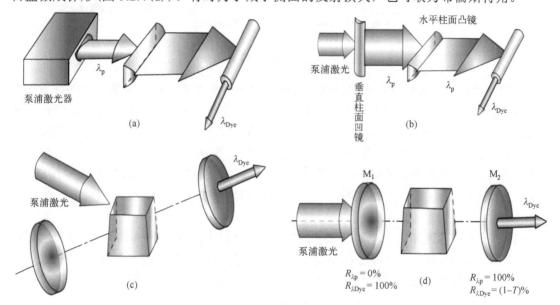

图 5.2.4　染料激光的泵浦方式

5.2.3　脉冲染料激光器

脉冲染料激光器分闪光灯泵浦和脉冲激光泵浦两种，后者的脉冲宽度为 $10^{-9}\sim10^{-8}$s，前者要长很多，为 $10^{-6}\sim10^{-4}$s。脉冲染料激光器具有转换效率高、峰值功率高、结构简单及操作方便等特点。下面简要介绍它的基本组成及其工作原理，然后着重分析两个方面的问题：一是从染料分布具有宽能级结构的特殊性出发，认识染料分子在短脉冲泵浦条件下实现净反转分布而产生受激辐射的机理(振荡条件)；二是脉冲染料激光具有阈值低、增益高、转换效率高等待性的物理本质及染料激光中存在的一些特殊问题(如荧光背景)。关于可调谐激光器中各种选频、调谐、谱线压窄(滤波)技术的原理及其重要的技术性问题，将在 5.2.4 节中单独讲述。

1. 激光泵浦的脉冲染料激光器的组成和工作原理

1972 年汉斯(Hansch)提出了一种由望远镜扩束、衍射光栅调谐组合的染料激光调谐谐振腔(图 5.2.5)，图中 FP(Fabry-Perot)为法布里-珀罗标准具。激光染料为罗丹明 6G 的酒精溶液，浓度为 5×10^{-3}mol/L 染料盒用长 10mm、直径为 12mm 的派勒克斯玻璃管制成，管两端用倾斜 10° 左右的窗片密封，染料溶液是横向流动的。泵浦光采用一功率为 100kW、脉宽为 10ns、重频为 100Hz 的氮分子激光器($\lambda = 337.1$nm)。用一焦距为 135mm 的石英柱面透镜将泵浦光会聚成宽约 0.15mm、长为 10mm 的线状，并使之聚焦在染料盒内壁邻近的染料溶液中。泵浦光入射到染料溶液内的深度约 0.15mm。

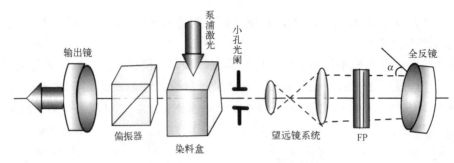

图 5.2.5　汉斯型谐振腔的组成

可调谐谐振腔由反射镜和光栅组成，反射镜是 50%的宽带反射，光栅在自准直条件下工作(入射光的入射角等于反射光的衍射角)，采用闪耀角为 63°，573 刻线/mm 的红外光栅的高阶衍射级。在该系统中光栅为腔内唯一的调谐元件，当旋转光栅改变其入(衍)射角 α 时，由光栅反射面反馈回激活区的波长也随之变化，其调谐范围受光栅相邻衍射级的间隔和染料荧光带宽的限制。扩束望远镜放大率约为 22 倍，透镜虽都镀有增透膜，为避免其表面的反射而产生寄生振荡，应将透镜稍离轴安装。腔内插入扩束望远镜的作用如下。

(1)由于光束截面增大，光照耀光栅的刻线数增加。因光栅分辨率与被照刻线数 N 成正比，因此光扩束 M 倍，光栅分辨率也提高 M 倍，这对压窄激光谱线带宽十分有效。

(2)光束的发散角经望远镜后得到准直，也有利于提高光栅的分辨率。

(3)光能密度减小，有利于保护光栅表面。

这时输出激光的谱线半值宽(FWHM，以下简称带宽或线宽)为 0.003nm，峰值功率为 20kW，发散角约为 2.5mrad，脉宽压缩为 5ns。

为了获得更窄的激光带宽，往往在腔内望远镜与光栅之间插入一标准具。标准具是一块 6mm 厚，在两端面镀以宽带介质膜的石英板($n=1.458$)，反射率约为 85%($F^*=20$)。经标准具选频、滤波后的激光带宽将进一步变窄到 0.0004nm。

腔内插入一偏振棱镜 P，其目的：一是迫使腔偏振运转而获得线偏振的激光输出；一是降低荧光输出，提高信噪比(激光/荧光)。

为了获得功率更高、带宽更窄的可调谐激光，在上述基础上，汉斯于 1974 年又建成一高功率窄带染料激光振荡到放大系统，该系统由以下几部分组成(图 5.2.6)。

(1)泵浦光源为一峰值功率约为 1MW，脉宽约为 10ns 的氮分子激光器。泵浦光采用切割方法分束，其能量分配为：对振荡器的泵浦功率约为 100kW，对一、二级放大级分别为 $100\sim400kW$ 同 $400\sim600kW$(分别为 2/10、6/10)。泵浦光经石英柱面镜会聚后的宽度分别为 $0.1\sim0.2mm$(对振荡器同一级放大)与 $0.2\sim0.3mm$(对二级放大)。

(2)振荡器为上述汉斯腔，腔内带有 $d=2mm$，$F^*=70$ 的标准具。振荡器输出功率约为 1kW，波长为 460nm 处的带宽 0.0007nm。为了获得更窄带宽的输出，在腔外又用一小自由光谱区的球面标准具进行被动滤波，从而使带宽进一步变窄到 $6\times10^{-5}nm$(几乎为理论极限值)。

(3)两级激光放大器由染料盒、光隔离器、直视棱镜及光阑等组成。经高反射($R>96\%$)的标准具被动滤波后，激光功率下降到瓦量级。首先经第一级前置放大时，为了抑制荧光

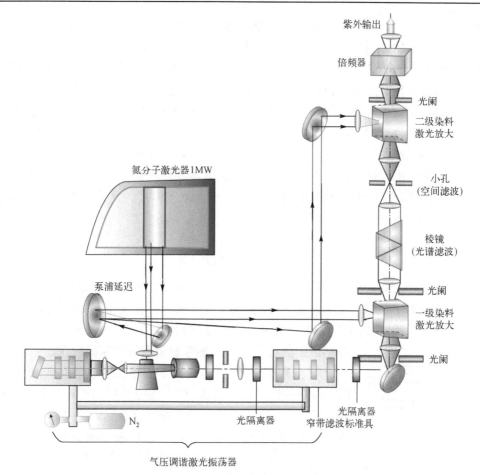

图 5.2.6　高功率窄带激光振荡放大系统

背景光传输到下一放大级，用棱镜及小孔光阑(ϕ0.2mm)进行光谱滤波与空间滤波。每一放大级的小信号增益约为 30dB，二级放大由于部分的增益饱和，实际上则要小得多。振荡器与放大器之间插入了一个$\lambda/4$ 波片同偏振器组成的光二极管(即光隔离器)，目的是防止放大器对振荡器的反馈干扰，放大后的功率达到 50kW。

(4)该系统的调谐方式除如通常的用一正弦机构旋转光栅进行角度调谐外(粗调谐)，还有一由密闭气室、气压控制器、气瓶等组成的气压调谐扫描系统(精调谐)。光栅、标准具等调谐元件被装在气室里，当改变标准具镜间及光栅周围的气体压力时，折射率线性地变化，从而实现平稳的同步调谐扫描。

(5)当需要紫外输出时，用一倍频晶体而获得 10～50W 的紫外光。

2. **脉冲染料激光器的振荡条件与增益**

染料在受激后由于系际交叉而造成三重态集聚，这不仅会降低荧光量子效率，甚至会由于三重态吸收而导致荧光猝灭。若泵浦光为脉冲激光且有足够的功率和足够快的上升时间，使在时间 t_r 内即达到阈值，这时三重态的粒子数 N_T 将相当小。这个上升时间 t_r 必须满足条件：

$$t_r \ll 1/K_{ST} \tag{5.2.15}$$

通常 $K_{ST} \approx 10^7 \text{s}^{-1}$，则 $t_r \ll 100\text{ns}$。一般脉冲激光器的脉宽为 $1 \sim 20\text{ns}$，是满足此条件的。因此，在一级近似时，对脉冲激光泵浦的染料激光来说，由于 $N_T \ll N_1$，其三重态的作用可以忽略，把染料的能级图看作仅有 $S_0, S_1, \cdots$ 单态的系统，并进而简化为一宽带的由 S_0 与 S_1 组成的二能级系统。应该指出，这种宽带的二能级系统的振荡条件完全不同于窄带的二能级系统。对在一定的频率范围内，即使未在 S_1 和 S_0 两能级之间达到净反转分布，也能产生光受激放大，且有很高的量子效率。现就宽带二能级系统的这种特性分析如下。

在窄带三能级或四能级系统中，是利用另一亚稳的附加能级以达到对基态(或另一下能级粒子数反转的目的。对于宽带的二能级系统，能级本身的宽度即能构成一个四能级系统。宽带二能级如图 5.2.7 所示，能级的间隔为 $h\nu_0$，泵浦光的频率为 ν_p，辐射光的频率为 ν_e。这种宽带二能级，实现脉冲激光振荡的条件为

$$\frac{N_1}{N_0} > \exp\left[-\frac{h(\nu_0 - \nu)}{KT}\right] \qquad (5.2.16)$$

对其分析可知，对 $\nu \geq \nu_0$ 的频率范围，要达到受激放大，则必须满足在两能级 S_1 与 S_0 之间有净反转分布，这与窄带二能级系统相似。但在 $\nu < \nu_0$ 的情况下，即使 S_1 能级对 S_0 未达到净反转分布，而是 $N_1 \ll N_0$，但只要满足式(5.2.16)的关系，就能产生光受激放大。这是宽带二能级区别于其他非宽带系统的原因所在。

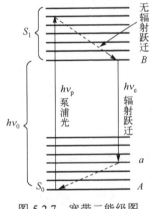

图 5.2.7　宽带二能级图

现在来估计一下这个量，染料的典型值有 $h(\nu_0 - \nu) = 0.17\text{eV}$(一般为 $0.1 \sim 0.3\text{eV}$)，此能量相当于在波长 $\lambda = 600\text{nm}$ 处，因此在室温条件下，为了得到光放大只需 $N_1 > 1.4 \times 10^{-3} N_0$，而不需要 $N_1 > N_0$，这就是脉冲染料激光阈值低、增益高的物理本质。实际上，由于必须克服散射等损耗，N_1/N_0 的值比此值要大。

这种宽带二能级的发光机构相当于一个四能级系统，染料分子在吸收光泵光子 $h\nu_p$ 后，由 S_0 态的最低能级 A 跃迁到 S_1 态的较高振动能级 b 上，并随之很快地无辐射跃迁到 S_1 态的最低能级 B 上，B 能级即相当于四能级系统的亚稳态。辐射跃迁时发射光子 $h\nu_e$，其下能级为基态 S_0 的某一较高的能级 a，然后又很快地无辐射跃迁到 A。因此，相对于 B 能级来说，a 能级是众多的，且是"空"的。因此，只要 B 能级(S_1 态上粒子数基本上全集居于此)相对个别 a 能级有反转分布，即能产生受激辐射放大。那么，多大功率的泵浦光才能满足上述条件? 设在一定浓度下，泵浦光被染料吸收后衰减到 $1/e$ 时的深度为 0.25mm，则得到吸收系数 $k(\nu_F) \approx \text{cm}^{-1}$。若基态上的染料分子密度为 N_0，则其吸收截面为

$$\sigma_{01} = \frac{k(\nu_p)}{N_0} \qquad (5.2.17)$$

若染料浓度 $Q = 10^{-3}\text{mol/L}$，分子密度为

$$N = QN_A$$

式中，阿伏伽德罗常量 $N_A = 6.02 \times 10^{23}$ 分子/mol，因此 $N \approx 6 \times 10^{17}$ 分子/cm³。因 $N_1 \ll N_0$，则此处可取 $N_0 \approx N$，由式(5.2.17)得 $\sigma_{01}(\nu_F) \approx 6.6 \times 10^{17}$ 分子/cm²。

稳态时近似有

$$N_1 \frac{1}{\tau_f} \approx N_0 \sigma_{01}(\nu_p) I(\nu_p)$$

或

$$\frac{N_1}{N_0} \approx \sigma_{01}(\nu_p) I(\nu_p) \tau_f \qquad (5.2.18)$$

其中泵浦光强度为

$$I(\nu_p) = \frac{P(\nu_p)}{A} \qquad (5.2.19)$$

式中，$P(\nu_p)$ 为泵浦功率；A 为泵浦光横截面积。若泵浦光为功率为 20kW 的氮分子激光器，其波长 $\lambda_F = 337nm$（$\nu_F \approx 8.9 \times 10^{14} Hz$），设为横向泵浦方式，泵浦面积 $A = 2rL = 0.05 cm^2$（$2r = 0.25mm$，$L = 20mm$）。考虑到每个泵浦光子的能量为 $h\nu_F \approx 5.9 \times 10^{-19} J$，则由式 (5.2.19) 得到泵浦强度 $I(\nu_F) \approx 6.78 \times 10^{23}$ 光子・$cm^{-2} \cdot s^{-1}$。若 S_1 态的寿命 $\tau_f = 1ns$，其相对分布即可达到 $N_1/N_0 \approx 4.5 \times 10^{-2}$，此值与上述为产生光放大所要求的最小值相比较，显然是满足放大条件的。实际上多数染料 $\tau_f > 1ns$，故 N_1/N_0 达到的值还要大。染料激光这种低阈值、高增益的特性，使得在脉冲染料激光器中往往只要用 4% 反射的输出耦合镜，即能在腔内形成振荡。

上述理论分析对设计脉冲染料激光器具有一定的指导意义，但在实际中许多损耗因素十分复杂，往往难于定量地考虑，因此泵浦光的阈值及需要的功率仍需实验确定。现在我们来分析染料激光的增益。染料的增益系数为

$$g(\nu) = \sigma_e(\nu) [I(\nu_p) \sigma_{01}(\nu_p) \tau_f - \sigma_{01}(\nu)/\sigma_e(\nu)] \qquad (5.2.20)$$

式 (5.2.20) 表明，脉冲染料激光的增益系数与染料浓度及染料的受激辐射截面 $\sigma_e(\nu)$ 成正比，且与泵浦强度 $I(\nu_p)$、吸收截面 $\sigma_{01}(\nu_p)$、辐射寿命 τ_f 及截面的比 $\sigma_{01}(\nu)/\sigma_e(\nu)$ 有关。如对罗丹明 6G，当 $N \approx 6 \times 10^{17}$ 分子/cm^3，$I(\nu_F) = 6.78 \times 10^{23}$ 光子・$cm^{-2} \cdot s^{-1}$，$\sigma_{01}(\nu_F) = 6.6 \times 10^{-17} cm^2$，$\tau_f = 10^{-9} s$，在 $\lambda = 575nm$ 处 $\sigma_e(\nu) = 1.8 \times 10^{-16} cm^2$，$\sigma_{01}(\nu)/\sigma_e(\nu) \approx 0.008$，则得 $g(\nu) \approx 4 cm^{-1}$，基本上与实验测得的增益系数的值相符。由式 (5.2.20) 可知，为了得到较大的增益系数，对一定的染料，τ_f 是一定的，故可通过选择具有较大吸收截面的泵浦光波长 λ_F（或 ν_F）及增加泵浦强度来获得，而比值 $\sigma_{01}(\nu)/\sigma_e(\nu)$ 则与两谱线的重叠多少及辐射波长有关。显然，$I(\nu_p) \sigma_{01}(\nu_F) \tau_f$ 的极限值为 1，而 $\sigma_{01}(\nu)/\sigma_e(\nu)$ 则为零，因此增益系数的极限值则为

$$g(\nu) = \sigma_e(\nu) N \qquad (5.2.21)$$

光的增益是激光器性能的一个最基本的参数。激光工作物质的增益特性关系到激光阈值条件、腔的输出耦合、转换效变、饱和效应，以及激光谱线的变窄作用及峰值波长的变化等。在高泵浦速率条件下，如在脉冲激光横向泵浦时，其高增益特性表现得很明显，这时的自发辐射将沿线状的受激介质而形成很强的自发辐射放大（ASE），如有谐振腔，不但能输出振荡后形成的激光，而且同时有 ASE。这种 ASE 的特性不同于一般的荧光，甚至在没有谐振腔时，也能显示出诸如定向传播、发散角小，谱线变窄、强度高等类似激光的

性质，这在其他激光器中是罕见的。

ASE 在本质上是一种不同于受激放大的激光，因未经过谐振腔的选模及多次振荡放大，故其谱线带宽比受激放大的激光要宽得多，发散角也要大得多，强度要低得多。在实际应用中，由于 ASE 是作为强背景存在的，故如何抑制 ASE 的问题就成为研究染料激光的重要课题之一。研究表明，在振荡器的输出中，经由腔中各元件的选频、滤波等作用后，可有很高的信噪比 P(激光/放大自发辐射)，如 $P > 100$，甚至 $P > 1000$。值得注意的是，染料行波放大器对宽带的 ASE 十分敏感，因此必须对入射的被放大信号采取一定的滤波措施。

5.2.4　选频、调谐与带宽压窄技术

1. 光栅调谐及带宽压窄

光栅方程式为

$$m\lambda = d(\sin\alpha + \sin\beta) \tag{5.2.22}$$

式中，m 为衍射级；d 为光栅常数；α为入射角；β为衍射角。若光栅在利特罗(Littrow)条件下工作(图 5.2.6)，即$\alpha = \beta = \varphi_L$，则方程(5.2.22)将为

$$m\lambda = 2d\sin\varphi_L \quad 或 \quad \lambda = (2d/m)\sin\varphi_L \tag{5.2.23}$$

此即光栅的(波长)调谐方程，当光栅常数 d 和衍射级 m 一定时，波长 λ 是角φ_L的正弦函数，即当旋转光栅(改变φ_L角)时，满足利特罗条件的波长将连续地按式(5.2.23)变化。若将这种光栅在腔内代替通常的全反射镜而作为选频元件，则激光器将获得可调谐的激光输出。这就是色散元件"光栅"的调谐原理。

光栅的色散对腔中振荡的激光还具有带宽压窄作用，入射在光栅上的光经衍射后被色散，这时由光栅反馈到染料受激区的波长间隔(带宽)取决于光栅的角色散和光束的发散角，而有关系式

$$\delta\lambda = \Delta\theta_0 \Big/ \left(\frac{\mathrm{d}\varphi}{\mathrm{d}\lambda}\right)_G \tag{5.2.24}$$

式中，光束的发散角$\Delta\theta_0 = 2\lambda/(\pi\omega_0)$($\omega_0$ 为受激区的半径，通常 $\omega_0 = 0.1\sim0.2$mm)，光栅的角色散可以式(5.2.22)对波长微分而得到

$$(\mathrm{d}\varphi/\mathrm{d}\lambda)_G = \tan\varphi_L/\lambda \tag{5.2.25}$$

则腔的单程带宽公式(光在腔内往返一次)将为

$$\delta\lambda = \lambda^2/(2\pi\omega_0\tan\varphi_L) \tag{5.2.26}$$

例如，一个 1200 刻线/mm 的光栅，若 $\lambda = 590$nm，则其一级衍射的$\varphi_2 \approx 20.7°$，若$\omega_0 = 0.1$mm，则单程带宽 $\delta\lambda \approx 3$nm。而通常染料的荧光带宽为 20~80nm，因此当改变光栅的入射角时，即可做到在荧光谱区内连续调谐。这时由于光束的截面很小($2\omega_0 \ll 1$mm)，光栅被照耀的刻线数很少，其分辨率很小(光栅的分辨率正比于刻线数)，且由于光能密度大而易造成刻面的破坏，因而一般都在光栅前插入一光扩束器。图 5.2.6 为一望远镜扩束器扩束后，光束截面得到扩展，方向获得改善，入射到光栅上的发散角将减小为 $\Delta\theta_G = \Delta\theta_0/M$($M$ 为望远镜的扩束比——放大倍率)，代入式(5.2.24)有

$$\delta\lambda = \lambda^2 / (2\pi M \omega_0 \tan\varphi_L) \tag{5.2.27}$$

比较式 (5.2.26) 与式 (5.2.27) 可以看出,插入光扩束器后,单程带宽变窄,带宽是原来的 $1/M$。若 $M = 25$,则激光的单程带宽将由 3nm 压窄为 0.12nm。实际上,光在腔内经多次振荡与放大后输出。由于选频元件 (光栅等) 多次滤波及增益对带宽的压窄作用,故实验得到的值要远窄于计算值。

光栅在可调谐腔中是一个十分重要的元件,不仅具有选频调谐作用,而且起滤波压窄带宽的作用。由式 (5.2.26) 可知,对一定波长 λ,光栅的角色散主要与角 φ_L 有关,表 5.2.2 给出了不同划线数光栅在 $\lambda = 590$nm 处不同衍射级的 φ_L 角大小与对应的角色散值。可以看出,高刻线数光栅有较少的衍射级次,但有较大的 φ_L 角;而低刻线数光栅则有较多的衍射级次,而只有在高衍射级上才有大 φ_L 角,但衍射效率却较低。因此,为了在较低衍射级上获得较大的 φ_L 角,应尽量选用较高刻线数的光栅。

表 5.2.2 光栅的 φ_L 角与角色散

参数		刻线值 $L/$mm			
		2240	1200	600	300
φ_L ($\lambda = 590$nm)	$m = 1$ 2 5 10	46°	20.7° 45.1°	10.2° 20.7° 62.2°	5.1° 10.2° 26.3° 62.3°
$\mathrm{d}\varphi_L/\mathrm{d}\lambda$ ($\times 10^{-1}$rad/nm)	$m = 1$ 2 5 10	1.76	0.64 1.70	0.30 0.64 3.21	0.15 0.30 0.84 3.22

2. 棱镜的扩束及谱线压窄

图 5.2.8(a) 是一棱镜进行光扩束的调谐腔,棱镜在大入射角条件下进行扩束,棱镜表面的反射作为激光输出。当用反射镜调谐时,得到的激光带宽为 $\delta\lambda = 0.2$nm。当用 1200 刻线/mm 的光栅时,则带宽压窄到 $\delta\lambda = 0.09$nm。这时光在腔中往返一次 (两次经过棱镜) 的角色散为

$$\frac{\mathrm{d}\theta_1}{\mathrm{d}\lambda} = \frac{2}{n}(\tan\theta_1 + \tan\theta_4)\frac{\mathrm{d}n}{\mathrm{d}\lambda} \tag{5.2.28}$$

式中,θ_1 为入射角;θ_4 为出射角;n 与 $\mathrm{d}n/\mathrm{d}\lambda$ 为棱镜材料的折射率与色散。但这种棱镜的角色散值与光栅相比约小两个量级,仅把它当成光扩束器使用。

以后有人提出了掠入射时棱镜获得最大扩束比的设计方法 (图 5.2.8(b)),若适当选择棱镜角 A,在掠入射时 ($\theta_1 \approx 90°$),若 $\theta_3 = \theta_4 = 0$ 出射 (图中未标出),则有最大扩束比

$$M = \frac{\cos\theta_2}{\cos\theta_1} = \frac{\cos A}{\cos\theta_1} \tag{5.2.29}$$

同样,光束的平行性也得到了改善 ($\Delta\theta_4 = \Delta\theta_1/M$),如一个由 $n = 1.722$ 玻璃制成的 ($A = 35.5°$) 棱镜,当 $\theta_1 = 84° \sim 89.5°$ 时,其对应的最大扩束比值见表 5.2.3。可见 $\theta_1 > 88°$

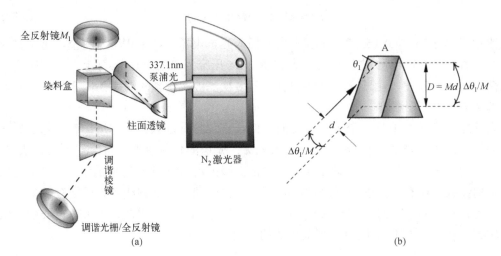

图 5.2.8　棱镜扩束调整腔

后，扩束比增大得极快，在 $\theta_1 = 89°$ 时，$M \approx 50$。这种处于腔内往返光路中的扩束棱镜，具有十分可观的角色散。在最大扩束条件下，其往返一次的单程角色散为

$$\frac{\mathrm{d}\theta_1}{\mathrm{d}\lambda} = 2M \tan A \frac{\mathrm{d}n}{\mathrm{d}\lambda} \tag{5.2.30}$$

表 5.2.3　棱镜的最大扩束比与入射角的关系

入射角 θ_1/(°)	84	85	86	87	88	89	89.5
最大扩束比 M	7.8	9.4	11.7	15.6	23.3	46.6	93.3

由式(5.2.30)得到的棱镜角色散值几乎与光栅有同一量级(表 5.2.4)，故不可忽略，可用它与光栅角色散一起为压窄带宽作出贡献。这时带宽公式应为

$$\delta\lambda = \Delta\theta_1 \Big/ \left(\frac{\mathrm{d}\theta_1}{\mathrm{d}\lambda}\right)_T \tag{5.2.31}$$

其中，$\left(\dfrac{\mathrm{d}\theta_1}{\mathrm{d}\lambda}\right)_T$ 为棱镜—光栅组合的总角色散，为

$$\left(\frac{\mathrm{d}\theta_1}{\mathrm{d}\lambda}\right)_T = \left(\frac{\mathrm{d}\theta_1}{\mathrm{d}\lambda}\right)_P + \left(\frac{\mathrm{d}\theta_1}{\mathrm{d}\lambda}\right)_G \tag{5.2.32}$$

表 5.2.4　不同色散元件的角色散

色散元件	普通棱镜 $A = 60°$ (最小偏向角工作)	扩束棱镜 $A = 35°$		光栅 600 线/mm(1 绿)+ 望远镜($M = 25$)
		$M \approx 50$ $\theta_1 \approx 89°$	$M \approx 100$ $\theta_1 \approx 89.5°$	
角色散/(rad/nm)	-2.59×10^4	-9.91×10^{-2}	-1.82×10^{-2}	1.52×10^{-2}

由于棱镜的角色散为负值，因此在进行组合系统设计时，必须注意棱镜与光栅相对方位的配置(图 5.2.9(a)是色散值相加的配置，而图 5.2.9(b)调整光栅方向与图 5.2.9(a)相反，使其形成色散值相消)。

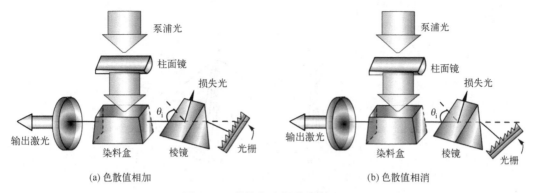

图 5.2.9　棱镜与光栅的两种匹配

($\mathrm{d}n/\mathrm{d}\lambda = -1.3\times10^{-4}\mathrm{nm}$, $\lambda = 590\mathrm{nm}$)

为了获得更大的扩束比与色散，还可以采用如图 5.2.10 所示的双棱镜扩束系统或多棱镜扩束系统。双棱镜系统的扩束比为两棱镜扩束比的乘积，即 $M = M_1M_2$。这时，若入射角分别为 85° 及 87°，则扩束比可达 $M\approx150$。若增大入射角，甚至可得到 $M>200$，这是望远镜扩束所无法比拟的。

相同材料的双棱镜系统在最大扩束条件下的单程角色散为

$$\left(\frac{\mathrm{d}\theta_1}{\mathrm{d}\lambda}\right)_{2P} = 2(M_1\tan A_1 \pm M_1M_2\tan A_2)\frac{\mathrm{d}n}{\mathrm{d}\lambda} \tag{5.2.33}$$

此处，A_1 与 A_2 为两棱镜的棱镜角，式中正负号取法：两棱镜方位相同时取正号 (图 5.2.10)，方位相反时则取负号。双棱镜扩束及反射镜调谐组成的激光器，其输出的激光的带宽达到 $\delta\lambda < 0.08\mathrm{nm}$，与由望远镜及光栅组成的调谐腔能达到的谱线带宽相当。而当用双棱镜与光栅组成的调谐腔时，带宽可进一步压窄到 $\delta\lambda < 0.002\mathrm{nm}$。

3. 法布里-珀罗干涉仪选频、滤波与调谐

当要求激光有更窄的带宽及较高的调谐精度时，一般还需要在腔内外应用法布里-珀罗干涉仪 (Fabry-Pérot interferometer，FPI)。

关于平面 FPI 的理论公式，可以由多束光干涉的原理推导得出，其透射光的强度为

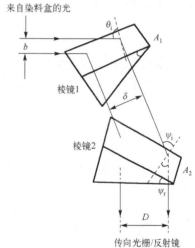

图 5.2.10　双棱镜扩束系统

$$I_T = \frac{I_0(1-R)^2}{(1-R)^2 + 4R\sin^2(\varphi/2)} \tag{5.2.34}$$

式中，I_0 为入射光的强度；R 为镜反射率；φ 为相邻光束间的相位差，$\varphi = 2\pi\dfrac{\Delta s}{\lambda} + \Delta\varphi$ (Δs 为相邻光束间的光程差，$\Delta\varphi$ 为反射所引起的相位改变)，式 (5.2.34) 也叫艾里 (Airy) 公式。

光的艾里透射分布如图 5.2.11 所示。两相邻极大之间的频率 (或波长) 范围叫做自由光谱区。

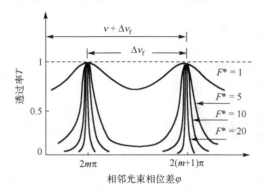

图 5.2.11　不同反射率 R 时的艾里透射分布

$$\Delta\nu_f = \nu_{max_1} - \nu_{max_2} = \frac{c}{\Delta s} = \frac{c}{2d(n^2 - \sin^2\alpha)^{\frac{1}{2}}} \tag{5.2.35}$$

当垂直入射时（$\alpha = 0$），则有 $\Delta\nu_f = c/2nd$。由 $I_T(\varphi_1) = I_T(\varphi_2) = I_0/2$，可求得干涉极大的相位半值宽度为

$$\varepsilon = 4\arcsin\left(\frac{1-R}{2\sqrt{R}}\right) \tag{5.2.36}$$

当 $R \gg (1-R)$ 时，则有 $\varepsilon = 2(1-R)/\sqrt{R}$。定义自由光谱区 $\Delta\nu_f$ 与干涉极大的半值宽度 $\delta\nu$ 之比为干涉锐度(或精细常数 F^*)，由其相位关系可得到

$$F^* = \frac{2\pi}{\varepsilon} = \frac{\pi\sqrt{R}}{1-R} \tag{5.2.37}$$

因此带宽的频率半值宽也可写为 $\delta\nu = \Delta\nu_f/F^*$。当在腔内采用 FPI 进行选频、滤波时，一般插在光扩束器与光栅之间，因其间光束具有最小的发散，为得到染料激光谐振腔单频的运转，要求 FPI 的自由光谱区 $\Delta\nu_f$ 远大于光栅的分布宽度 $\Delta\nu_g$(图 5.2.12(a))。否则，当 $\Delta\nu_f$ 较小时，激光将出现多频运转(图 5.2.12(b))。因激光的谱线是光栅分布与 FPI 光谱分布的乘积。这时激光的谱线带宽将主要由 FPI 的 $\Delta\nu_f$ 与 F^* 所决定，即有 $\delta\nu_r = \Delta\nu_f/F^*$。但 $\Delta\nu_f$ 的值受上述单频条件的限制，F^* 的值也不能过大，否则损耗太大，一般取 $F^* \leqslant 20$。

　　FPI 在腔中必须倾斜一个小角度 α，以防止成为谐振腔的反射镜面产生寄生振荡，导致光栅、FPI 失去作用。但 α 角又不得过大，否则会产生逸出损耗并引起谱线加宽。逸出损耗为

$$b = R\frac{d}{W}\tan\alpha \tag{5.2.38}$$

式中，d 为 FPI 的镜间隔；W 为 FPI 中的光束半径；R 为 FPI 的反射率；α 为入射角。例如，若 $R = 0.87$，$d = 18\text{mm}$，$W = 5\text{mm}$，$\alpha = 1°$，则 $b \approx 5\%$；若 $W = 15\text{mm}$，则 $b = 2\%$，说明光扩束对减小腔损耗具有积极意义。

　　由式(5.2.35)可知，只要 n、d 与 α 三个量中任意一个量改变时，FPI 的自由光谱区 $\Delta\nu_f$ 也发生变化，其谱线分布则相对于光栅分布进行移动，可实现波长的调谐，即有所谓的角度调谐(改变 α)及气压调谐(改变 n)。

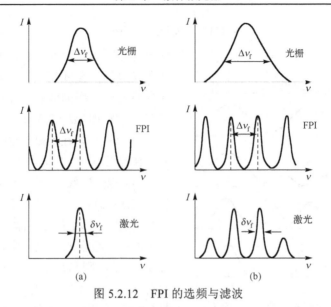

图 5.2.12 FPI 的选频与滤波

为了得到更窄带宽的激光，可在激光系统中采用多 FPI 进行选频与滤波。例如，在腔内外分别用两个平面的 FPI，这种双 FPI 的选频原理必须满足条件：$\Delta\nu_{f1}/\Delta\nu_{f2} = k$($k$ 为整数或某些分数)。如果 $k = 3$，这时两个 FPI 间其极大的分布每相隔三级而耦合一次，其激光谱线的分布是光栅分布与两 FPI 分布的乘积。在双平面 FPI 情况下，输出的谱线数(频率数)仍与光栅分布的 $\Delta\nu_g$ 及腔内 FPI 的 $\Delta\nu_f$ 有关，其强度由光栅分布决定，但激光谱线的宽度则由腔外 FPI 的参数所确定，故有

$$\delta\nu_1 = \delta\nu_2 = \Delta\nu_{f2}/F_2^* \tag{5.2.39}$$

但是小 $\Delta\nu_f$ 意味着大的 d_2，而 d_2 足够大时，对纳秒脉冲宽度的光脉冲，将在 FPI 中只形成有限的相干光束，由波动光学可知，这势必导致谱线加宽，而过大 F_2^* 也将产生大的损耗。此外，激光谱线带宽最终受测不准关系 $\delta\nu \cdot \delta t > h$ 的约束，对脉冲宽度 $\delta t \approx 10\text{ns}$ 的光脉冲，其理论极限值为 $\delta\nu > 45\text{MHz}(\delta\lambda > 5\times10^{-5}\text{nm})$。

4. 双折射滤光片

除用棱镜、光栅等色散元件调谐外，还可用双折射滤光片作为调谐元件。用双折射晶体(一般用石英晶体)制成的元件具有尺寸小、价格低廉、损耗小、破坏阈值高、色散大的特点。晶体光轴与晶体表面平行，滤光片以布儒斯特角插入腔内。当晶片绕其法线方向旋转时，波长即可实现调谐，它基于偏振光干涉原理：以布儒斯特角 θ_b 入射在晶片上的线偏振光，通过晶片后，o 光与 e 光间有相位差为

$$\Delta\delta = 2\pi(n_o - n_e)d\sin^2\gamma/\lambda\sin\theta_b \tag{5.2.40}$$

式中，n_o 与 n_e 分别为 o 光与 e 光的折射率；d 为晶片厚度；γ 为晶体内光线与晶体光轴间夹角，有 $\cos\gamma = \cos\varphi\cos\theta_b$($\varphi$ 为晶体光轴与入射面的夹角)。当 $\Delta\delta = 2m\pi$ 时，光通过晶片后其偏振面仍保持不变，则满足此条件的波长的光，对腔内所有元件(染料层、单向器等)有最小的损耗，即

$$\lambda = c_0(1 - \cos^2\varphi\cos^2\theta_b) \tag{5.2.41}$$

其中

$$c_0 = (n_o - n_e)d/(m\sin\theta)$$

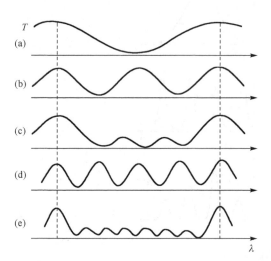

图 5.2.13　双折射率滤光片的透过率分布

对一定材料，一定厚度的晶片的 c_0 是确定的，故当其绕晶片法线旋转时，φ 角因而改变，使具有最大透过率的波长亦相应变化，从而实现调谐。例如 $d = 0.51\text{mm}$ 的石英晶片，$n_o - n_e \approx 9\times10^3$，如在 560～630nm 实现调谐，若须旋转晶片 $\varphi \approx 21°$，单片双折射滤光片的透过曲线较平缓，滤光特性不够理想（图 5.2.13(a)），难于获得窄带输出。故窄带的双折射滤光片均采用多晶片（如由三块晶片）组合而成，组合的三晶片中，第二晶片的厚度为 $d_2 = 2d_1$，则晶片 2 有如图 5.2.13(b) 中的透过分布；组合的二晶片其透过分布则如图 5.2.13(c) 所示。若再选 $d_3 = 2d_2$ 的晶片 3，

其分布如图 5.2.13(d) 所示，而三晶片组成的滤光片将有如图 5.2.13(e) 的窄带滤波特性。为了选出单纵模，在系统中可再加上 1～2 个标准具，其结构形式有空气间隙式的，也有熔融石英实心式的。若腔内只用双折射滤光片，能得到的带宽约为 10^{-3}nm 量级。

5.2.5　连续波染料激光器

在连续波染料激光器中，三重态的猝灭作用将显得十分突出，其发光机构与脉冲运转的染料激光器有着本质的区别。而且连续泵浦的平均功率高，激活介质中温度梯度造成的光学不均匀性的影响也大。为了实现稳定的运转，必须克服三重态的猝灭作用。当存在三重态作用时，受激态 S_1 上的粒子数 N_1 受到 $S_1 \to S_0$ 与 $S_1 \to T_1$ 两种跃迁的竞争。$S_1 \to S_0$ 主要包括自发辐射跃迁和受激辐射跃迁(此处忽略非辐射跃迁)两部分。而 $S_1 \to T_1$ 跃迁的速率虽然很小(约只有受激分子的百分之几能到 T_1 态上)，但其寿命远长于 S_1 态的 $10^{-7}\sim10^{-3}$s，在 T_1 态上将出现粒子的积聚，其作用犹如一个陷阱。当泵浦速率足够高时，有可能将 S_0 态抽空殆尽，而使 T_1 态上的粒子数 N_T 接近于总粒子数 N，以致无分子进行 $S_1 \to S_0$ 跃迁了。即使在 $N_T \ll N$ 时，由于三重态之间 $(T_1 \to T_2)$ 的吸收(其吸收谱线多与荧光谱线重叠，且有不小的吸收截面)，也会导致激光猝灭。

1.　连续波染料激光器的阈值条件

忽略荧光辐射，在稳态情况下，方程(5.2.7)中利用关系式 $N_T(x) = N_1(x)K_{ST}\tau_T$ 则有

$$\frac{d[I^+(x,\nu)]}{dx} = [\sigma_{ef}(\nu)N_1(x) - \sigma_{01}(\nu)N_0(x)]I^\pm(x,\nu) \tag{5.2.42}$$

式中，$\sigma_{ef}(\nu) = \sigma_e(\nu)K_{ST}\tau_T\sigma_T(\nu)$ 为有效辐射截面，则可得增益系数为

$$g(x,\nu) = \sigma_{ef}(\nu)N_1(x) - \sigma_{01}(\nu)N_0(x) \tag{5.2.43}$$

激光振荡条件为

$$R_1(\nu)R_2(\nu)G^2(\nu) \geq 1 \tag{5.2.44}$$

由式(5.2.14)取平均值有

$$G(\nu) = \exp[g_e(\nu)d]$$

代入式(5.2.44)，则阈值条件可写成

$$\exp(g_e(\nu)d) = 1/[R_1(\nu)R_2(\nu)]^{1/2}$$

或临界增益系数为

$$g_e(\nu) = -\ln[R_1(\nu)R_2(\nu)]/2d \qquad (5.2.45)$$

设

$$\gamma(\nu) = -\ln[R_1(\nu)R_2(\nu)]/2d$$

式中，d 为染料激活长度。在考虑了端面镜反射率 $R_1(\nu)$ 和 $R_2(\nu)$ 所引起的损耗后，则有

$$\{\sigma_{ef}(\nu) + \sigma_{01}(\nu)[1+K_{ST}\tau_T]\}N_{th} - \sigma_{01}(\nu)N + \gamma(\nu) = 0$$

设

$$q(\nu) = \sigma_{ef}(\nu) + \sigma_{01}(\nu)\times[1+K_{ST}\tau_T]$$

则可写成

$$\frac{N_{th}}{N} = \left[\sigma_{01}(\nu) + \frac{\gamma(\nu)}{N}\right]\bigg/ q(\nu) \qquad (5.2.46)$$

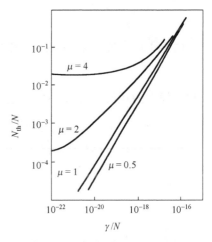

此方程即为连续波染料激光器达到阈值时，要求受激态 S_1 必须达到的临界粒子数密度 N_{th} 的关系式。对于无色散的腔(即 $\gamma(\nu)$ = 常数)，N_{th}/N 与 γ/N 的关系曲线如图 5.2.14 所示(图中 $\mu = K_{ST}\tau_T$)。

由图可知，当 μ 值较大时，对较小的 γ/N 值，N_{th}/N 近似为常数(与 γ/N 无关)，这表明存在一个为达到临界 N_{th}/N 所要求的最小的 γ/N 值。对小 μ 值，如 μ 为 0.5～1，N_{th}/N 值几乎与 μ 值无关，在这个区域可以用皮尔森(Pearson)的近似关系式

图 5.2.14　无色散腔 N_{th}/N 与 γ/N 的关系

$$\frac{N_{th}}{N} = 5.8\times10^{11}\left(\frac{\gamma}{N}\right)^{\frac{3}{4}} \qquad (5.2.47)$$

则达到激光阈值所需要的最小泵浦功率密度为

$$\frac{P_p}{A} \approx N_{10}\tau_f^{-1}h\nu_p d \quad (\text{W/cm}^2) \qquad (5.2.48)$$

例如，激活区长度 $d = 0.1\text{cm}$，$R_1 = 1$，$R_2 = 0.995$，对 $\lambda_F = 530\text{nm}$，计算得到的功率密度约为 3.5kW/cm^2。(由于还存在染料溶液散射和孔径衍射等其他损耗，为了实现有效运转，实际所要求的值则要高得多，实际上要用 100kW/cm^2 以上的功率密度)。

连续运转染料激光器都采取纵向泵浦方式，图 5.2.15 中表示为同轴泵浦形式，反射镜 M_1 对泵浦光是高透射的，对激光是高反射的，染料溶液垂直于轴向高速流动(实为喷射流)，

泵浦光会聚后在染料中形成一半径为 ω_P（约 10μm 量级）的亮斑（图中未标出），泵浦光源多为平均功率输出为 1～20W 的氩离子或氪离子激光器。

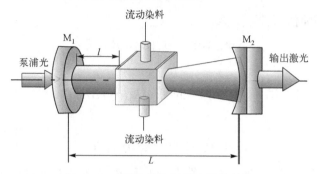

图 5.2.15　连续波染料激光器的结构

2. 染料喷射流——抑制三重态的技术

若不考虑 $T_1 \to T_2$ 吸收所引起的 N_T 减少（即设 $\sigma_T = 0$），且认为 T_1 态的寿命相对 S_1 态足够长（即可设即 $\tau_T = \infty$），由方程（5.2.5）可得

$$\frac{\partial N_T(x,t)}{\partial t} = N_1(x,t)K_{ST} \tag{5.2.49}$$

由于还存在染料溶液散射和孔径衍射等其他损耗，为了实现有效运转，故

$$N_T(x,t) = N_1(x,t)K_{ST}t \tag{5.2.50}$$

欲实现稳定的运转，使 $S_1 \to S_0$ 跃迁所得到的增益与 $T_1 \to T_2$ 吸收所引起的损耗相平衡，即

$$N_1(x,t)\sigma_e(\nu) = N_T(x,t)\sigma_T(\nu) \tag{5.2.51}$$

典型的染料有 $\sigma_T(\nu) \approx \sigma_e(\nu)/10$，即受激辐射猝灭为 $N_T(x,t) \approx 10\,N_1(x,t)$，则可得到激活粒子允许的最长持续时间为

$$t_{\max} \approx \frac{10}{K_{ST}} \tag{5.2.52}$$

若 $K_{ST} = 10^7 \mathrm{s}^{-1}$，则 $t_{\max} \approx 10^{-6}\mathrm{s} = 1\mu\mathrm{s}$；$K_{ST} = 10^5 \mathrm{s}^{-1}$ 时，则 $t_{\max} \approx 10^{-4}\mathrm{s} = 100\mu\mathrm{s}$。

问题的实质是限制 T_1 态上的粒子数密度 N_T：泵浦光持续时间长，三重态的影响就大；持续时间越短，影响就越小。三重态 T_1 上 N_T 的控制可通过控制参数 K_{ST} 与 τ_T 来实现。如在稳态情况下，

$$\frac{\partial N_T(x,t)}{\partial t} = 0$$

T_1 态上平衡的粒子数密度为

$$N_T(x) = N_1(x)K_{ST}\tau_T \tag{5.2.53}$$

增益消失的条件为 $N_T/N_1 = \sigma_e/\sigma_T = K_{ST}\tau_T$，即 $(K_{ST}\tau_T)_{\max} \approx 10$，要实现连续波染料激光器的有效运转，必须满足 $K_{ST}\tau_T < 10$，即希望参数 K_{ST} 与 τ_T 尽量小，这意味着“流入” T_1 态的速率（K_{ST}）与“流出” T_1 态的速率（τ_T^{-1}）之比不得大于 10。往往在溶液中加入某些化学添加剂以达到减小 K_{ST}。另一个有效的方法是使染料溶液高速（10～100m/s）流过激

活区，使激活的染料溶液在腔模空间的滞留时间小于 t_{min}。

3. 染料的增益

连续波染料激光器受激区的结构见图 5.2.16，w_p 与 w_0 分别为泵浦光与染料激光的束腰，染料溶液是厚度为 d 的薄层高速喷射流，腔轴与染料层的法线成布儒斯特角。以减少损失。照射染料的泵浦光强度分布为

$$I_p(r,x) = \frac{c_1 P_p(0)}{b_p}\left[\frac{w_{p0}}{w_p(x)}\right]^2 \exp\left[-\frac{2r^2}{w_p^2(x)}\right] \quad (5.2.54)$$

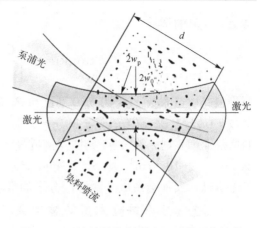

图 5.2.16 连续波染料激光器受激区的结构

式中，$I_p(0)$ 为 $x = 0$ 处的泵浦功率；b_p 为泵浦光的共焦参数；c_1 为常数；r 为距离光轴的半径；入射面上 $(x = 0)$ 的束腰为 $w_{p0} = (\lambda_p b_p / 2\pi)^{1/2}$，染料内任意处的光束半径为

$$w_p^2(x) = w_{p0}^2\left(1 + \frac{4x^2}{b_p^2}\right) \quad (5.2.55)$$

轴向上由于染料的吸收，泵浦光的强度不断衰减，在弱泵浦时有

$$I_p(x) = I_p(0)\exp[-\sigma_{01}(\nu_p)Nx] \quad (5.2.56)$$

因此，厚度为 d 的染料的透过率则为

$$T_0 = \exp[-\sigma_{01}(\nu_p)Nd] \quad (5.2.57)$$

仅当强激光作用时应为

$$T = \exp\left[-\sigma_{01}(\nu_p)\int_0^d N_0(x)\mathrm{d}x\right] \quad (5.2.58)$$

因这时 $N_0 \neq N$，则 N_0 与距离 x、泵浦光强 I_p 及激光光强 I 有关。若忽略三重态的影响，则有近似式

$$T \approx T_0\left(1 + \frac{I_p}{I_{01}}\frac{1}{1 + I/I_s}\right) \quad (5.2.59)$$

式中，I_{01} 为吸收饱和强度；I_s 为辐射饱和强度。式 (5.2.59) 表明，当泵浦光足够强时，染料的透过率即增加（漂白）；反之，由于激光辐射的作用，透过率下降（使分子回复基态之故）。纵向泵浦形式对染料溶液有一定透过性能要求，除了选用足够强的泵浦强度外，还必须控制染料的浓度与厚度（一般 $d < 1\text{mm}$，如 $d = 0.3\text{mm}$）。

由于染料激活区各点的泵浦光强度在轴向及径向都不同，故 $N_1 \neq$ 常数，而与 r 和 x 有关，若忽略 $S_0 \to S_1$ 的自吸收，则增益系数为

$$g(r,x,\nu) = \sigma_{ef}(\nu)N_1(r,x) \quad (5.2.60)$$

因此染料的单通增益为

$$G(r,\nu) = \exp\left[\sigma_{ef}(\nu)\int_0^d N_1(r,x)\mathrm{d}x\right] \quad (5.2.61)$$

轴上$(r=0)$的增益

$$G(0,\nu)=\exp\left[\frac{C_1 P_{\mathrm{p}}(0)\,\sigma_{\mathrm{ef}}(\nu)\,\tau_1}{b_{\mathrm{p}}}F(u,\nu)\right]\qquad(5.2.62)$$

即染料的增益系数 $g(r=0,x,\nu)$ 不仅与 $P_{\mathrm{p}}(0)$、$\sigma_{\mathrm{ef}}(\nu)$ 及 τ_1 成正比，与 b_{p} 成反比，而且还与函数 $F(u,\nu)$ 有关，$F(u,\nu)$ 与 $N_0(r=0,x)$、σ_{01} 和 d 有关，$u=N_0(0,x)\sigma_{01}(\nu_{\mathrm{F}})x$。当 u 随着 x 的增加而增长时，在 $u=1$ 处增益接近最大值，即有 $d=1/N_0\sigma_{01}(\nu_{\mathrm{F}})$（如 $N_0=1.5\times10^{17}\mathrm{cm}^{-3}$，$\sigma_{01}(\nu_{\mathrm{F}})=2\times10^{-16}\mathrm{cm}^2$，则 $d\approx0.3\mathrm{mm}$）。这时若选用浓度更高或厚度更厚的染料，对增益不仅无贡献，反而会造成非激活区分子的吸收。

4. 连续波染料激光器的腔型分析

在一定泵浦条件下，为获得尽量大的模体积，不仅要求泵浦光束与激光光束在染料层内有很好的重叠(即两光束束腰匹配良好)，而且要求束腰大小稳定。由两镜组成的半球面谐振腔，其束腰对镜间距十分敏感，在连续波染料激光器中不宜采用两镜组成的谐振腔。由三镜组成的谐振腔，其束腰大小对镜的位置就不那么敏感。图 5.2.17 给出了一种典型的三镜腔结构，M_1 反射镜离轴工作，这将引起像散，即子午面与弧矢面内的光线将聚焦在不同点处，而布儒斯特角入射的染料层也会引起像散，因此人们有可能通过改变 M_2 与光轴夹角 θ 及染料层厚度 d，使得两者的像散能相互抵消。

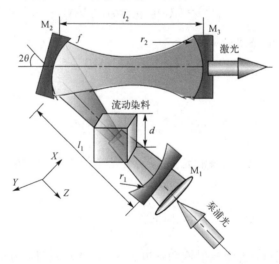

图 5.2.17　连续染料激光器三镜腔的结构图

为了实现稳定运转，要求谐振腔短支的长度 l_1 只允许在一定容限 δ 内变化，即

$$l_1=r_1+f+\delta\qquad(5.2.63)$$

δ 分别有极限值 $\delta_{\max}$ 与 $\delta_{\min}$，即

$$\begin{cases}l_{1\max}=r_1+f+\delta_{\max}\\l_{1\min}=r_1+f+\delta_{\min}\end{cases}\qquad(5.2.64)$$

其中

$$\delta_{\max}=f^2\big/(l_2-f)$$

$$\delta_{\min} = f^2 / (l_2 - r_2 - f)$$

是按照等效的球面镜腔导出的。为了得到小焦点，一般取 $l_2 \gg f$，$r_2 \to \infty$，因此 $\delta_{\max} > 0$，而 $\delta_{\min} \leqslant 0$。

在稳定范围内，焦点大小与 l_1 变化有近似关系：

$$(\pi W_0^2 / \lambda)^2 \approx (\delta_{\max} - \delta)(\delta - \delta_{\min}) \tag{5.2.65}$$

在 $\delta = \delta_{\max}$ 或 $\delta = \delta_{\min}$ 处(稳定区极限处)，$W_0 = 0$，而在其中心则有最大值。但是由于中间反射镜在弧矢面(XZ 面)与子午面(YZ 面)内的焦距不同(对 XZ 面 $f_x \approx f / \cos\theta$；对 YZ 面 $f_y \approx f \cos\theta$)。而焦点大小是与位置及焦距有关的。若忽略染料层的存在，在弧矢面同子午面内焦点大小与位置的关系如图 5.2.18(a)所示。由于 $f_x \neq f_y$，故形成的像散是很明显的，这时光学谐振腔是不稳定的，即找不到一个 l_1 值满足运转。实际上布儒斯特角的染料层能补偿像散，以实现稳定谐振腔的目的。因布儒斯特角入射时 XZ 面及 YZ 面内的光程长度不同，对 XZ 及 YZ 面内光线的有效厚度分别为

$$d_x = (d_0 / n^2)\sqrt{n^2 + 1} \tag{5.2.66}$$

$$d_y = (d_0 / n^4)\sqrt{n^2 + 1} \tag{5.2.67}$$

式中，n 为染料折射率；d_0 为染料的真实厚度。故可通过选取合适的折叠角 θ 及染料厚度 d，就有可能消除像散。图 5.2.18(b)即为当染料厚度为 $d = 1.5$mm 时，减小折叠角($\theta = 6.46°$)时像散被消除的情况。

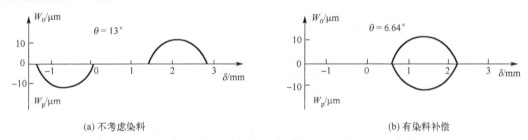

(a) 不考虑染料　　　　　　　　　　　　　　　(b) 有染料补偿

图 5.2.18　镜腔消除像散的方法

染料厚 $d = 1.5$mm，折射率 $n = 1.45$，$r_1 = 50$mm，$r_2 = \infty$，$f = 50$mm，$l_2 = 1900$mm

连续波染料激光器的调谐，一般也可采用棱镜、光栅及标准具等元件。图 5.2.19 为一在腔内插入色散元件——棱镜的调谐腔。泵浦光利用棱镜的色散特性，由棱镜耦合输入腔内，并形成同轴泵浦形式，当旋转平面反射镜 M_1 时，激光即得到了调谐。为了获得更窄的带宽或精调谐，也可在长支路的平行光束中插入一个或多个标准具，但其精细常数 F^*(镜反射率 R)不允许太高，否则插入损耗过大而使激光器的转换效率大为降低，甚至不能运转。

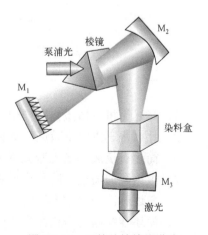

图 5.2.19　三镜片棱镜调谐腔

5. 行波环形腔染料激光器

前述激光谐振腔内的光场均为驻波场，故其激光振

荡必须满足：半波长的整数倍等于腔长这个条件，由于纵模间隔为 $\Delta v \approx c/2L$，从而在染料的荧光带宽内可能出现众多的纵模。在这种驻波场中，存在所谓的空间烧孔效应，染料内每一纵模所对应的波峰与波节特使增益空间出现周期的饱和及未饱和区，这不仅影响激光振荡时对增益的提取，也阻碍通过模式竞争而获得单频输出。

采用腔内为行波场的环形谐振腔能消除空间烧孔效应。图 5.2.20 是一种环形谐振腔的结构图，它由三个曲率半径分别为 $f_1 = 38\text{mm}$、$f_2 = 100\text{mm}$、$f_3 = 250\text{mm}$ 的曲面反射镜 M_1、M_2、M_3 及平面镜 M_4(输出镜)组成一 8 字形的环形腔。由于在腔内的准直臂上插入了一个法拉第单向器，使腔内光只能沿一个方向传播而形成行波场，便不会有空间烧孔效应。泵浦光源用一功率为 4～5W，波长为 514.5nm 的氩离子激光器，通过反射镜 M_p 会聚到染料喷流层上，要求泵浦光束腰(25～30μm)与激光腔束腰在染料层内能很好地重合。束腰过大会由于泵浦速率不足而达不到阈值；束腰过小又将造成染料"烧焦"。染料层以布儒斯特角插入腔内，染料为浓度 $2 \times 10^{-3}\text{mol/L}$ 的罗丹明 6G 的乙二醇溶液，染料层宽为 4～5mm，层厚为 0.25～0.35mm，染料喷流速度为 12～20m/s，可获得 0.6～1W 的染料激光输出，其效率为 15%～20%。

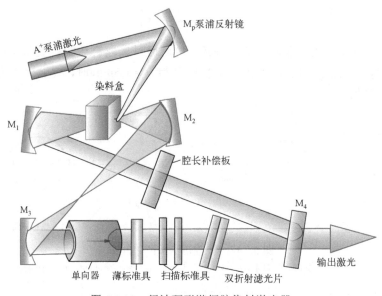

图 5.2.20　行波环形谐振腔染料激光器

习　　题

1. 简述无机液体激光器产生激光的原理和工作特性。
2. 什么是三重陷阱效应？如何克服之？
3. 简述有机液体激光器激光染料的结构，其能级图及产生激光的原理和工作特性。
4. 根据泵浦类型，脉冲染料激光器可分成哪些类型？
5. 简述脉冲染料激光器的构成和分析其激光振荡阈值条件。
6. 简述连续运转染料激光器的构成和分析其激光振荡阈值条件。

第 6 章　半导体激光器

6.1　半导体激光器概述

　　1962 年，世界上第一个 GaAs 半导体激光器问世。1967 年在半导体激光器发展史上是一个重要的突破，一反过去用扩散法形成同质 pn 结的惯例，而用液相外延的方法制成了单异质结激光器，从而实现了在室温下脉冲工作的半导体激光器。1970 年，贝尔实验室的研究者实现了双异质结 GaAlAs-GaAs（镓铝砷-砷化镓）结构的半导体激光器，GaAlAs-GaAs 双面异质结激光器件的寿命提高到数万小时。因此，双异质结半导体激光器步入了实用化阶段，半导体激光器出现了划时代的进展——在室温下连续工作。1988 年，利用微电子技术，已可以大量生产半导体激光器，1989 年，美国贝尔实验室和贝尔通信研究所共同研制成功了第一个低阈值的垂直腔面发射体激光器（VCSELS），简称为表面发射半导体激光器。阵列式半导体激光器的诞生，标志着半导体激光器已经跨入了小型化、集成化的大门。经过 59 年的发展，半导体激光器已由早期的同质结、单异质结、双异质结发展到量子阱、应变量子阱及分布式结构和垂直腔结构等，自组装量子点和单级型量子级联结构也正在蓬勃发展。半导体激光器不但为光通信发展奠定了基础，而且为整个激光技术的发展注入了活力，半导体激光产业已经成为整个激光产业的基石，而激光产业也已成为科技发展、工业现代化、高新技术的突破及人类社会生活不可分割的一部分。半导体激光是 5G 通信、大数据光互连、人工智能和激光制造等领域的核心光源，是光通信互联、智能感知、先进制造产业发展的战略核心技术，支撑着国家"智慧城市""大数据""数字中国""人工智能""中国制造 2025"等战略的实施，以及国家新型基础设施建设和国家科技中长期发展。2018～2022 国家级发展规划已经明确将半导体激光技术列为重点发展的关键科学技术。中科院长春光机所王立军院士团队在国际上首次提出张应变宽带隙势垒垂直腔面发射激光器新结构和设计思想，研制出 92W 脉冲输出单管激光器，被美国《今日半导体》以"垂直腔面发射激光器取得 92W 输出纪录"为标题给予高度评价；又被美国《激光世界焦点》期刊评为"脉冲峰值功率达 92W，一个单管面发射激光器纪录"。上述开创性工作研制的各种 VCSEL 已应用于激光泵浦、激光引信、激光测距等领域。半导体激光产业是国民经济主战场的重要高地。据统计，2019 年全球激光器的销售额预计将维持 6%的增长速度，达到 146 亿美元，其中半导体激光器的市场规模（包括直接的半导体激光器、固体激光器与光纤激光器的泵浦源）约为 68.8 亿美元，占激光器整体市场的 50%左右，年增长率约为 15%，在工业生产、日常生活中成为最广泛、最重要的激光器件之一，被逐步应用于先进制造、医疗健康、科学研究、汽车应用、信息技术等领域，覆盖海内外知名企业及科研院所，未来市场发展空间广阔。

　　半导体激光器（LD）是利用半导体材料能带间的跃迁产生的受激辐射和天然解理面为谐振腔，提供的光反馈制作的一类半导体器件。常用的半导体材料有砷化镓（GaAs）、硫化镉(CdS)、磷化铟(InP)、硫化锌(ZnS)等。半导体激光器的激励方式主要有三种，即电注入、电子束激励和光泵浦。绝大多数半导体激光器的激励方式是电注入，即给 pn 结加正向电压，以使在结平面区域产生受激发射，也就是说是正向偏置的二极管，因此半导体激光器又称为半导体激光二极管。对半导体来说，由于电子是在各能带之间进行跃迁，而不是在分立的能级之间跃迁，所以跃迁能量不是个确定值，这使得半导体激光器的输出波长分布在一个很宽的范围上，它们所发出的波长在 0.3～34μm。其波长范围决定于所用材料的能带间隙，最常见的是 AlGaAs：双异质结激光器，其输出波长为 750～890nm。它的体积小、质量小、效率高、性能稳定、可靠性好、寿命长，是发展最为迅速的理想泵浦光源之一。半导体激光器主要器件是以直接带隙半导体材料构成的 pn 结或 pin 结为工作物质的一种小型化激光器。半导体激光工作物质有几十种，已制成激光器的半导体材料有砷化镓(GaAs)、砷化铟(InAs)、氮化镓(GaN)、锑化铟(InSb)、硫化镉(CdS)、碲化镉(CdTe)、硒化铅(PbSe)、碲化铅(PbTe)、铝镓化砷(Al_xGaAs)、铟砷磷(In-P_xAs)等。

半导体激光器已经得到了惊人的发展，其波长覆盖了红外、可见到紫外，各项性能参数也有了很大的提高，其制作技术经历了由扩散法到液相外延法(liquid phase epitaxy，LPE)、气相外延法(vapor phase epitaxy，VPE)、分子束外延法(molecular beam epitaxy，MBE)、金属有机化合物气相淀积方法(metal organic chemical vapor deposition，MOCVD)、化学束外延(chemical beam epitaxy，CBE)以及它们的各种结合型等多种工艺。其阈值电流由几百毫安降到亚毫安，其寿命由几百到几万小时，乃至百万小时。从最初的低温(77K)下运转发展到在常温下连续工作，输出功率由几毫瓦提高到千瓦级(阵列器件)。它具有效率高、体积小、质量小、结构简单、能将电能直接转换为激光能、功率转换效率高(已达10%以上、最大可达50%)、便于直接调制、省电等优点。目前，固定波长半导体激光器的使用数量居所有激光器之首，某些重要的应用领域过去常用的其他激光器，已逐渐为半导体激光器所取代。半导体激光二极管在光通信和光信息存储、处理方面占据了绝对的领导地位。以前半导体激光器最大的缺点是：激光性能受温度影响大，光束的发散角较大(一般在几摄氏度到 20℃之间)，所以在方向性、单色性和相干性等方面较差。随着金属有机化学气相沉积的发展和多量子阱(MQW)技术的出现，半导体激光器件的工作特性，无论是激光功率、阈值电流，还是运转条件、输出稳定性等都有了显著的改善，这反过来又极大地推动了固体、光纤等激光器件与技术的发展。随着信息化社会的到来，高速率信息流的载入、传输、交换、处理及存储是技术关键，半导体光电子技术已成为支柱之一。图 6.1.1给出半导体激光器在一些主要应用领域相应所需的波长、功率及线宽的示意范围。

2005 年 2 月 21 日，英特尔公司采用标准硅制造工艺开发出世界上第一款连续波硅激光器。2005 年 11 月 5 日，美国俄亥俄州辛辛那提大学物理学家宣布研制成世界上第一种利用可见光波段工作的硅激光器。2006 年 6 月，意大利科学家使用纳米尺寸的硅颗粒，成功地使硅表现出受激辐射的特征。2006 年 8 月，麻省理工学院(Massachusetts Institute of Technology，MIT)微光学技术中心开始挑战Ⅲ-Ⅴ族光电材料的"芯片级纳米光电系统用电泵浦硅激光器"项目。2020 年 9 月，中国科学院长春应用化学研究所秦川江研究员联合日本科研人员，在新型半导体激光器的研发上取得进展，为下一步半导体激光器更稳定地工作提供重要支撑。该成果于 2020 年 9 月 2 日在《自然》(Nature)期刊上发表。用钙钛矿

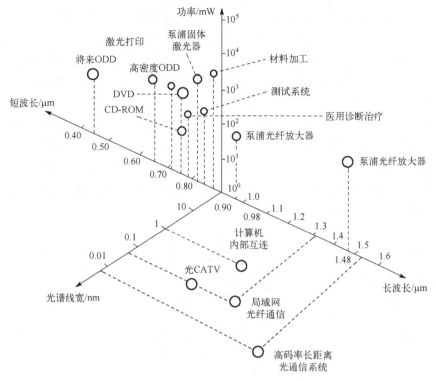

图 6.1.1　半导体激光器主要应用领域

材料制作半导体激光器是最新的方法之一，他们利用特殊材料设计将该物质转移出来，进而实现了钙钛矿半导体激光器在室温下持续稳定的输出。该成果有望在光通信、光信息处理、光储存、照明和显示等领域广泛应用。

　　按半导体激光器的发展历史和水平，可将其分为四个阶段：同质结半导体激光器阶段、异质结半导体激光器阶段、量子阱半导体激光阶段和硅半导体激光阶段。目前半导体激光器的材料主要包括Ⅲ-Ⅴ族化合物半导体（如 GaAs），Ⅱ～Ⅳ族化合物半导体（如 CdS）和Ⅳ～Ⅵ族化合物半导体（如 PbSnTe），其中以Ⅲ～Ⅴ族的 GaAs 性能最优良，可作为激光物质，如砷化镓、碲锡铅、硫化镉、锑化铟等。半导体激光器的特点是体积小、质量小、效率高、结构紧凑、运行寿命可达 $10^4 \sim 10^6 \mathrm{h}$（即 120 年），由于电子是在不同能带之间跃迁，而不是分立能级，所以半导体激光波谱分布在 $0.3 \sim 34\mu\mathrm{m}$ 较宽范围。半导体激光器不足 1mm，质量可以不超过 2g。

　　本章将以 GaAs 为例，从有关半导体材料的基本理论入手，介绍半导体激光器的原理、结构及性能，深入了解半导体激光器的特性和工作原理。

6.2　半导体晶体的基本知识

6.2.1　半导体的能带

　　半导体激光器是以半导体材料为增益介质的激光器，依靠半导体能带间的跃迁发光，通常以天然解理面为谐振腔，因此其具有波长覆盖面广、体积小、结构稳定、抗辐射能力强、泵浦方式多样、成品率高、可靠性好、易高速调制等优势。半导体晶体是构成半导体激光器的工作物质。晶体中的原子的排列是具有周期性的，电子技术中广泛应用的 Ge 和 Si 半导体集团的结构属于金刚石结构，其中每个原子都位于由四个最近邻的相同原子所构成的四面体的中心。用于制作半导体激光器的最重要的材料是二元化合物，如 GaAs 和 GaP 等，则属于闪锌矿结构。

如图 6.2.1 所示，它除了最近邻的两个原子位置分别由不同的原子，即 Ga 和 As 或 Ga 和 P 占据之外，在结构上和金刚石相似(其中黑球、白球代表同一种原子，但属于不同的面心立方晶格)。而且，每种元素的原子都可以部分被适当元素的原子替换(例如，P 原子可以替换 As 原子，形成三元化合物 Ga(AsP))，或部分 Ga 原子可以被 Al 原子所替换，形成(GaAl)As，而原子替换前后的晶体结构基本形状则不变。

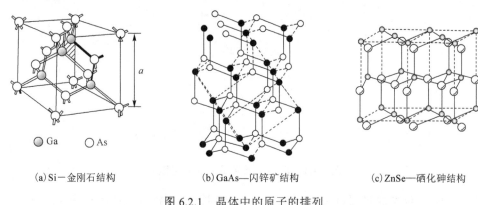

　　○ Ga　　　○ As

(a) Si—金刚石结构　　　　　(b) GaAs—闪锌矿结构　　　　　(c) ZnSe—硒化砷结构

图 6.2.1　晶体中的原子的排列

通常称原子的外层电子为价电子，元素的许多物理和化学性质都取决于价电子。原子之所以能按一定的周期结合在一起形成晶体，是由于原子之间存在着相互作用力，Si 和 GaAs 等原子晶体是通过共用价电子对结合起来的，此种结合力就是"共价键"。在闪锌矿结构的化合物晶体中，最近邻的原子具有不相等的价电子数，这些电子数的和都是 8。每个原子平均有 4 个价电子可用来形成价键，故只要发生电子共用的过程，便有金刚石结构的类似性质。

晶体中的原子紧密相间、周期排列。原子的外层电子与原子核之间的库仑作用力的大小与其距原子核的距离成反比。各原子相应的一些外层电子运动轨道将发生不同程度的交叠，用量子力学表述它们的电子波函数发生交叠，其结果是这些电子在各原子相应的轨道上发生不同程度的公有化运动。由于受到泡利不相容原理的限制，各原子之间相互作用的结果是，相应的电子能级在晶体中的能级分裂结果形成了一组密集的能级分布，称之为能带。由此就形成一系列允许电子存在的能带，这些能带统称为允许带。在这些允许带中，由价电子所占据的带称为价带(图 6.2.2)。在绝对零度时，价带全为电子所占据，故又称价带为满带。价带之上的允许带在绝对零度下不存在电子而全为空态，故称空带(亦称导带)。满带与空带之间没有允许电子存在的状态，故称禁带。禁带宽度常用量 E_g 表示，它是决定晶体性质的一个很重要的参量。一般来说，$E_g > 2eV$ 的晶体呈现绝缘体性质；$E_g = 0$ 的晶体呈现金属性；E_g 在 $0 \sim 2eV$ 的晶体材料具有半导体性质。E_g 也是决定半导体光电子器件某些重要性质的参数，如半导体激光器与发光二极管的光发射波长、探测器的长波限(红限)和异质结器件的一些性质等(图 6.2.3)。

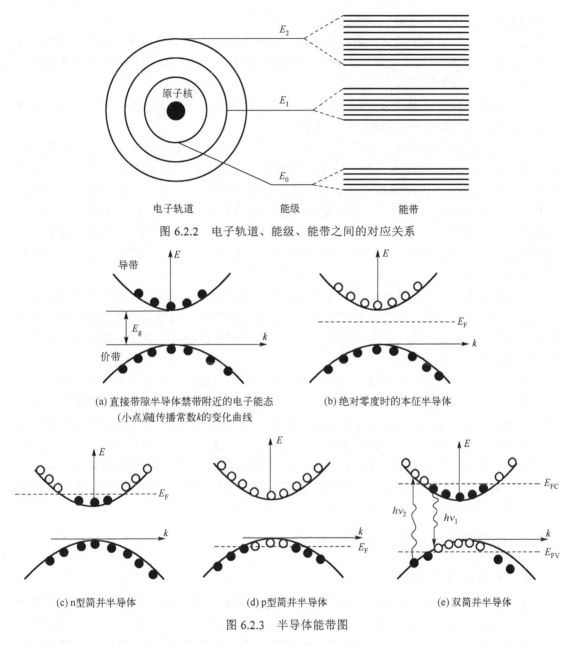

图 6.2.2　电子轨道、能级、能带之间的对应关系

(a) 直接带隙半导体禁带附近的电子能态
(小点)随传播常数 k 的变化曲线

(b) 绝对零度时的本征半导体

(c) n型简并半导体

(d) p型简并半导体

(e) 双简并半导体

图 6.2.3　半导体能带图

　　固体由分立的原子凝聚而成，因此固体中的电子状态不同于原子中的电子状态，但两者的电子状态之间又必定存在着联系。当每个原子都处于孤立状态时，电子都有相同的能级结构。如将这些孤立原子看作一个系统，那么每一个电子能级都是简并的。如果将这些原子逐渐靠近，则它们之间的相互作用就会增强。首先是最外层的波函数发生交叠。这时相应于孤立原子的电子能级，由于原子之间的相互作用就要解除简并。原来具有相同能值的几个能级将分裂为具有不同能量值的几个能级。原子的间距越小，电子波函数的交叠就越厉害，则分裂出来的能级之间的能量差距就越大。若由 N 个相同原子聚集而成为固体，则相应于孤立原子的每个能级将分裂成 N 个能级。由于原子数 N 很大，所以分裂出来的能级将是十分密集的。它们形成一个能量数值连续的能带，称为允许带。由不同的原子能级

所形成的允许能带之间隔着一个禁止能带。

通常，原子内层电子的波函数交叠很小，可以认为基本上不受干扰。因此，固体在电学性质上表现的差异(如有金属、半导体、绝缘体之别)应该从固体中与外层电子状态对应的能带差异上去找原因。

根据泡利不相容原理，每个原子能级上能够容纳自旋方向相反的两个电子，因此由 N 个原子能级组成的能带中能容纳 $2N$ 个电子。

在半导体光电子器件中，尽管为了获得所需的性能，器件材质往往是由掺有不同杂质类型的多层半导体薄膜组成的，但多数只涉及电子在上述导带和价带两个主能带之间的跃迁。掺杂的目的是改变半导体的导电类型和载流子浓度。完全不掺杂的所谓本征半导体，导带电子浓度与价带空穴浓度是相等的。而掺有施主杂质的 n 型半导体，导带电子浓度远大于价带空穴浓度。由于杂质电离能很小，导带电子浓度决定于掺杂浓度，并可获得比本征半导体高 1~2 个量级的电子浓度。同样，掺受主杂质的 p 型半导体也可有很高的空穴浓度。

半导体光电子器件材料，除了少数情况采用高纯的本征半导体外，通常通过掺入不同类型和不同浓度的杂质原子来控制半导体的电学和光学性质。同样，晶体点阵结构上的缺陷也能引入附加势场而产生局域化的电子态，这些局域态的能级也位于禁带之中，对半导体的性能产生重要影响。

如果掺杂浓度高到使杂质带进入主能带(如对 GaAs，掺杂浓度超过 $10^{18}\mathrm{cm}^{-3}$ 时)，情况就复杂了。首先屏蔽作用造成周期电势的空间涨落。这个微扰势的涨落可以有不同形状，并延伸到主带的边缘，而且态密度越低，主带隙的移动越深，甚至更大的电势涨落能够将电子束缚在能量位置低于带边的状态上(空穴也类似)，这就形成了能带尾态。高掺杂和带层的形成对半导体材料的折射率、载流子的能带填充和自由载流子吸收都有很大影响。从光电特性来看，带尾态将影响材料的吸收曲线形状和增益的频谱特性，尤其是态密度的变化将使少子浓度变化，影响到半导体 pn 结的注入效率。

6.2.2　直接带隙与间接带隙半导体

1. 半导体晶体的能带结构

半导体晶体的能带结构是用 $E(k)$ 与 k 的关系来表示的。由于晶体具有各向异性的性质，因此能带结构与晶向有关，都比较复杂，一般都采用理论计算与实验测量相结合的办法来确定。结果表明，沿半导体不同晶向有不同的 $E(k)$ 与 k 的关系，其导带和价带通常都由 n 个子能带构成。图 6.2.4 给出了 Si、GaAs、InP 沿[111]和[100]方向的 $E(k)$ 与 k 的关系图。由图可见，按照导带底和价带顶(极值)所对应的 k 值位置，可以分为两种类型的能带结构。一类是导带极小值与价带极大值处于相同的 k 值处(包括 $k=0$ 的布里渊区原点，P 点处)，另一类是两者不处于同一 k 值处。前者称为直接带隙半导体(GaAs、InP)，后者称为间接带隙半导体。由于两类半导体在能带结构上的差别，它们的电学性质和光学性质就表现出很大差别(特别是光学性质)，为此下面再作进一步讨论。

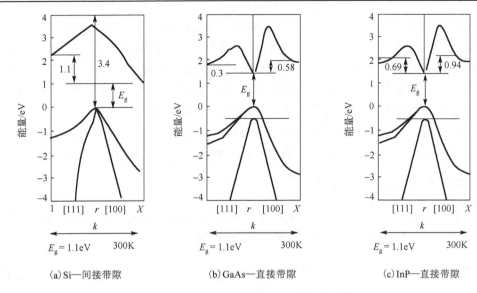

图 6.2.4　Si、GaAs、InP 半导体能带结构

2. 间接带隙半导体

以 Si(或 Ge)为例，可见图 6.2.4(a)。计算表明，对于价带，在 $k=0$ 处，$E(k)$ 有两个最大值在此处重合。这表明价带对应有两种不同的有效质量。图 6.2.4(a)中上面的能带的 $E(k)$ 与 k 曲线的 $\partial^2 E/\partial k^2$ 较小，相应的空穴有效质量较大，称其为重空穴带，重空穴有效质量为 $m_{kh} = 0.82 m_e$[①]，而图下面的能带的 $\partial^2 E/\partial k^2$ 较大，空穴有效质量较小，称为轻空穴带，轻空穴的有效质量 $m_{lh} = 0.45m$。同时实际晶体中还必须考虑某一价电子的自旋磁矩与其他做轨道运动的价电子所产生的磁场之间的相互作用，即必须计入自旋-轨道耦合相互作用，这就形成了自旋-轨道分裂带。它的极值位于距离价带顶某一 Δ 值处。在讨论半导体的光吸收和光辐射时，通常可以忽略自旋-轨道耦合分裂带的作用。

Si 的导带极小值对应在三个不同的 k 值处，然而决定禁带宽度的导带最低值和价带最高值不在同一个 k 值处，因此对于这种半导体材料，当入射光子能量 $h\nu$ 等于或稍大于禁带宽度时，原则上电子受激发后不能从价带竖直向上而跃迁进入导带。因为电子的始态和终态所对应的波矢 k 不同，只有相应的声子参与吸收或发射时才可能保持动量守恒，才能实现从价带顶到导带最低谷之间的非竖直跃迁。从量子力学观点来说，有声子参加的跃迁是一个二级微扰过程，因此其跃迁几率要小得多。也就是说，间接带隙材料的电-光转换效率很低，一般条件下，它不适合用作光电子器件，特别是发光(激光)器件的有源类的材料。

3. 直接带隙半导体

以 GaAs 为典型代表的直接带隙半导体，其能带结构如图 6.2.4(b)所示，其价带也是由三个能带所组成。自旋-轨道耦合分裂带隙 $\Delta = 0.34\text{eV}$，其导带在三个不同 k 值处都有能谷。在 $k=0$ 处，既是价带顶的位置，也是导带最低能谷处，所以此处构成直接带隙 $E_g^\Gamma = 1.43\text{eV}$，该处的电子有效质量为 $m_e^\Gamma = 0.067 m_e$。在(111)Δ 方向，有间接带隙 $E_g^L = 1.72\text{eV}$，

---

① m_e 为自由电子质量。

该处的电子有效质量为 $m_e^L = 0.55m_e$。在 $(100)\Delta$ 方向有间接带隙 $E_g^X = 1.86eV$，该处的电子的有效质量 $m_e^X = 0.85m_e$。对于直接带隙材料，当入射光子能量 $h\nu \geqslant E_g^\Gamma$ 时，能发生强烈的本征吸收。入射光子使价带中的电子受激发而竖直跃迁进入导带。参与这一跃迁过程的电子的始态和终态的波矢相同，满足能量守恒和动量守恒条件，跃迁几率高。由直接带隙半导体材料作为半导体激光器的有源区才具有高的电-光转换效率。

以不同的Ⅲ、Ⅴ族原子构成的化合物半导体，其能带结构有的是直接带隙的，有的是间接带隙的，而且随着Ⅲ、Ⅴ族原子的不同组成和不同比例，能带结构有所不同。

6.2.3　电子和空穴的统计分布

统计物理学指出：满足泡利原理的电子集团遵循费米-狄拉克统计规律，即在热平衡条件下，一个电子占据能量为 E 的能级(量子态)的概率为

$$f_e(E) = \cfrac{1}{1 + \exp\left(\cfrac{E - E_F}{kT}\right)} \qquad (6.2.1)$$

式中，k 为玻尔兹曼常量；T 为热平衡时的绝对温度；E_F 为费米能级。

由式(6.2.1)可见，对于某一温度 T 能级 E 上的电子占据的概率唯一地由费米能级 E_F 所确定，因此可以把 E_F 视作电子填充能级水平的一把"尺子"。

为了进一步弄清费米能级 E_F 的物理概念，先来看不同掺杂的半导体中电子填充能级的情况，半导体中电子、空穴的分布情况，如图 6.2.5 所示。图中打阴影线的部分表示该处的能级已被电子所填满，电子在该处能级上的占据概率为 100%，即 $f_e(E) = 1$。图中空心圆圈表示价带中的空穴，实心圆点表示导带中的电子。对于重掺杂 p 型半导体，由于存在受主杂质，且受主杂质能级距离价带较近，在一定温度的热激励下，价带中的电子可以很容易地跑到受主能级上去，而在价带中留下大量的空穴，因此相当于电子填充水平较低；相反，对于重掺杂 n 型半导体，且施主杂质能级距离导带较近，在热激励下，施主能级上的电子大量跑到导带中去了。另外，当电子存在热运动时，电子并不是完全由低到高先填满低的能级，再填高的能级，即电子在未完全填满价带能级的情况下，就可能有一部分填到更高的导带中去了。因此，图中的重掺杂 p 型、轻掺杂 p 型及本征半导体的导带中也画上了电子，而在 n 型半导体的价带中画上了空穴。由电子在能级上的统计分布的观点看，在各种类型的半导体中，从价带到导带电子填充各能级的概率将从 100%逐渐减小到零，而费米能级 E_F 的电子填充概率为 50%。事实上，在式(6.2.1)中，若代以 $E = E_F$，即得费米能级电子填充概率 $f_e(E = E_F) = 1/2$。

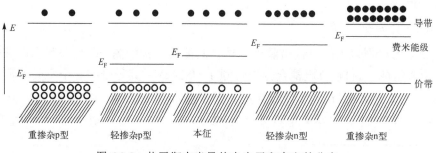

图 6.2.5　热平衡态半导体中电子和空穴的分布

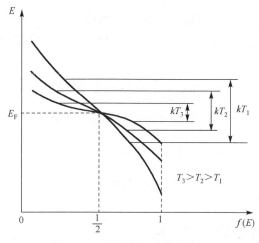

图 6.2.6　费米分布函数的曲线

由于在半导体中能级的不连续性以及存在着禁带，因而费米能级可能并不存在，它只是按统计规律分布 $f_e(E)$，假设有这个能级，那么电子在该能级上占据的概率为 50%。费米分布函数的整个曲线形状如图 6.2.6 所示。与该函数曲线有关的一些重要性质如下。

当 E_F 确定后，$f_e(E)$ 是温度 T 的函数，说明温度 T 对半导体能级上的载流子分布有很大的影响，图中示意地描绘了 $T_3 > T_2 > T_1$ 时分布函数曲线的变化情况。

当 $E > E_F$，且 $E - E_F \gg kT$ 时，有

$$f_e(E) = \exp\left(-\frac{E - E_F}{kT}\right) = \exp\left(\frac{E_F}{kT}\right)\exp\left(-\frac{E}{kT}\right) \tag{6.2.2}$$

空穴占据能级的概率 $f_p(E)$ 可用 $1 - f_e(E)$ 表示

$$f_p(E) = 1 - f_e(E) = \frac{1}{1 + \exp\left(\dfrac{E - E_F}{kT}\right)} \tag{6.2.3}$$

由式 (6.2.2) 说明：对于电子的费米分布函数 (费米能级电子填充概率)，可用玻尔兹曼分布近似代替，而在同样条件下，空穴的分布则严格服从费米分布律。

当 $E < E_F$，且 $E_F - E \gg kT$ 时，$f_e(E) \approx 1$，而对于空穴，此时

$$f_p(E) = \exp\left(\frac{E_F}{kT}\right)\exp\left(-\frac{E}{kT}\right) \tag{6.2.4}$$

其分布则服从玻尔兹曼分布律。遵守玻尔兹曼分布律的统计分布称为非简并化分布，即当载流子对能级的占据概率很小时呈非简并化分布，必须严格按费米分布律来计算的分布称为简并化分布，即载流子对能级的占据概率甚大时，分布呈简并化分布，这时能级上几乎填满了载流子，并受泡利原理的严格限制。半导体物理学指出：本征型 (i 型) 半导体的费米能级居于禁带中央，因此导带内电子或价带空穴是非简并化分布的。但在高掺杂半导体中杂质能级将和导带或价带连成一片，即出现前述带尾现象，费米能级就可能进入了导带或价带，则重掺杂 p 型的价带内的空穴及重掺杂 n 型的导带内的电子便呈简并化分布，这对激光材料是极为重要的。

在一个热平衡系统中只有一个费米能级。电子和空穴的分布由同一费米能级来描述，

若两个平衡系统各有自己的费米能级，当这两个系统达到热平衡时，它们的费米能级应趋于相等而处于同一水平上。另外，若已知半导体材料的费米分布函数，便可求得导带内电子密度 n 等有关数据。

$$n = \int_{E_c}^{E_{top}} N(E) f_e(E) \mathrm{d}E \tag{6.2.5}$$

式中，E_c 为导带底能级能量；E_{top} 为导带顶能级能量；$N(E)$ 为导带中的能态（级）密度

$$N(E) = C(E - E_c)^{\frac{1}{2}}$$

$$C = \frac{4\pi(2m_e^*)^{\frac{3}{2}}}{h^3}$$

6.2.4　平衡状态下 pn 结的能带结构

如果我们设法使一块完整的半导体一边是 n 型而另一边是 p 型的，则在 p 型和 n 型的结合处形成 pn 结。在热平衡时，原来 p 区和 n 区高低不同的费米能级最终将达到相同的水平，如图 6.2.7 所示。当 p 型和 n 型两种半导体材料相接触时，在边界处，p 型一侧的空穴要向 n 型一侧扩散，而 n 型一侧的电子要向 p 型一侧扩散，结果在交界面两侧就形成空间电荷区（或称自建场），其电场方向自 n 区指向 p 区，表明 p 区对 n 区有一个负电势，用 $-V_D$ 表示，并称为接触电势差，或叫做 pn 结的势垒高度。这时 p 区所有能级的电子都有了附加的位能，它等于电子电荷 $(-q)$ 乘上 $(-V_D)$，即 qV_D。结果整个 p 区的能带相对于 n 区来说提高了 qV_D，这样就使得 p 型区和 n 型区的费米能级 E_F 恰好达到同一高度。这犹如水位高低不同的两桶水相连通时，最终它们的水平面要保持相同的道理一样。

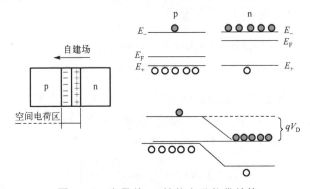

图 6.2.7　半导体 pn 结势垒及能带结构

因此，qV_D 就等于原来 p 区和 n 区的费米能级高低之差：

$$qV_D = (E_F)_n - (E_F)_p$$

这就是说，接触电势差 V_D 的大小是由 n 区和 p 区的费米能级高低差别所决定的，即由掺杂浓度所决定，掺杂浓度越高，n 区和 p 区的费米能级高低的差别越大，n 区和 p 区的接触电势差 V_D 也越大。能带图中，空间电荷区对应的能带是倾斜的，这是因为自建场内每一点 x 都有一定的电势 $V(x)$，$-qV(x)$ 使其能带相应抬高。空间电荷区自 n 区到 p 区电子的势能 W 逐渐增大的规律为

$$W = -qV(x) = qEx$$

当自建场的电场强度上 E 为常量时，则 W 与 x 呈线性关系，所以在空间电荷区范围内，能带是以倾斜的直线关系变化的。

6.2.5　加正向电压时 pn 能带结构

1.　加正向电压时 pn 能带

异质结的电流-电压特性反映了载流子通过两种不同材料组成界面时的输运过程。由于异质结界面处能带有阶跃，界面处出现"峰"和"谷"，界面处的缺陷、界面态影响较大，因此不同的异质结会有很不相同的伏安特性。它反映了不同的电流输运机构在起作用。各国学者曾提出过几种分析模型，如扩散模型、热电子发射模型、隧道模型及考虑界面复合的几种综合模型，得出了不同的伏安特性方程，但任何一种模型得出的方程都只能定性地部分解释某些实验现象。此问题有待深入研究。

pn 结内载流子的输运特性叙述如下。按照肖克莱理论，理想 pn 结的正向电流与外加电压的关系满足指数变化规律，即 $J \propto \exp(qV/k_BT)$ 反向电流随负电压增加趋于饱和。但实际上，正向电流随电压的关系为 $J_f \propto \exp(qV/\beta k_BT)$，式中 β 称为理想因子。特别对于宽禁带材料，载流子寿命短和串联电阻低时遵循这一规律。当扩散电流为主要成分时 $\beta = 1$；当复合电流占主要优势时 $\beta = 2$；上述两种电流成分可比拟时，$1 < \beta < 2$，在非理想情况下，必须考虑在空间电荷区内载流子的产生复合作用及在高偏置电压下的隧穿效应。

我们用安德森提出的扩散模型来分析界面处存在势垒尖峰时载流子的输运过程。在如图 6.2.8 所示的能带图中，n 型侧导带的尖峰超过 p 型侧导带底。在 pn 异质结中，电子势垒比空穴势垒低，来自宽禁带 n 型半导体的电子流起支配作用。外加电压为零时，由 n→p 越过势垒 eV_{DN} 的电子流与反方向由 p→n 越过势垒 $\Delta E_C - V_{DP}$ 的电子流相等，可表示为

$$B_1 \exp\left[-\frac{(\Delta E_C - eV_{DP})}{k_BT}\right] = B_2 \exp\left(-\frac{eV_{DN}}{k_BT}\right) \tag{6.2.6}$$

式中，B_1、B_2 为系数，它们分别为

$$B_1 = e\frac{D_{n2}N_{10}}{L_{n2}}, \qquad B_2 = e\frac{D_{n1}N_{20}}{L_{n1}}$$

式中，D_{n1}、D_{n2} 分别为电子在材料 1、2 中的扩散系数；N_{10}、N_{20} 分别为材料 1、2 中的电子浓度；L_{n1}、L_{n2} 分别为材料 1、2 中电子的扩散长度；而且

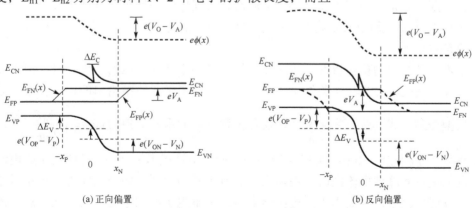

(a) 正向偏置　　　　　　　　　　　　(b) 反向偏置

图 6.2.8　正向偏置和反向偏置下 pn 异质结的能带图

$$L_{n1} = \sqrt{D_{n1}\tau_{e1}}, \qquad L_{n2} = \sqrt{D_{n2}\tau_{e2}}$$

式中，τ_{e1}、τ_{e2} 分别为材料 1、2 中电子的寿命。加正向电压后，两个方向的电子流不相等，净电子流密度为

$$
\begin{aligned}
J &= eB_2 \frac{-e(V_{DN} - V_2)}{k_BT} - eB_1 \exp\left[\frac{-(\Delta E_c - eV_{DP}) - eV_1}{k_BT}\right] \\
&= eB_2 \exp\left(-\frac{eV_{DN}}{k_BT}\right)\left[\exp\left(\frac{eV_2}{k_BT}\right) - \exp\left(-\frac{eV_1}{k_BT}\right)\right]
\end{aligned}
\tag{6.2.7}
$$

代入 B_2 的表达式，并认为杂质全部离化，可以取 $N_{20} = N_{D2}$。又考虑到异质结的界面处对载流子总有一定的反射，引入透射系数 X，它表示在 n 区 $x = x_N$ 处的电子能越过界面到达 p 区 $x = x_p$ 处的比率，得到突变 pn 异质结的伏安特性的表达式为

$$J = eX \frac{D_{n1}N_{D2}}{L_{n1}} \exp\left(-\frac{eV_{DN}}{k_BT}\right)\left[\exp\left(\frac{eV_2}{k_BT}\right) - \exp\left(-\frac{eV_1}{k_BT}\right)\right] \tag{6.2.8}$$

该式方括号中第一项在正向偏压下起主要作用，第二项在反向偏压下起主要作用。在正向电压作用情况下，可以忽略方括号中的第二项，则式 (6.2.8) 变为

$$J = eX \frac{D_{n1}N_{D2}}{L_{n1}} \exp\left(-\frac{eV_{DN}}{k_BT}\right)\exp\left(\frac{eV_2}{k_BT}\right) \tag{6.2.9}$$

利用 $V_1 = \eta V_A$，$V_2 = (1-\eta)V_A$ 的关系得到

$$
\begin{aligned}
J &= eX \frac{D_{n1}N_{D2}}{L_{n1}} \exp\left(-\frac{eV_{DN}}{k_BT}\right)\exp\left[(1-\eta)\frac{eV_A}{k_BT}\right] \\
&= eX \frac{D_{n1}N_{D2}}{L_{n1}} \exp\left(-\frac{eV_{DN}}{k_BT}\right)\exp\left(\frac{eV_A}{\beta k_BT}\right)
\end{aligned}
\tag{6.2.10}
$$

式中，β 就是二极管理论中所说的理想因子，它等于

$$\beta = (1-\eta)^{-1} = 1 + \frac{\varepsilon_2 N_{D2}}{\varepsilon_1 N_{A1}} \tag{6.2.11}$$

反向电压下，电流与电压保持指数关系，这与实验结果不相符合。因为当外加负电压还没有使 p 区的导带底升高到超过势垒尖峰时，反向电流的增长可以用指数表示。但一旦超过势垒尖峰以后，反向电流就由 p 区中的少子浓度决定了。因此，在反向电压足够大时，反向电流是趋于饱和的。

安德森模型给出的伏安特性表达式能定性地说明电流随电压的变化趋势。但是在数值上，随温度的变化程度都与实验结果相差甚远。热电子发射模型给出的伏安特性关系式与用扩散模型得到的式 (6.2.8) 完全类似，仅是指数项前的系数更换为 $eXN_{D2}\left(\dfrac{k_BT}{2\pi m_e}\right)^{1/2}$。两个式子的系数大小相差约 50 倍。当用穿透势垒尖峰的隧道模型分析时，考虑到实际电流总是热电子发射电流和隧穿电流同时存在，而且具有串联的性质，即当正向电压较小时总电流受热电子发射电流限制，而当正向电压增大时，大量电子都到达势垒尖峰区，总电流就受到隧穿概率的限制了，所以正向伏安特性曲线上将出现一个转折点，如图 6.2.9 所示起作

用。在转折点左边,伏安特性曲线斜率与
温度有关,是热电子发射或扩散机构起作
用;在转折点右边,曲线斜率与温度无关,
是隧穿机构起作用。这与实际的伏安特性
趋势相符。

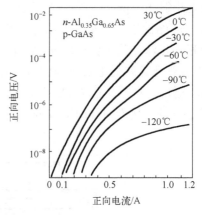

图 6.2.9　p-GaAs/n-Al$_{0.35}$Ga$_{0.65}$As 异质结的伏安特性

2. 半导体激光器的分类

按照激励方式划分,半导体激光器可
分为:电注入式半导体激光器、光泵式半
导体激光器、高能电子束激励式半导体激
光器。根据所用半导体材料结构特点又可
划分为:直接带隙半导体激光器和间接带
隙半导体激光器。根据激光发射是沿着半导体晶片方向和垂直于半导体晶片方向,可将其
分为:边缘发射半导体激光器和垂直腔表面发射半导体激光器。

6.3　注入式同质结半导体 GaAs 激光器

注入式同质结 GaAs 激光器是 1962 年最早研制成功的一种半导体激光器,所谓"同质
结"是指 pn 结由同一种材料(如 GaAs 或两种禁带宽度相同)的 p 和 n 型半导体材料构成,
而"注入式"是指激光器的泵浦方式,通过加正向偏置电压的 pn 结,当电流密度超过阈值
时,注入载流子(电子和空穴)在 pn 结结区通过受激辐射复合,产生激光。其工作特性和输
出特性受温度影响极大,故备有冷却系统。半导体激光器的泵浦方式通常有四种:pn 结正
向注入式、电子束激励、光激励和碰撞电离激励等。已经发展较成熟的是注入式,所谓"注
入式"就是直接给半导体激光器通电,靠注入电流来激励工作物质的泵浦方法。

实际的 GaAs 激光器的尺寸都是很小的,图 6.3.1(a)是其外形的典型结构,它类似于常
见的小功率半导体三极管,在外壳上有一个输出激光的小窗口,管下端的电极供外接电源
用。如果把外壳(光学窗)取去,则可看到晶体管座里的激光管芯,如图 6.3.1(b)所示。管
芯的形状有长方形、台面形二电极条形等多种, 图 6.3.1(c)示意地画出了台面形管芯的结
构外形。管芯的典型尺寸是一个长 0.25mm、宽 0.15mm、厚 0.1mm 的长方体。而 pn 结的

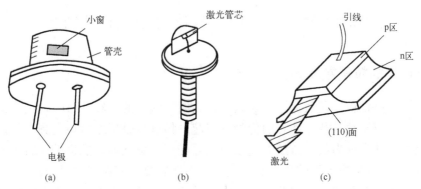

图 6.3.1　GaAs 激光器的典型结构

厚度仅几十微米，pn 结的制作是关键，一般是在 n 型 GaAs 衬底上生长一薄层 p 型 GaAs
而形成。pn 结的生长方法有液相外延法、气相外延法和分子束外延法三种，其中用得最多
的是液相外延法，其装置如图 6.3.2 所示。把 n 型 GaAs 衬底推入饱和的 Ga-GaAs 溶液中。
Ga 液中含有适量的受主杂质锌(Zn)，然后整个舟体慢慢降温，Ga 液中便有过量的掺锌杂
质 GaAs 析出，在原先的 GaAs 衬底上结晶形成高掺杂的 p 型薄层，称之为外延层。这样
在外延层与衬底交界面处即形成 pn 结。

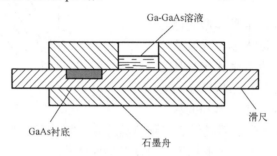

图 6.3.2　液相外延法装置示意图

　　为了给 pn 结加上电压，并使电源引线与半导体相接触的接触电阻非常小，以保证激光
器的正常工作和提高效率，必须在 GaAs 外延片上制作一纯电阻性且电阻值极小的接触电
极，这样的接触电极称为欧姆接触电极。一般是在 GaAs 外延片的 n 面和 p 面上分别蒸镀
Au(金-Gold)、Ce、Ni 和 Cr、Au，或者在两面同时电镀 Au，然后在高温(如 500～600℃)
下烧结合金而形成欧姆接触的电极。

　　半导体激光器的谐振腔一般是直接利用垂直于 pn 结的两个端平面将 GaAs 的自然结晶
面[110]剖开(称为解理)。由于 GaAs 的折射率 $n = 3.6$，所以对于垂直入射到解理面上的光
的反射率 R 为

$$R = \left(\frac{n-1}{n+1}\right)^2 \approx 32\%$$

　　为了提高输出功率和降低工作电流，一般对其中一个反射面镀全反射膜。欲使这种同
质结 GaAs 激光器产生激光，与气体和固体激光器相同，必须使之产生足够的粒子数反转
和满足激光振荡的阈值条件。

6.4　半导体的粒子数反转分布和阈值

6.4.1　半导体的粒子数反转分布条件

　　对于半导体所谓粒子即载流子，那么，什么叫载流子的反转分布呢？正常情况的半导
体的载流子——电子总是从低能态的价带填充起，填满价带后才再填充到高能态的导带。
而空穴则反之，从高能态的导带填充起，填满导带后再填低能态的价带。若用光或电注入
的办法使 pn 结附近形成大量的非平衡载流子，在比其复合寿命短的时间内，电子在导带，
空穴在价带分别达到平衡，则在此注入区中简并化分布的导带电子和价带空穴就处于相对
反转分布的状态。

并非所有 GaAs 材料都能形成载流子的反转分布，只有重掺杂的 GaAs 材料作为半导体激光器的工作物质，在泵浦激励(加正向电压)下才可能形成载流子的反转分布。对于重掺杂 p^+n^+ GaAs(图 6.4.1(a))，其未受外加电源激励时的能带结构如图 6.4.1(b)所示，费米能级分别进入价带和导带，势垒高度为 eV_D。当注入电流时，则其势垒高度下降为 $e(V_D-V)$，外加电压使两区的费米能级发生偏离，并有 $eV = (E_F)_n-(E_F)_p$ 的关系，如图 6.4.1(c)所示。在 pn 结区附近，它的导带中拥有电子，而在其对应的价带中则留有空穴，称这一部分能带范围为"作用区"。在此区中如果导带中的电子向下跃迁到能量较低的价带，将发生电子-空穴的复合。电子从高能带回到低能带时，多余的能量以光子($h\nu$)的形式辐射出去，由于谐振腔(F-P 腔)的反馈作用，就能产生受激光辐射。

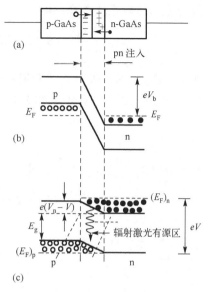

图 6.4.1　GaAs pn 结的能带结构

在作用区除了存在电子从导带向价带的受激发射外，还同时存在着受激吸收的过程，即价带中的电子吸收了能量为 $h\nu$ 的光子而跃迁到导带中去。受激发射和受激吸收这两个矛盾着的过程存在于激光器这个统一体中，要产生激光的先决条件是必须满足受激发射光子的产生速率大于受激吸收光子的速率。

设频率为 ν 的一束平行光，沿着正 z 方向行进，由于受激发射和受激吸收，在介质中不断地释放和吸收能量为 $h\nu$ 的光子，这些过程与导带中能量为 E 的能级和价带中能量为 $E-h\nu$ 的能级之间电子的跃迁相联系。

定义受激发射光子产生的速率为单位时间内单位体积中因受激发射而增加的光子数，显然它与导带能级 E 上的电子数目 n_e 及价带能级($E-h\nu$)上的空穴数目 n_e 有关，还与腔中辐射能量密度 $\rho(\nu,z)$ 成正比，写成等式就是

$$\frac{d\phi_r}{dt} = B_{cv}n_e n_k \rho(\nu,z) \tag{6.4.1}$$

式中，ϕ_r 为单位体积内的光子数；B_{cv} 为受激发射爱因斯坦系数；n_e 和 n_k 还可用能级密度 $N(E)$ 和费米分布函数 $f(E)$ 表示成

$$\begin{cases} n_e = N_e(E)f_{ec}(E) \\ n_k = N_k(E-h\nu)[1-f_{ev}(E-h\nu)] \end{cases}$$

式中，$N_e(E)$ 代表导带中能量为 E 的能级密度；$N_k(E-h\nu)$ 表示价带中能量为 $E-h\nu$ 的能级密度；$f_{ec}(E)$ 代表导带中电子在能级 E 上的占有概率；$f_{ev}(E-h\nu)$ 代表价带中电子在能级 $E-h\nu$ 上的占有概率。将上式 n_e、n_k 代入式(6.4.1)则有

$$\frac{d\phi_r}{dt} = B_{cv}N_c(E)f_{ec}(E)N_v(E-h\nu)[1-f_{ev}(E-h\nu)]\rho(\nu,z) \tag{6.4.2}$$

此外，受激吸收光子的速率应与价带中能量为($E-h\nu$)能级上的电子数 $N_v(E-h\nu)f_{ev}(E-h\nu)$ 成比例，还与导带中能量为 E 的能级上未被电子占据的空穴数 $N_c(E)[1-f_{ec}(E)]$ 成比例，以

及与 $\rho(v, z)$ 成正比关系，即

$$\frac{\mathrm{d}\phi_\mathrm{r}}{\mathrm{d}t} = B_\mathrm{cv} N_\mathrm{c}(E)[1 - f_\mathrm{ec}(E)] N_\mathrm{v}(E - hv) f_\mathrm{ev}(E - hv) \rho(v, z) \tag{6.4.3}$$

式中，B_vc 为受激吸收爱因斯坦系数，根据激光原理，有 $B_\mathrm{vc} = B_\mathrm{cv}$。

欲使受激发射超过受激吸收，即要求

$$\frac{\mathrm{d}\phi}{\mathrm{d}t} = \frac{\mathrm{d}\phi_\mathrm{r}}{\mathrm{d}t} - \frac{\mathrm{d}\phi_0}{\mathrm{d}t} > 0$$

将式(6.4.2)和式(6.4.3)代入得

$$\frac{\mathrm{d}\phi}{\mathrm{d}t} = B_\mathrm{cv} N_\mathrm{c}(E) N_\mathrm{v}(E - hv) \rho(v, z)[f_\mathrm{ec}(E) - f_\mathrm{ev}(E - hv)] \tag{6.4.4}$$

欲使 $\dfrac{\mathrm{d}\phi}{\mathrm{d}t} > 0$，即要求

$$f_\mathrm{ec}(E) - f_\mathrm{pv}(E - hv) > 0 \tag{6.4.5}$$

在非平衡状态下作用区内，导带中准费米能级为 $(E_\mathrm{F})_\mathrm{n}$，而价带内则为 $(E_\mathrm{F})_\mathrm{p}$。由式(6.4.3)知

$$\begin{cases} f_\mathrm{ec}(E) = \dfrac{1}{1 + \exp\left[\dfrac{E - (E_\mathrm{F})_\mathrm{n}}{kT}\right]} \\[4mm] f_\mathrm{pv}(E) = \dfrac{1}{1 + \exp\left[\dfrac{E - (E_\mathrm{F})_\mathrm{p}}{kT}\right]} \end{cases}$$

将它代入式(6.4.4)后，化简可得

$$(E_\mathrm{F})_\mathrm{n} - (E_\mathrm{F})_\mathrm{p} > hv \approx E_\mathrm{g} \tag{6.4.6}$$

式(6.4.6)为同质结半导体激光器的载流子反转分布条件。其物理意义是：

(1) 导带能级为电子占据的概率应大于价带能级为电子占据的概率。此时半导体在紧靠导带底和价带顶与辐射跃迁相联系的能量范围内实现了粒子数反转分布。

(2) 非平衡的电子和空穴的准费米能级之差要大于禁带宽度 E_g，即要求电子和空穴的准费米能级要分别进入导带和价带，也就是说 pn 结两边的 p 区和 n 区必须是高掺杂的。

(3) 为了实现反转分布条件，要求所加的正向偏压 V 必须足够大，因为 $|(E_\mathrm{F})_\mathrm{n} - (E_\mathrm{F})_\mathrm{p}| = qV$，及 $hv \approx E_\mathrm{g}$，$[(E_\mathrm{F})_\mathrm{n} - (E_\mathrm{F})_\mathrm{p}] > hv \approx E_\mathrm{g}$，故

$$V > \frac{E_\mathrm{g}}{q} \tag{6.4.7}$$

6.4.2　半导体激光器的阈值条件

半导体激光器又称激光二极管，记作 LD。半导体激光器的结构通常由 p 层、n 层和形成双异质结的有源层构成。

半导体激光器的发光是利用光的受激辐射原理。处于粒子数反转分布状态的大多数电

子在受到外来入射光子激励时会同步发射光子,受激辐射的光子和入射光子不仅波长相同,而且相位、方向也相同。这样由弱的入射光激励而得到了强的发射光,起到了光放大作用。

但是仅仅有光放大功能还不能形成光振荡。正如电子电路中的振荡器那样,只有放大功能不能产生电振荡,还必须设计正反馈电路,使电路中所损失的功率由放大的功率得以补偿。同样,在激光器中也是借用电子电路的反馈概念,把放大了的光反馈一部分回来进一步放大,产生振荡,发出激光。这种用于实现光的放大反馈的仪器称为光学谐振腔。

1. 增益系数

当半导体材料导带和价带能量差满足条件 $\Delta E_F = E_{Fc} - E_{Fv} > h\nu$ 时,就能建立起粒子数的反转分布,吸收系数就变为负的,半导体材料由光吸收介质变成了增益介质。它可以使频率处在增益带宽范围内的光辐射得到放大。由损耗表达式

$$\alpha(E_{21}) = -\frac{h^3 c^2}{8\pi n_R^2 E_{21}^2} r_{st}(E_{21})$$

式中,n_R 为半导体材料的折射率,故增益系数为

$$G(E) = -\alpha(E_{21}) = \frac{h^3 c^2}{8\pi n_R^2 E_{21}^2} r_{st}(E_{21}) \tag{6.4.8}$$

但这只是提供了产生激光的前提条件,要实际获得相干受激辐射,必须将此增益介质置于光学谐振腔内,使光波在两个腔面反射镜之间来回反射通过增益介质而得到放大。如果光增益超过谐振腔引起的光损耗及其他损耗之总和,则储存在腔内的光场将不断增加,但是光增益是能够饱和的。饱和效应将使放大系数减小。

2. 阈值增益

考虑一个长度为 L 的 F-P 腔,内部填充折射率为 n_R 的半导体材料 $l = L$。部分反射的两个腔面的反射系数为 R_1 和 R_2,如图 6.4.2 所示。在腔内传播的平面波为

$$\xi_i = \exp\left(\frac{i2\pi n_R z}{\lambda_0}\right) \exp[(G - \alpha_i)z] \tag{6.4.9}$$

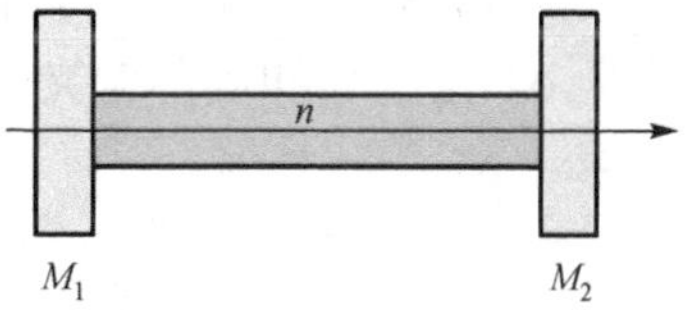

图 6.4.2　F-P 谐振腔

式中,λ_0 是自由空间波长;α_i 是内部损耗系数,通常是由自由载流子吸收和光学不均匀散射引起的;G 为增益系数。在该系统中能够形成自持振荡的条件是:当波在两个腔面间经过多次反射回到原处时,波的振幅至少应等于起始值。这个条件为

$$R_1 R_2 \exp\left(\frac{i4\pi n_R L}{\lambda}\right) \exp[(G - \alpha_i)2L] = 1 \tag{6.4.10}$$

因此形成振荡的幅值条件为

$$R_1 R_2 \exp[(G - \alpha_i)2L] = 1 \tag{6.4.11}$$

故得阈值增益为

$$G_{th} = \alpha_i + \frac{1}{2L} \ln \frac{1}{R_1 R_2} \tag{6.4.12}$$

该式的意义是,当激光器达到阈值时,光子从每单位长度介质所获得的增益必须足以抵消

由于介质对光子的吸收、散射等内部损耗和从腔面的激光输出等引起的损耗。显然，尽量减少光子在介质内部的损耗，适当增加增益介质的长度和对非输出腔面镀以高反射膜都能降低激光器的阈值增益。

半导体和空气界面处的功率反射系数 R 为

$$R = \left(\frac{n_R - 1}{n_R + 1} \right)^2 \tag{6.4.13}$$

如果谐振腔两个镜面的功率反射系数等于上述界面处的反射系数 R，即 $R_1 = R_2 = R$，则式 (6.4.12) 可写为

$$G_{th} = \alpha_i + \frac{1}{L} \ln \frac{1}{R} \tag{6.4.14}$$

可得到振荡的相位条件，即形成稳定振荡的驻波条件。要使式(6.4.14)成立，则要求

$$\frac{4 \pi n_R L}{\lambda} = 2q\pi \tag{6.4.15}$$

式中，$q = 1,2,3,\cdots$。该式表明，光子在谐振腔内来回一次所经历的光程必须是波长的整数倍。因此，当增益介质的折射率 n_R 和腔长 L 一定时，每一个 q 值就对应着一个振荡频率或波长，或者说对应着一个振荡的纵模模式。对式(6.4.15)取微分后得到

$$\lambda \mathrm{d}q + q \mathrm{d}\lambda = 2L n_R \tag{6.4.16}$$

对于相邻的纵模间隔，取 $\mathrm{d}q = 1$，则

$$\mathrm{d}\lambda = \frac{\lambda^2}{2 n_R L \left(1 - \frac{\lambda}{n_R} \frac{\mathrm{d}n_R}{\mathrm{d}\lambda} \right)} \tag{6.4.17}$$

式中，括号内所代表的是材料的色散，$\mathrm{d}n_R/\mathrm{d}\lambda$表示每个纵模间隔是不同的。该式表明，纵模间隔与腔长成反比。由于半导体激光器的腔长很短(通常为 $200\sim300\mu m$)，所以它的模间隔 $\mathrm{d}\lambda$ 比气体和固体激光器要大得多。但式(6.4.15)表示的只是谐振腔所允许存在的纵模，它是一个无穷的系列。究竟激光器中能出现哪些纵模，还要由激光介质的增益谱宽和增益谱展宽机制等条件来决定。只有那些增益达到阈值条件而又被谐振腔允许的波长才能形成激光振荡，如图 6.4.3 所示。因为半导体激光器的增益谱很宽，尽管纵模间隔很大，但在一般情况下，半导体激光器仍是多纵模振荡。对于不同材料的纵模间隔的典型数值如表 6.4.1 所示。

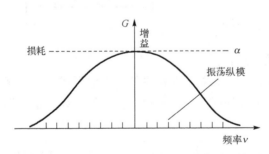

图 6.4.3　半导体激光器的纵模分布和增益($G = \alpha$)

表 6.4.1　不同材料的纵模间隔

有源层材料	$\lambda/\mu m$	n_g	$\Delta\lambda_{F\text{-}P} \cdot \lambda_0/(10^{-13}\mathrm{m}^2)$	$\Delta\lambda_{F\text{-}P}/nm (L = 400\mu m)$
GaAs	0.9	4.3	1.0	0.25
(InGa)AsP	1.3	4.3	1.96	0.49
(InGa)AsP	1.55	4.1	2.92	0.73

6.5　异质结半导体激光器

1969 年以后研制成功的砷化镓单异质结和双异质结型激光器，使阈值电流密度（一般约为 $10^4A/cm^2$）降低到 $10^2A/cm^2$，并实现了在室温下激光器的连续运转。先讨论异质结半导体的结构、类型及激光器的特点。半导体异质结是指由两种基本物理参数不同的半导体单晶材料构成的晶体界面（过渡区）。不同物理参数包括：禁带宽度（E_g）、功函数（φ）、电子亲和势（χ）及介电常数（ε）等。由于异质结具有同质结所不具备的特殊性质，如"窗口效应"、高载流子注入比、超注入现象、对载流子的限制和对光场的约束作用（介质波导效应）等，加之当今薄层单晶外延生长技术不断完善，完全能够得到结晶学特性和电学特性非常良好的可重复的半导体异质结，使得它在半导体光电子器件领域中占有重要的地位。

对于 GaAs 类半导体激光器，由同种材料——GaAs 所构成的结（pn 结），即为同质结 GaAs。若在 GaAs 一侧生长 GaAs，而另一侧为异种材料 GaAlAs 所构成的结，则称为异质结。若一个半导体激光器仅有一个异质结则称为单异质结（single heterojunction，SH）激光器，若有两个异质结则称为双异质结（double heterojunction，DH）激光器。依此类推，当然还有四异质结（four heterostructures，FH）激光器等更复杂结构的器件。

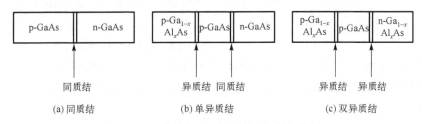

(a) 同质结　　　　　　　(b) 单异质结　　　　　　　(c) 双异质结

图 6.5.1　半导体材料同质结和异质结示意图

两种不同半导体材料构成异质结的时候，从提高半导体激光器的性能的要求出发，对这两种材料有如下要求。

（1）要求两种材料的晶格常数尽可能相等。若两种材料结合的界面处有缺陷，载流子将在界面处复合而损耗掉，不能有效地起到注入、放大和发光的作用。GaAs-$Ga_{1-x}Al_xAs$ 异质结，它们的晶格常数相差很小，在 300K 的室温下，GaAs 的晶格常数为 0.5654nm，而 Al 取代 Ga 所得的 AlAs 晶格常数为 0.5664nm，两者仅差 0.7%。实验证明，在这种异质结界面处，载流子的复合损耗甚微，可以忽略不计。并且，混晶 $Ga_{1-x}Al_xAs$ 的晶格常数与含铝量 x 的值无关。

（2）为了获得较高的发光效率，要求 $Ga_{1-x}Al_xAs$ 也是竖直跃迁型的直接跃迁。由前可知，对 $Ga_{1-x}Al_xAs$ 材料，若含铝量 x 超过 35%，竖直跃迁便会改变为发光效率很低的间接跃迁，所以一般 x 值控制在 0.3 左右。

（3）为获得高的势垒，要求两种材料的禁带宽度有较大的差值。室温下，GaAs 的禁带宽度 $E_g \approx 1.35eV$，而 $Ga_{1-x}Al_xAs$ 的 E_g 随含铝量 x 不同，势垒可高达 1.86eV 左右。

异质结可分为同型和异型两种，用 nn 和 pp 组成的为同型。如图 6.5.1(b) 和 (c) 左边的异质结。异型由 pn 组成，如图 6.5.1(c) 右边的异质结。

在光纤通信和光信息处理等技术中，需要能在室温连续工作的小型激光器，为此，在单异质结的基础上发展了双异质结激光器(DHL)。

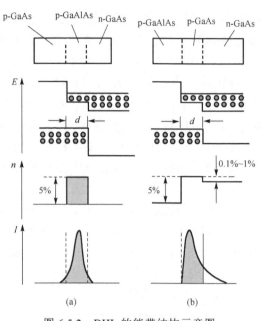

图 6.5.2　DHL 的能带结构示意图

1. DHL 的能带

欲在室温下连续工作，必须提高器件增益和解决温升的问题。

(1)DHL 的能带加正向电压时，DHL 的能带结构如图 6.5.2(a)所示。若使其形成 pp 和 pn 两个异质结，激活区 p-GaAs，其厚度仅为 $d \approx 0.5\mu m$，则注入激活区内的非平衡载流子——电子和空穴将分别受到异质结势垒的限制(图 6.5.2(b)中画出了单异质结的势垒情况)。因此，载流子的浓度大为提高，反转粒子数越多，增益也就越高。另外，由于两个异质结的折射率差 Δn 都较大(约为 5%)，光波道的损耗减小。综上两个原因，使 DHL 的阈值电流密度 J_{th} 大大减小。GaAs/GaAlAs 的 DHL 的 J_{th} 的典型值为 77K 下，$J_{th} \approx 10^2 A/cm^2$，300K 下，$J_{th}$ 为 $10^2 \sim 10^3 A/cm^2$。在室温下，DHL 的 J_{th} 要比同质结的器件约低两个量级。

(2)除以 p-GaAs 作为有源层的 GaAs/GaAlAs 的 DHL 外，还有以 p-GaAlAs 作为有源层的 GaAlAs/GaAs 的 DHL，国产 DHL 的参数，I_{th} 为 $(1.6 \sim 3.5) \times 10^3 A/m^2$，辐射波长为 $820 \sim 880nm$。

2. DHL 的结构

典型的 GaAs/GaAlAs 的外延片断面结构参数见图 6.5.3。其中 n-GaAs 衬底和第 4 层 p-GaAs(缓冲层)是为在它上面制作欧姆接触电极而设置的。这种结构叫宽接触型结构，由于工作区域 W 的增宽，有源区的截面积增大，所以工作时所需电流大，发热多，温升高，不利于室温连续运转的要求。为此，发展了减少工作区宽度 W 的条形结构。

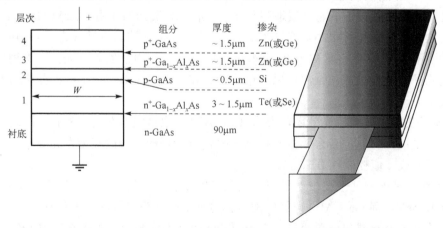

图 6.5.3　GaAs/GaAlAs 的外延片断面结构参数示意图和边沿发射半导体激光器

6.6　其他类型的半导体激光器

新物理、新概念以及新技术与半导体激光器的融合，为半导体激光器的发展注入了新的活力。通过与光学、电磁学、微电子学、拓扑学以及量子力学的交叉渗透，催生出了许多新型激光器，半导体激光器除注入式同质结半导体激光器和注入式异质结半导体激光器外，还诞生了许多其他类型，如光泵浦垂直外腔面发射激光器、微纳激光器和拓扑绝缘体激光器等，展现了各自特点和优势。无论是大规模的集成应用、优秀的光束和光谱质量、更高更稳定的输出功率、更小的体积和突破衍射极限的光斑、便于调制和倍频及微小功耗，这些新体制激光器的发展，代表了半导体激光器技术的先进水平，同时也反映着物理理论、工程技术、制备工艺的发展现状，代表了激光学科内部的交叉应用、激光器与光学的交叉应用、激光器与新兴物理领域交叉应用所催生出的新型半导体激光器，具有丰富的物理内涵和应用价值。

本节主要对半导体蓝、绿光，红光激光器，如量子阱激光器、垂直腔面发射激光器（VCSEL）、分布布拉格反射式半导体激光器、分布反馈式半导体激光器、宽幅半导体激光器、量子级联激光器等几种类型激光器的结构、原理及应用等进行简要介绍。

6.6.1　半导体蓝、绿光激光器

1968 年，红色半导体 LED 首先在美国问世，此后出现了超高亮度的红色 LED，并相继出现了超高亮度的橙色、黄色、绿色。发光二极管作为室内、室外显示光源的应用越来越广泛。20 世纪 70 年代初实现了 GaAs/GaAlAs 0.87μm。0.85μm 短波长异质结构半导体激光器的室温连续激射后，在 1977 年和 1979 年又分别实现了 InGaAsP/InP 激光器 1.3μm 和 1.55μm 的室温连续激射。这种激光器已在长距离、大容量光纤通信中得到广泛应用。20 世纪 80 年代后期至今，人们致力于研究开发大功率、窄线宽、动态单频半导体激光器，并取得了显著的成就。但是在短波长一侧，由于材料制备和器件工艺方面的困难，蓝色 LD 和绿光 LD 的进展一直比较缓慢。

半导体蓝、绿光 LD 在高密度信息读写、水下通信、激光打印、生物及医学工程方面的应用前景，激励着各国学者大量投入这一领域的研究。自 1991 年美国 3M 公司研制出世界上第一支半导体蓝光激光器以来，国际上掀起了半导体蓝光发射材料与器件的研究热潮，展开了激烈的竞争。

蓝光半导体材料大体有三种，即以 SiC、GaN 为代表的氮化物，宽带隙的 ⅢB-ⅤB 族半导体，以及有机半导体材料。SiC 是间接带隙半导体，其发光效率显然不如后两种直接带隙材料。因此，近 20 年来，人们对于 GaN 类半导体和 ZnSe 类半导体制作的短波长器件进行了大量研究工作，近两年取得了突破性进展，被认为是最有前途的蓝光 LD 材料（图 6.6.1～图 6.6.3）。

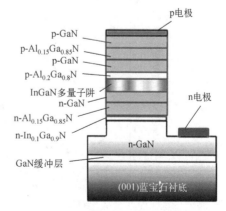

图 6.6.1　多量子阱 InGaN 激光器结构示意图

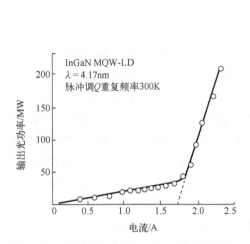

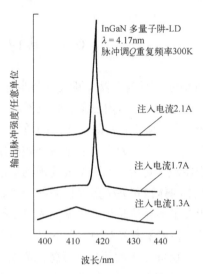

图 6.6.2　InGaN 多量子阱激光器的电流-功率
特性曲线（激光器尺寸 30μm×1500μm）

图 6.6.3　InGaN 多量子阱激光器的光谱特性曲线
（激光器尺寸 30μm）

6.6.2　半导体红光激光器

在发展光信息处理技术中（如条形码扫描器、激光打印、激光印刷、高密度光盘存储系统等），小体积的短波长（可见）光源起着十分重要的作用。要提高光盘数据存储密度必须要小的光斑尺寸，而由于衍射极限，聚焦光斑的尺寸大小正比于光波的波长。激光打印机也希望应用更短的波长，因为提高光子能量就等效于可以减小光子密度。在激光印刷系统中，与红外线相比，对可见光波段，感光材料的灵敏度可提高很多，因此可以减少激光器的输出功率。若将器件作为阵列结构，可以进一步提高光输出功率，从而可用作高速印刷的光源。用可见光激光器作全息存储器的光源时，可以用肉眼观察到再生图像，从而可以简化再生装置。可见光束易于调整，在 0.65μm 波长范围，半导体激光器在许多应用方面可以替代 He-Ne 激光器。因此，半导体激光器除 0.85μm、1.3μm 和 1.55μm 三个用于光通信波长的范围以外，可见光半导体激光器是发展极为迅速的领域。

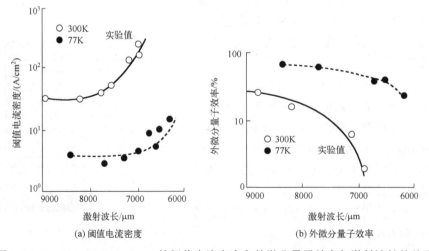

(a) 阈值电流密度　　　　　　　(b) 外微分量子效率

图 6.6.4　GaAlAs/GaAs DH-LD 的阈值电流密度和外微分量子效率与激射波长的关系

可见光激光器也多采用双异质结的结构，有增益导引、折射率导引和量子阱结构三种。该类典型参数特性如图 6.6.4 所示。在红光区的可见光激光器的有源区材料有 GaAlAs/GaAs、InGaP/GaAsP 和 InGaAlP（0.6μm）。但采用 $Al_xGa_{1-x}As$/GaAs 异质结作为可见光激光器材料时，由于 $x > 0.47$ 后，$Al_xGa_{1-x}As$ 就变为间接带隙材料了，如图 6.6.5 所示，不过以采用折射率导引结构最多。因为增益导引结构在平行于结平面方向无光和载流子的限制作用，因而器件的阈值电流较高，输出功率受到限制。1988 年，研制出的 GaInP 折射率导引激光器，激射波长为 670nm，最大输出功率达 31mW。

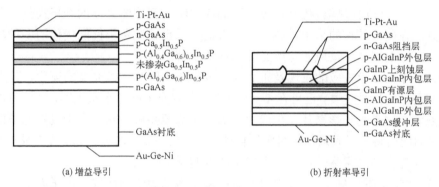

图 6.6.5　GaInP 作有源层的增益导引和折射率导引可见光激光器结构

6.6.3　量子阱激光器

量子阱（又称量子点）、超晶格的成就揭开了能带工程的序幕。它使半导体光电子学迈入量子尺寸的新阶段，产生了量子光电子学。它的运用不仅使光子器件特性得到大幅度的优化，同时展现出许多在体材料中不曾出现的物理效应。

量子阱工程、量子级联工程及稀土离子掺杂工程的应用，通过局域态粒子发光或子带内级联跃迁，均可避开半导体材料间接带隙结构难以产生受激辐射跃迁的局限，而获得高效率发光。微光学腔结构的应用有可能获得无粒子反转分布状态下的单色光发射。

量子阱超晶格结构改性多功能材料，这种量子阱超晶格结构物性的改变，导致诸多新颖的物理特性出现并成为当代开拓多功能光子器件的有力基础。其后，性能优异的量子阱激光器应运而生，它将半导体激光器推进到一个全新的阶段。由于量子阱能态密度的阶梯状分布，注入量子阱的载流子利用效率提高，而对激光波的吸收降低，因此，促成了激光器阈值的大幅度降低，与以往的 DH 激光器比较，其阈值可小两个量级，亚毫安量级以下的极低阈值激光器的实现无疑使光子集成回路（photonic integrated circuit，PIC）实用化成为可能。量子阱的阶梯状密度分布还导致增益谱的窄化和抑制腔内高阶模的出现，因而量子阱激光器自然保证有窄线宽、单纵模的输出特性。另外，由于量子阱的态密度比体材料小一个维度的贡献，分布又更为集中，因此其峰值增益与注入载流子浓度的依赖关系更为灵敏，微分增益随之提高，腔内光子与载流子的耦合时间常数大为缩短，激光固有的张弛振荡频率从 5GHz 处移至 30GHz。这样，激光器将能在很高的调制频率下工作。由此可见，量子阱材料的开发大大优化了半导体激光器的特性，为实用化 PIC 的发展提供了有力保证。量子阱材料的另一个重要结构属性是，它大大增强了自由激子的局域化程度，使其运动半径减小为原有的几分之一，激子的离化能从 4.2meV 提高到 12meV，即使在室温下，自由激子仍能不受晶格热振运的骚扰而依然存在，人们第一次可以考虑研制室温下运行的激子器件，而激子器件恰好是半导体光子学发展有待开发的重要资源。局域化的阱中激子，库仑牵引效应增强，能够承受更大的外场作用，表现出更明显的斯塔克红移效应。基于这种效应，已经研制出开关能量低达 10^{-12}J 的自电光效应器件(self electro optic effect device, SEED)——光学双稳态开关。这为数字光子学的发展奠定了基础。量子阱超晶格结构还蕴藏着许多未被充分开发利用的新颖功能，例如，利用热电子效应人工实现材料中的电子、空穴离化系数非对称单极性增强，可制备极低噪声的光子探测器件。目前人们已能够由此研制成功单光子 APD 探测器，还有带内工程的应用将为新型激光器的开拓提供一条重要的新路。可见，在同一结构的量子阱芯片上，人们可以设计制备出性能优化的多种功能的光子器件。这正是发展光子集成芯片所必须具备的条件。

谐振量子电动力学效应的发现及垂直腔面发射二维阵列式激光器的诞生，使谐振腔理论和器件取得了突破性进展，已可在 $1cm^2$ 的芯片上制作 100 万个激光器，其阈值电流可降低到几十微安，这是光子学器件在集成化上的一个重要突破。它有利于发挥光子的并行操作能力，它的应用将会对光通信、图像信息处理、模式识别、激光打印、光存储读/写光源、光显示、光互连及神经网络等从根本上发生改变起重大作用。

限域腔(如量子阱、量子点等)中电子态的量子电动力学限域腔中电子态的量子电动力学是分子光子学的理论研究基础。许多分子光子器件中，分子组装常常是量子阱或量子点结构，因此研究这种结构体系内电子的量子性质与输运特性，对认识和了解介观尺寸物质现象与性质以及发展分子光子学器件与系统均有重要意义。当前，人们得已开展了诸多有意义的研究工作，例如：

(1)制备和组装有应用前景的各种材料、各种构型和尺寸的量子限域腔。

(2)探索由单个限域腔组装成线状、平板状或者块状限域腔集合体的耦连机制。

(3)对限域腔的量子效应(包括限域电子的条件、电子的能级结构及电荷密度分布等)及其应用的研究。

(4)对限域腔的量子电动力学效应(包括在限域腔之间电子的输运动力学过程等)及其应用的研究。

(5)对限域腔光谱学(包括限域腔的光发射、光吸收、光电离等光与限域腔的电子的相互作用)及其应用的研究。

半导体激光器具有超小型、高效率、长寿命、价格低、结构简单、便于调制等优点。半导体激光器的种类很多，但应用最多的是双异质结半导体激光器、量子阱激光器、量子级联激光器和垂直腔面发射半导体激光器。

双异质结半导体激光器最成熟的是 GaAlAs/GaAs、InP/GaInAsP 双异质结器件和量子阱激光器。单量子阱激光器的结构，可将普通的双异质结激光器的有源层厚度做成几十纳米以下。这种器件有源层太薄，对非平衡载流子的收集能力较弱，所以阈值电流密度大。为此，人们又采用多量子阱组成有源层。目前，量子阱激光器的激光阈值电流密度已从 10^3A/cm^2 降低到了 10^{-4}A/cm^2 量级，已达到了实用的程度。中国在 1999 年已经研制成功低阈值和高超短光脉冲的量子阱激光器，采用脉冲碰撞锁模技术和四棱镜群速补偿技术，直接获得了 21fs 的超短激光脉冲，当时居国际领先水平。

6.6.4　垂直腔面发射激光器

垂直腔面发射激光器如上所述，量子阱材料具有更大的峰值增益和更小的带边吸收损耗，因此可以说，量子阱结构改性材料的出现已为低阈值垂直腔面激光器的开发奠定了基础。现在的 VCSEL 实际上也是一种超短腔 DBR 激光器，只不过这里的介质光栅反射器是由交替生长的半导体超晶格异质结构来实现的。VCSEL 允许将其有效腔面做得很小，直至为波长线度量级，即 μm^2 量级。这种微腔激光器的功耗极低，其阈值有望达到微安量级，加之它所固有的窄谱线、单纵模特性以及很窄的光束发散角与很短的腔内光子寿命，无疑对高密度面阵集成是十分有利的。再有，由于腔的体积小，其线度可与激光的波长相比拟，因此光波在腔内的量子化相干特性明显化。人们期望通过自发辐射模的导引与控制，最终实现几乎零阈值、极低功耗和高速率的激光运行。这些正是大规模集成面阵所必备的条件。

近年来，由于人们对于超长距离超高速吉比特/秒（Gbit/s = 10^9bit/s）及至千吉比特/秒（Tbit/s = 10^{12} bit/s）光纤网络的需求，对于高性能低成本光互联网的需求以及对于光学存储密度不断提高的要求，一种极其优秀的异型半导体激光器垂直腔面发射激光器应运而生。1979 年，东京工业大学的 Iga 提出了垂直腔面发射激光器的思想，并于 1988 年研制出首枚 VCSEL 器件。自诞生之日起其优异的性能就获得了人们的青睐。科学家们以极大的热情投身到它的研究和开发中去，在蓬勃发展的短短十几年来，其波长材料结构应用领域都得到迅猛发展，部分产品进入市场。据美国 Consultancy Electronic Cast 公司最近预测：就用于全球消费的 VCSEL 激光收发机而言，2003 年 VCSEL 达到 11.43 亿美元，2008 年达到近 60 亿美元。

1.　垂直腔面发射激光器性能及结构

1）垂直腔面发射激光器的性能

垂直腔面发射激光器及其阵列是一种新型半导体激光器，它是光子学器件在集成化方面的重大突破。VCSEL 与常规的侧向出光的端面发射激光器在结构上有着很大的不同。端面发射激光器的出射光垂直于芯片的解理平面（图 6.6.6）。与此相反，VCSEL 的发光束垂直于芯片表面（图 6.6.7）。这种光腔取向的不同导致 VCSEL 的性能大大优于常规的端面发射激光器。VCSEL 具有常规端面发射激光器无法比拟的优点：其光束是圆形的，易于实现与光纤的高效耦合；VCSEL 的有源区尺寸可做得非常小，以获得高封装密度和低阈值电流；适宜的设计可将激光二极管制成简单的单片集成二维列阵，以实现二维光数据处理所用的激光源芯片生长后无须解理封装即可进行在片实验。

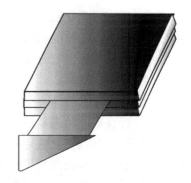

图 6.6.6　端面发射半导体激光器

虽然，用衬底晶体的解理面作 F-P 谐振腔的边发射激光二极管在结构优化、制造技术、工作特性、应用领域等方面都取得了巨大进展，但仍然存在一些不足，如在芯片解理前，不可能进行单个器件的基本性能测试；光束发散角过大且呈椭圆状；不易形成二维光束列阵；更无法实现单片集成的二维列阵。采用二维列阵的平行光技术有着新的应用前景。如用二维平行光束来处理二维图像信息时，不必变换成时序信号，可以提高处理速度；可以发展超宽带光纤通信；可以实现超大规模集成电路的光互连；有可能成为未来光计算机并行处理及空间光学中的关键技术与器件。

2) 垂直腔面发射激光器的结构

人们研究过多种不同结构的面发射半导体激光器，但归纳起来有三种基本结构。第一种是利用现有的边发射半导体激光器的工艺结构，采用 45° 角倾斜的反射镜，以改变光的出射方向，如图 6.6.7(a) 所示；第二种是利用高阶光栅将光耦合到垂直输出，如图 6.6.7(b) 所示；第三种是用高反射率的镜面作为有源区两侧的包层形成垂直腔结构，使得形成的光束垂直于衬底发射，如图 6.6.7(c) 所示。

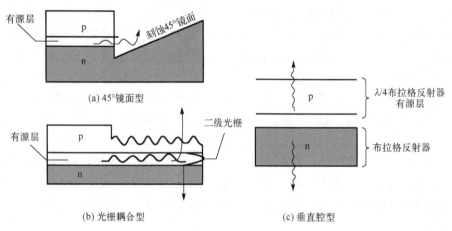

图 6.6.7　垂直腔面发射激光器的基本结构

图 6.6.7(a) 所示是采用 45° 倾斜反射镜结构的面发射激光二极管(SELD)，其发射特性完全依赖于内部反射镜的倾角和平整度，工艺制作困难，并有光束畸变等问题。图 6.6.7(b) 所示是采用高阶耦合光栅的 SELD，尽管可以获得发散角小的窄细光束，但其发射截面呈条状结构。由于布拉格反射作用，其纵模选择性很好，可实现动态单纵模工作。但其发射光的大部分进入了衬底，使效率大大降低，而且激光束的发射角度随波长而变化。图 6.6.7(c) 所示的结构是有源区直径及腔长只有微米量级的微腔结构，容易实现低 J_{th}(微米量级)，具有高的微分量子效率。该器件具有独特的空间层结构和微小尺寸，使得形成的光束发散角很小、像散可以忽略的圆形光束，将它与光纤或其他光学器件耦合时，既容易、效率又高。它同时具有良好的动态单纵模和空间发射模特性。它的发射波长取决于外延生长，而不是完全由材料和光刻工艺决定，所以比较容易实现发射波长的准确控制，容易制造面积较大、具有准确的单一波长或相等波长间隔的单片垂直腔面发射激光器列阵。由于光是垂直于基片向上发射，所以不需要从芯片上切出单个器件后才检测，而是可以对芯片内样管的发光波长或其他特性进行整体逐个测量筛选。此外，VCSEL 的侧向尺寸也很小，有可能制造尺寸较大的高密度单片集成二维列阵。它比较容易与其他电子学和光学器件集成以实现薄膜功能光学器件的单片集成，开辟新的三维光学领域。综上所述，垂直腔面发射激光器是最有发展前途和有实用价值的器件。 这种性能独特的 VCSEL 易于实现二维平面列阵，而端面发射激光器由于是侧面出光而难以实现二维列阵。小发散角和圆形对称的远、近场分布使其与光纤的耦合效率大大提高。现已证实，与多模光纤的耦合效率大于 90%，而端面发

射激光器由于发散角大且光束的空间分布是非对称的，因此很难提高其耦合效率。由于 VCSEL 的光腔长度极短，纵模间距拉大，可在较宽的温度范围内得到单纵模工作，动态调制频率高，腔体积减小使得其自发辐射因子较普通端面发射激光器高几个量级，这导致许多物理特性大为改善，如能实现极低阈值甚至无阈值激射，可大大降低器件功耗和热能耗。由于从表面出光无须像常规端面发射激光器那样必须在外延片解理封装后才能测试，它可以实现在片测试，这导致工艺简化，从而大大降低制作成本。此外，其工艺与平面硅工艺兼容，便于与电子器件实现光电子集成。

3）典型的 VCSEL 的基本结构

典型的 VCSEL 结构如图 6.6.8 所示。通常仅约 20nm 厚的三量子阱发光区夹在称为 Bragg 反射器的两组高反射率平面镜之间，顶部和底部的 Bragg 反射器由交替生长的不同 X 和 Y 组分的导体薄层组成，相邻层之间的折射率差使每组叠层的 Bragg 波长附近的反射率达到极高（99%）的水平。Bragg 反射镜中的每层厚度为出射光工作波长的 1/4，需要制作的高反射率镜的对数根据每对层的折射率而定。激光器的偏置电流流过所有镜面组，它们被高掺杂以便减小串联电阻。有源区由提供光增益的量子阱结构构成，典型的量子阱数为 14 个，量子阱被置于谐振腔内驻波图形的最大处附近，以便获得最大的受激辐射效率。

2. 光泵浦垂直外腔面发射激光器

光泵浦垂直外腔面发射激光器（OP-VECSEL）又称光泵浦半导体激光器（OPSL）或半导体碟片激光器（SDL），是半导体激光与固体激光结合的产物。它的增益芯片采用半导体材料，与垂直腔面发射激光器非常相似。谐振腔结构则采用固体激光器构型，通常由半导体芯片上的分布布拉格反射镜（DBR）和外腔镜共同构成；通常使用光泵浦方式，可以提供更灵活的工作方式和更优良的器件性能。VECSEL 使用半导体芯片作为增益物质，可以提供多种波长选择和宽谱的调谐范围。基于固体激光器的光学腔使其可以方便地进行腔内光学元件插入，易于进行脉冲压缩、和频、差频及光束整形，可以产生如超短脉冲激光、特殊波长激光、太赫兹激光、多色激光等，满足多种特殊应用需求。

由于 OP-VECSEL 的上述特点，目前该领域的主要研究内容集中在提高输出功率、波长可调谐性，激光超短脉冲或超强脉冲产生以及特殊波长或多波长设计等方面。就波长覆盖范围来讲，VECSEL 目前已经实现了紫外波段到可见光波段再到红外波段甚至太赫兹波段的全波段覆盖。通过腔内倍频 VECSEL 实现的最短激射波长也可以达到 244nm，使用双波长腔内差频实现的最长波长可以达到亚毫米量级。2020 年，VECSEL 的最高单片输出功率纪录为 106W，最高重复频率为 175GHz，最小脉冲宽度为 60fs。

VECSEL 非常适合需要高性能光源的定制化应用，正处于面向应用的关键技术研发阶段，如特殊环境通信或特殊波长传感等。大量固体激光和半导体激光领域的现有技术被用来改善激光器的输出特性。谐振腔设计、光谱控制、腔内倍频、锁模、多程泵浦、碟片等固体激光技术，以及芯片制备和热管理等半导体相关工艺技术都为 VECSEL 的发展提供了有力的基础支撑。垂直外腔激光器的高性能和灵活性特点使其非常适合定制化应用，其发展应该紧密结合应用，以平台建设为主，兼顾多波长、多输出特点的实用技术开发。一方面，需要针对 VECSEL 本身的平台化技术进行创新研发；另一方面，迫切需要进行面向具体应用的特定技术开发和扩展，如开发适用于特殊波长、高光束质量、窄线宽、宽调谐范围等应用的高性能激光系统等。

3. 多波长 VCSEL 列阵

可调谐 VCSEL 阵列在局域网长距离超大容量信息传输方面的应用蕴藏着巨大的潜力。它可提供更多的自由度波长使密集波分复用，成为可能极大地提高系统的容量和传输速率密集波分复用系统的关键器件之一。多波长激光器阵列采用过生长波长调节技术，比其他生长技术更有吸引力。过生长技术之一的多步刻蚀法是采用将 GaAs 层阳极氧化然后移走氧化层的方法，J. H. Shin 和 B. S. Yoo 使用该法制作了 0.855～0.862μm 波段的非常窄的等间隔波长的八信道多波长 VCSEL 列阵，其平均波长间隔为 0.94nm。由于采用 SiN$_x$ 调节层代替 GaAs 调节层的多步刻蚀法，产生的上述信道 SiN$_x$ 的折射率几乎是 GaAs 的一半。因此，对于相同目标的波长间隔，其控制厚度的能力几乎是 GaAs 的两倍。此外，SiN$_x$ 刻蚀方案可应用到任意波长系统，如 1.55μm 光谱范围和可见光波长范围。这一结果说明以大容量 DWDM 应用为目的，用过生长波长调谐技术精确分割 VCSEL 列阵波长是可行的。

4. VCSEL 列阵

用于激光照排激光雷达光通信和泵浦固态及光纤激光器的大功率列阵所需的功率密度和亮度的实用化 VCSEL 系统尚未得到证实，为了充分挖掘 VCSEL 列阵的潜力，有效办法是提高它们的峰值功率密度，并将制作成本降至低于端面发射激光器列阵的水平。迄今为止所实现的最高功率密度是 M. Grabherr 等制作的由 23 个单元组成的列阵脉冲功率为 300W/cm^2 和美国伯克利加利福尼亚大学 D. Francis 等制作的由 1000 个单元组成的列阵 CW，输出功率为 2W，脉冲输出功率为 5W。美国劳伦斯利弗莫尔国家实验室 H. L. Chen 等还是制出了 1cm×1cm 单片二维 VCSEL 列阵。由于采用了微透镜列阵来校准发自整个激光器列阵的光束而使该列阵亮度增长了 150 倍。采用 F2 透镜使整束光束聚焦成直径为 400μm 的光斑，此外将 VCSEL 光束的 75% 耦合进 1mm 直径的光纤芯。这些结果表明将大面积 VCSEL 列阵焊接在热沉上是可行的。即使平行放置的列阵的元件大于 1000 只，但整个列阵散热不会存在问题。美国新墨西哥州大学 A. C. Alduino 等引入了一种新型类平面制作技术，将多波长 VCSEL 与谐振腔增强型光电探测器单片集成，在制作技术中用大量不连续的新月形氧化物面的方法形成不同尺寸范围的电流窗口(4m)，在保持其二维性的同时还改善了器件尺寸，其结果是 VCSEL 具有与腐蚀台面器件可比拟的电学和光学特性，用该技术制作的高速 RCEPD 上升时间约为 65ps。

5. 可见光 VCSEL

由于对于大容量光存储的要求日益迫切，可见光 VCSEL 变得越来越重要了；同时红光 VCSEL 便于与塑料光纤低损耗耦合。美国布朗(Brown)大学工程部和物理系的 Y. K. Song 等研制了准连续波光泵浦的紫色 VCSEL。它由 InGaN 多量子阱有源区和高反射率介质镜对组成，直至 258K 温度下仍能实现高重复频率(76MHz)脉冲，光泵条件下激射平均泵浦功率约为 30mW，激射波长为 0.403m 阈值以上的光谱半宽小于 0.1nm。

6. 硅上 VCSEL

在硅(Si)上制作的 VCSEL 还未实现室温连续波工作，这是由于将 AlAs/GaAs 分布

Bragg 反射器直接生长在 Si 上，所以在界面处结构粗糙，从而导致 DBR 较低的反射率。日本 Toyohashi 大学 T. Tsuji 等由于在 GaAs/Si 异质界面处引入多层 $(GaAs)_m(GaP)_n$ 应变短周期超晶格 (SSPS) 结构而降低了 GaAs-on-Si 异质结外延层的螺位错，其螺位错密度从 10^9cm^{-2} 降至 10^7cm^{-2}。

7. Ⅳ-Ⅵ族铅盐 VCSEL

鉴于铅盐 (Ⅳ-Ⅵ族) 的能带结构，长期以来铅盐 (Ⅳ-Ⅵ族) 激光器占据了 $3\sim30\mu m$ 波长范围中远红外激光器的主导地位。具有相干波长可调谐性的这类激光器非常适合于痕量气体分析和大气污染监测中的高分辨率红外显微镜应用。

虽然这类激光器通常生长在铅盐衬底上，但已证实 BaF_2 对于铅盐异质结构而言是一种极好的衬底材料替代物。奥地利 Linz 大学 G. Springholtz 等探讨了在 $46\mu m$ 光谱范围内实现 VCSEL 的可能性，其核心技术是利用 MBE 制作铅盐基中远红外 Bragg 反射器结构。他们关注着各种组分的 $Pb_{1-x}Eu_xTe$，以实现与作为有源材料的 PbTe 相兼容的 Bragg 反射器。这些多层结构被淀积在解理后的 $BaF_2(111)$ 衬底上，具有 $46\mu m$ 高反射频带的反射器，当其具有 32 对/4 反射镜对时反射率高达 99%，该种微腔 $PbTe/Pb_{1-x}Eu_xTe$ 结构的剖面 SEM 照片证实了其具有良好的界面平整性、层厚控制和重复率。在该项工作中得到的结果使我们看到了 Ⅳ-Ⅵ族中远红外 VCSEL 的制作和应用的希望。值得一提的是，氧化物限制和衬底选择实现高质量 VCSEL 具有举足轻重的作用。氧化物限制的重大意义正如 Honeywell 的负责人 Ashton 所说："在一系列商品化制造中最重要的步骤之一是开发氧化物 VCSEL，这种化学淀积工艺可以较好地控制发射区范围和芯片尺寸，并具有极大地提高效率和使光束稳定地耦合进单模和多模光纤的能力。"正因采用了这一步骤，Honeywell 的最新氧化物限制方案器件有望将阈值电流降到几百毫安。

VCSEL 在动力学运行中的偏振稳定性是实现低噪声、高速光数据链路和光互连所必需的。由于 VCSEL 结构完全不具备偏振选择性，因此，实现偏振稳定性的主要办法是在光学增益和光损耗中引入各向异性。一种有效的方法是采用 $(n11)$ 向衬底，因为这会使有源区内引入有效的偏振选择机制。日本 NTT H. Uenohara 等对比了生长在 $(311)D$ 和 (100) 衬底上的 $0.85\mu m$ GaAs 基 VCSEL 的偏振稳定性的差异，将生长在 $(311)B$ 衬底上的 VCSEL 的两种相互正交的偏振模式的功率比定义为正交偏振抑制比其值远大于生长在 (100) 衬底上的器件的比值，这种差异被认为是 $(311)B$ 表面的多量子阱的各向异性光增益引起的偏振控制所致。

8. VCSEL 的应用

(1) 光通信作为千兆比特光纤通信的光源。由于吉比特每秒 (Gbit/s) 速率通信网的需求不断上升，近期内铜线基局域网 (local area network, LAN) 将很快终止铺设，而由多模光纤制作的数据通信链路取而代之。早期这种系统依赖 $0.85\mu m$ 或 $1.3\mu m$ 的发光二极管 (LED) 光源在十至几百兆比特每秒速率下工作，显然不能胜任千兆比特 LAN 的需求。市售的最优秀的 $1.3\mu m$ LED 仅限于在最大光纤跨距 500m 范围内以约 622Mbit/s 的数据速率工作，在更高速率下廉价的 LED 光源就显得噪声太大速率慢且效率低。改变上述状况的方法是以低噪声快速的激光器代替 LED。鉴于 VCSEL 性能比常规端面发射激光器优异得多，因此作为光发射机的光源当仁不让地由 VCSEL 来承担。

瑞典 Mitel 半导体光学营业部经理 Olof Svenonius 说："我们走进 VCSEL，即是走进数据通信产业的开始。人们相信 VCSEL 和千兆比特网会代替规模巨大的 LED 和兆比特网，这主要是由于 VCSEL 显示出优异的性能价格比"。

VCSEL 主要用途之一是短距离、大容量、并行数据链路，采用线性或二维 VCSEL 列阵与光纤连接的方法，如 Lnfineon 的并行数据系统（PAROLI）采用 0.85μm 的 VCSEL。据推测在适当时候它们会像 1.3μm 和 1.55μm 激光器那样流行起来。许多分析家预见 VCSEL 将成为光纤到家装置的合适光源。Mitel 正在开发用于网络装置内部和网络之间的 VCSEL 产品。公司负责人 Svenonius 说："前者将超过若干米，并包括兆兆比特开关、路由器和光横向连接器在内的 shelf-to-shelf 和 board-to-board 互联网"。1.55μm 波段调谐 VCSEL 对密集波分复用的应用是低成本的途径。

（2）用于光信号存储的光源。可见光 VCSEL 和相同结构的探测器可用于光信号存储系统，以提高存储密度。常规光盘读出系统采用端面发射激光器作为光源，还配以分立的外部光电探测器来监测发自光盘的反射光。美国加利福尼亚大学 J. A. Hudgings 等演示了一种采用带有内腔量子阱吸收器的 VCSEL 的新型集成光盘读出头，由 VCSEL 发出的 CW 光束恰好聚焦在光盘上，而经扩展的反射光束直接进入 VCSEL 光腔，在反向偏置下，内腔吸收器的功能是作为光电探测器。其产生的光生电流提供一种精确的发自光盘的光反馈变量，这种方法能进一步放大由光盘拾取头获得的读出信号。当器件被施以偏压工作在光双稳状态下时，他们实现了具有−2.5kHz 下 0.22V 的峰-峰信号高效探测。这种探测技术直至 50kHz 时仍然有用，这一工作体现了密集的集成光学拾取探测的一种新型方法。

（3）VCSEL 在光互连中的应用。VCSEL 及其智能像元可以像其他半导体激光器一样用于光存储读/写光源、激光打印、显示图像、信号处理、光通信等方面，更为重要的是它可以充分发挥光子的并行操作能力和大规模集成面阵的优势，在光信息处理、光互连、光交换、光计算神经网络等领域具有广阔的应用前景。

VCSEL（0.98μm 或 0.85μm）及其智能像元为光互连技术的发展提供了关键器件。美国由 HP、GE、Honeywell、Motorola 等几大公司牵头的几个大型计划对 VCSEL 在计算机光互连中的实用化做了大量细致和开创性的工作。由于将聚合物光互连技术用于光的传输介质，整个模块的造价大幅度下降工艺流程日趋简化稳定。IXl6、1X32 系列的 VCSEL 产品已步入实用化阶段。GE 和 Honeywell 公司共同研制了用 Polymer 作光波导的 32 通道 VCSEL 光互连模块。Motorola 公司在其 OPTOBUSTM 互连中用 VCSEL 作光源实现了基于多模光纤的 10 通道并行双向数据链路光互连。AT&T Bell Lab 研制了用于光电子集成 Optics Electronic Integrated Circuit（OEIC）的高密度 32 通道 16Gbit/s 光学数据互连系统，其发射模块用 VCSEL 阵列作光源。NEC 公司研制了含 VCSEL（0.98μm）的插拔式连接器，以 1Gbit/s 速率传输几十米时的误码率为 10^{-11}。德国 Ulm 大学实现了 VCSEL（0.98μm）。

由于长距离宽带高速光通信、高速存取光信息处理、高性能、低成本光互连器件的需求牵引，VCSEL 器件无论从材料种类还是波长、结构，都呈多元化高速发展趋势。0.85～0.95μm 波段 VCSEL 较为成熟，并已实现商用化，而 1.3～1.55μm VCSEL 作为长程光通信光源也呈现出新的增长趋势，但制作 1.3μm 或 1.55μm VCSEL 的技术问题还需不断解决。

6.6.5　分布布拉格反射式半导体激光器

半导体光子学的重大突破与电子集成回路比较，光子集成回路（PIC）实现的难度要大得多。一个 PIC 芯片上要包含诸如激光器、调制器、光开关、滤波器、偏振器、探测器等不同结构与功能的光子器件，而其功能体现又多来源于不同的材料特性与器件结构设计。例如，半导体激光器通常为 F-P 腔，腔面即是激光器的端面。显然，这难于与其他器件实现平面集成。另外，为满足集成化中的结构兼容性要求，或从简化工艺流程和降低成本等方面考虑，要求能在同一种材料中实现集成。

介质光栅反射器在半导体光子学中由于介质光栅技术的引入，导致了无腔面激光器的实现，相继开发出分布反馈（DFB）式和分布布拉格反射（DBR）式半导体激光器。它们的发射线宽比 F-P 腔激光器窄 3 个量级，其单色性、稳定性大幅度提高，这就为 PIC 的发展奠定了重要基础。光栅具有反射、耦合、选频、滤波等多功能特性，而且可通过电注入来改变光栅介质区域的载流子浓度，导致折射率的变化，可以调谐布拉格波长，因此还可以实现半导体激光器的波长调谐。

DBR-LD 的谐振腔与 F-P 腔有类似之处，前者的光栅仅仅起了一个反射器的作用，相当于 F-P 腔的端面反射镜，不同之处在于 DBR-LD 中的光栅反射器的反射率有强烈的波长相关性，而 F-P 腔的端面反射率则不存在波长相关性。图 6.6.8 所示为 DBR-LD 的结构示意图。图中左侧为有源区，右侧为光栅反射器，其中的波导对于激射波长是透明的。实际上，DBR-LD 也可以有另外的结构，如中心部分为有源区，两侧为光栅反射器。

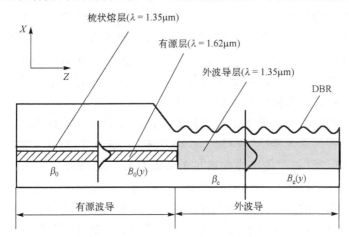

图 6.6.8　DBR-LD 的结构示意图

在求 DBR-LD 的振荡条件时，可类似于 F-P 腔激光器，由下列方程出发：

$$r_1 r_{eq} \exp(2i\beta L) = 1 \tag{6.6.1}$$

式中，r_1 是左侧的腔面反射率；r_{eq} 是 DBR 区的等效反射率。波数为

$$\beta = n_{R.ef} k_0 + i\frac{g_{th}}{2} \tag{6.6.2}$$

但对 DBR-LD，必须将 g_{th} 变换为功率吸收系数，β 可表示为

$$\beta = n_{R.ef} k_0 - i\frac{a_G}{2} \tag{6.6.3}$$

等效反射率 r_{eq} 可写为

$$r_{eq} = C_p r_D \tag{6.6.4}$$

式中，C_p 是有源区和 DBR 区之间的耦合效率；r_D 是在 DBR 区的反射率，可写为

$$r_D = \frac{\xi_b(0)}{\xi_f(0)} \tag{6.6.5}$$

当 $\xi_b(L_{ef}) = 0$ 时，则 r_{eq} 为

$$r_{eq} = G_p \frac{r_{G1}[1 - \exp(-2i\gamma L_{ef})]}{1 - r_{G1}r_{G2}\exp(-2i\gamma L_{ef})} \tag{6.6.6}$$

因此 DBR-LD 的振荡条件为

$$r_1 C_p \frac{r_{G1}[1 - \exp(-2i\gamma L_{ef})]}{1 - r_{G1}r_{G2}\exp(-2i\gamma L_{ef})} \exp(2in_{R,ef}k_0 L - a_G L) = 1 \tag{6.6.7}$$

以上式子都表示出反射率与波长有关，而且在布拉格波长处有最大的反射率，由此不难理解 DBR 谐振腔有强烈的波长选择性。但是，最终是否在反射率最大处激射，还必须考虑相位的影响。DBR-LD 虽然能够单模工作，但它的单模工作稳定性比 DFB-LD 要差。其原因就在于光在谐振腔中经过一次往返后，相位的变化必须是 $2q\pi$ 的整数倍，这包括光栅反射产生的相位变化与有源区相位变化的和，而有源区的相位是随注入电流大小而改变的。此外，DBR-LD 的反射率在两方面十分容易影响器件的性能。一个是最大反射率，它的作用几乎与 F-P 腔的反射率相同，它影响阈值增益和外微分量子效率；另一个是反射率的半高宽。当耦合系数很大时半高宽也较大，这时如果纵模间隔较小就会产生多模工作，使单模工作的稳定性变坏。上述两方面均与归一化耦合系数的大小有关，所以要想获得高性能的 DBR-LD，就必须对耦合系数加以优化。

在进行以上分析时有两个前提，一个是光栅反射器的波导损耗为零，另一个是光栅的端面反射率为零，否则激光器的工作稳定性将变坏。因此，对光栅区的端面反射率和波导损耗加以控制，尤其对获得窄线宽激光器是十分重要的。从结构、工艺的角度来看，DBR-LD 中的有源区与光栅区的材料是不同的，光栅区对有源区的激射波长是透明的。在实际器件中，两个波导是在不同的外延层中制作的。因此，两个波导的耦合就是十分重要的问题，耦合效率的高低将直接影响器件的阈值增益。对于多次外延法制作的器件，经过优化器件结构与工艺可以使耦合效率高于 90%，而这些年发展起来的量子阱无序化工艺技术可以使耦合效率做得更高。总的说来，DBR-LD 的制作工艺要难于 DFR-LD 的制作工艺。

6.6.6　分布反馈式半导体激光器

普通结构的 F-P 腔半导体激光器，即使在直流状态下也能实现单纵模工作，但在高速调制状态下就会发生光谱展宽。在用作光纤通信系统的光源时，若光纤具有色散，则上述光谱展宽会使光纤传输带宽减小，从而限制了传输速率。因此，设计和制作在高速调制下仍能保持单纵模工作的激光器是十分重要的，这类激光器统称动态单模(dynamic single mode，DSM)半导体激光器。实现动态单纵模工作的最有效的方法之一，就是在半导体激光器内部建立一个布拉格光栅，靠光的反馈来实现纵模选择。这种结构还具有另外的优点，那就是能够在更宽的工作温度和工作电流范围内抑制在普通半导体激光器中常见的模式跳变，由此可以大大改善噪声特性。分布反馈(distributed feedback，DFB)半导体激光器

(DFB-LD)与分布布拉格反射器(DBR)半导体激光器(DBR-LD)是由内含布拉格光栅来实现光的反馈的。两者的结构简图如图 6.6.9 所示。由图可见，在 DBR-LD 中，光栅区仅在两侧(或一侧)，只用来做反射器，增益区内没有光栅，它是与反射器分开的。而在 DFB-LD 中，光栅分布在整个谐振腔中，所以称之为分布反馈。此处的"分布"还有一个含义，就是与利用两个端面对光进行集中反馈的 F-P 腔半导体激光器相比而言的。因为采用了内装布拉格光栅选择工作波长，所以 DFB-LD 和 DBR-LD 的谐振腔损耗就有明显的波长依存性。这一点决定了它们在单色性和稳定性方面优于一般的 F-P 腔 LD。

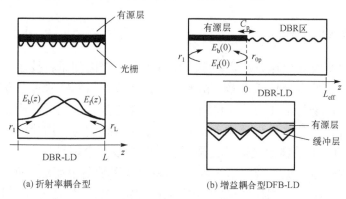

图 6.6.9　DFB-LD 和 DBR-LD 结构简图

　　DFB 的简要原理如下：在一块介质表面上做成周期性的波纹形状，设波纹的周期为 Λ，则根据布拉格衍射原理，一束与界面成 θ 角的平面波入射时，它强迫波纹衍射，这些衍射波相互之间有一定的相位关系，见图 6.6.10(a)，由布拉格衍射可知 $\theta = \theta_B$，入射平面波在界面 B 上 V 点反射后，光程差 $\Delta l = BC - AC = 2\sin\theta_B$，若 Δl 是波长的整数倍，则发射波彼此加强，即

$$2\Lambda\sin\theta_B = m\lambda \tag{6.6.8}$$

式中，m 为整数倍。由于在介质内部前、后向传播的波可看作 θ 和 θ_B 均为 90°，这时式(6.6.8)就变为

$$2\Lambda = m\lambda / n \tag{6.6.9}$$

式中，n 为介质折射率；λ 为光波波长。此式表明，由于光栅提供反馈的结果，前向和后向两种光波得到了相互耦合。当介质实现了粒子数反转时，这种波在来回反射中便不断得到加强，当增益满足一定的阈值条件后便可形成激光。因此，这种光栅式的结构完全可以起到一个谐振腔的作用，它所发射的激光频率完全由光栅的周期 Λ 来决定。

　　在 DFB 中，激活层的波纹结构如图 6.6.10 所示，由于周期波纹的存在，其激活层厚度被周期性地调制，其厚度 d 可表示为

$$d(z) = d_0 + \Delta d\cos(2\beta_0 z) \tag{6.6.10}$$

式中，d_0 为激活层介质的平均厚度；Δd 为厚度的调制

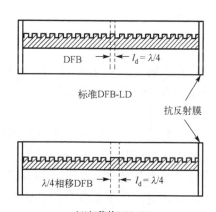

图 6.6.10　标准 DFB-LD 和 $\lambda/4$ 相移 DFB-LD 的光栅结构

幅度；β_0 由布拉格条件给出，$\beta_0 = 2\pi q/\lambda_b$，其中 q 为纵模指数，λ_b 为满足式(6.6.8)的波长。

波纹结构的作用就是使介质的折射率 n 和增益系数 G 作周期性变化，使得

$$\begin{cases} n(z) = \bar{n} + n_0 \cos(2\beta_0 z) \\ G(z) = \bar{G} + G_0 \cos(2\beta_0 z) \end{cases} \tag{6.6.11}$$

式中，$\bar{n}$、$\bar{G}$ 分别表示 n 和 G 的平均值；n_0 和 G_0 表示它们的调制幅度。

根据电动力学原理，可以得知上述器件辐射场的模式等特性，并证明了此种结构腔有纵模选择能力。

6.6.7　宽幅半导体激光器

美国贝尔实验室发表全球首款宽幅半导体激光器。美国朗讯科技建立全球第一个可以发射宽幅红外线光波的半导体激光器。由朗讯科技所属的贝尔实验室开发的激光器，可以用来侦测大气中的污染物，作为医疗诊断工具，或者在未来替光纤产业制造半导体激光。物理学家格玛赫说："超宽幅半导体激光可以制造高敏感度与多用途的侦测器。"该研究刊载于 *Nature* 期刊。半导体激光器过去是发射单色光波的窄幅设备。格玛赫表示，激光的波长因不同的应用也可能更宽或更窄。格玛赫说："为了清楚说明这项研究，我们选择 6～8μm 的激光光波范围。未来则可按照应用需求而制定波长，包括光纤产业。"贝尔实验室在通信技术的研究上位居领导地位，包括电晶体、数位网络、激光与光纤系统等。

6.6.8　量子级联激光器

量子级联(QC)激光器诞生于 1994 年。量子级联激光器摒弃了二极管激光器运行的关键原理。其装置是单极，即材料是 n 型掺杂，它仅使用一种类型的载流子-电子产生激光。通过电子在多层量子结构的导带内能级之间的量子跃迁辐射光子，而多层量子结构的导带内能级之间的能量差能够通过改变层厚来控制，从而控制激光辐射波长。而级联效应又可使一个电子能发射和能级阶数一样多的激光光子，这样就使得量子级联激光器输出波长覆盖较宽广的光谱范围。而从单个激光面元发射的光功率 P 可表示为

$$P = \frac{1}{2}\eta \frac{Nh\nu_L}{e}(I - I_{th}) \tag{6.6.12}$$

该方程说明，大于阈值电流 I_{th} 部分的每一个电子将发射和阶数 N 同样多的激光光子。N 的典型值为 25～75，量子效率 $\eta < 1$，它由光腔的性质和控制激光跃迁能级间粒子反转的电子弛豫时间比率决定。

而自然界缺少这种中远红外波段的天然材料，中科院上海冶金研究所李爱珍研究员等历经五年艰苦攻关，研制成首批 5～8μm 波段半导体量子级联激光器。量子级联激光器激光波长与半导体材料的导带和价带之间的带隙大小无关，激光波长由导带内能级之间的能量差所决定，即不是在导带和价带之间的跃迁，而是在导带内的电子能级之间的跃迁，且它输出功率大、特征温度高。它的问世使中国成为继美国(贝尔实验室)，能制造此类高技术激光器的第二个国家。

传统的半导体激光器的激光波长由半导体材料的导带和价带之间的带隙大小决定，电

子和空穴进入激活区，彼此复合而将能量以光子形式释放出来，只有直接带隙的半导体材料才能实现，而带隙宽度又决定了所发射的单个光子的能量，从而激光波长局限在较短范围，如近红外(0.8～1.6μm)和可见光(包括蓝光)。而中红外光谱区是所谓的"分子指纹"区，在该光谱区，气体和蒸气具有与它们的分子振动相联系的指纹吸收特性。对大气透明的两个重要窗口 3～5μm 和 8～13μm，非常有利于大气中的痕量气体和蒸气的探测，其探测灵敏度可达 10^{-9} 体积比。激光致盲武器、化学和生物战剂化合物检测，非侵入性医学诊断，如分析检测呼吸气体成分，用于溃疡、结肠癌和糖尿病等。量子级联激光器正好弥补次波段。

半导体激光器由于其体积小及固有的结构特点，也造成了一些缺点，如光束发散角较大，对环境温度变化敏感，对驱动电源要求高等问题，给实际使用带来一定程度的困难。因此，研究发展半导体激光器光纤耦合模块，通过采用微光学系统对半导体激光器的光束进行整形、变换，进一步耦合到光纤中，一方面从根本上改变了激光器的输出光束，另一方面也使得应用极为方便，因为光纤柔软可弯曲，可将激光能量导向到任意方向上。模块中系统集成了温度自动控制系统，使半导体激光器不再对环境温度的变化那么敏感了，并且还配备了半导体激光器专用电源，对电网中的浪涌和意外断电起到一定的防护作用。半导体激光器光纤耦合模块已成为激光器庞大家族中的佼佼者。

6.7　半导体激光器的输出特性

本节讨论半导体激光器的主要性能参数。结合半导体激光器的一些主要应用，对相关半导体激光器件性能的要求进行探索。由于半导体激光器有着许多不同于其他激光器的特点和用途，因此比其他激光器性能参数多。在诸多参数中，激光器的制造者与用户有不同的考核参数侧重点，不同用户对激光器的要求也有差别。可以粗略地将半导体激光器的特性和参数分为以下几类。

(1)电学参数：阈值电流，最大工作电流。

(2)空间光学参数：近场、远场光强分布，发散角，像散。

(3)光谱特性：线宽，边模抑制比。

(4)光学参数：输出光功率。

(5)动态特性：噪声，上升和下降时间等。

6.7.1　半导体激光器的调制频率响应特性

半导体激光器已经是光纤通信系统中的唯一光源。其主要优点之一是，改变工作电流就可以进行信号的直接调制。这一特点还使得有可能将激光器与调制用电子学电路实现单片集成。半导体激光器的调制特性与器件结构有很密切的关系。由于器件存在弛豫振荡和电学寄生参数，因此调制带宽受制于这两个效应的参数。用于半导体激光器的调制方式有强度(幅度)调制(intensity modulation，IM)和频率调制(frequency modulation，FM)及相位调制(phase modulation，PM)之分；按信号类型有模拟信号调制和脉码信号调制之分；按信号强弱有小信号调制和大信号调制之分。

1. 小信号正弦波强度调制

在强度调制中，常用调制深度作为衡量调制信号强弱的依据。它定义为调制信号幅度与调制波形峰值之比，即

$$m = \frac{(\delta P)_{\max}}{P} = \frac{I_p}{I_b - I_{th}} \tag{6.7.1}$$

式中，I_b 为偏置电流；I_p 为调制信号电流幅度。对于正弦调制，

$$I_m(t) = I_p \sin(\omega_m t) \tag{6.7.2}$$

式中，$\omega_m = 2\pi\nu_m$ 为调制频率。调制电流的作用是引进了偏移量 $\delta P(t)$、$\delta N(t)$、$\delta\varphi(t)$，它们是随 ω_m 周期变化的。小信号分析的前提是调制深度小于 70%。通过解速率方程得到对某些弛豫振荡频率 ν_t 和衰减速率 σ_d ($= 1/Td$) 下的调制响应的频率关系，如图 6.7.1 所示。

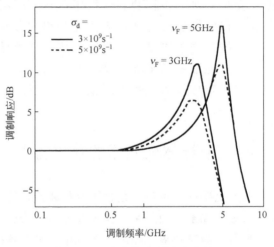

图 6.7.1　小信号调制响应曲线

通过以上分析表明，半导体激光器的正弦调制的极限频率被限制在弛豫振荡的类共振频率 ω_r 以下。一个结构设计优良的激光器，带宽可达 10GHz 左右。当调制信号频率过高时，光输出将发生畸变，光输出对电流信号有明显延迟，而且在调制过程中光强分布发生变化，由此引起不同空间位置的光输出间存在相位差。具体表现为在正弦电流调制下从 $t = 0$ 开始就有附加振荡，这种振荡的频率与阶跃电流下弛豫振荡的频率相同，振荡的幅度和持续时间与自发发射因子有关。这些都给激光器的应用带来不利影响。

2. 大信号效应和脉码调制

以上讨论的调制特性都是以小信号理论为基础的，即认为调制电流幅度很小，因而光调制深度也很小（< 70%）。在光接收机中，为了降低噪声和获得可靠的数字阈值检测，应该使背景光最小，从而使光调制深度变为最大。在激光二极管的数字(脉冲编码)调制应用中，大都使激光器的偏置略高于阈值，同时采用相当大幅度的正电流脉冲来进行调制。假设激光器的偏置电流为 I_b，在其上面叠加的调制电流脉冲幅度为 I_p。如果脉码调制信号完全是伪随机的，即不会发生长串 0 码或 1 码，则可以认为激光器是以平均电流 I_b+I_p 偏置的，并以幅度为 $I_p/2$ 的信号进行调制。在这种情况下，调制深度接近 100%，因而其调制特性

必须用大信号理论来描述。

末松安晴(Suematsu)等通过速率方程的数值积分研究了大信号效应对小信号分析结果的修正。他们发现，在很大的正弦调制电流下，光响应变成了脉冲状，而且类共振频率低于小信号理论预示的频率。当调制深度为 70% 和 100% 时，类共振频率分别为小信号的 0.7 和 0.6。如果考虑这个最高响应频率降低因子，则提高响应频率的激光器设计原则也适用于大信号情况，但必须考虑到半导体激光器在高频工作时受到最大光功率密度和能可靠工作的最大电流密度的限制。

在小信号调制情况下，脉码调制的最高数字比特率明显提高了。数字比特率可能约为模拟调制频率的 2 倍，这取决于数字调制是否归零。在大信号调制下，最高调制比特率和大信号正弦调制截止频率的对应关系不很明显。因为比特误码率不仅与信号-噪声比有关，与信号幅度有关，而且与脉冲波形的质量有关。在非归零码调制情况下，可以取脉码调制比特率为模拟调制带宽之半。

6.7.2　半导体激光器的输出特性参数

掌握半导体激光器的输出特性有助于我们正确选择和使用半导体激光器。由于 GaAs 半导体激光器发展较成熟，实验广泛，故以此为典型来介绍同质结、单异质结、双异质结及大光腔的不同形式激光器的输出特性参数。

半导体激光器是一种高效率的电-光转换器件。有多种定义来描述在半导体激光器中这种电能转变光能的效率。下面定义几种在半导体激光器中常用的效率，并着重讨论影响效率的因素。

1) 功率效率

它表征加于激光器上的电能(或电功率)转换为输出的激光能量(或光功率)的效率。特别是经过多次能量转换的情况，用功率效率(有时称总体效率，或 wall-plug 效率)来描述激光器的运行情况更有意义。功率效率定义为

$$\eta_P = \frac{P_{ex}}{IV + I^2 r_s} = \frac{P_{ex}}{(IE_g/e) + I^2 r_s} = \frac{激光器发射功率}{激光器消耗电功率} \tag{6.7.3}$$

式中，P_{ex} 为激光器所发射的光功率；I 为工作电流；V 为激光器的正向压降；r_s 为串联电阻(包括半导体材料的体电阻和电极接触电阻等)。对一般的半导体激光器，并不测量这一功率效率，但用户可以从半导体激光器制造厂家提供的如图 6.7.2 所示的 P-I 和 V-I 特性曲线分析激光器的质量。对理想的半导体激光器，在正向电压 V_a 下的正向电流可表示为

$$I = I_0(T)\left[\exp\left(\frac{eV_b}{nk_BT}\right) - 1\right] \tag{6.7.4}$$

式中，n 为反映电流特点的一个常数，对主要为复合电流的半导体激光器，取 $n = 2$。正向电压 V_b 为在 pn 结和在串联电阻上的压降 r_s 之和，即

$$V_b = V_i + I r_g \tag{6.7.5}$$

由图 6.7.2 中直观地得到：

(1) 如果在阈值以上，P-I 特性曲线上升陡直，则后面将谈到的外微分量子效率高。

(2) 如果 V-I 曲线或 $\mathrm{d}V_\mathrm{b}/\mathrm{d}(\ln I)$ 曲线上升斜率小，则说明能串联电阻 r_s。

(3) 光功率对电流的一次微分曲线 $(\mathrm{d}P/\mathrm{d}I)$ 陡直上升直线的中点对应激光器的阈值电流，在大电流时 $(\mathrm{d}P/\mathrm{d}I)$-$J$ 曲线出现的"扭折"意味着开始出现高阶横(侧)模或偏振态发生变化。

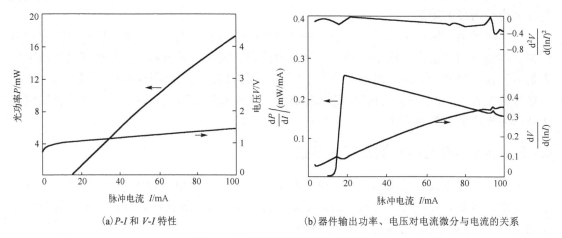

(a) P-I 和 V-I 特性　　　　　　(b) 器件输出功率、电压对电流微分与电流的关系

图 6.7.2　半导体激光器特性曲线

2) 外微分量子效率或斜率效率

外微分量子效率定义为输出光子数随注入的电子数增加的比率，考虑到 $h\nu \approx E_\mathrm{g} \approx eV_\mathrm{b}$，则有

$$\eta_\mathrm{D} = \frac{\mathrm{d}P/h\nu}{\mathrm{d}I/e} \approx \frac{\mathrm{d}P}{\mathrm{d}I}\frac{e}{E_\mathrm{g}} \approx \frac{\mathrm{d}P}{\mathrm{d}I}\frac{1}{E_\mathrm{g}} \tag{6.7.6}$$

基于在激光器阈值以上的 P-I 曲线几乎是直线，同时在 J_th 对应的输出功率 P_th 很小，可忽略不计；也不涉及光子数与电子数，而用一些可测量(激光器输出功率 P_ex 和注入电流 J)来表示斜率效率 $\eta_\mathrm{s}(=\mathrm{d}P/\mathrm{d}I)$，

$$\eta_\mathrm{s} = \frac{P_\mathrm{ex}}{(I - I_\mathrm{th})V_\mathrm{b}} \tag{6.7.7}$$

在实际测量中，η_s 由下式得出

$$\eta_\mathrm{s} = \frac{P_2 - P_1}{I_2 - I_1} \tag{6.7.8}$$

式中，P_1 和 P_2 分别为阈值以上额定光功率的 10% 和 90%；I_1 和 I_2 分别对应于 P_1 和 P_2 的电流。为避免热沉的影响，上述测量应在低占空比的脉冲电流下进行。外微分量子效率用百分比表示，而斜率效率用 W/A 或 mW/mA 表示。例如，$\mathrm{d}P/\mathrm{d}I \approx 0.1\mathrm{mW/mA}$，$E_\mathrm{g} = 1.45\mathrm{eV}$，则 $\eta_\mathrm{D} = 28\%$。

外微分量子效率与内量子效率是密切相关的，且有

$$\eta_{\mathrm{D}} = \eta_{\mathrm{i}} \left[1 + (\alpha L) \Big/ \ln \frac{1}{R} \right]^{-1} \tag{6.7.9}$$

式中，α 为总的内部损耗。

6.7.3　激光模式

　　将半导体激光器的模式分为空间模（横模）和纵模（轴模）。横模描述垂直输出光束轴线
某处横截面上的光强分布，或者是空间几何位置
上的光强（或光功率）的分布，也称远场分布；纵
模表示是频谱图景，它反映所发射的光束其功率
在不同频率（或波长）分量上的分布。二者都可能
是单模或者出现多个模式（多模）。边沿发射半导
体激光器具有非圆对称的波导结构，而且在垂直
于异质结平面方向（称横向）和平行于结平面方向
（称侧向）有不同的波导结构和光场限制情况。横
向上都是异质结构成的折射率波导，而在侧向目
前多是折射率波导，但也可采取增益波导，因此
半导体激光器的空间模式又有横模与侧模之分。
图 6.7.3 表示了这两种空间模式。

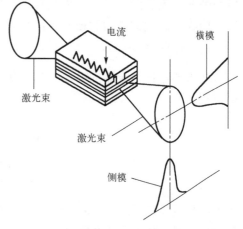

图 6.7.3　半导体激光器的横模与侧模

　　半导体激光器的激射波长是由禁带宽度 E_{g} 决定的，然而这一波长也必须满足谐振腔内
的驻波条件式，谐振条件决定着激光激射波长的精细结构或纵模谱。因为不同振荡波长间
不存在损耗的差别，而它们的增益差又小，故除了由 $\lambda = 1.24/E_{\mathrm{g}}(\mu\mathrm{m})$ 所决定的波长能在腔
内振荡外，在它周围还有一些满足 $2nL = m\lambda$ 的波长也可能在有源介质的增益带宽内获得足
够的增益而起振。因而有可能存在一系列振荡波长，每一波长构成一个振荡模式，称之为
腔模或纵模，并由它构成一个纵模谱，如图 6.7.4(b) 所示。振荡纵模之间的波长间隔 $\Delta\lambda$ 和
相应的频率间隔为

$$\Delta\lambda = \frac{\lambda^2}{2\overline{n}_{\mathrm{g}}L} \tag{6.7.10}$$

$$\Delta\nu = \frac{c}{2\overline{n}_{\mathrm{g}}L} \tag{6.7.11}$$

式中，λ 为激射波长；c 为光速；$\overline{n}_{\mathrm{g}}$ 为有源材料的群折射率。

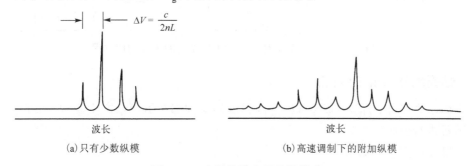

(a) 只有少数纵模　　　　　　　　　　　　　(b) 高速调制下的附加纵模

图 6.7.4　半导体激光器的纵模谱

　　一般的半导体激光器其纵模间隔为 0.5～1nm，而激光介质的增益谱宽为数十纳米，因而有可能出现多纵模振荡。然而传输速率高(如大于 622Mbit/s)的光纤通信系统，要求半导体激光器是单纵模的。这一方面是为了避免由光功率在各个纵模之间随机分配所产生的模分配噪声；另一方面，纵模的减少也是得到很窄的光谱线宽所必需的条件，而窄的线宽有利于减少在高数据传输速率光纤通信系统中光纤色散的影响。

　　即使有些激光器连续工作时是单纵模的，但在高速调制下由于载流子的瞬态效应，主模两旁的边模达到阈值增益而出现多纵模振荡，因此必须考虑纵模的控制。为了得到单纵模，应弄清纵模的模谱和影响单纵模存在的因素，才能设法得到所要求的单纵模激光器。

1. 纵模谱

　　注入半导体激光器的电流在其内所引起的一些物理过程如图 6.7.5 所示，相应的多模速率方程为

$$\frac{dN}{dt} = \frac{J}{ed} - \frac{N}{\tau_s} - \frac{c}{\bar{n}}\sum_q G_q S_q \tag{6.7.12}$$

$$\frac{dS}{dt} = \frac{\Gamma\gamma N}{\tau_s} + \frac{c}{\bar{n}}(\Gamma G_q - \alpha_c) \tag{6.7.13}$$

式中，N 为载流子浓度；J 为注入电流密度；G_q 为 q 阶模增益；S_q 为 q 阶光子密度；α_c 为腔损耗；$c/\bar{n}$ 为介质中的光速；τ_s 为载流子的自发发射寿命；γ 为自发发射因子。G_q 在抛物线增益谱近似中为

$$G_q = G_p - \left(\frac{\lambda_p - \lambda_q}{G_0}\right)^2 \tag{6.7.14}$$

稳态下 q 阶模的光子密度为

$$S_q = \frac{\gamma N/\tau_s}{(c/\bar{n})[(\alpha_c/\Gamma) - G_q]} \tag{6.7.15}$$

从半导体激光器的腔面之一输出的光子数为

$$P_q = 0.5\frac{1-R}{\sqrt{R}}Wd\frac{c}{\Gamma\bar{n}}ES_q \tag{6.7.16}$$

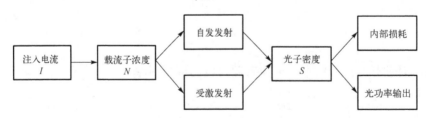

图 6.7.5　注入式半导体激光器形成激光的内部物理过程

2. 影响纵横模谱的因素

　　半导体激光器(LD)的有源区材料特性和器件结构都对纵模谱产生影响，以下就一些主要影响因素进行分析。

　　1) 自发发射因子的影响

　　自发发射对半导体激光器的主要影响如下。

(1) 使 P-I 特性曲线模的噪声谱和光谱加宽。

(2) 阈值以上的边模抑制比下降。

(3) 在直接调制下张弛振荡频率降低。

一般来说，半导体激光器有比气体和固体激光器高约 5 个量级的自发发射因子(10^{-4})。由图 6.7.6 看出，纵模谱随γ变化很大。当$\gamma = 10^{-5}$时，几乎所有的激光功率集中在一个纵模内，即单纵模工作；当$\gamma = 10^{-4}$时，只有约 80%的光功率集中在主模上，而其余的由旁模所分配；当$\gamma = 10^{-3}$时，则有更多的纵模参与功率分配。另外，若自发发射因子$\gamma \to 1$(如在微腔情况)，则出现量变到质变的情况，此时每一个自发发射光子引发出一个受激发射光子，却能得到很好的单纵模。

2) 模谱与电流密度的关系

若激光器具有标准腔长($250\mu m$)和典型的$\gamma = 10^{-3}$，实验发现，在小于阈值的低注入电流时，模谱的包络宛如自发发射谱；当电流增加到阈值以上，模谱包络变窄，各纵模开始竞争，对应于增益谱中

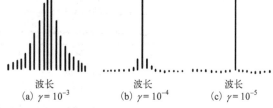

图 6.7.6　LD 模谱(腔长 $250\mu m$，输出功率 2mW)

心的主模($q = 0$)的增长速率比邻近纵模快。随电流增加，激光能量向主模转移，而且峰值波长发生红移现象。根据不同结构的半导体激光器，这种红移量约为 0.1nm/mA。图 6.7.7 表示在不同工作电流 I_p 情况下的纵模谱，图中未画出当主模达到饱和时又出现多纵模的情况。

3) 器件结构对模谱的影响

侧向有折射率波导的激光器比增益波导结构的激光器表现出更好的纵模特性。图 6.7.8 表示的是波长为 780nm 的两种侧向波导结构的纵模谱。这说明对有源区内载流子限制能力越强，腔内的微分增益越高，不但横模(包括侧模)特性得到改善，纵模特性同样向单纵模方向转化。

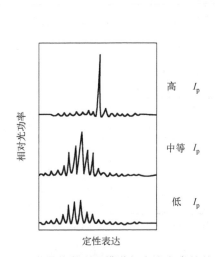

图 6.7.7　半导体激光器模谱与电流密度的关系

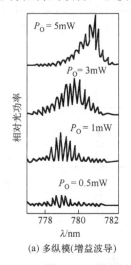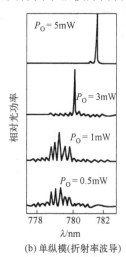

图 6.7.8　增益波导与折射率波导纵模谱

在法布里-珀罗(F-P)谐振腔中，各个纵模分量在腔内得到反馈的量是相同的。在分布反馈(DFB)、分布布拉格反馈(DBR)和有外部光栅谐振腔的结构中，谐振腔具有对某一波长选择反馈的作用，因而有好的纵模特性。图 6.7.9 比较的是在 1300nm 波长、侧向折射率波

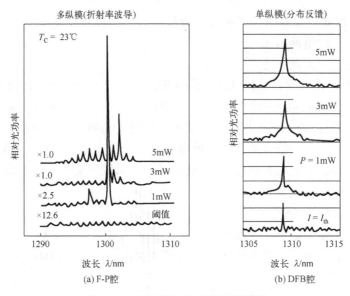

图 6.7.9   不同谐振腔结构的纵模谱

导的 F-P 腔和 DFB 腔的纵模特性。由 $\Delta\nu = c/(2n_g L)$ 可见,若腔长很短,则纵模间隔很大,其 3dB 增益带宽内允许振荡的纵模数减少。当主模两边的次模随着腔长的缩短而移出 3dB 增益带宽之外,则可出现单纵模振荡。图 6.7.9 中 div(division,划分,有时可以称为图层)为层叠样式表中的定位技术。

4)温度对纵模谱的影响

由于有源层材料的禁带宽度 E_g 随温度增加而变窄,激射波长发生红移,其红移量为 0.2~0.3nm/℃,与器件的结构和有源区材料有关。借此特性,可以用适当的温度控制来微调激光的峰值激射波长,以满足对波长要求严格的一些应用。和稳定输出功率一样,如需要稳定的工作波长,对半导体激光器需进行恒温控制。图 6.7.10 表示温度对峰值波长的影响。

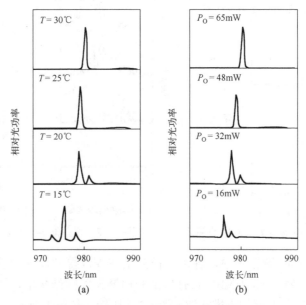

图 6.7.10   温度和功率(电流)引起波长红移

3. 纵横与横模之间的关系

尽管如前所述，纵模和横模(包括侧模)所形成的机理不同，用户对它们的要求也不相同，但它们之间有着内部的联系和相互的影响；稳定的单纵模振荡保障条件是稳定的基横模工作。已经看到，要得到好的横模(包括侧模)和单纵模都需要对有源区内电子和光子有很好的限制。例如，具有量子阱结构且有侧向折射率波导的激光器，既有好的横模特性，也有好的纵模特性。理论分析也表明，半导体激光器输出光束具有厄米-高斯函数的强度分布；激光谐振频率与横模指数(m)、侧模指数(n)、纵模指数(q)和腔长等因素有关。

6.7.4　激光器发散角与光纤耦合效率

在实际应用时，了解光束的空间分布特性是极为重要的。

1. 激光器发散角

如果半导体激光器发射的是基模高斯光束(TEM_{00})，其光强分布见图 6.7.11。

$$I(r) = I_{\max} \exp\left[-2\left(\frac{r}{w}\right)^2\right] \tag{6.7.17}$$

式中，$I(r)$ 是在半径为 w 的高斯光束束腰内径向尺寸为 r 处的光强；$I_{\max}$ 为束腰内的最大光强。显然，当 $r = w$ 时，该处的光强为 $I_{\max}$ 的 $1/e^2$ (即光强峰值的 13.5%)，如图 6.7.11 所示，高斯光束峰值光强之半处的发散角全角(FMHW)为

$$\theta = \frac{4\lambda}{\pi w} = \frac{1.27}{w} \tag{6.7.18}$$

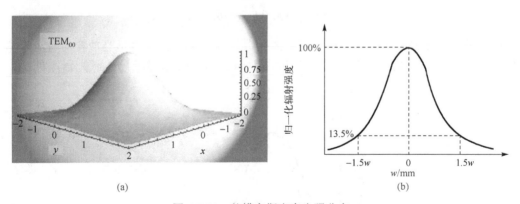

(a)　　　　　　　　　　　　　　　　　　　　(b)

图 6.7.11　基模高斯光束光强分布

半导体激光器的远场并非严格的高斯分布，有较大的且在横向和侧向不对称的光束发散角。由于半导体激光器有源层较薄，因而在横向有较大的发散角 $\theta_\perp$，可表示为

$$\theta_\perp = \frac{4.05(\bar{n}_2^2 - \bar{n}_1^2)d/\lambda}{1 + [4.05(\bar{n}_2^2 - \bar{n}_1^2)/1.2](d/\lambda)^2} \tag{6.7.19}$$

式中，$\bar{n}_2$ 和 d 分别为激光器有源层的折射率和厚度；$\bar{n}_1$ 为限制层的折射率；λ 为激射波长。

显然，当 d 很小时，可忽略式(6.7.19)分母中的第二项，则有

$$\theta_\perp \approx \frac{4.05(\overline{n}_2^2 - \overline{n}_1^2)d}{\lambda} \qquad\qquad (6.7.20)$$

由式 (6.7.20) 可见，$\theta_\perp$ 随 d 的增加而增加，这与图 6.7.12 所表示的 $Ga_{1-x}Al_xAs/GaAs$ 半导体激光器的 $\theta_\perp$ 与 d 关系曲线中的前半段是一致的。这可解释为，随着 d 的减少，光场向两侧有源层扩展，等效于加厚了有源层，而使 $\theta_\perp$ 减少。当有源层厚度能与波长相比拟但仍工作在基横模时，可以忽略简化式 (6.7.19) 分母中的 1 而近似为 $\theta_\perp \approx 1.2\lambda/d$，$\theta_\perp \approx 1.2\lambda/d$ 与 $\theta = 4\lambda/(\pi\omega) = 1.27/w$ 具有一致性，说明在一定的有源厚度范围内横向光场具有较好的高斯光束特点。在此范围内，$\theta_\perp$ 随 d 的增加而减少，可用衍射理论解释。图 6.7.12 表示的是 $Ga_{1-x}Al_xAs/GaAs$ 激光器的情况，图中虚线对应可能出现高阶模时的有源层厚度。

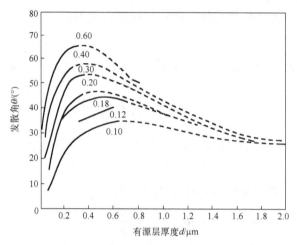

图 6.7.12　LD 发散角 θ 与有源层厚度 d 的关系

在量子阱半导体激光器中，由于有高的微分增益 dG/dN，允许适当放松对有源层与波导模之间耦合的要求而允许模场适当扩展，因而有比厚有源层半导体激光器小的 $\theta_\perp$，如图 6.7.13 所示。

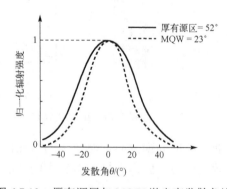

图 6.7.13　厚有源层与 MQW 激光束发散角比较

由于半导体激光器在侧向有较大的有源层宽度 W，其发散角较小，并可表示为

$$\theta_\parallel \approx \frac{\lambda}{W} \qquad\qquad (6.7.21)$$

侧模折射率波导与增益波导相比有较小的 $\theta_\parallel$，如图 6.7.14 所示。

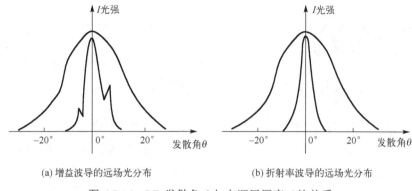

(a) 增益波导的远场光分布　　　　　　　(b) 折射率波导的远场光分布

图 6.7.14　LD 发散角 θ 与有源层厚度 d 的关系

可以通过外部光学系统来压缩半导体激光器的发散角，以实现相对准直的光束，但这是以一定的光功率损耗为代价的。如果从半导体激光器发出的激光近似为高斯分布的点光源，可以采取准直光学系统。准直透镜的数值孔径应大于半导体激光器的有效数值孔径 $(n_2^{-2} - n_1^{-2})^{1/2}$，经准直出来的激光束乃至聚焦后的焦斑仍是椭圆。如需得到小而圆的光点，尚需对准直后的光束进行圆化处理。用节距为 1/4 的内聚焦透镜可方便地对半导体激光器出射光进行准直。

2. 光纤耦合效率

由于半导体激光器的发散角很大，因此在实际应用中往往需要对激光聚焦和准直。特别是用光导纤维来传输激光信息时，必须考虑光纤和激光器之间的耦合。激光器与光纤耦合时，总是试图得到最大的耦合效率和对光纤传输系统的影响最小。这种影响可能来自激光束从光纤端面、连接器或光电检测器的反射，也可能来自光纤的背向散射。在光纤系统中接入一个防反馈的光隔离器，如图 6.7.15 所示，可以降低大部分反射。但尽管这样，光从光纤前端面或耦合透镜的反射也是难免的。光反射如何影响激光器的工作呢?即如何影响激光器的输出功率和波长呢?这取决于反射波的相位。因此，它相对于激光器-光纤的间距是周期性关系，如图 6.7.16 所示。

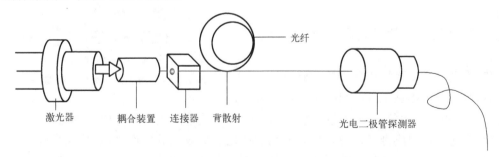

激光器　　　　耦合装置　连接器　背散射　　　　　　　　光电二极管探测器

图 6.7.15　光纤传输线中内部光反射造成的光反馈示意图

最佳间距 Z 与激光器温度、驱动电流和可能发生在激光器封装中的机械变化有关。非常明显，需要一种耦合结构能够减小反射，从而降低对光纤系统工作的影响。

根据折射率分布的不同，目前可把光纤分成两类：突变光纤和缓变光纤。突变光纤的折射率分内外两层，内层(纤芯)的折射率 n_1 略高于外层的折射率 n_2，切内外层折射率是阶跃的。缓变光纤的折射可近似表示成抛物线分布形式：

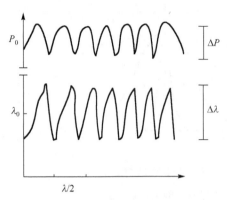

图 6.7.16　输出功率ΔP、波长变化$\Delta \lambda$与
激光器-光纤间距离的关系

$$n = n_1\left(1 - \frac{x^2}{a^2}\frac{\Delta n}{n_1}\right) \qquad (6.7.22)$$

设光纤的全反射临界角所端面所对应的端面入射角为

$$\theta_c = \arcsin(n_1^2 - n_2^2)^{\frac{1}{2}} \qquad (6.7.23)$$

则激光对光纤的入射角 $\theta \leqslant \theta_c$ 时，光才能进入光纤，称 $\sin\theta_c = (n_1^2 - n_2^2)^{1/2}$ 为光纤的数值孔径 NA。对折射率突变的光纤，若 $\Delta n = n_1 - n_2 = 0.0068$，$n_2 \approx 1.5$，$NA \approx (2n_2\Delta n)^{1/2} \approx 0.14$。

一般光纤的芯径($2a$)为几微米至几十微米，若激光源紧挨着光纤，激光器发光面尺寸比光纤芯径小，则耦合效率为

$$\eta_c = \frac{\displaystyle\int_0^{\theta_c} I(\theta)\sin\theta\,\mathrm{d}\theta}{\displaystyle\int_0^{\frac{\pi}{2}} I(\theta)\sin\theta\,\mathrm{d}\theta} \qquad (6.7.24)$$

式中，$I(\theta)$ 为 θ 方向的光强，对于端面发射的激光器，耦合效率相当低，对 $NA \approx 0.14$ 的突变折射率光纤的效率约为$-3\mathrm{dB}$。

利用透镜将光合聚到光纤端面上，就能提高激光器的耦合效率。最简单的办法是将光纤的末端熔化成一个小球，形成一个球形透镜。利用这种方法，很容易将耦合效率提高一倍。

激光器与光纤耦合时，对光纤端面部作一定处理，其基本结构有图 6.7.17 所示的五种。它们分别是：

(1)部分切割，然后分离形成平面端面(对接)。

(2)将光纤末端烧熔成球透镜(圆珠)。

(3)在光纤末端粘上(或熔化)一个玻璃透镜，

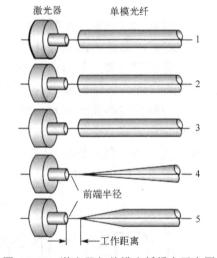

图 6.7.17　激光器与单模光纤耦合示意图

或者对光纤的内芯和包层进行选择性腐蚀，然后再进行热处理；或形成一个光刻胶的透镜。

(4)将光纤包层腐蚀掉，然后将芯的端面熔化以形成锥端微透镜(腐蚀锥形)。

(5)局部加热，微拉伸，然后在细颈部切割，光纤末端熔成一透镜(拉锥形)。

因此，提高激光器与光导介质之间的耦合效率问题，是一个很重要的课题。

6.7.5　噪声特性

由上述讨论可知，当半导体激光器达到稳定状态后，激光输出功率和频率就保持恒定了。实际上，由于自发发射的偶然性使光场的相位产生起伏并造成输出激光有一定的谱线宽度，

同时还不断地改变着光场的强度和相位。激光器输出强度的起伏就表现为强度调制噪声，而相位起伏就表现为频率调制噪声。它们均来源于激射过程本身的量子特性。

1. 强度调制噪声

强度调制噪声产生于自发发射涨落。分析表明，总的强度调制噪声功率反比于正常的偏置水平，即半导体激光器的工作偏置电流越高，强度噪声功率越低，而噪声谱则更宽了。除量子噪声外，载流子浓度的涨落也能产生噪声。强度噪声的功率谱密度分布（噪声功率随频率的变化）有一个谐振峰值，如图 6.7.18 所示。峰值对应的频率为弛豫振荡频率。频率范围从几吉赫兹到几十

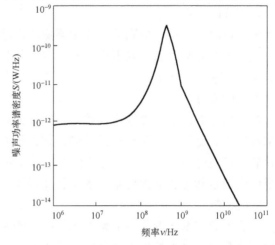

图 6.7.18　单纵模激光器强度调制噪声的功率谱密度

吉赫兹，与载流子寿命 τ_r(2～3ns)，光子寿命 τ_p(约 1ps) 和注入电流 I/I_{th} 比有关。产生强度调制噪声的原因是光子在腔内的动力学行为。载流子涨落造成的噪声比内在的量子噪声大，所以通常测量出来的是前者。此外，电流源的电流涨落，由于激光器的自加热作用或环境温度引起的涨落、量子效率的涨落都会引起强度噪声。低于 1MHz 的噪声大都起源于此。另外，载流子迁移率的涨落是产生 $1/f$ 噪声的原因。

2. 频率调制噪声

频率调制噪声的成分及产生原因从图 6.7.19 表示的频率调制噪声功率密度谱就可以看出。图中曲线 A 表示由自发辐射涨落引起的白噪声（广谱，与频率无关）；曲线 B 表示由载流子涨落引起的噪声，这表明强度调制噪声与频率调制噪声是互相有关的，载流子浓度涨落会引起折射率涨落，这又会引起某个纵模频率的涨落。由载流子涨落引起的噪声功率谱密度与自发辐射涨落引起的功率谱密度之比为 a^2，a 叫线宽展宽（增强）因子。$a = \Delta \varepsilon_r / \Delta \varepsilon_i$ 是有源区复介电常数的实部变化与虚部变化之比，它反映了有源区折射率和增益变化大小之比。a 取值为 2～9，它与有源区材料、波导结构有关。曲线 B 在高频段也表现出一个谐振峰。曲线 C 对应于电流变化引起载流子密度变化又引起自加热作用涨落所产生的频率调制噪声。低频段曲线 D 对应 $1/f$ 噪声。曲线 E 为各种效应综合导致的噪声。它的起因类似于强度调制噪声中 $1/f$ 噪声产生的原因，也是由于载流子迁移率的涨落引起的。

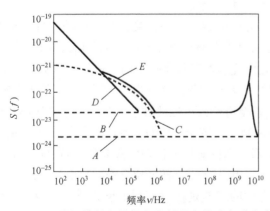

图 6.7.19　单纵模激光器频率调制噪声的功率谱密度

3. 其他噪声源

对于半导体激光器，即使静态单模工作也还存在其他噪声源，主要有：模分配噪声、反

射光波噪声、跳模噪声。

1）模分配噪声

半导体激光器特性受到的无序因素影响，除了自发辐射复合涨落和载流子浓度的起伏外，最重要的影响来自激光器模式相对强度的起伏。尽管辐射总功率可以保持不变，但模式分配噪声总是存在的。

2）反射光噪声

当激光器的出射光经过平面镜、光纤端面、光栅等以后，又有反射光波进入光腔时，如果反射光波是经过短距离后反馈的，则由于发射光波和反射光波之间的相位漂移的无序变化就会产生噪声。如果光是经过长距离后反射的，则噪声的产生与外光的注入状态有关。它导致因锁定状态和非锁定状态的交替变换而发生频率变化。

3）跳模噪声

由于半导体激光器的增益谱宽比纵模间隔要大 100 倍，因此自发发射的起伏和有源区温度变化会引起"跳模"，并伴随着产生噪声。这在光盘应用中是十分不利的，它会使图像质量变坏。

6.7.6　器件的可靠性

器件的可靠性包括半导体激光器的寿命和退化因素。

1. 半导体激光器的寿命

对于半导体激光器在任何领域的应用，总希望它能长期可靠地工作，特别是海底光纤通信系统中使用的半导体激光器需有 25 年 $(2.19 \times 10^5 h)$ 以上的寿命。即使对陆地光纤通信系统，也希望其有 $10^5 h$ 以上的工作寿命。对空间通信和光盘机所使用的半导体激光器，也要求其工作寿命在 5 年以上。所谓工作寿命，有两种定义方式。

(1)激光器在额定工作电流下连续工作，当其输出功率下降到初始值的一半所经历的时间。

(2)激光器在额定功率下连续工作，当其阈值电流比初始值升高一倍时所经历的时间。

前一种方式采取恒流控制，后一种则使用恒功率控制。

矿物晶体在外力作用下严格沿着一定结晶方向破裂，并且能裂出光滑平面的性质称为解理，这些在解理中出现的平面称为解理面。作为半导体激光器谐振腔面的解理面是激光器的重要组成部分，在高功率密度激光(特别是在激光脉冲工作条件下的高峰值功率密度)作用下，由于近场的不均匀、局部过热、氧化、腐蚀等因素，腔面遭受损伤，形成更多的表面态，增加表面态复合速度，造成解理面局部熔化，甚至遭受毁灭性的破坏(COD)。这种影响与半导体激光器的材料有关。例如，使 GaAlAs/GaAs 激光器遭受破坏的临界功率密度(或破坏阈值功率密度)约为 $2 \times 10^5 W/cm^2$，对 In-GaAsP/InP 激光器的破坏阈值功率密度要比 GaAlAs/GaAs 高一个量级，这就是目前高功率半导体激光器正在用上述无铝四元化合物的理由。

为了提高激光的破坏阈值功率密度，最有效的措施是在解理面上镀介质保护膜。这些介质膜材料有 Al_2O_3、Si_3N_4 和 SiO_2 等，膜层厚度为 $\lambda / 2\bar{n}_d$，其中 λ 为激光器的激射波长，$\bar{n}_d$ 为有源材料的折射率。只要控制膜层的厚度就能使膜层起到减少表面态复合速度从而达到保护解理面的目的，同时又不会影响其作为谐振腔面的反射率，还能增加解理面表面的导热作用和起到隔离潮湿的作用。如果镀银的保护膜能有适当增透作用，也有助于提高腔

面的破坏阈值功率 P_c，即

$$\frac{P_c 镀膜}{P_c 未镀镀膜} = \frac{\bar{n}_d(1-R)}{(1+\sqrt{R})^2} \tag{6.7.25}$$

式中，$\bar{n}_d$ 为与膜层相接触的半导体材料的折射率，该半导体材料可为有源材料，也可为输出窗材料及腔面的反射率。由式 (6.7.25) 看出，在极限情况下，若 $R \to 0$，腔面的破坏阈值将为未镀膜情况的万倍。对常用的半导体激光器材料，$\bar{n}_d$ 为 3.5 左右，显然适当镀增透膜也能提高破坏阈值功率 2 倍左右。对大功率半导体激光器前端面适当增透，后腔面适当增反，所镀膜既保护了腔面，又能使谐振腔的反射率得到优化。两谐振腔面反射率不对称，其输出功率也不对称，即

$$\frac{P_1}{P_2} = \sqrt{\frac{R_2}{R_1}} \frac{1-R_1}{1-R_2} \tag{6.7.26}$$

式中，P_1 和 P_2 分别为腔面 1 和腔面 2 的输出功率；R_1 和 R_2 分别为腔面 1 和腔面 2 的反射率。

为了进一步防止潮湿和大气的污染，激光器外壳应在充氮气或其他惰性气体情况下进行良好的密封。

2. 半导体激光器退化的因素

即使采取上述对腔面的保护措施后，激光器的性能仍会随工作时间增加而逐渐退化，造成这种退化的因素如下。

(1) 材料内部的杂质与缺陷，特别是异质结材料中由于晶格失配所形成的位错能够在适当的温度下"增殖"，宛如人体中的癌细胞一样，这种位错也会在晶体中逐渐形成位错线、位错网格。其后果是增加注入载流子的非辐射复合速率，使阈值不断增加。

(2) 欧姆接触的退化。对半导体激光器退化和失效的分析表明，由于引线键合引起的应力、接触不良和金属导体的氧化等都使接触电阻增加，即内阻 r_i 增加。这不仅增加热耗散功率而降低激光器的效率，而且会引起局部过热，使上述接触电阻进一步增加，造成引线脱落等。由于一般采取将衬底朝上用铟熔焊将芯片固定在热沉上，因此要防止铟熔焊料过多，使在加热焊接或在后面的加速老化试验中，焊料淹浸解理面，而使激光器输出功率减小或无输出。

6.8　半导体激光器的进展

6.8.1　混合硅倏逝波激光

美国加利福尼亚大学圣芭芭拉分校的研究人员通过直接连接光学增值膜与硅激光腔体从而开发出一种新型激光，这种混合激光能够作为硅拉曼激光的替代品，但是在量级上却低了一个级别。这种激光利用光学泵在连续波模式下操作，仅仅需要 30MW 的输入泵功率。

这种倏逝波激光的成功是迈向电动混合硅激光的第一步。今后，微电子系统的性能将越来越多地依赖芯片与设备之间的连接，而不是芯片与设备本身的特性。随着半导体系统的体积不断缩小，连接件的性能与消耗功率将限制系统的性能。光学互连能够降低这些限制，但是面临的挑战是需要制造一种能够完全与硅微电子系统融为一体的半导体激光。

电机与计算机工程教授 J.Bowers 和他的学生 A.Fang、H.Park 开发了这种激光，他们利

用 InAlGaAs 量子阱来进行光学放大。J.Bowers 表示："如果能够将两个领域的精华(增益材料与硅光子学)结合在一起，才有可能发明配备高度集成激光源的智能光电仪器，并最终实现低成本的光学通信。

6.8.2　纳米激光器

1. 纳米导线激光器

2001 年，美国加利福尼亚大学伯克利分校的研究人员在仅为头发丝千分之一的纳米光导线上制造出世界上最小的激光器——纳米激光器。这种激光器不仅能发射紫外激光，经过调整后还能发射从蓝色到深紫外的激光。研究人员使用一种称为取向附生的标准技术，用纯氧化锌晶体制造了这种激光器。他们先是"培养"纳米导线，即在金层上形成直径为 20～150nm，长度为 10000nm 的纯氧化锌导线。然后，当研究人员在温室下用另一种激光将纳米导线中的纯氧化锌晶体激活时，纯氧化锌晶体会发射波长只有 170m 的激光。这种纳米激光器最终有可能被用于鉴别化学物质，提高计算机磁盘和光子计算机的信息存储量。

2. 紫外纳米激光器

继微型激光器、微碟激光器、微环激光器、量子雪崩激光器问世后，美国加利福尼亚伯克利大学的化学家杨佩东及其同事制成了室温纳米激光器。这种氧化锌纳米激光器在光激励下能发射线宽小于 0.3nm、波长为 385nm 的激光，是当时世界上最小的激光器，也是采用纳米技术制造的首批实际器件之一。在开发的初始阶段，研究人员就预言这种 ZnO 纳米激光器容易制作、亮度高、体积小，性能等同甚至优于 GaN 蓝光激光器。由于能制作高密度纳米线阵列，所以 ZnO 纳米激光器可以进入许多今天的 GaAs 器件不可能涉及的应用领域。为了生长这种激光器，ZnO 纳米线要用催化外延晶体生长的气相输运法合成。首先，在蓝宝石衬底上涂敷一层 1～3.5nm 厚的金膜，然后把它放到一个氧化铝舟上，将材料和衬底在氨气流中加热到 880～905℃,产生 Zn 蒸气，再将 Zn 蒸气输运到衬底上，在 2～10min 的生长过程内生成截面为六边形的 2～10μm 的纳米线。研究人员发现，ZnO 纳米线形成天然的激光腔，其直径为 20～150nm，其大部分(95%)直径在 70～100nm。为了研究纳米线的受激发射，研究人员用 Nd:YAG 激光器(266nm 波长，3ns 脉宽)的四次谐波输出在温室下对样品进行光泵浦。在发射光谱演变期间，光随泵浦功率的增大而激射，当激射超过 ZnO 纳米线的阈值(约为 40kW/cm)时，发射光谱中会出现最高点，这些最高点的线宽小于 0.3nm，比阈值以下自发射顶点的线宽小 1/50 以上。这些窄的线宽及发射强度的迅速提高使研究人员得出结论：受激发射的确发生在这些纳米线中。因此，这种纳米线阵列可以作为天然的谐振腔，进而成为理想的微型激光光源。研究人员相信，这种短波长纳米激光器可应用在光计算、信息存储和纳米分析仪等领域中。

3. 量子阱激光器

2010 年，蚀刻在半导体片上的线路宽度将达到 10nm 以下，在电路中移动的将只有少数几个电子，一个电子的增加和减少都会给电路的运行造成很大影响。为了解决这一问题，量子阱激光器就诞生了。在量子力学中，把能够对电子的运动产生约束并使其量子化的势场称为量子阱。利用这种量子约束在半导体激光器的有源层中形成量子能级，使能级之间的电子跃迁支配激光器的受激辐射，这就是量子阱激光器。目前，量子阱激光器有两种类型：量子线激光器和量子点激光器。

1) 量子线激光器

随着科学家研制出功率比传统激光器大 1000 倍的量子线激光器，若将量子线激光器计算机和通信设备，将使其性能迈上一个新的台阶。这种激光器可以提高音频、视频、因特网及其他采用光纤网络的通信方式的速度，它是由来自耶鲁大学、朗讯科技公司贝尔实验室及德国德累斯顿马克斯·普朗克核物理研究所的科学家们共同研制的。这些较高功率的激光器会减少对昂贵的中继器的要求，因为这些中继器在通信线路中每隔 80km 安装一个，再次产生激光脉冲，脉冲在光纤中传播时强度会减弱。

2) 量子点激光器

由直径小于 20nm 的一堆物质构成或者相当于 60 个硅原子排成一串的长度的量子点，可以控制非常小的电子群的运动而不与量子效应冲突。科学家们希望用量子点代替量子线获得更大的收获，但是研究人员已制成的量子点激光器却不尽如人意。原因是多方面的，包括制造一些大小几乎完全相同的电子群有困难。大多数量子装置要在极低的温度条件下工作，甚至微小的热量也会使电子变得难以控制，并且陷入量子效应的困境。通过改变材料使量子点能够更牢固地约束电子，日本电子技术实验室的松本和斯坦福大学的詹姆斯、哈里斯等工程师于 2017 年已制成可在室温下工作的单电子晶体管。但很多问题仍有待解决，如开关速度不高，偶然的电能容易使单个电子脱离预定的路线。因此，大多数科学家正在努力研制全新的方法。

4. 微纳激光器

微纳激光器即尺寸规格接近或小于发射光波长的激光器。其结构小巧、阈值低、功耗低，在高速调制领域具有广阔的应用前景，是未来集成光路、光存储芯片和光子计算机领域的重要组成部分，同时被广泛应用于生物芯片、激光医疗领域，并在可穿戴设备等领域内有着潜在的应用价值。

世界上最早的纳米激光器是由美国加州大学伯克利分校的科学家于 2001 年制造的，当时使用的是氧化锌纳米线，可发射紫外光，经过调整后还能发射从蓝色到深紫外的激光。但是，美中不足的是只有用另一束激光将纳米线中的氧化锌晶体激活，其才会发射出激光。而新型纳米激光器具备了电子自动开关的性能，无须借助外力激活，这无疑会使其实用性大为增强。

2003 年 1 月 16 日出版的 *Nature* 期刊曾报道，美国哈佛大学成功开发出一种新型纳米激光器，它比人的头发丝还细千倍，安装在微芯片上，能提高计算机磁盘和光子计算机的信息存储量。这种新型激光器乃是用半导体硫化镉制成的纳米线，直径只有万分之一毫米。2014 年，浙江大学在 *Nano Letters* 期刊发表论文，介绍了其开发的一种波长连续可调的纳米激光器，其出射激光的波长范围达到 119nm，覆盖红、绿、蓝三种颜色，这是报道的出射光谱范围最宽的纳米激光器。

最早的结构微小化半导体激光器是垂直腔面发射激光器，在近 60 年发展中，半导体激光器的体积已经减少了大约 6 个量级。为了进一步减小体积获得更高的性能，人们尝试了各种方法来进行腔长的压缩和谐振腔的设计，如使用回音壁模式的微盘激光器、使用金属核壳结构的等离子激元激光器、基于法布里–珀罗腔的异质结二维材料激光器等。通过光学、表面等离子、二维材料等新兴科学技术的引入，微纳激光器目前已经实现了三维尺寸衍射极限的突破。基于表面等离子激元介电模式的 SPASER（surface plasmon amplification by stimulated emission of radiation，受激放大的表面等离激子辐射）激光器，横向尺寸可以做到 260nm 以下，并可以实现电学泵浦。基于过渡金属二卤化物（transition metal dichalcogenides，TMDC）的二维材料增益介质，可以保证在激光器体积小型化的前提下，提供比一般半导体量子阱材料高几个量级的材料增益，并可以实现三维尺寸上的突破衍射极限。此外，量子点材料的引入也为激光器增益性能的提高提供了新的思路。微盘激光器的小尺寸，光子晶体激光器的低阈值和高速率，纳米线激光器的灵活调控波长，以及等离子激元激光器的均衡性能，使其在各自的应用领域内有着广泛的发展前景。

在国内，长春理工大学高功率半导体激光国家重点实验室和中国科学院半导体研究所从经典量子电动力学理论出发研究了微腔激光器的工作原理，采用光刻、反应离子刻蚀和选择化学腐蚀等微细加工技术制备出直径为 9.5μm、低温光抽运 InGaAs/InGaAsP 多量子阱碟状微腔激光器。它在光通信、光互连和光信息处理等方面有着很好的应用前景，可用作信息高速公路中最理想的光源。

微腔光子技术，如微腔探测器、微腔谐振器、微腔光晶体管、微腔放大器及其集成技术研究的突破，可使超大规模集成光子回路成为现实。因此，包括美国在内的一些发达国家都在微腔激光器的研究方面投入大量的人力和物力。中科院长春光机所的科技人员打破常规，用光刻方法实现了碟型微腔激光器件的图形转移，用湿法及干法刻蚀技术制作出碟型微腔结构，在国内首次研制出直径分别为 8μm、4.5μm 和 2μm 的光泵浦 InGaAs/InGaAsP 微碟激光器。其中，2μm 直径的微碟激光器在77K 温度下的激射阈值功率为5μW，是目前国际上报道中的最高水平。此外，他们还在国内首次研制出激射波长为 1.55μm，激射阈值电流为 2.3mA，在 77K 下激射直径为 10μm 的电泵浦 InGaAs/InGaAsP 微碟激光器，以及国际上首个带有引出电极结构的电泵浦微柱激光器。值得一提的是，这种微碟激光器具有高集成度、低阈值、低功耗、低噪声、极高的响应、可动态模式工作等优点，在光通信、光互连、光信息处理等方面的应用前景广阔，可用于大规模光子器件集成光路，并可与光纤通信网络和大规模、超大规模集成电路匹配，组成光电子信息集成网络，是当代信息高速公路技术中最理想的光源；同时，可以和其他光电子元件实现单元集成，用于逻辑运算、光网络中的光互连等。

5. 单晶硅激光器

2005 年 2 月 21 日英特尔公司宣布了一项重大科学创新——英特尔科学家采用标准硅制造工艺开发出世界上第一款连续波单晶硅激光器。英特尔研究人员使用拉曼效应和硅的晶体结构来放大通过芯片的光。当受到外部光源照射时，此试验芯片会生成连续的高质量激光束。2005 年 11 月 5 日中国公众科技网报道，美国俄亥俄州辛辛那提大学的物理学家宣布研制成世界上第一种利用可见光波段工作的硅激光器。此前红外线硅激光器已由美国加利福尼亚大学和英特尔公司共同研制成功。辛辛那提大学的新方法可研制既能利用红外线又能利用可见光波段工作的激光器，在硅基片上需要涂上几层薄薄的具有严格确定成分物质的晶体。其中一层由铝、镓和氮（AlGaN）组成，第二层是由镓和氮（GaN）和不同的稀土元素的混合物组成，这两个薄层都是利用分子光束外取向附生方法喷涂的，在真空室中在一种单晶表面上喷雾分子培植另一种分子。新型激光器的一个关键参数是稀土元素混合物的成分，如利用铕(Eu)作为稀土元素成分，可获得红色激光，如果利用铒(Er)，可获得绿色或红外激光，如果利用铥(Tm)，可获得天蓝色激光。

2006 年 6 月，意大利科学家使用纳米尺寸的硅颗粒，成功地使硅表现出受激辐射的特征。硅的发光性能与其颗粒尺寸有关，当尺寸小到几纳米时，在量子效应的作用下，其发光能力会增强。意大利特伦托大学的洛伦佐·帕维西等在 *Nature* 期刊上报告说，他们在实验中首先使用高能离子轰击二氧化硅，获得尺寸仅 3nm、排列紧密和高纯度的硅微粒，然后用普通的紫外激光照射这些微粒，使其发出红光和红外线。科学家们再用一束波长与微粒发出的光波长相同的激光穿过硅材料，结果发现这束激光的亮度增加了。这表明硅微粒确实产生了具有受激辐射特征的现象。2006 年 8 月，麻省理工学院微光学技术中心开始一项 360 万美元、挑战Ⅲ-Ⅴ族光电材料的"芯片级纳米光电系统用电泵浦硅激光器"项目，此项目为美国国防部投资的"多学科大学研究启动"(MURI)计划的一部分。

光子由于属于玻色子，不荷电，所以不存在电磁串扰和路径延迟的问题。光的波粒二象性比电子更易体现，光波包含有振幅、频率、相位、偏振多种状态可借以复用载入传输信息。光波的各种变换，如全息变换、傅里叶变换等效应，以及可分束并行传输特点，无疑又为高速信息处理技术的发展提供了新的途径。当今人们已认识到超高速率、超大容量信息系统中用光子作为信息的载体是继电子之后的最佳选择，由此产生了信息光子学。运作在有实用和推广价值的信息系统中的光子器件及其功能回路，首先的要求是全部固态化。固态光子学基质材料包括半导体、电光晶体、玻璃体和高分子聚合物等，半导体基质材料既能制作无源光学元件，又能制作有源光子器件，诚然半导体光子学当属佼佼者。半导体电子学的强大生命力在于它能够实现集成化。集成化使它的处理功能和运行速度得到大幅度提高、功耗大大降低、尺寸大大缩小、芯片的成品率和可靠性极大改善，从而使芯片性能价格比不断得到优化。当代信息高技术的发展对半导体光子学提出的要求是它能够荷载超大信息流(Tbit/s)的传输，并具有实时、高速处理与交换的能力。功能集成化的实现依然是半导体光子学发展的必由之道。根据系统功能的要求，人们要把不同功能的若干或众多光子器件通过内部光波导的互联，优化集成在一个芯片上，以突破分立器件的功能局限，这就是当前正迅速发展的另一门高新技术——集成光子学。作为一门信息高科技的光子学，意味着光在信息系统中的功能不仅仅是作为传输的介质，它将兼具如存储、再生、处理、交换等诸多类似电子系统中的功能。虽然在信息系统中核心部分的功能可以全由光子的运行操作来实现，但是一个完整的应用系统很难想象没有电子器件相辅相成能有实用化的意义。例如，激光器要利用恒定电流来驱动，光子开关、调制器件要利用电光效应来实现，光子接收器要利用偏置电场来操作。当然信息的终端处理与再现、读出等，利用成熟的微电子技术来实现可行方便。未来的集成系统必然是光子集成回路与微电子集成电路的共融体，即微光子、电子集成系统，或称光电子集成(OEIC)系统。光子集成功能芯片将是关键性的心脏部件。目前已成功发展的光子集成回路是基于 GaAs、InP 之类化合物半导体基片上的二维平面传输系统，以及它与微电子系统的混合或单片集成，人们正着力于更复杂的三维传输回路的集成，即微结构光学集成，并考虑在系统中引入微机械系统，从而构成功能齐备的微型光、机、电集成体系，一旦获得突破，庞大的光学系统或仪器设备将如同微电子的单片机那样实现微型化、集成化、单片化，不仅使系统的可靠性、稳定性、安全性大为提高，性能也将产生飞跃性改善，应用的领域、市场需求量将极大提高。光子产业将如同微电子产业那样走向大规模化。虽然在许多基质材料上都可以研制微结构光子学，但是考虑到任何应用系统都离不开电子功能的支撑，用 Si 作基片已成功地研制出各种微型三维光学元件和微机械部件。因此，半导体尤其是 Si 将是微结构集成光学的首选材料。

6. 拓扑绝缘体激光器

拓扑绝缘体激光器是半导体激光技术与凝聚态物理中"拓扑绝缘体"概念的结合。利用拓扑结构中的边缘态概念，这种激光器对器件内部结构的扰动和缺陷不敏感，易于实现高输出功率、高鲁棒性、模式稳定的激光。尤其在大功率激光器以及新兴的纳米光子激光器中，这种激光器对散射损耗和随机制造缺陷不敏感的特点使其非常适用于高功率锁模激光阵列、量子信息产生及传输等领域。

2018 年，以色列和美国的研究人员开发出了一种新型的、高效率的相干和强健的半导体激光系统，即拓扑绝缘体激光器，提出基于半导体拓扑结构的拓扑绝缘体激光器概念。此类激光器优异的输出稳定性和结构缺陷不敏感性已经引起了国内外很多研究人员的关注，并已成为了相关学科的研究热点。目前此类激光器大多以半导体微纳拓扑结构为结构单元，通过拓扑结构形成的光场或电子限制来实现谐振功能，进而实现激光器的定向单模激射。2020 年，北京大学成功研制出纳米腔拓扑激光器。这种激光器可以实现垂直发射的单模激光，出射方向可以通过器件拓扑结构进行调整，方向性高、体积小、阈值低、线宽窄，横向和纵向模式都有很高的边模抑制比。此外，利用拓扑对称的概念和其他新型激光器的结合，国际上已经在理论上获得了蜂窝对称的等离子-光子(衍射)拓扑 SPASER、六边形等离激元金属纳米壳核阵列 SPASER 及太赫兹紧凑型量子级联拓扑激光器等。拓扑绝缘体激光器方面的发展仍处于物理概念提出和验证阶段。加强学科交叉，促进多学科、多领域合作，研发新的半导体激光器、开拓新的理论研究和实验验证是光电子科学发展重要方向之一。

习　　题

1. 半导体晶体材料可分为哪些类型？分析说明加正向、反向和不加电压时 pn 结的变化。

2. 什么是费米能级？分析说明不加电压、加正向和反向电压时，同质结半导体及异质结半导体内的费米能级的变化。

3. 什么是同质结半导体？什么是异质结半导体？

4. 推导在热平衡情况下，半导体材料中电子和空穴的统计分布，并分析说明之。

5. 图示并说明不同类型的半导体材料的能带。什么是直接带隙半导体材料？什么是间接带隙半导体材料？直接带隙与间接带隙半导体激光产生的物质基础是什么？

6. 半导体激光器可分为哪些类型？

7. 一腔长为 L，增益系数为 G、吸收系数为 α，两谐振腔反射率分别为 R_1、R_2 的半导体激光器，求其振荡阈值条件，给出半导体激光器的粒子反转分布的阈值条件。

8. 半导体激光器的优点是什么？

9. 半导体激光器输出的波长有哪些？

10. 简述半导体激光器产生激光的原理与工作特性。

第 7 章　化学激光器

基于化学反应所产生的能量来建立工作物质粒子数反转从而产生受激辐射的器件称为化学激光器。化学激光器的工作物质可以是气体或液体，但目前大多数用气体。

化学激光器诞生于 1965 年（脉冲化学激光器），连续化学激光器诞生于 1969 年，中国于 1974 年由中国科技大学化学系首先研制成功碘原子化学激光器。

2020 年 1 月，中国科学院大连化学物理研究所报道，该所金玉奇、多丽萍团队研制出连续波千瓦级燃烧驱动 HBr 化学激光器，该激光器在 4.0～5.0μm 波段的输出功率是当时文献可查的同类激光器的最高记录。此外，该激光器的输出谱线丰富，可为长波中红外激光应用提供良好的高能激光光源。

与固体、气体、半导体等激光器相比，化学激光器具有如下三方面的特点：①激光辐射波长丰富；②能把化学能直接转换为激光辐射能，激光增益高；③在某些化学反应中可获得很大的能量，有望得到高功率激光输出。根据以上特点，化学激光器有着广泛的应用前景，目前已研发了许多种化学激光器，研究得深入且性能较优良的激光器主要有氟化氢激光器、氟化氘激光器和碘原子激光器等。

本章主要讲述化学激光器工作的基本原理、激发方式和光分解激光器及特点，介绍化学激光器领域研究及应用的前景。

7.1　化学激光器的特点与类型

化学激光器与固体、气体、半导体及液体等激光器相比，它具有如下特点。

1. 激光输出波长丰富

对于化学激光器来说，产生激光的工作物质可以是原来参加化学反应的成分，也可能是反应过程中所形成的新原子、分子或不稳定的多原子自由基等。通过化学反应能发射激光的化学物质也是多种多样的，因此，化学激光器所能激射的波长相当丰富，覆盖范围从紫外、可见、红外直至微波波段。

2. 能把化学能直接转换为激光

固体、气体和半导体等激光器工作时，都要用外来能源去泵浦工作物才能使工作物质有效地建立粒子数反转。化学激光器原则上不用电源或光源作为泵浦源，而是利用工作物质本身的化学反应中释放出来的能量作为它的激发能源，其激光增益高。因此，在某些特殊条件下，如在高山或野外缺乏电源的地方，化学激光器可以发挥其特长。现有的大部分化学激光器工作时，虽然也要用闪光灯或放电方式等提供一部分能量，但这些能量仅仅是为了引发化学反应。

3. 可获得极大的能量

在某些化学反应中有望得到高功率激光输出。实质上，一些化学激光器的工作物质本身就是蕴藏着巨大能量的激发源，如氟-氢化学激光器，每千克氢与氟相互作用就能产生 $1.3 \times 10^7 J$ 的能量。因此，化学激光器已成为强激光器中的佼佼者，它在激光武器、激光核聚变、激光化学和材料加工等方面都有着十分广阔和重要的应用前景。

关于化学激光器的分类，目前有两种划分方法：①按其建立粒子数反转分布的途径划分为化学反应放热型化学激光器、能量转移型化学激光器和光分解型化学激光器；②按发生化学激光振荡的跃迁方式，可分为振动-转动跃迁型化学激光器、电子跃迁型化学激光器和纯转动跃迁型化学激光器。

7.2 化学激光的激发

在热平衡条件下，激发态分子按玻尔兹曼方程分布，而只有打破平衡形成远离平衡的非平衡状态，形成粒子数密度反转分布时，激光才有可能实现，即

$$\Delta n = \left(n_2 - \frac{g_2}{g_1} n_1 \right) > 0 \tag{7.2.1}$$

式中，n_1 为低能态粒子数密度；n_2 为高能态粒子数密度；g_1 和 g_2 分别为 E_1、E_2 能态的简并度，在粒子数反转条件下，当具有跃迁频率的光束通过该介质时，不是被吸收，而是被放大了，在相应的分子跃迁中将呈现出光学增益的现象。对小输入信号 I_0，其最大的放大率 I_1/I_0 可表示为粒子数反转密度 Δn、受激发射截面 σ 和放大介质长度 l 三者的函数：

$$I = I_0 e^{\Delta n Gl} \tag{7.2.2}$$

建立所需要的非平衡状态，可以通过几种途径，化学反应仅是其中的一种。因而化学激光器可定义为：通过化学反应释放的能量，选择性地分别进入产物的各特定激发态而实现粒子数反转的激光器件。

分子能够将能量储存于电子在不同轨道的运动、原子的振动、分子的转动和平动自由度内。但是，在这些自由度内，能量积累的概率并不等于能够以化学激光发射的形式出现的概率，且差别很大。显然，刚从活化络合物中释放出来的产物分子，离其平衡态有一定距离，它所含的过剩能量原则上可通过辐射过程和碰撞过程两种途径释放出来。这两种过程之间始终存在着竞争。发光量子产额 η 将随激发类型而不同：

$$\eta = \frac{p_{em}}{p_{em} + p_{re}}$$

如果能量 $(E_A - \Delta H)$ 足以实现电子激发，则发射概率 P_{em} 的典型值为 $10^6 \sim 10^9 s^{-1}$，因而高于平均碰撞消激发概率 P_{re}。另外，振动-转动跃迁几率是很低的，而弛豫概率却相当高。这些情况有利于电子激发的化学激光器，但是，电子激发在化学反应中并不常见。

大多数化学反应是经由能量为 $1 \sim 10 kcal/g$ 分子的振动激发态进行的。这就解释了迄今所研究的全部化学激光器均是利用振动激发的。当然，也观察到纯转动化学激光发射；仅

在光解型激光器中发现了电子态的激光发射。表 7.2.1 给出了迄今已知的化学激光发射的各种反应类型。

表 7.2.1 已发现有化学激光发射的反应类型

序号	反应类型	例子	激发跃迁类型	辐射波长/μm
1	光解型	$F_2C-I \longrightarrow CF_3 + I^*$	电子跃迁	1.315
2	光消去型	$H_2C = CHF \longrightarrow HF^* + HC \equiv CH$	振动跃迁	
3	原子取代型	$Cl + HI \longrightarrow HCl^* + I$	振动跃迁	
4	链反应型	$F + H_2 \longrightarrow HF^* + H_2 , H + F_2 \longrightarrow HF^* + F_2$	振动跃迁	2.6~3.3
5	化学激活的β-消去型	$[F_3C-CH_3]^* \longrightarrow HF^* + F_2C = CH_3$	振动跃迁	2.6~3.3
6	能量转移型 DF-CO_2	$DF^* + CO_2 \longrightarrow CO_2^* + DF$	振动跃迁	3.5~4.2

化学激光器的研究使用了红外化学发光作为获得动力学数据的一种方法，还必须与其他具有同样目的的光谱技术联系起来考察。自发振动-转动发射的研究，已卓有成效地应用于气相快速反应。由于弛豫过程与自发发射相竞争，所以这种方法在实验上有局限性。J.C.polanyi 在论文中给出了关于这种方法的论述。与这种稳态技术相反，化学激光器允许以脉冲模式进行观察。因为受激发速率能大大快于自发发射速率，故化学激光测量的时间分辨率可以相当高。粗略地说，借助于足够强烈的激励过程，可使激射条件下的发射速率稳步增大，或许可以超过系统中任何别的碰撞速率。

为了评价化学激光器在激光物理工程中的作用，将它们与其他分子气体激光器进行比较。多数高功率气体激光器，使用放电或热气体的超声速膨胀来抽运的两种方法连续运转时，均能提供相当大的脉冲能量。在化学反应中也能产生很大的粒子数反转，这一点随着化学激光器的发展，已越来越清楚。此外，还有能"自维持"的化学抽运反应，因而就无须由外部提供能源。

7.3 激光振荡的阈值条件

如果将具有粒子数反转的分子器置于光学谐振腔内，则感应辐射可以改变

$$\Delta n = \left(n_2 - \frac{g_2}{g_1} n_1 \right) > 0 \tag{7.3.1}$$

式中，n_1 和 n_2 为粒子密度。反转粒子 Δn 与频率为 ν 的辐射场之间发生相互作用，可用速率方程近似法来描述。如果考察两个态 E_2 和 E_1（它们具有与辐射跃迁式（7.3.1）相联系的能量差额 $\Delta E = h\nu_{21}$），则可以获得如下激光器的简化速率方程。

对于式（7.3.1）所示的过程，激光器中的光子密度 ϕ 的平衡方程可写为

$$\frac{d\phi}{dt} = A'n_2 + B'_{21}n_2\phi - \beta\phi \tag{7.3.2}$$

式中，$A'n_2$ 为总自发发射速率；A 为保持在光腔内并对光子密度 ϕ 有贡献的那一部分。A' 以较复杂的形式与自发发射系数 A 相关联，其中还包括考虑了腔模和跃迁的带宽；$B'_{21}n_2\phi$ 为受激辐射项；$\beta\phi$ 为光子输出损耗，描述耦合系数为 $\beta = 1/\tau_c$ 的输出，τ_c 为光腔内的光子

寿命。$B'_{nm} = B_{nm} \dfrac{g(\nu)}{\Delta\nu}$，这里 $g(\nu)$ 为线型因子，$\Delta\nu$ 为线宽。自发发射和受激发射爱因斯坦系数 A 与 B_{21} 之间的关系，由 Einstein 关系式给出：

$$\frac{A}{B_{21}} = \frac{8\pi\nu^2}{c^3}$$

考虑到 $g_1 B_{12} = g_2 B_{21}$，于是方程 (7.3.2) 可改写为

$$\frac{\mathrm{d}\phi}{\mathrm{d}t} = A'n_2 + B'_{21}\phi\left(n_2 - \frac{g_2}{g_1}n_1\right) - \frac{\phi}{\tau_c} \tag{7.3.3}$$

方程 (7.3.3) 右边的第一项描述自发发射对光子的贡献，它仅在振荡开始时是重要的，其后可忽略不计；第二项是受激过程产生光子的速率；而 q/τ_c 则给出了耦合损失。应强调：为能集中研究主要的特征，处理方法忽略了光子的涨落起伏和相位影响等因素。

以同样的方式，用描述上下态密度 n_2 和 n_1 变化的速率方程，可对上述光子的速率方程予以补充。这里所用的符号，与式 (7.3.2) 和式 (7.3.3) 相同。使用了关系式：

$$\Delta n = n_2 - \frac{g_2}{g_1}n_1$$

并引用了受激发射截面的关系式：

$$\sigma = \frac{B_{21}g(\nu)}{c\Delta\nu} \ (\mathrm{cm}^2)$$

于是，关于光子密度 ϕ 以及两个态的粒子密度 n_1 和 n_2 的三个平衡方程为

$$\begin{cases} \dfrac{\mathrm{d}n_2}{\mathrm{d}t} = P_{n1}(t) - \sigma c\Delta n\phi - L_{n_2}(t) \\[2mm] \dfrac{\mathrm{d}n_1}{\mathrm{d}t} = P_{n2}(t) - \sigma c\Delta n\phi - L_{n1}(t) \\[2mm] \dfrac{\mathrm{d}\phi}{\mathrm{d}t} = A'n_2 + \sigma c\Delta n\phi - \dfrac{\phi}{\tau_c} \end{cases} \tag{7.3.4}$$

由此可见，激发态的粒子密度 n_1 和 n_2 可通过抽运项 $P_{n1}(t)$ 和 $P_{n2}(t)$，以及与碰撞过程相关的损耗项 $L_{n1}(t)$ 和 $L_{n2}(t)$ 来确定。例如，损耗速率 $L_{n1}(t)$ 可由下式给出：

$$\frac{\mathrm{d}n_1}{\mathrm{d}t} = k_q n_1 M \tag{7.3.5}$$

式中，k_q 为猝灭速率系数；M 为对消激发有效的粒子的浓度。此外，n_2 会因受激辐射而减小，同时低态的粒子密度 n_1 却会增大。对 n_2 而言，这两类损耗之间的竞争是显著的。若受激发射截面的值 σ 为 $10^{-16} \sim 10^{-18} \mathrm{cm}^2$，则相应的速率常数 $B_{21} = \sigma_c$ 的值为 $10^{-6} \sim 10^{-8} \mathrm{cm}^3/\mathrm{s}$，它远大于任何双分子碰撞过程的速率常数。应强调：当具有适当的光子密度 ϕ 和反转密度 Δn 时，受激发射速率很容易超过任何碰撞消激发速率。

影响受激发射速率的反转密度 Δn 究竟有多大？在激光器的光腔内，反转密度 Δn 不能增加到大于阈值反转密度 Δn_0，后者可从 Schawlow 和 Townes 给出的阈值条件求得

$$R_1 R_2 T^2 \delta^2 = 1 \tag{7.3.6}$$

式中，R_1 和 R_2 为光腔的两块反射镜的系数；T 为反射镜的透射损耗；δ 为光强单程放大率，即光一次通过激光介质的放大率；δ^2 为光子在光腔内往返一次的放大率；单程放大率为

$$\delta = \frac{I_1}{I_2} = \exp(\Delta n \sigma l) \qquad (7.3.7)$$

利用式(7.3.2)和式(7.3.7)，结合阈值条件 $\delta = 1$，便可获得阈值反转密度 Δn_{th} 的表达式：

$$\Delta n_{th} = \frac{1}{2\sigma} \ln(R_1 R_2 T^2)^{-1} \qquad (7.3.8)$$

若用上述值 σ 为 $10^{-16} \sim 10^{-18} \mathrm{cm}^2$，取总损耗系数为 $R_1 R_2 T^2 = 0.3$，则总阈值反转密度 Δn_{Ath} 为 $10^{16} \sim 10^{18} \mathrm{cm}^{-2}$。在光化学碘激光器的比较理想化的条件下，可用数值法求解平衡方程组。如果假设抽运速率 $P_{n1}(t)$ 很快，则反转密度和量子密度可出现如图 7.3.1 所示的变化。

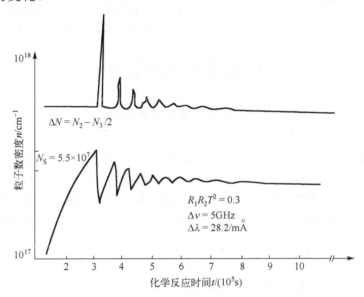

图 7.3.1　光化学碘激光器激光器泵浦过程反转粒子数密度变化

在达到阈值后，反转密度 Δn 即在阈值反转密度 Δn_{th} 附近开始阻尼振荡，而后便达到稳定态。因此，在 Δn 中，对激光输出有用的仅是超过 Δn_{th} 的那一部分：

$$\Delta n_{ex} = \Delta n_{st} - \Delta n_{th}$$

在激光脉冲内，可预期的最大能量为

$$E_{max} = h\nu \left(1 + \frac{g_1}{g_2}\right)^{-1} \Delta n' \qquad (7.3.9)$$

当 $g_1 = g_2$ 时

$$E_{max} = h\nu \frac{\Delta n'}{2}$$

从图 7.3.2 可以看出：为使受激过程能与碰撞消激发过程相竞争，需要快速地达到振荡

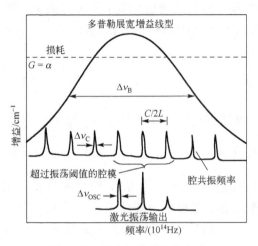

图 7.3.2　激光振荡谱和输出谱

阈值。到目前为止，我们均假设了：在整个自发发射谱线轮廓内，全部反转对激光振动都有贡献。但实际上，仅在相应于光腔的共振频率上才可能发生振荡。由图 7.3.2 可清楚地看出：这些间距为 $(c/2\eta L)$ 的腔模（L 为激光腔几何长度，η 为激光介质折射率），比发射谱线窄很多。因而，要求在激光振荡期间，必须有某些机制起作用来改变分子的能量，以便使这些能量馈入腔模常靠受激分子的碰撞满足，并被称为激光辐射的均匀加宽。在压力适中和脉冲持续时间不太短的气体激光器中，这一要求易于达到。这样才能从化学激光实验中获得反转密度的定量数据。增益系数表示光波在激活介质中传播单位距离后光强的增加率。

7.4　化学激光器的效率

通常，可以用如下四种方式来表示化学激光器的效率。

(1) 化学效率：定义为激光输出能量与化学反应释放的总能量之比。

但是，此定义要依据对于原来的化学反应考虑到何种程度为止而发生变化。如对于 DF-CO_2 转移型激光器，是仅考虑反应 $F+D_2 \longrightarrow DF^*+D$ 所释放的能量，还是考虑完全反应后所释放的总能量，得出的化学效率是不同的。因此，化学效率具体如何定义须加以注意。

例如，HF 化学激光器的化学效率 η_c，可根据 F 原子与 H_2 的化学反应过程来进行推算，考虑反应

$$F + H_2 \longrightarrow HF^* + H + \Delta E \tag{7.4.1}$$

因 1 克分子的 F 原子与 H_2 反应后，释放的能量为 $\Delta E = -31.7\text{kcal/mol}[①] = 133\text{kW·s}$，故理论功率可表示为

$$P_1 = 133\hat{n}_F (\text{kW}) \tag{7.4.2}$$

式中，P_1 为理论功率；$\hat{n}_F$ 为 F 原子的克分子流量。所以，化学效率为

$$\eta_c = \frac{P_{\text{laser-out}}(\text{kW})}{133\hat{n}_F}\% \tag{7.4.3}$$

(2) 电效率：激光输出能量与离解(或加热)气体而需输入的总电能之比。

(3) 比功率(即质量流效率)：在流动态的化学激光器中，比功率定义为激光输出能量与消耗原料的总质量(包括氧化剂、还原剂和稀释剂)之比。单位通常为 $J \cdot g^{-1}$，$kJ \cdot kg^{-1}$，$W \cdot g^{-1} \cdot s^{-1}$，$kW \cdot kg^{-1} \cdot s^{-1}$。

(4) 体积效率：激光输出能量与消耗原料的总体积(包括氧化剂、还原剂和稀释剂)之比。通常，连续波化学激光器的体积效率以 $W \cdot L \cdot s^{-1}$ 为单位；而脉冲化学激光器以 $J \cdot L^{-1}$ 为单位。

① 1kcal = 4186.8J,1kcal/mol = 4.336×10⁻² eV/molecule。

7.5　典型化学激光器

　　化学激光器的泵浦能源为化学反应所释放的能量。这类激光器大部分以分子跃迁方式工作，典型波长范围为从近红外到中红外谱区。最主要的有氟化氢(HF)和氟化氘(DF)两种装置。前者可以在 2.6~3.3μm 输出 15 条以上的谱线；后者则在 3.5~4.2μm 输出约 25 条谱线。这两种器件已均可实现数兆瓦的输出。其他化学分子激光器包括波长为 4.0~4.7μm 的溴化氢(HBr)激光器，波长为 4.9~5.8μm 的一氧化碳(CO)激光器等。迄今唯一已知的利用电子跃迁的化学激光器是碘原子(氧碘)激光器，具有高达 40%的能量转换效率，而其 1.3μm 的输出波长则很容易在大气和光纤中传输。

　　化学激光器工作方式有脉冲和连续两种。脉冲装置于 1965 年发明，连续器件则于 4 年后问世。其中氟化氢和氟化氘激光器由于可以获得非常高的连续功率输出，其潜在军事应用很快引起人们的兴趣。在"星球大战"计划的推动下，美国于 20 世纪 80 年代中期以 3.8μm 波长、2.2MW 功率的氟化氘激光器为基础，研制出"中红外先进化学激光装置"，在战略防御倡议局 1988 年提交国会的报告中，称其为当时"自由世界能量最大的高能激光系统"。而氧碘激光器则在材料加工中得到应用，并有望用于受控热核聚变反应。化学激光器最近的发展方向包括以数十兆瓦为目标进一步增加连续器件的输出功率；努力提高氟化氢激光的光束质量和亮度；并探索由氟化氢激光器获得 1.3μm 左右短波长输出的可能性。

7.5.1　氟化氢化学激光器

　　1967 年，由 Kompa 和 Kimentel 首先描述了氟化氢(HF)激光器，与此同时，T.Deutsch 也制成了这种激光器。至今，HF 激光器已成为最流行的化学激光器。在所有的双原子分子中，研究得最仔细的是 HF 化学激光器。

1. HF 建立粒子数反转和受激发光原理

　　根据化学原理，氟和氢相互作用时，存在着下述连锁反应：

$$F + H_2 \longrightarrow HF^*(\nu \leqslant 3) + H - 31.5 \text{kcal/mol}, \qquad \text{冷反应} \qquad (7.5.1)$$

$$F + H_2 \longrightarrow HF^*(\nu \leqslant 10) + F - 98 \text{kcal/mol}, \qquad \text{热反应} \qquad (7.5.2)$$

式中，HF^* 为处于振动-转动激发态的 HF 分子，这两个反应都是放热反应，−31.5kcal/mol 和−98 kcal/mol 表示反应过程中释放出来的能量。而化学反应获得的 60%以上能量是以 HF^* 分子振动能形式释放出来的。由于 HF^* 分子振动的方式较多，根据振动能的大小可将动能划分为 $\nu = 0,1,2,\cdots,10$ 许多等级，在式(7.5.1)中($\nu \leqslant 3$)表示该放热反应所激发的 HF^* 振动能均小于等于 3，而式(7.5.2)中($\nu \leqslant 10$)则表示激发的振动能级 ν 最高可达 10。图 7.5.1(1)中表示了 $F+H_2$ 的反应结果；$n(\nu)$ 表示振动能级 ν 所具有的相对粒子数。由于弛豫速度不同，各振动能级所占的粒子数是不同的，$\nu = 2$ 占据有最多的粒子数，因此 $\nu = 2 \longrightarrow \nu = 1$ 的跃迁有最大的增益。化学反应之所以能使 HF 分子处于振动激发态，在原理上可做这样的简单说明：当间隔距离较大的 $F-H_2$ 相互作用时，由于 F 的高电子亲和力及电子的质量很小，便能迅速形成 H—F 键；而质子较重，在化学反应形成 HF^* 键时，F 和 H 两元素的质子之间的间距尚来不及达到平衡位置(HF 的基态)，而是大于平衡位置。偏离平衡位置越远，其相应的振动能级就越高。

H+F$_2$ 反应时所获得的反应能量高于 F+H$_2$ 的两倍。化学上称 F+H$_2$ 的反应为冷反应(图 7.5.1)，相应地把 H+F$_2$ 的反应称为热反应(图 7.5.2)。热反应可使 HF*激发到更高的振动能级($v=10$)。各振动能级的相对粒子数分布示于图 7.5.2 中。

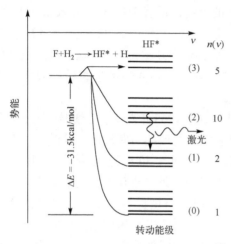

图 7.5.1　冷反应能级结构图

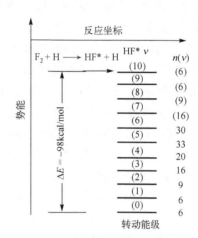

图 7.5.2　热反应能级结构图

HF 激光器在许多波长上都可产生受激辐射，从 $v=1 \rightarrow 0$ 直至 $6 \rightarrow 5$ 的跃迁得到的激光波长分别为 $\lambda = 2.7 \sim 3.3\mu m$。其辐射波长所以如此丰富，主要原因是：①级联现象，设 $2 \rightarrow 1$ 产生受激跃迁，则能级 2 的粒子数将被抽空和造成能级 1 上粒子数积聚，结果在 $3 \rightarrow 2$ 和 $1 \rightarrow 0$ 能级间就可产生受激跃迁；②由于每个振动能级又包含有许多转动子能级，因此即使两振动能级间没有形成粒子数反转，在某些转动能级间仍可产生部分反转现象。

2. 引发方式

(1)化学引发。化学引发的 HF 激光器中，F 和 NO 混合，然后再与氢气混合，产生激发态 HF*。

$$\begin{cases} F_2 + NO \longrightarrow NOF + F \\ H_2 + F \longrightarrow HF^* + H - 31.5\text{kcal/mol} \end{cases}$$

在此之后，F$_2$ 和 H$_2$ 本身便会连续地发生式(7.5.1)及式(7.5.2)的连锁反应，最后由 HF* 产生激光。而化学反应的第一步，氟气和一氧化碳发生化学作用形成氟原子的化学反应只起到引发(点火)作用，故称之为化学反应引发。

(2)热引发。利用高温去引发化学反应的方法称为热引发。热引发的 HF 激光器中得到氟原子的第一步反应是使 SF$_6$ 在 2000℃高温下发生分解反应：

$$SF_6 \longrightarrow S + 6F$$

然后，F 与 H$_2$ 发生连锁化学反应。

(3)闪光光解引发。用紫外辐射来离解一小部分 F$_2$ 分子。通常，这是一个低效的过程，因为要耗费大量的电能来提供所需的离解光子数，已报道过一台在大气压下引发的脉冲 HF

激光器，其体积效率已达 80J/L，激光能与引发电能之比（电效率）为 6%，而在一台闪光光解引发的 DF-CO$_2$ 转移型化学激光器中已获得大于 5%的化学效率。

（4）放电引发。这是一种广泛采用的引发技术，可以采取多种形式。多针横向放电方式用得很广泛，例如，HF 脉冲激光器，其激光能与引发电能之比已达 150%。不过，针型放电方式的体积效率低，而且激射介质也很不均匀。

（5）光-电离放电引发。采用这种技术，可以提高体积效率和改善激射介质的均匀性，在激射体积附近产生高强度的电火花，使得部分激光气体被均匀地光致电离。然后，一个大能量的电场通过导电气体放电，让该气体借助于部分电离化学机制而供给 F 原子。其中，包含有 $F_2+e \longrightarrow F+F^-$ 类型的离解附着过程，但完整的化学机制尚未弄清楚。迄今，用光-电离放电技术已实现有效的激光引发，做到了激光能量约等于引发所需的电能。但是，在低能量密度时，体积效率则约为 5J·L^{-1}·atm^{-1}。

（6）电子束引发。在脉冲化学激光器中，为了产生短脉冲，就必须提高压力，加速反应。但是，当压力提高到数百托以上时，要在大体积内实现均匀放电很困难，因此输出的激光功率就不能增加。此外，因为 HF*分子的振动弛豫很快，所以也要求快速地进行引发。为得到大功率的脉冲 HF 激光器，目前均采用电子束引发技术。电子束的注入方式包括从垂直于光轴的方向注入和以高速度沿光轴方向注入。

3. HF 激光器

HF 激光器的工作方式也有两种，即连续输出和脉冲输出。

（1）连续工作的 HF 激光器。当高温 N$_2$(He)在向前流动的过程中引入 SF$_6$ 时，SF$_6$ 在 2000℃高温氮气中发生化学分解反应：

$$SF_6 \longrightarrow S + 6F$$

在 N$_2$ 和 SF$_6$ 的混合室中气体的总气压高达 900torr 左右，类似于飞机发动机，当高温高压的混合气流通过喷管时产生膨胀。由于喷嘴的喉头极窄，流出喉头气流的速度将被加速到数倍声速（约 4Ma），而气压则迅速降至几托，气体的温度也随之降低。在这种低温高速流动的环境条件下，注入氢气，并使之与含有 F 原子的气体混合，产生 F-H 的连锁化学反应，形成 HF 的 $\nu=2$ 和 $\nu=1$ 间粒子数反转。在气流下游的横向适当位置设置光学谐振腔，使其能产生受激振荡。由于这是一种高功率输出激光器，因此常采用非稳光学谐振腔。

（2）脉冲工作的 HF 激光器。采用相对论电子束引发技术，脉冲 HF 化学激光振荡器（不包括放大器）的输出能量超过了 CO$_2$ 和钕玻璃激光器；从输出功率来看，它也超过了所有别的脉冲激光器而跃迁到首位，因而，有可能在诸如激光核聚变等方面获得重大的应用。脉冲工作的 HF 激光器通常采用脉冲放电或注入电子束的方法引发氟和氢发生化学反应，脉冲放电方式类似于 TEA-CO$_2$ 激光器。

7.5.2　碘原子激光器

1. 光分解碘原子激光器

一些气体或气体的混合物，在光的作用下能发生分解反应并产生激光，称此种器件为光分解激光器。由于光分解激光器的激发能不是化学能，而是强脉冲光能，因此严格地讲它不属于化学激光器一类，但一般都将其归入化学激光器类来介绍。碘原子激光器就是这种光分解激光器的典型器件，其激光跃迁发生在 I 原子激发态 $I^*(5^2P_{1/2})$ 和基态 $5\,^2P_{3/2}$ 之间，辐射激光中心波长为 1.315μm。它具有高达 40% 的能量转换效率，而 1.315μm 的输出波长很容易在大气中和光纤中传输。典型器件结构如图 7.5.3 所示。

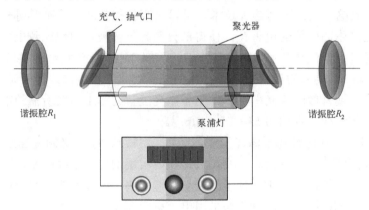

图 7.5.3　碘原子激光器结构原理图

CH_3I、CF_3I 或 C_3F_7I 等物质的吸收光谱中心波长为 270～280nm，吸收带宽约为 50nm。因此，它们在强紫外光（250～290nm）光子照射下会发生下述反应：

$$\begin{cases} CF_3I \xrightarrow{\text{光照射作用}} CH_3 + I^*(5^2P_{1/2}) \\ I^*(5^2P_{1/2}) \longrightarrow I(5^2P_{1/2}) + h\nu \end{cases} \tag{7.5.3}$$

释放出来的光子 $h\nu$ 所对应的波长 $\lambda = 1.315$μm。上式的跃迁是磁偶极子跃迁，其特点是激发态 $I^*(5^2P_{1/2})$ 的寿命非常长，约为 130ms。基态 $5\,^2P_{3/2}$ 的寿命约为 100μs，因此这种激光器的放大系数特别高，在气压 90torr 时，放大系数高达 10^6dB/m。即使不用反射镜，1m 长的激光管也能获得 500W 的输出。所以它与 YAG 一样很适宜作激光放大用，所不同的是用 CF_3I 等碘化物气体取代了 YAG 晶体。泵浦源用紫外闪光灯，气体碘激光管和闪光灯分别位于椭圆柱聚光器的两条焦线上。由于碘原子激光器的工作物质是气体，因此它有光学均匀性好、损伤阈值高、价格便宜及易于选择最佳工作参数等优点。

2. 化学泵浦碘-氧激光器（碘氧激光器）

这种激光器仍属于碘原子激光器，其激光跃迁发生在 I 原子激发态 $I^*(5^2P_{1/2})$ 和基态 $5\,^2P_{3/2}$ 之间，辐射激光中心波长为 1.315μm。但激发态 $I^*(5^2P_{1/2})$ 的泵浦能量是通过 O_2 分子的激发态 $O_2^*(^1\Delta)$ 提供，激发态 $O_2^*(^1\Delta)$ 的能量利用率约为 35%，激光器的增益系数为 2×10^{-2}m^{-1}。

激光器的工作过程为：氯与碱的过氧氢溶液发生化学反应产生激发态的氧原子，激发态的氧原子再和基态碘原子作用，氧原子跃迁到低能态，碘原子被激发到 $I^*(5^2P_{1/2})$ 态，I 原子再从激发态 $I^*(5^2P_{1/2})$ 跃迁到基态 $5\,^2P_{3/2}$，辐射出 1.315μm 波长的激光。反应方程如下：

$$\begin{cases} H_2O_2 + 2NaOH + Cl_2 \longrightarrow 2NaCl + 2H_2O_2 + O_2^*(^1\Delta) \\ O_2^*(^1\Delta) + I \longrightarrow O_2(^3\Sigma) + I^*(5^2P_{1/2}) \\ I^*(5^2P_{1/2}) \longrightarrow I^*(5^2P_{3/2}) + h\nu \end{cases} \tag{7.5.4}$$

2009 年 3 月 11 日,美国导弹防御局利用其兆瓦级高能"化学氧碘激光器"(chemical oxygen iodine laser,COIL)成功进行了多次长时间出光,每次发射杀伤激光束的时间可持续 3s,这标志美国由来已久的助推段防御"朝阳"项目——机载激光器 (airborne laser,ABL)计划已取得初步成果。2004 年初进行首次导弹拦截试验;2006 年生产出首批 3 架 ABL 飞机,具备初始作战能力;2008 年生产出 7 架 ABL 飞机,具备全面作战能力。激光武器反应快,可在短时间内对不同方向的多个来袭目标实施打击,所以打击准。激光武器能将能量汇聚成很细的光束,准确地对准某一方向射出,从而可选择杀伤来袭目标群中的某一目标或射中目标上某一部位,而对其他目标或周围环境无附加损害或污染,所以杀伤力可控。激光武器对目标毁伤程度的累积效果可以实时变化,根据需要,可随时停止,也可通过调整和控制激光武器发射激光束的时间或功率以及射击距离来对不同目标分别实现非杀伤性警告、功能性损伤、结构性破坏或完全摧毁等不同杀伤效果,所以抗电子干扰能力强。激光武器射出的是激光束,现有的电子干扰手段对其不起作用或影响很小,所以使用成本低。高能激光器每次射击持续的时间为 3～5s,每次射击所耗费的化学燃料为 1000 美元,即便射击 40 次摧毁一枚导弹,总计成本也就约 40000 美元,远低于一枚造价动辄上百万美元的反导导弹的价格。

7.5.3　其他类型的卤化氢化学激光器

除氟化氢(HF)激光器外,还有氯化氢(HCl)、氯化氘(DCl)、溴化氢(HBr)和溴化氘(DBr)等激光器,通常,按如下的方式产生 HCl 激光:

$$Cl_2 \longrightarrow 2Cl$$
$$Cl+H_2 \longrightarrow HCl^*+H, \qquad\qquad \Delta E = 1kcal/mol$$
$$H+Cl_2 \longrightarrow HCl^*(\nu)+Cl, \qquad \Delta E = -45kcal/mol$$

用于抽运的另一个反应,是 Cl 原子与 HI 的反应:

$$Cl_2 \longrightarrow 2Cl$$
$$Cl+HI \longrightarrow HCl^*(\nu)+I, \qquad\qquad \Delta E = -31.7kcal/mol$$
$$HCl^*(\nu) \longrightarrow HCl^*(\nu-1)+h\nu$$

亦可用完全相同的方式描述溴化氢的生成:

$$Br_2 \longrightarrow 2Br$$
$$Br+H_2 \longrightarrow HBr^*+H, \qquad\qquad \Delta E = 16kcal/mol$$
$$H+Br_2 \longrightarrow HBr^*(\nu)+Br, \qquad\qquad \Delta E = -41kcal/mol$$
$$HBr^*(\nu) \longrightarrow HBr^*(\nu-1)+h\nu$$

7.5.4　一氧化碳化学激光器

一氧化碳(CO)化学激光器拥有多种抽运反应。Pollack 首先报道了光解 CS_2-O_2 混合物所产生的 CO 激射,在这种情况下,认为抽运机制是

$$CS_2 \longrightarrow CS+S, \qquad\qquad 引发$$
$$S+O_2 \longrightarrow SO+O, \qquad\qquad 传播$$
$$O+CS \longrightarrow CO^*(\nu)+S, \qquad\qquad 激光抽运$$
$$\Delta E = -75kcal/mol$$

$$S + SO \longrightarrow S_2O$$

$$S_2O + O_2 \longrightarrow SO + SO_2$$

$$SO + SO \longrightarrow S_2O_2 \Longleftrightarrow SO_2 + S, \qquad\qquad 终止$$

$$S_2O_2 + SO \longrightarrow S_2O + SO_2$$

可用 NO_2 替换 O_2，其变化也并不大。另一类 CO 激光器的抽运机制是

$$O_3 \longrightarrow O_2 + O(^1D)$$

$$O(^1D) + C_3O_2 \longrightarrow 3CO^*(\nu)$$

$$O(^1D) + CN(\chi^2\Sigma^+, \nu) \longrightarrow CO(^1\Sigma^+, \nu) + N(^2D)$$

还有一种有趣的 CO 激光抽运方式，它是利用放电进行引发使乙炔二氰燃烧（乙炔二氰是一种化学物质，分子式是 C_4N_2。称为低氮化碳或 2-丁炔二腈。中文名乙炔二氰，英文名 Dicyanoacetylene，别称低氮化碳，化学式 C_4N_2 分子。

7.5.5　能量转移型化学激光器

1964 年，Patel 首先描述的 CO_2 激光器中，作为一个可能的抽运步骤，包括了 N_2 分子的振动能转移给 CO_2 的反对称伸展振动态 $(0,0^0,1)$ 的过程。于是，激光发射出现在 $(1,0^0,0)$ 或 $(0,2^0,0)$ 态上，其能级图如图 7.5.4 所示。

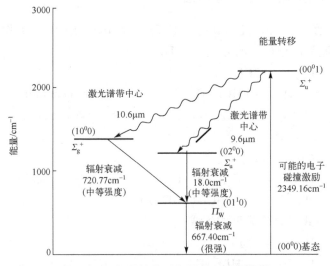

图 7.5.4　能量转移型化学激光器能级图

借助直接的电子碰撞，或复合和级联等方式进行激励，也可能使 CO_2 分布到 $(0,0^0,1)$ 能级。正如大家所熟知的，高的激发截面、低的碰撞消激发速率以及激光跃迁的高能态有长的辐射寿命，都非常有利于这种激光器在高功率条件下运转。借助卤化氢的能量转移来抽运 CO_2 实现了。能量转移型激光器的优点，正在于能克服所有卤化氢激光器快速振动弛豫这一主要的缺点。由于这一缺点，故在 HF 或类似的激光器中，振动能的积累和储存非常有限。然而，能量从热的反应产物向冷的 CO_2 添加物转移，就能增大脉冲激光器和连续波激光器的效率和输出。采用 D_2-F_2-CO_2 反应混合物，已卓有成效地研制成了这种激光器。据初步报道，最大脉冲能量已达 15J。其中，重要的反应是

$$F + D_2 \longrightarrow DF^*(\nu) + D$$

$$D+F_2 \longrightarrow DF^*(\nu)+F$$

以及

$$DF^*(\nu)+CO_2 \longrightarrow CO_2(001)+DF(\nu-1)+\Delta E$$

为了分析说明这种激光器，详尽地获知能量转移速率乃是关键所在。

通常的 CO_2 激光器用放电进行抽运。这里所述的方法却不同，它是用闪光光解来引发抽运过程。一个重要的特点在于：当抽运这种混合型激光器时，有可能利用链反应的潜力。

7.6　化学激光器展望

化学激光是在化学和物理的边缘发展起来的一个激光的新领域，它涉及非平衡反应的化学动力学、反应流的气体动力学和高增益介质的激光物理学等综合性的研究课题，由于诸学科的相互结合，自 1965 年第一台化学激光器问世以来，化学激光已获得很大的发展，引起了人们的极大关注。化学激光的研究可以分为以下几个方向：一是为利用链反应，特别是分支链反应的潜力，做一些较为直接的尝试；二是对新的激光反应和新型化学激光器进行广泛的实验性的研究，包括解决在反应过程中建立反转的理论基础问题。对化学激光的研究，推动了大量有关能量转移问题的研究，并为该领域的发展提供了巨大的动力。

对级联反应的问题，首先考虑化学抽运项 $P(t)$ 和弛豫项 $L(t)$ 之间的关系，它将决定在化学反应过程中是否存在着反转。能级的粒子数反转与时间的依赖关系，可由平衡方程组给出。现在应研究一下抽运函数 $P(t)$ 与时间依赖关系的各种形式。如果外部能量输入所产生的激活中心的浓度为 n，则在直链反应情况下，抽运速率由下式给出：

$$P(t) = kAn\exp(-\omega t)$$

式中，k 为链传播率；A 为反应物浓度；ω 为链终止速率。在两种极端的情况下，分别以 $\omega_- < L(t)$ 和 $\omega_- > L(t)$ 来表征。可以看出：在第一种情况下，最大粒子数反转密度 Δn 由下式决定：

$$\Delta n = (1-\ln 2)\frac{kA}{L(t)}n$$

而在第二种境况下，则有

$$\Delta n = \frac{kA}{\omega}n$$

引进一个量 ν_{opt}，在第一种情况下，

$$\nu_{opt} = (1-\ln 2)\frac{kA}{L(t)}$$

而在第二种情况下，

$$\nu_{opt} = \frac{kA}{\omega_-}$$

ν_{opt} 确定了在每个激活中心对辐射有贡献的分子数，并被称为"光学链长"。以上这些方程表明，反转极大值取决于链发展的速率。只有当链发展的速率超过振动弛豫速率时，才

能得到显著的反转。如果在弛豫强烈的情况下 $\nu_{opt} < 1$，则链反应的影响无法表现出来。这时，为获得大的反转密度，还必须输入大量能量。

在分支链反映情况下，化学抽运速率可写为

$$P(t) = P_0 \exp(St)$$

式中，S 为分支因子。上式表明：若 $S > L(t)$，则粒子数反转将随时间 t 呈指数增大。不等式 $S > 0$ 规定了"自点火"条件。在反转和点火不是同时发生的情况下，必须提供一定的能量来引发反应，以便导致反转。原则上，反应混合物能够自加热而进入和脱离反转区。如果反转和点火同时发生，就能实现理想的化学激光器，这是只用很少一点点外部能量便可以进行运转。因而，考察分支链反应在化学激光器中能量利用率是必要的。

特别有意义的实例是，生产 H_2-F_2 混合物的 HF 激光，但是，还不能确定其中到底出现了多少链分支。通过研究激光发射光谱，就能确定链反应的贡献。在用红宝石激光器二次谐波的实验中，Dolgov-Savelev 等测量了 HF 激光器的量子产额。这种方法优于用闪光灯引发的测量方法，这是因为，当测定混合物中所吸收的能量大小时，后一种方法会发生许多困难。在 $\lambda = 347$nm 处，F_2 分子的吸收系数已做了测量。当吸收 5J 能量时，测量相应的受激发射能量为 100mJ，即有

$$\frac{E_r}{E_a} = 2\%$$

E_r 为受激发射能量；E_a 为受激吸收能量。因此，激光器的量子产额为

$$\frac{E_r \lambda_r}{E_a \lambda_a} = 180$$

式中，λ_r 为受激发射光波长；λ_a 为受激吸收光波长。用这种方法获得的量子产额，取决于实验条件。目前还不清楚：链的分支对已测得的大于 180 节的链长究竟有多大贡献。因为在 H_2-F_2 器中，链分支依赖于能量转移或热分支，所以还做了努力，采用碳氢化合物来替换 H_2，以探索物质链的可能性，而在后者的每个反应步骤中，若产生的自由基多于一个，就能引起链分支。采用 CH_2F_2 的反应，即是一个实例，其反应机理如下：

$$CH_2F_2 + F \longrightarrow CHF_2 + HF$$
$$CHF_2 + F_2 \longrightarrow CHF_3 + F, \quad -\Delta E > 80\text{kcal/mol}$$
$$CHF_3 \longrightarrow CF_2 + HF$$
$$CF_2 + F_2 \longrightarrow CF_3 + F$$
$$CF_3 + F_2 \longrightarrow CF_4 + F$$

从这种反应以及其他同类型的反应，可以设想出许多化学激光器，其沿此方向将会开展更多的研究工作。

为寻找新的化学激光反应，在 1964 年，由 R.A.Young 首先提出，并由 Kochelap 和 Pekar 详细论述过的光复合激光器，即是具有更广泛性质的一种新途径。部分地根据 A.N.Oraevskii 的论点，一些化学过程能以这样的方式导致光子的发射，以至这种发射并不是发生基元作用的结果，而是进行基元作用的必要条件。例如，如下反应：

$$A + B \Longleftrightarrow (AB^*) \longrightarrow AB + h\nu$$

即是光复合反应或光加成反应的一个例子。因为只有以辐射方式释放出过剩的能量，AB^* 分子才能稳定。像自由基的缔合，几乎必然地布局到缔合复合物的高激发态。由辐射复合反应所产生的发射光谱通常是连续的，对于任何给定的频率间隔，均不能给出很大的发射截面。让我们举一例说明困难所在。令 τ_d 是复合物 AB^* 相对于离解成 A 和 B 时的寿命，而 $1/\tau_{rad}$ 是复合物的发射概率，于是 AB^* 的密度变化速率为

$$\frac{dAB}{dt} = kAB - \frac{1}{\tau_d}AB^* - \frac{1}{\tau_{rad}}AB^*$$

$$\frac{dA(B)}{dt} = kAB + \frac{1}{\tau_d}AB^*$$

式中，k 为碰撞速率常数。就"碰撞对"AB^*而言，它们的寿命 τ_d 仅是一个振动周期的量级，即 $\tau_d = 10^{-13}$s，且其发射概率 W 约为 10^6s^{-1}；而当初始密度 $A = B = n_0 = 10^{-13}$cm^{-3} 时，可以看出，在约 10^{-2}s 时间内，大约有 50%的分子发生了反应。虽然这看起来并不令人鼓舞，但通过两种方式进行改善还是可能的。首先，可以寻找一种复合物 AB^*，它不仅是"碰撞对"，而且还是寿命为纳秒或微秒量级的瞬态粒子。其次，辐射寿命 τ_{rad} 可以因受激发射而减小：

$$\frac{1}{\tau_{rad}} = \frac{1}{\tau_{rad(0)}}\left(1 + \frac{\lambda^3 I}{hc}\right)$$

式中，λ 为辐射波长；I 为有效光强度。倘若能提供强烈的受激辐射场，就可以使 I 稳步增大。这意味着，为证实有光学增益，可将这种光复合器作为放大器，而不是作为振荡器进行运转。在这种激光器中，增大辐射强度不仅能加速受激跃迁，而且加速了反应本身。

到目前为止，人们已研究了在生成 NO、N_2、CN 和卤素的过程中，"预缔合"即"光复合"激光作用的可能性。稍微不同的是，由处于 $^1\Sigma_g^+$ 或 $^1\Delta_g$ 态的分子氧的激发态二聚物所产生的"双"分子发射：

$$O_2(^1\Delta_g) \longrightarrow O_2(^3\Sigma_g^-) + h\nu_{(168.6\mu m)}$$

$$\frac{1}{\tau} = 2.58 \times 10^{-4}\text{s}^{-1}$$

$$2O_2(^1\Delta_g) \Longleftrightarrow (O_2)_2^* \rightarrow O_2(^3\Sigma_g^-) + h\nu_{(634.0nm)}$$

$$\frac{1}{\tau} = 0.67\text{s}^{-1}$$

可以看到，在受激复合物中，跃迁几率有相当大的增加。此外，跃迁的终态将快速地分解为两个基态的 O_2 分子。最后须指出，可以用各种方法产生相当大密度的 $O_2(^1\Delta_g)$ 分子，例如，通过在 O_2 中进行微波放电，臭氧 O_3 的光解，以及过氧化氢 H_2O 的碱性卤代等方法，均能产生 $O_2(^1\Delta_g)$ 分子。更详细的分析表明，成功的激光运转将强烈地取决于复合物 $(O_2)_2^*$ 的寿命 τ_d，只有当这种复合物积累到一定程度时，激光作用才有可能实现。

以上这些考虑，导致了对受激复合物激光器的广泛讨论。就染料激光器来说，这是一种较为肯定的激光机制。其中，收集分子的电荷-转移复合物构成了发射激光的高能态。这种受激复合物激光器或许还能用化学反应进行抽运。

Basov 等用高能电子激励液态氙(Xe)，在远紫外光谱区(168～170nm)产生了受激发射。跃迁的上能级是 Xe_2 的束缚激发态，而跃迁的下能级则是排斥的基态。用于抽运的电子首先产生了 Xe^*、Xe^+ 和二次电子。通过碰撞过程，能量传递给较稳定的受激分子的能级，并在其上积累起来。尽管这种激光器运转时有某些困难，但仍值得加以注意，这不单是因为它的波长很短，而且还在于它具有潜在的高效率(65%)。这些成果启发人们去探索其他分子或原子所形成的受激复合物，能够从多个不同的化学领域去实现激光原理。

习　题

1．化学激光器可分为哪些类型？
2．什么是冷反应？什么是热反应？什么是级联现象？
3．简述 HF 激光器产生激光的原理和工作特性。
4．简述碘原子化学激光器产生激光的原理和工作特性。

第8章 自由电子激光器

自由电子激光器(free-electron lasers,FEL)的物理原理是利用周期性摆动磁场的高速电子束和光辐射场之间的相互作用,使电子的动能传递给光辐射而使其辐射强度增大。利用这一基本思想而设计的激光器(简称FEL),它的输出可从微波到X射线波段,它的波长可覆盖整个光谱电磁波,是其他任何激光源所达不到的。器件的输出平均功率可达数千瓦,峰值功率可达千兆瓦。目前,FEL正在向更高的平均能量和更短的波长发展。加热发射激光介质的热能以近似光速传出。FEL是连续可调的,可以产生各种不同频率和脉宽的激光。人们正在利用这种强有力的研究工具进行多方面的研究,如材料科学、化学、生物物理学、医学及固体物理学等。

自由电子激光器的原理在 1951 年就由莫茨(Motz)提出过,并随着相对论强流电子束与高能电子加速器装置的发展,在 1976 年由斯坦福大学的马迪(Madey)等首次实现了自由电子激光器的运转。到 2003 年,全世界仅有十几台 FEL。在亚洲,我国是第一个获得红外 FEL 的国家。北京自由电子激光器于 1993 年 5 月实现激光输出,标志着中国在 FEL 领域跨入了世界先进行列。北京自由电子激光器工作波长为 6~20μm,双脉冲结构,每个宏脉冲的能量为 5mJ,脉宽为 4μs,重复频率为 3Hz。宏脉冲内的微脉冲宽度为 2~4ps,重复频率为 2856MHz。2006 年,全世界有 20 多个能产生从红外线到紫外线各种波长激光的自由电子激光器已经投入使用或正在研制中。科学家试图让其波长范围延伸到 X 射线。位于汉堡的德国电子同步回旋加速器研究中心 2012 年推出欧洲的 X 射线激光器。美国、日本等国也在进行 X 射线激光器研究。

2021 年 7 月 24 日,据新华社等报道,中国科学院上海光机所强场激光物理国家重点实验室利用超强超短激光装置,首次实现了基于激光加速器的小型化自由电子激光放大输入、输出,促进了物理、化学、材料、医学等学科的发展。研究人员通过显著提升激光尾波场加速的电子束品质,并结合创新设计的紧凑型束流传输与辐射系统完成了这次试验,创造出来的激光波长为 27nm,最短激光波长可达 10nm 级,单脉冲能量可达 100nJ 级。

FEL 是迄今实现 X 射线波段高亮度相干光源的最佳技术途径,X 射线自由电子激光可用于探测物质内部动态结构和研究光与原子、分子和凝聚态物质的相互作用过程,促进了物理、化学、结构生物学、医学、材料、能源、环境等多学科发展。研制小型化、低成本的 X 射线自由电子激光,成为其重要的发展方向,对于拓展应用和产生变革型技术都极其重要。中科院上海光机所设计出"新一代超强超短激光综合实验装置",将自由电子激光装置由千米级缩小为 10m 级。

FEL 可提供强大的激光束流,并可调到准确的颜色或波长。FEL 可在任何波长吸收和释放能量,因为电子是原子释放出来的。这一主要特性使 FEL 比通常的激光器能更精确地控制,以产生短脉冲的强光。

普通激光器是基于分子、原子外围轨道束缚电子在能级间或电子的振动-转动能级间的跃迁产生激光,自由电子激光器则不同,因此它具有高功率、高效率、宽波长可调谐范围等优点，在激光技术应用中有很好的发展前景，如在激光化学、激光武器、材料和聚合物中的分子运动、分辨光谱学等方面的研究都是非常有价值的光源。

8.1 自由电子激光器工作原理

8.1.1 自由电子激光器形成的结构原型

能够产生自由电子激光发射的方法有很多种。其中已被广泛采用并且认为是最有希望的一种方法是 20 世纪 70 年代马迪提出的理论和方法，即将一束相对论电子通过一个周期性变化的静磁场摆动器或波荡器而产生激光辐射。其实验装置如图 8.1.1 所示。由一个超导的双右螺旋线圈产生周期磁场，螺旋线圈长为 5.2m，磁场周期长度为 3.2cm，这个线圈是由直径为 10.2mm 的空芯铜管绕制的，它限制了电子与磁场相互作用区域，螺线圈产生的磁场是横向的，即在垂直于线圈轴线的平面内，并按线圈的周期交替变更。在这个线圈外面还有一个螺旋线组，用来产生 0.1T($1T = 10^4G$，T 是特斯拉英文名 Tesla 的首字母，是磁通量密度或磁感应强度的国际单位制导出的单位。在 1960 年巴黎召开的国际计量大会上，此单位被命名以纪念在电磁学领域做出重要贡献的塞尔维亚裔美籍发明家、机械工程师、电气工程师尼古拉·特斯拉)的轴向导向场。加导向场的目的是消除由于磁场空间变化而引起的电子运动漂移。电子束能量为 43.5MeV，超导的螺线圈产生 0.24T 的周期横向磁场。当电子束通过超导螺旋线圈构成的摆动器时，电子受到摆动器磁场的作用而产生周期性的横向速度，那么辐射波磁场与电子的横向运动分量发生能量交换作用。若电磁波沿传播方向存在纵向电场分量，落在正电场区的电子将受到减速运动，而落在负电场区的电子将受到加速作用；在纵向电场等于零的区域里，电子就会会聚在一起，并且密度非常高，即使电子产生纵向"群聚"，已群聚了的电子束，如果其群速度大于光波的相速度，群聚的电子将进入减速区，并把能量转移给电磁波；相反，若群聚电子的群速度小于光波的相速度，群聚电子将进入加速区，这时电磁波将把能量转移给群聚电子。由此看来，当高能量的均匀电子束进入相互作用区——摆动器后，该电子束受到电磁场的作用而产生群聚，群聚的结果是电子束与电磁波发生作用，使辐射光波得到增益放大。如果磁场是交替变向的，电子就会被迫做正弦波型运动，如图 8.1.2 所示，即这些电子一边左右摆动，一边在纵向前进的方向上辐射光频电磁波。如果波数很大，它的光谱就接近于单色光。

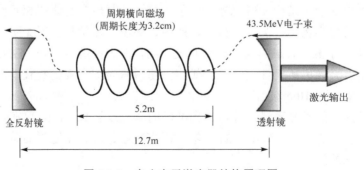

图 8.1.1 自由电子激光器结构原理图

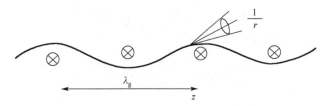

图 8.1.2 高速电子通过交变磁场的辐射

8.1.2 自由电子激光形成的动力学

8.1.1 节讨论了自由电子激光产生的过程，那么，为什么会形成激光呢？我们从单个电子在周期性磁场中的运动出发，讨论其运动方程、辐射波的波长及其频谱。

当一个沿纵轴向运动的相对论电子穿过摆动器时，电子受到洛伦兹力的作用，电子的速度 $c\beta$ 和无量纲的能量参数 γ 在外电场 E 和磁场 B 中将满足洛伦兹力方程：

$$\frac{\mathrm{d}}{\mathrm{d}t}(\gamma\beta) = \frac{e}{m_0 c}(E + \beta \times B) \tag{8.1.1}$$

$$\frac{\mathrm{d}}{\mathrm{d}t}(\gamma) = \frac{e}{m_0 c}\beta E \tag{8.1.2}$$

式中，$c\beta(\beta = v/c)$ 和 e 分别是电子的速度和电荷；m_0 是电子静止质量；c 是光速；γ 是相对论因子；E 和 B 分别是决定电子运动行为的总电场和总磁场。磁场可表示为

$$\begin{cases} B_x = B_0 \cos\left(\dfrac{2\pi z}{\lambda_\mathrm{g}}\right) \\[2mm] B_y = B_0 \sin\left(\dfrac{2\pi z}{\lambda_\mathrm{g}}\right) \\[2mm] B_z = 0 \end{cases} \tag{8.1.3}$$

式中，B_0 是磁场的磁感应强度；λ_g 是磁场的空间周期长度。

为了确定相对论性电子在磁场式(8.1.3)中的运动轨迹。现将式(8.1.3)写成分量形式，并将式(8.1.3)代入式(8.1.1)，同时两边除以 γ 得

$$\frac{\mathrm{d}v_x}{\mathrm{d}t} = \frac{v_z}{\gamma m_0 c} B_0 \sin\left(\frac{2\pi v_z t}{\lambda_\mathrm{g}}\right)$$

$$\frac{\mathrm{d}v_y}{\mathrm{d}t} = \frac{ev_z}{\gamma m_0 c} B_0 \cos\left(\frac{2\pi v_z t}{\lambda_\mathrm{g}}\right)$$

$$\frac{\mathrm{d}v_z}{\mathrm{d}t} = 0 \tag{8.1.4}$$

解方程(8.1.4)，得到电子的速度分量为

$$\begin{cases} \dfrac{\mathrm{d}x}{\mathrm{d}t} = v_x = \dfrac{eB_0\lambda_g}{2\pi\, rm_0c\gamma}\cos\left(\dfrac{2\pi v_z t}{\lambda_g}\right) \\[3mm] \dfrac{\mathrm{d}y}{\mathrm{d}t} = v_y = \dfrac{eB_0\lambda_g}{2\pi\, rm_0c\gamma}\sin\left(\dfrac{2\pi v_z t}{\lambda_g}\right) \\[3mm] \dfrac{\mathrm{d}z}{\mathrm{d}t} = v_z = v_x \end{cases} \tag{8.1.5}$$

再解方程(8.1.5)，得到电子运动方程为

$$\begin{cases} x = \dfrac{eB_0\lambda_g^{\,2}}{4\pi^2\gamma m_0 c\gamma}\sin\left(\dfrac{2\pi v_z t}{\lambda_g}\right) \\[3mm] y = \dfrac{eB_0\lambda_g^{\,2}}{4\pi^2\gamma m_0 c\gamma}\cos\left(\dfrac{2\pi v_z t}{\lambda_g}\right) \\[3mm] z = v_z t \end{cases} \tag{8.1.6}$$

由此可见，电子在摆动器中沿螺旋线轨道运动，其螺距为 λ_g。

沿着螺旋轨道运动的电子发射电磁波的频率（波长）可以根据运动学的方法导出，如图 8.1.3 所示。由于电子做螺距为 λ_g 的螺旋运动，所以电子每隔 λ_g 就发出一个同样的辐射信号波，在经过 λ_g/v_z 的时间内，这个信号前进了 $c\lambda_g/v_z$（v_z 是电子沿 z 方向运动的平均速度）的距离。与此同时，电子在 2 点也要发射电磁波，如果要使电子在 1、2、……点上发射的电磁波产生相长干涉，那么，它们的波程差应等于波长的整数倍，即

$$c\frac{\lambda_g}{v_z} - \lambda_g\cos\theta = m\lambda$$

当 $m = 1$（即两相邻的信号波）时，得

$$\lambda = c\frac{\lambda_g}{v_z} - \lambda_g\cos\theta \tag{8.1.7}$$

这就是观察角为 θ 时接收到电子辐射的波长。

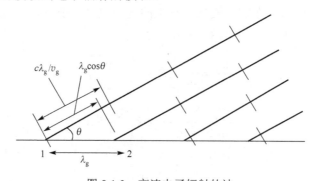

图 8.1.3　高速电子辐射的波

因为 v_x 和 v_y 不等于零，所以 $v_z < v$（但与光速 c 非常接近时就相等），要求出 v_z 和 v（v 是入射速度）的关系，将式(8.1.5)各自平方，然后左右两边分别相加，则得到

$$v_z \approx v \left[1 - \left(\frac{k}{\gamma} \right)^2 \right]^{1/2} \tag{8.1.8}$$

式中，k 是一个无量纲的参数，它只与摆动器的参数有关，即

$$k = eB_0 \frac{\lambda_g}{2\pi m_0 c^2}$$

它是螺旋摆动器的主要参数之一。再将式 (8.1.8) 以及相对论电子的能量式 $(v/c = (1-1/\gamma^2)^{1/2})$ 代入式 (8.1.7)，由于 $1/\gamma^2 \ll 1$，$k/\gamma \ll 1$，而 θ 角很小，则可得

$$\lambda = \frac{\lambda_g}{2\gamma^2} (1 + k^2 + \gamma^2 \theta^2) \tag{8.1.9}$$

如果用频率表示，得

$$\omega = 2\gamma^2 \frac{\omega_0}{1 + k^2 + \gamma^2 \theta^2} \tag{8.1.10}$$

式中，$\omega_0 = 2\pi/\lambda_g$ 是在静止系中电子运动辐射的角频率。由式 (8.1.10) 可以看出，改变电子束的能量 γ、摆动器的周期长度 λ_g 或者磁场强度 B_0，都可以改变辐射波长。这一点具有重要的意义，它可以实现自由电子激光的波长可调的目的。

8.2 自由电子激光器的组成及其类型

8.2.1 自由电子激光器的组成

自由电子激光器主要由三个部分组成：工作物质——相对论电子束源，高能电子加速器；泵浦激励系统——空间周期磁场，摆动器（或波荡器）；光学谐振腔和必要的附件。

1. 工作物质——相对论电子束源，高能电子加速器

相对论电子束在自由电子激光器中起着工作物质的作用，它是由电子加速器提供的。所谓加速器就是一种用人工的方法对带电粒子(如电子、质子和离子)进行加速以提高其能量的装置。不同的加速器虽然各有不同的特点，但大体上都是由带电粒子源、加速系统、传输系统和控制系统等几部分组成的。带电粒子在电磁场中的运动方程(洛伦兹力)为

$$F = \frac{\mathrm{d}\boldsymbol{P}}{\mathrm{d}t} = \frac{\mathrm{d}(m\boldsymbol{v})}{\mathrm{d}t} = Ze\boldsymbol{E} + Ze\boldsymbol{v} \times \boldsymbol{B} \tag{8.2.1}$$

式中，m 是粒子的质量；v 是粒子的速度；Ze 是 Z 个粒子的总电荷量，其中 Z 是电荷数，e 是电子电荷的绝对值；$\boldsymbol{E}$ 和 $\boldsymbol{B}$ 分别为电场强度和磁场强度。很明显，当电场的作用力方向与粒子运动的方向一致时，能加速带电粒子；而磁场的作用力(洛伦兹力)方向与粒子运动的方向垂直，所以只能改变粒子运动的方向，而不能增加粒子的能量。由此可见，在加速系统中电场是不可缺少的。磁场在要求改变轨道方向的加速器中是需要的，而在直线式加速器中并不需要。目前已付诸应用的加速器有 20 多种。图 8.2.1 给出了不同类型的加速器可产生的自由电子激光器的波谱范围。可见，自由电子激光器的可调范围都受到电子加速器可调范围的制约。

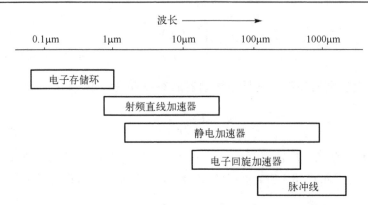

图 8.2.1　不同类型的加速器可产生的自由电子激光器波谱范围

2. 泵浦激励系统——空间周期磁场，摆动器

它的作用相当于通常激光器中的泵浦源，可分为永磁性摆动器(由若干对周期的磁铁构成)和电磁性摆动器两类；当电子束通过该结构时，电子束将产生角偏离。电磁性摆动器一般是一个抽真空的铜管上用超导材料绕成的双螺旋线圈，通电后形成一个横向周期变化的静磁场，当轴线上的磁场大小是恒定的，磁场矢量在垂直于轴线的平面上以线圈周期旋转。高能电子通过周期磁场时，将受到洛伦兹力的作用，存在横向速度和轴向速度，而且横向速度小于轴向速度，电子沿轴线方向随时间做周期性摆动，故把周期磁场称为摆动器。另外，电子穿过横向磁场时将产生加速度，因而要产生辐射。假设摆动器的周期为 λ_g，那么电子每走过长度 λ_g 就发射一个同样的辐射信号波，也就是辐射频率为 $\nu = v / \lambda_g$ 的电磁波。

这种摆动器系圆极化磁场，它的优点是电子稳态运动的纵向速度恒定，适合放大圆极化波。此外，还有一种称为波荡器的恒磁场泵浦源，它是由永久磁铁构成的，结构比较简单，适合放大线极化波；其缺点是，由于电子的稳态运动纵向速度有振荡分量，引入了附加的纵向速度散离。除了磁场泵浦外，还有电磁波泵，像 Raman-Compton 自由电子激光器就是使用这种泵源，但其泵功率难以达到很高，故应用得不如前者广泛。

相对论电子束在周期磁场的摆动器中与光辐射场相互作用，当电子失去能量时速度变慢，就形成了群聚，将其能量传递给电磁场，也就是说，当电子通过摆动器的路径中，只有一部分动能转换成光能，一般只有 $1/2N$(N 是摆动器的周期数)。为了提高激光输出效率，实现大量电子动能转换成光能，一般是采用变参数摆动器，即摆动器的参数随轴向位置而变化，使电子保持共振相互作用，电子的初始能量即可大部分转换成激光能量。

3. 光学谐振腔

自由电子激光器谐振腔的作用是对周期磁场内相互作用区提供反馈，而且还要设法把高能电子束引进到作用区的光轴上(图 8.1.1)。螺旋线圈是绕在抽真空的铜管上，通过此铜管传播激光辐射，由于导电壁而被迫呈现为一种波导模形式，故谐振腔的设计要使 EH_{11} 基模的损耗为最小。波导谐振腔的单程损耗的理论估算值约为 3%，其中反射镜的透射损耗约为 1%，理论衍射损耗约为 2%，铜波导衰减约为 0.5%。但实际测得的损耗远大于此值，这可能是由于铜波导的衰减(主要是弯曲部分引起波导中 EH_{11} 模的损耗)和模的转变引起的损耗所致。所以谐振腔的设计应考虑下面几点：①为适应短波长的要求，反射镜由金属发展到多层介质模；而镜的反射率的性质在低增益自由电子激光器中起决定性作用，特别是可见光和紫外波段，需要有稳定的宽频带镀层（最佳发射率的研究），在可见光波段，用多层（如 20 层）干涉膜已可做到反射率约为 90%，在波长为 10nm 时，可得到 > 50%；②当自由电子激光器采用存储环电子加速器时，因电子能量可达 100~200MeV，强烈的紫外同步辐射会使高反射率镜的涂层性能变坏，因此，开发稳定的耐紫外辐射高反射率镜是自由电子激光器在这个波段中取得进展的先决条件；③在短波高功率应用时，镜上的功率耗散过大时会毁坏镜的表面，例如，当通过透过率为 1% 的部分而不会使镜表面性能受到损坏；④关于波导芯的尺寸问题，若磁芯的直径为 2cm，经过的 10μm 的高斯光束没有扭曲，则可以采用普通的光学谐振腔。

8.2.2　自由电子激光器的类型

自由电子激光是高能电子束的辐射效应和受激辐射效应的产物，根据产生辐射和受激效应的不同机理及其条件，把自由电子激光器分为磁轫致辐射自由电子激光器和切伦科夫辐射自由电子激光器两种主要类型。现分别介绍如下。

1. 磁轫致辐射自由电子激光器

从原子核物理学已知，当高能电子掠过物质的原子核附近发生"碰撞"时，电子受到原子核库仑场的作用，使电子做加速运动，同时电子轨道发生弯曲，从而发生电磁辐射（光子），这种辐射称为轫致辐射，如图 8.2.2 所示。辐射效应与电子的质量成反比（一般重荷电粒子的质量比电子大得多，故产生的轫致辐射很小，可以忽略不计），而且随着电子能量的增加而增加。

在自由电子激光器中，主要是高能电子在真空中与周期磁场相互作用，使电子轨迹发生偏转做螺旋运动，产生轫致辐射，故称为磁轫致辐射。磁轫致辐射自由电子激光器按其电子束的密度和能量，其运转方式又可分为康普顿（Compton）型和拉曼（Raman）型两类。前一类是用高能量（$10 \sim 10^3$MeV）、低密度电子束运行，其中电子间的库仑相互作用可以忽略，这类激光的波长可达到短波段（红外、可见和紫外）；后一类是用高密度电子（其间的库仑作用非常强）而能量比较低（只有几兆电子伏特）的电子束运行，这类激光的波长在远红外区。

1）康普顿型自由电子激光器

康普顿效应是描述光子和一个自由电子发生弹性碰撞时，光子被散射，其频率和方向发生变化的现象。在自由电子激光器中，光子与高能电子相碰撞，如图 8.2.3 所示，它们在碰撞的一瞬间形成了一个独立的体系，这时可以应用能量和动量守恒定律列出方程。散射前后体系的动能应相等，所以

$$h v_1 + m_1 c^2 = h v_2 + m_2 c^2 \tag{8.2.2}$$

散射前后的动量也应相等，因而在平行于光子的入射方向上为

$$m_1 v_1 + \frac{h v_1}{c} \cos\theta_1 = m_2 v_2 \cos\phi + \frac{h v_2}{c} \cos\theta_2 \tag{8.2.3}$$

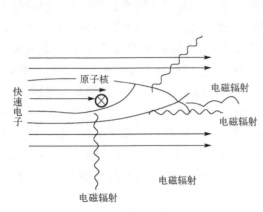

图 8.2.2　产生轫致辐射的原理示意图

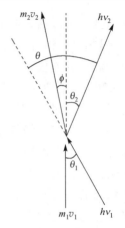

图 8.2.3　光子与高能电子的碰撞

在垂直于光子的入射方向上为

$$\frac{hv_1}{c}\sin\theta_1 = m_2 v_2 \sin\phi + \frac{hv_2}{c}\sin\theta_2 \tag{8.2.4}$$

联立上面三式求解，得

$$v_2 = v_1 \frac{m_1 c^2 - c m_1 v_1 \cos\theta_1}{m_1 c^2 + hv_1(1-\cos\theta_2) - c m_1 v_1 \cos\theta_2} \tag{8.2.5}$$

由上式可以看出，当电子是静止时，即 $m_1 v_1 = 0$，则有

$$v_2 = v_1 \frac{1}{1 + \frac{hv_1}{mc^2}(1-\cos\theta)} \tag{8.2.6}$$

这就是光子与静止电子相碰撞后发生的康普顿效应。

　　如果所用的电子束能量很高(≥20MeV)，电子密度较低，因而电子之间的相互作用可以忽略。马迪对第一台磁轫致辐射自由电子激光器进行理论分析时，就是采用了这种模型。先假定在电子静止坐标系中，周期静磁场相当于入射到静止电子上的"虚光子"(有的文献称为"赝波")，因此，问题就归结为一种受激康普顿散射的计算；然后将结果再变换到实验室坐标系，就得到式(8.2.6)和式(8.2.8)。基于这种模型建立的激光器称为康普顿型磁轫致辐射自由电子激光器。

　　图 8.1.1 所示的自由电子激光器就是这种类型。一组扭摆磁铁可以沿腔轴方向产生周期性变化的磁场，磁场的方向垂直于腔轴。由加速器提供的高速电子束经偏转磁铁导入摆动磁场。由于磁场的作用，电子的轨迹将发生偏转而沿着正弦曲线运动，其运动周期与摆动磁场的运动周期相同。产生电磁辐射，此辐射与相对论电子束一起向前传播，出了摆动器后，电子由诱感磁体引出腔外，辐射则被腔镜反射，重新进入摆动器，接收电子束再次放大，如同通常激光器发生的过程，电磁辐射波(光场)在腔内多次往返，不断得到放大，最后形成激光振荡。图 8.2.4 表示了这种自由电子激光器的辐射光谱。实验结果证实了受激辐射功率在阈值以上时超过自发辐射的 10^3 倍。激光波长为 3.417μm，平均功率为 0.36W，峰值功率为 7×10^3W。

　　2) 拉曼型自由电子激光器

　　如果所用电子束的能量比较低(≤10MeV)，但电子密度很高，在这种情况下，电子之间的相互作用就不能忽略，也就是说，这时电子束本身表现为一个流体波(称为等离子体

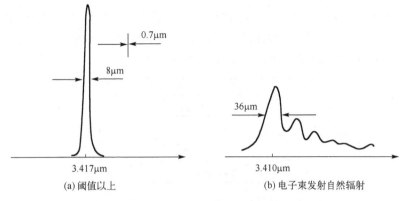

(a) 阈值以上　　　　　　　　　　　　(b) 电子束发射自然辐射

图 8.2.4　自由电子激光器的辐射光谱

波), 因而需要考虑电子束的集体效应。以这种条件运转的激光器称为拉曼型磁轫致辐射激光器。

密度很高的电子束通过摆动器时, 由电子流体动力学理论可知, 电子束的密度、速度和电场都以等离子体频率振荡, 其频率为

$$\omega_{\mathrm{p}} = \left(\frac{4\pi n_0 e^2}{m}\right)^{1/2} \tag{8.2.7}$$

式中, n_0 为电子密度; e 为电子电荷; m 为电子质量。如果不考虑相对论效应, 可将等离子体频率写成

$$\omega_{\mathrm{p}} = \left(\frac{4\pi n_0 e^2}{\gamma m_0}\right)^{1/2} \tag{8.2.8}$$

式中, m_0 为电子静止质量。

如果有一频率为 ω_0 的电磁波与以频率 ω_{p} 振荡的电子束相互作用, 将产生拉曼散射。拉曼散射的频率为 $\omega_0 \pm \omega_{\mathrm{p}}$。高密度的电子束在摆动器中之所以会产生等离子体振荡, 其机理是: 电子束(设沿 z 轴方向运动)在周期磁场的横向力作用下, 出现沿横向的运动, 因为磁场周期变化, 所以电子沿横向做振动运动。另外, 电子在周期磁场作用下, 在 z 方向上发射出电磁辐射, 该辐射的电磁场也对电子施加作用, 因而迫使电子在 z 方向上出现周期性的聚合和离散, 形成强度比较高的密度波, 这个密度波与电子沿横向的振动运动相耦合, 产生受激拉曼散射。故这种类型也称为三波共振方式, 即光波、电子等离子体波和静磁场赝波的共振。由以上分析可见, 这里是把电子束的等离子体振荡频率类比为原子或分子内部的振荡频率, 而把电子在摆动器中运动时产生的电磁辐射类比为入射光波, 故可用拉曼散射的模型来分析电子束在周期磁场中所发生的总体辐射过程。

1977 年, 美国哥伦比亚大学研制成功了第一台拉曼型自由电子激光器。其实验室装置如图 8.2.5 所示。由阴极场发射的圆柱形空心电子束(直径约为 4.5cm), 电子束能量为 1.2MeV, 管两端安装两个反射镜, 两者相距 150cm, 其中耦合输出镜是中央开有小孔的环形反射镜。该装置采用了两个磁场, 一个是波荡场, 产生一个静磁脉动场, 其周期长度 λ_{g} 是 8mm, 磁感应强度为 0.04T; 另一个是均匀的螺旋管磁场, 它的作用是会聚电子束。螺旋管磁场和脉动磁场叠加, 使磁场沿轴向(z)的分布如图 8.2.5(b) 的曲线所示。由于相对论

电子束的持续时间为 40ns(相当于 12m 的距离)，这正是谐振腔长度(150cm)的 8 倍。这就是说，辐射脉冲在腔内可往返 4 次得到放大，最后得到 400μm 波长的激光，其功率达 1MW。所以拉曼型自由电子激光器输出的激光主要在亚毫米波段。

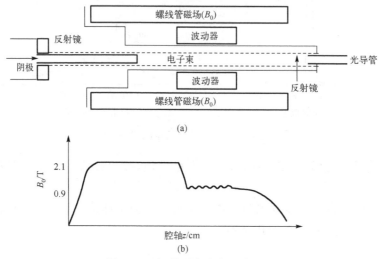

图 8.2.5　拉曼型自由电子激光器

2. 切伦科夫辐射自由电子激光器

在折射率 $n>1$ 的介质中，光的传播速度小于它在真空中的传播速度，高能电子在通过这种介质时，其速度 v 就有可能大于光在这种介质中的传播速度，这时高速运动的电子将损失能量，并以电磁波的形式释放出来，这个现象是切伦科夫于 1934 年发现的，故称为切伦科夫辐射。1937 年，塔姆(Tamn)等从理论上对切伦科夫辐射进行了解释。如果在介质中电子的速度超过电磁波的传播速度，就会产生原子极化的滞后，这时所形成的偶极子所发出的电磁波都趋向于快速电子的运动方向，在这种情况下，电子径迹上各点偶极子所发出的电磁波是相干的。这一点可以用惠更斯原理得到证明，电磁波的辐射平行于电子运动方向，辐射强度与介质的折射率有关，这就是切伦科夫辐射效应。利用切伦科夫辐射效应产生电磁辐射，在 20 世纪 50 年代就有人试图通过电子束的群聚来增加功率，但是当时对电子的有效群聚以及电子产生辐射的相干叠加和选择合适的介质等问题未解决，故一直未实现受激辐射。后来高强度相对论电子束的发展和谐振腔反馈机构的出现改变了这种状况，到 1977 年 Walsh 等在哥伦比亚大学将 10kA、0.5MeV 的电子束经过空心圆柱介质负载波导，获得了中心频率为 60kHz(波长为 5nm)的 1MW 相干辐射。介质为丙烯树脂，介电常数为 2.5，其实验装置如图 8.2.6 所示，从而首次实现了切伦科夫受激辐射。

在切伦科夫自由电子激光器中，介质谐振腔位于电子束附近，就高强度电子束而言，只有当电子束能量足够高而且介质是气态，才可能使电子直接通过介质，靠近介质使辐射的波速降低，从而使辐射能与电子束的空间电荷波同步耦合，当光波和电荷波的频率达到共振时，电子会吸收光波的能量，从而进一步加速并释放出更多的电荷波，形成更强的脉冲。当电子束传播速度快于辐射时，将在减速场区域群聚，从而对场做功，使群聚加强。光波(作为波导模)和电子束空间电荷波的相互作用共振区如图 8.2.7 所示。光波只有变慢(其相速度在大 k_z 时趋向于 c/n)，才可能相交。当 $v \rightarrow c/n$ 时，切伦科夫辐射的频率变得很高。

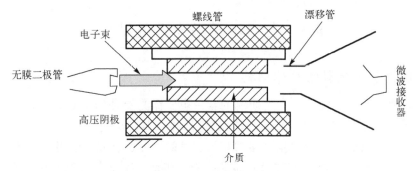

图 8.2.6 切伦科夫受激辐射装置示意图

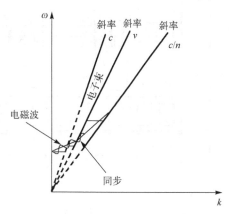

Schneider 和 Spitzet 等还提出将受激康普顿效应与切伦科夫效应相结合的方式，即入射电子与电磁波在介质中相互作用产生康普顿散射，而电子速度又满足切伦科夫辐射，两者结合产生受激辐射。受激辐射的频率在电磁波与电子对碰时产生上频移，平行对碰时产生下频移。如用微波与电子束对碰可获得亚毫米波激光。

自由电子激光器要获得进一步发展，首先要解决如何提高其转换效率的问题，主要是要有一个更先进的电子束装置，前面介绍的自由电子激光器，从加速器射出的高能电子束在穿过波荡器后就离开了谐振腔，这样电子还有相

图 8.2.7 光波和电子束空间电荷波的切伦科夫效应

当高的能量被浪费掉了。为了能充分利用电子束的能量，采用了一种储存环的装置，可使电子从摆动器出来之后进入储存环，在环内受射频加速，补充因辐射而损失的那部分能量之后，再进入加速器，如图 8.2.8 所示。循环使用电子束的结果可视为将储存环内输入的射频能量在谐振腔中转变成激光能量，这样就可以大大提高激光器的总体效率。

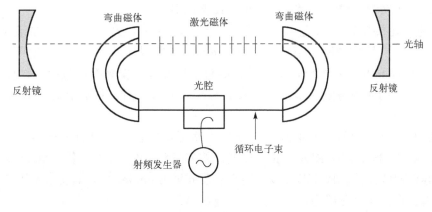

图 8.2.8 储存环自由电子激光器

8.3 自由电子激光器的结构

1. 自由电子激光器的总体结构

图 8.3.1 为中国工程物理研究所研制的自由电子激光器(FEL 放大器)的总体结构原理示意图。它的主要部件是由直线感应加速器(包括注入器、加速组元、Marx 发生器和脉冲形成线等)、电子束调制系统(包括能量选择器、发射速度选择器、四极子磁透镜)、变参数摆动器、微波种子源、控制系统和诊断系统等部分组成。下面分别简要进行介绍。

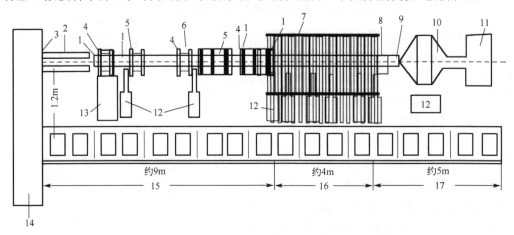

图 8.3.1 自由电子激光器的总体结构原理示意图

1—观察孔；2—波纹管；3—发射度选择器；4—调节磁铁；5—四极子对；6—能量选择器；7—电子微波合成器；8—变参数摆动器；9—弯转磁铁；10—负载箱；11—测试设备；12—真空机组；13—输入微波源；14—加速器区；15—电子束调制区；16—FEL 作用区；17—诊断区

2. MeV 直线感应加速器

(1)注入器是为加速器提供电子束流源的装置，对电子束质量起着决定性的影响。它由 4 个加速单元和 1 个二极管组成。二极管采用阴极平面场发射型，阴极材料采用天鹅绒发射体，阳极用不锈钢制成，二极管区由聚焦线圈包围。

(2)加速单元共有 12 个加速组元，其中四个构成注入器，另外 8 个组成加速段，它包括腔体、铁氧环体、聚焦线圈、束通道和 Blumlien(布鲁姆林)馈线和镇流电阻等。每个加速组元有一根 Blumlien 线供电，节与节之间有一过渡段，安装有桥接线圈，以保持轴向磁场的连续性，同时在每隔两节的位置安装有一对调节线圈，对电子束在 x、y 方向的偏离予以适时调整。

(3)脉冲形成线及 Marx 发生器。Marx 发生器是脉冲形成线(Blumlien 线)的初级电源。每一台 Marx 发生器给 4 根 Blumlien 线充电，共需三台主 Marx 发生器。Marx 发生器用低感脉冲电容作储能器件。脉冲形成线采用水介质同轴 Blumlien 线，其特点是阻抗低、储能密度大，具有自击穿恢复能力，不会产生导电物质。

3. 电子束输运系统

电子束输运系统包括加速器内部的束流输运系统和调制区的束流输运系统两部分。输运系统的作用是在电子束漂移和加速过程中克服空间电荷效应和束不稳定性的影响，保证电子束的稳定输运。

(1)加速器内束流输运系统。直线感应加速器常用的输运方式有螺旋管聚焦磁场、四极子磁场和离子通道等。注入器部分有 7 个螺旋线圈，加速器有 16 个螺旋线圈。各段之间有桥接线圈和控制线圈。每个线圈有独立电源供电，而且均有水冷却系统。

(2)调制区束流输运系统。它的主要作用是保证在输运过程中保持良好的品质，减小能散度，并起着匹配加速器和摆动器的重要作用。改变四极磁透镜的场强可以控制电子束腰在摆动器中的位置。束调区包括磁准直器、能量选择光栅、四极透镜和束位置控制装置等。其中磁准直器的功能是束流发射度的选择，四极透镜的功能是使电子束聚焦和调节束截面状态。

4. 摆动器

摆动器是电子束与激光器交换能量的场所，摆动器设计是否合理直接影响电子束能量提取的效率。中国工程物理研究所研制的自由电子激光器(FEL)是选用了线极性脉冲电磁铁摆动器(因为可以减小电磁铁电源的能量，而且磁场调节方便，不需要冷却系统)。对于高重复运转的 FEL，则必须采用直流电磁铁或永久磁铁作为摆动器磁极。

在设计高效率摆动器时，必须注意以下两个关键技术问题。

(1)电子束在摆动器中的聚焦问题。电子束在摆动器中，由于自身空间电荷力的作用，电子将向外扩散，引起发射度增加，致使被动力势阱俘获的电子数减少，增益降低，同时影响电子束与激光束包络的良好匹配。对于自由电子激光，包络限制条件为 $\varepsilon_n \leqslant \gamma\lambda/2$，在辐射波长较短时，对电子束发散度 ε_n 的要求非常严格，必须对电子束进行双向聚焦。在圆极化摆动器中，摆动器磁场本身具有对电子束双向聚焦能力；而在线极化摆动器中，只在磁场方向(y 方向)有聚焦能力，而在 x 方向没有聚焦能力，因此必须另外加一个聚焦场，目前常用的聚焦磁场有螺旋线圈磁场、四极子磁场、六极子磁场等。

(2)摆动器入口过渡区的问题。摆动器入口过渡区设计是否合理，是关系到电子束能否顺利进入摆动器、电子束质量是否能保持优良的重要环节之一。一般说来，一个好的绝热入口设计需满足三个条件：①入口区磁场不能出现跃变；②电子束要能进入摆动器，尽可能不使其能散度和发射角变坏，从而对入口区提出了一定的长度要求；③入口区不宜太长，否则对电子束聚焦不利。②和③条必须综合考虑。

5. 美国杰斐逊国家实验室自由电子激光器

该实验室直线加速器为阴极注入超导高频直线加速器，能量可以回收。其第一台自由电子激光器(IR-Demo)于 1999 年 8 月调试完毕，1999 年 10 月，2000 年 2 月、7 月和 10 月，2001 年 2 月、6 月、8 月和 10 月作为用户装置运行，为约 30 个小组提供约 300h 束流，图 8.3.2 所示为第一个自由电子激光器的示意图。

第一个 FEL 经过改进后可在更广的波长范围内运行(0.25～15μm)，平均功率最高达10000W，并可更快地进行调谐。第一个自由电子激光的参数如表 8.3.1 所示。

改进后的 FEL，加上了两段超导直线加速器，能量从 40MeV 提高到 160MeV，平均束流电流从 5mA 提高到 10mA，而引出的效率通过采用一根光速调管则增加了 2 倍。在紫外区，用一个单独的光腔和扭摆磁铁。其激光参数如表 8.3.2 所示。

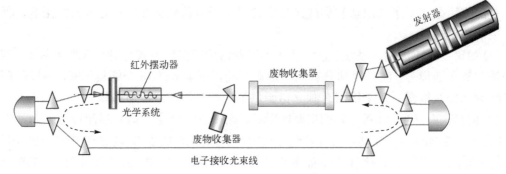

图 8.3.2　第一个自由电子激光器的示意图

表 8.3.1　第一个自由电子激光的参数

参数名称	参数值
平均功率	1270W
波长范围	3～6.2μm
微脉冲能量	～70μJ
脉冲宽度	0.5～1.7ps
脉冲重复频率可选设置	74.85MHz、37.425MHz、18.7MHz
带宽	0.3%～2%
振幅	<10% p-p
极化	>6000：1
横向模式	< 2x 衍射限
实验室的束流直径	1.5～3.5cm

表 8.3.2　自由电子激光系统参数的演变

参数	已达到	红外 IR 2003	紫外 UV 2004
能量/MeV	20～48	80～210	200
平均电流/mA	5	10	5
束流功率/kW	240	2000	1000
(电荷/束团)/pC	135	135	135
重复率/MHz	18.75～75	4.7～75	2.3～75
束团长度*/psec	0.4(60 pC)	0.2	0.2
峰值电流/A	>60	270	270
(σ_E/E^*)/%	<0.25	0.5	0.125
eN^*/(mm・mrad)	5～10	<30	<11
自由电子激光引出效率/%	>0.75	1	0.25
自由电子激光功率/kW	2.1	>10	>1
感应能量散射度(整个)/%	6～8	10	5

　　2003 年 6 月，美国杰斐逊国家实验室研制的 10kW 级自由电子激光器首次产生激光。该装置是从 2001 年因产生 2100W 的红外光而打破纪录的 1kW 红外自由电子激光器改进而成的。在 1kW 的自由电子激光拆除一年半后，新改进的设计产生 10kW 红外线光和 1kW

紫外线光的自由电子激光器已经顺利出光，达到了 10kW 的设计目标。

杰斐逊国家实验室开创了使用超导技术将电子加速到高能量的先河。超导电子加速技术为自由电子激光提供了两个突出的优势：激光器可在 100%的时间里运行，而不仅是 1%或 2%；在单个通道中，90%未转换成有用光的能量可以再用。图 8.3.3 为杰斐逊国家实验室自由电子激光器拱顶室内部，右侧为改进后的直线加速器，左侧为红外线扭摆磁铁。

图 8.3.3　杰斐逊国家实验室自由电子激光器拱顶室内部

海军对该技术的兴趣是开发和示范电驱动可调激光器。该激光器能在红外线波长运行，在此波段光能最有效地在大气中传播，具有船舰防御的潜在应用价值。

在千瓦级自由电子激光器运行的两年半的时间里，它打破了可调平均高功率激光器所有现存的功率纪录。代表海军、国家航空航天局、高等院校和工业部门的 30 多个不同的研究小组使用该激光器开展了各种应用研究，从研究生产碳纳米管新的方法、了解硅中氢缺陷动力学到研究蛋白质如何传输能量等。这些研究组已经制订了计划，正焦急地等待着使用新改进的 10kW 级的自由电子激光器。

6. 俄罗斯制成首台可调激光器高强度自由电子激光器

中新网 2003 年 2 月 11 日电，经过近十年的努力，西伯利亚科学家成功地制造出一台世界上独一无二的输出功率和频率均可调的自由电子激光器。

这台自由电子激光器功率可调范围为 10～100kW，波长为 2～30μm。该激光器的方向性极强，光束射到月球表面时光斑直径不超过 30cm。同其他激光器相比，自由电子激光器具有输出功率大、光束质量好、转换效率高、可调范围宽等优点。其应用前景领域非常广阔，可以为空间站输送能量，以降低空间站对太阳能电池的依赖性；可以生产高纯硅晶体，满足计算机生产需要；还可以应用于军事目的，变为激光武器。

自由电子激光器功率虽然强大，但由于其体积庞大，因此只适宜安装在地面上，供陆基激光武器使用。中国新闻网2003 年 2 月 12 日报道，中国科学院上海光机所设计出"新一代超强超短激光综合实验装置"，将自由电子激光装置由千米级缩小为十米级，从而为 FEL 的普遍应用展示了美好前景。

习　　题

1. 自由电子激光器可分为哪些类型？
2. 简述自由电子激光器产生辐射的机理和激光形成的原理。
3. 简述自由电子激光器的主要组成部分，并与一般光学激光器进行对比。
4. 分析自由电子激光器的优缺点。

第 9 章　X 射线激光器

9.1　X 射线激光器概述

本章对 X 射线激光器的基本原理、特性、应用等相关问题进行介绍。

1895 年 12 月，德国特理学家威廉·康拉德·伦琴发表了关于 X 射线的研究报告。其后几个月，维也纳日报对 X 射线的发现进行了重大报道，这一发现举世轰动。就在美国报道此事 4 天之后，有人将 X 射线用在患者身上，发现了他脚上的子弹。X 射线就这样快速地被应用在医学领域。伦琴因为发现 X 射线，成为第一个获得诺贝尔物理学奖的人。X 射线引来了众多的发现，由此渐渐地打开了近代物理学的大门。X 射线激光器与其他类型激光器一样，都是利用物质中束缚能级间的粒子反转分布，但 X 射线能带的大小却与波长成反比，因此必须采用高电离等离子体作为工作介质，所以也称为等离子体 X 射线激光器。图 9.1.1 为采用等离子体的软 X 射线激光器结构。左端是 X 射线反射镜，表面镀的多层介质膜适用于软 X 射线区的反射。右端是 X 射线谱线的测量系统，经过衍射光栅的光波长分解，从而可测定受激辐射光的波长，同时通过右侧的偏向角方向的强度分布，可知 X 射线光束的发散角。

通常，X 射线激光器中的放大介质内部产生的自发辐射光呈指数函数增长，并从两侧输出。如图 9.1.1 所示，从左侧输出的软 X 射线激光经反射镜反射后返回到放大区，被再次放大，激光强度、可干涉性同时提高，产生一种高质量光束。

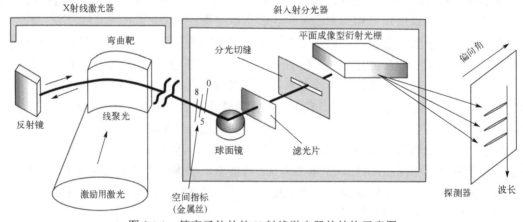

图 9.1.1　等离子体的软 X 射线激光器的结构示意图
8、5、0-金丝网空间指标

9.2　X 射线激光器的工作原理

9.2.1　X 射线激光器的组成

X 射线光源是人们观测物体内部结构、在分子与原子尺度上探测与认识物质内部微观构造与动态过程的不可替代的尖端装备。目前以扭摆器和波荡器等插入件为主要发光设备的第三代同步辐射光源已成为物理、化学、材料、医学、生命科学等众多科学领域中基础研究和应用研究的一种最为先进和不可或缺的研究手段。同时，为了满足更高的应用需求，同步辐射光源正在向相干性更好、脉冲长度更短、亮度更高的衍射极限储存环光源即第四代光源发展。

X 射线激光器原则上和普通激光器一样由泵浦源、激光物质和反射镜三部分组成。泵浦源为产生等离子体的高功率激光器放电装置，如纵向 Z 箍缩装置和毛细管放电装置，以及其他装置。激光物质则是通过泵浦源放电产生高温度、高密度的等离子体，如图 9.1.1 所示。目前实验室 X 射线激光研究中的激光物质主要是泵浦激光产生的等离子体。因此，对于激光产生的等离子体的基本特性及有关物理现象，以及激光产生的等离子体状态的数值模拟的研究显得特别重要。X 射线激光器是运行在电磁辐射波谱中 X 射线波段的短波长相干光源。通常，X 射线激光器采用高功率激光器作为泵浦源，强激光与靶相互作用形成的高温等离子体作为工作介质，并采用单程(或双程)行波放大的运行方式，近年来，X 射线激光器的研制工作取得了重大进展，并开展了 X 射线激光应用的初步研究，现在正朝着提供高亮度、有较好相干性，并且价格便宜的小型短波长 X 射线光源的目标努力。

9.2.2　激光产生的等离子体

软 X 射线波段激光器的激光介质主要是使用激光等离子体，已有很多实验室通过电子碰撞泵浦与复合反转，实现了激光等离子体介质中的自发辐射放大。为了使 X 波段的激光获得广泛应用，人们正努力提高其相干度和压缩线宽。另一个重要的研究方向是获得所谓的"水窗"波段激光，即 $2.33 \sim 4.36\text{nm}$ 波长范围的激光，它将为 X 射线全息术、生物光子学技术等提供有力的工具。为了获得更短波长的激光，显然，要靠更深层次电子(内层轨道上的电子)的激发到外层，再从外层向内层跃迁辐射出 X 射线激光，因此就要以短波长、高功率的脉冲激光器作为 X 射线激光的驱动器。

由于该工作对理论研究的紧密依赖性，因此必须对若干问题展开深入的理论研究。问题包括：产生 X 射线激光器的泵浦机制；激光与等离子体相互作用的动力学；高阶多光子激发泵浦机制，多电子原子在强光场中的非线性效应，高激发态与强激光场的相互作用等。

1.　基本物理图像

当一束激光照射到初始为固态的靶时，主脉冲的前沿或预脉冲使靶面物质升华为气体，形成一层稀薄的等离子体，后续激光必须穿过等离子体才能到达固体物质，这时激光传播受到自由电子的制约。为了形象化地描述激光产生的等离子体，将它与固体靶的作用情况划分为五个区域。

图 9.2.1 中纵坐标表示密度和电子温度，横坐标表示空间距离。激光沿着 $(-Z)$ 方向入射，到达临界面 Z_c 被反射，临界面的电子温度为 T_c，密度为 ρ_c。Ⅰ区是等离子体飞散区。这一区中等离子体的密度很低，对于入射激光来说它几乎是透明的，等离子体以等温声速向外膨胀，T_s 和 ρ_s 分别是声速点的电子温度和物质密度，T_s 在Ⅰ区几乎是不变的。Ⅱ区由 Z_s 到 Z_c，是激光吸收区。激光主要在这一区间被物质吸收，在临界面附近电子温度达到最高。Ⅲ区由 Z_c 到 Z_t，是电子热传导区。热流通过电子热传导从临界面经Ⅲ区流向高密度区，

Ⅲ区处于非局部热力学平衡状态，通常离子和电子分别达到各自的麦克斯韦分布，但是离子和电子的温度不同，T_t 和 ρ_t 分别是非局部热力学平衡和局部热力学平衡分界处的电子温度和密度。Ⅳ区由 Z_t 到 Z_r，是辐射热传导区，在辐射烧蚀波前沿流体速度为零。在Ⅱ区被物质吸收的激光能量经热波(电子或辐射的)传导向具有很陡的温度梯度的低温高密度区，由于膨胀的烧蚀和被加热物质的反作用力形成内向压缩的冲击波，产生局部高于固体密度的高密度区，这就是Ⅴ区。Ⅳ区是局部热力学平衡区。Ⅴ区是热力学平衡区，具有很好的规律性。Ⅰ区基本是简单波区，在声速点可以假设电子热传导流 $F = -K_e(\Delta T_e/\Delta Z) = 0$。Ⅱ、Ⅲ区在激光烧蚀过程中大体上处于定态。Ⅰ、Ⅱ、Ⅲ区，特别是Ⅱ区是 X 射线激光研究的重点区，激光与等离子体相互作用的主要物理过程基本都发生在这里。

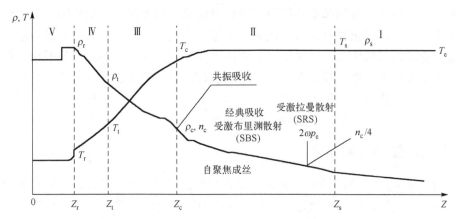

图 9.2.1　激光产生的等离子体与固体靶的作用情况

2. 靶的烧蚀和冕区物理状态

利用激光惯性约束聚变(ICF)关于直接驱动研究的结果可以对 X 射线激光等离子体中的主要物理状态的量级大小进行简单的估计，如图 9.2.1 所示。

1) 靶的烧蚀

对于低 Z 靶的激光烧蚀，电子能量输运起着作用。当激光辐照到一固体薄膜上时，由于吸收了激光能量，被烧蚀等离子体以声速向真空中膨胀，烧蚀区的压强几乎是常压，可以得到近似的能量转换关系

$$2v_s\tau_0 P_a S \approx E_a \tag{9.2.1}$$

式中，v_s 是等离子体声速；τ_0 是激光脉冲；S 是焦斑面积；E_a 是被吸收的激光能量；$v_s\tau_0$ 是有效烧蚀厚度。

引入吸收强度 $I_a = E_a/(S\tau_0)$，烧蚀压强为 $P_a \approx I_a/2v_s$，因为 $v_E \propto v_s$，$T_e \propto v_s{}^2$，得到

$$v_s \propto (I_a/n_e f)^{1/3} \tag{9.2.2}$$

把式(9.2.1)代入式(9.2.2)，并考虑到吸收发生在临界密度附近，因此，可用激光波长表示电子密度，这样得到关于烧蚀压强的定标律 $P_a = P_0 f^{1/3}(I_a/\lambda_0)^{2/3}$，其中 $P_a = P_0 f^{1/3}$ 是一个常数。由 $I_a = mv_\infty{}^2/2$，$P_a = mv_\infty = (2mI_a)^{1/2}$，推出质量烧蚀速率的表达式 $m = AI_a{}^{1/3}\lambda_0{}^{-4/3}$，其中 A 是与限流因子有关的常数。

假设激光脉冲的时间波形是高斯型的，$I_a(t) = I_{a0}\exp(-t^2 4\ln2)/\tau_0$，则烧蚀质量为烧蚀速

率对时间积分

$$\Delta m = \int_{-\infty}^{+\infty} m \mathrm{d}t = A I_{a0}^{\frac{1}{3}} \tau_0 \lambda^{-\frac{4}{3}} \frac{\sqrt{3\pi \ln 2}}{2} \qquad (9.2.3)$$

知道烧蚀质量后很容易计算出烧蚀厚度。

2) 临界面附近的电子温度

假设大部分激光能量的吸收发生在临界面附近，在定态情况下被吸收的能量经电子热传导带走，电子热流用唯象表示为

$$q_e \approx f\left(\frac{T_e}{m_e}\right)^{1/2} n_e T_e$$

上式表示电子以有效速度 $f(T_e/m_e)^{1/2}$ 输运它们的热能密度 $n_e T_e$。激光能量吸收速率和临界密度附近的热传导速率达到平衡，$I_a \approx q_e$，可以解出电子温度为

$$T_e = 0.6\left(\frac{I_a \lambda_0^2}{f}\right)^{2/3} \qquad (9.2.4)$$

3) 冕区等离子体速度

激光加热初始固态的靶时，高密度区的热能流产生朝向低密度区的等离子体喷射流，简单地估计是，取 $n_e \approx n_c$ 时，向外的等离子体速度 (cm/s) 等于当地声速，即

$$v \approx v_s \equiv \sqrt{Z k_B T_e / m_s} \approx 3 \times 10^7 \sqrt{Z T_e / A} \qquad (9.2.5)$$

4) 冕区梯度标长

冕区中离子温度通常远小于电子温度，因为冕区内离子因等离子体膨胀而冷却，并且因离子热传导小和电子-离子耦合可以忽略而没有热源。离子的温度和压强都比电子的小。在 $n_e < n_c$ 的区域电子温度随空间变化很平缓，电子温度的梯度标长 L_T 很长，为

$$L_T \equiv \frac{T_e}{|\nabla T_e|} \qquad (9.2.6)$$

5) 德拜长度

冕区内电子的德拜长度为

$$\lambda_D \equiv \left(\frac{k_B T_e}{4\pi n_e e^2}\right)^{1/2} \qquad (9.2.7)$$

不仅远小于入射激光波长，而且远小于特征长度。其中，k_B 为玻尔兹曼常量。数值上

$$\lambda_D \approx 7.4 \times 10^{-7} \left(\frac{T_e}{n_e}\right)^{1/2}$$

式中，T_e 以 keV 为单位；n_e 以 $10^{21} \mathrm{cm}^{-3}$ 为单位；λ_D 以 cm 为单位。

9.2.3　等离子体 X 射线激光的传播与产生

1. X 射线在等离子体中的传播

X 射线是一种短波长的电磁波。按照费马原理，光线只遵循两点间光程为极值的路径，可以是最小值、最大值或稳定值。对于非均匀介质，从费马原理可得傍轴光线方程

$$\frac{\mathrm{d}}{\mathrm{d}z}\left(\eta \frac{\mathrm{d}r}{\mathrm{d}z}\right)=\nabla \eta \tag{9.2.8}$$

等离子体中 X 射线的折射率 η 可近似取 $\eta=(1-n_e/n_c)^{1/2}$，其中 n_e 是电子密度，n_c 是对应 X 射线激光波长的临界电子密度。对于大多数类 Ne 离子电子碰撞激发 X 射线激光的等离子体，n_e/n_c 为 $2\times10^{-5}\sim10^{-4}$。这时 η 可近似取为 1，则式(9.2.7)进一步化为 $\mathrm{d}^2r/\mathrm{d}z^2=\nabla\eta$，即折射率的空间梯度决定了 X 射线激光的路径。因为折射率与电子密度相关，因此在等离子体中 X 射线光路取决于电子密度的空间分布，主要取决于电子密度的空间梯度。

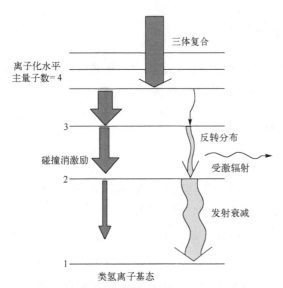

图 9.2.2　主量子数 3 和 2 之间所产生的粒子数反转分布

2. X 射线激光的产生

为了获得 X 射线激光，利用短脉冲激光获得所要求的温度密度的等离子体。此时，随着激光照射后等离子体的冷却，因复合相中产生的三体复合而导致复合激励，激光照射时，加热相中产生的电子碰撞激励就是典型的反转分布机理。下面是以类氢离子为例的复合激励的简单原理。

图 9.2.2 为主量子数 3 和 2 之间所产生的粒子数反转分布。短时加热等离子体时，会产生大量的裸离子，高温高密度等离子体的膨胀热传导 X 射线发射所引起的迅速冷却，使得等离子体中的两个自由电子和一个离子相互作用形成三体复合，导致类氢离子急剧增加。此时，在某一合适的等离子密度下，由于三体复合引发的消激励过程，处于基态上面的某特定能级间的迁移寿命变长。这样一来，上能级不断会聚离子，而下能级的离子又不断弛豫到再下一能级，从而形成反转分布。

9.3　等离子体 X 射线激光的基本特性

X 射线激光具有普通激光的特点，同时还具有波长短的特性，它在空气中极易被吸收，因此欲长距离传播必须在真空进行。它是具有很低发散度的光束，对于细而长的等离子体柱，光束的发散角由几何发散角和衍射极限角决定，为 $\theta\approx d/L$，其中 d 是等离子体柱的直径，L 是柱长。实验室的电子碰撞激发 X 射线激光通过多靶相结合加反射镜技术可使 $d/L\approx 1\mathrm{mrad}$。同时它具有紧聚焦的能力，能使高能量集中于一小焦斑内，聚焦的 X 射线激光束具有依靠烧蚀技术进行超微加工的能量密度，通过光化学形式的激光沉积或热沉积来刻制非常小的图案。它是高强度窄脉冲的激光，软 X 射线激光在上激光能级的粒子数密度大约为 $10^{17}\mathrm{cm}^{-3}$，亦属于高功率激光。这个特点使它用于需要高强度单脉冲，即极高瞬时亮度的领域。与 X 射线激光应用有关的基本特性可归结为以下几点。

9.3.1　自发辐射的光放大

一般激光器都采用谐振腔选模和放大，这种方式可以获得单色性好、相干性好、方向性强和亮度高的激光。对于 X 射线激光来说，由于泵浦源光脉冲的维持时间短，激活物质中维持粒子数反转的寿命短，光子能量大，对于光子能量达 keV 级的 X 射线目前尚无适合于做反射镜的材料，对于软 X 射线可用多层膜镜来做光腔的反射镜和输出耦合镜，但由于激活物质的寿命短，很难通过多程放大来达到选模的目的。加之，目前探索中新机制大多是用短脉冲或超短脉冲泵浦，因此，大多数的等离子体 X 射线激光器均以无腔镜的放大自发辐射（ASE）运转。这是一种行波放大，它是自发辐射的光放大，和氮分子激光器类型的器件雷同。原则上 X 射线激光 ASE 运转工作介质是细长的柱状等离子体，它的直径与长度之比 d/L 远大于 1，输出光束可以从激光介质的每一个输出点输出，既可以双向输出也可以单向输出，但通常采用行波放大方式，所以实际上高亮度的输出光束是单向的。它具有适中的准直性，并且具有相当好的空间相干性。对于很细的菲涅耳数 $F \approx 1$ 的激光棒，发射光束有可能呈单模状，然而对于大直径 d 和菲涅耳数 $F > 1$，横模将是随机叠加的。这是和有腔激光器不同的地方，后者可以用腔来选模。总的说来，等离子体 X 射线激光介于光腔型振荡器和不相干的热光源之间。

9.3.2　高的泵浦功率密度

等离子体 X 射线激光的另一特征是需要很高的泵浦功率密度。假设上能级为 2、下能级为 1 的系统，所需的单位体积最小功率 p 为

$$p = n_2 A_{21} h\nu \quad (\text{W/cm}^3) \tag{9.3.1}$$

式中，$h\nu$ 为原子由下能态激发到上能态所需的能量；n_2 为处于上能态的粒子数密度；A_{21} 为爱因斯坦自发辐射概率。

对于一个放大的自发辐射系统，其增益系数为

$$G = n_2 \left(1 - \frac{g_2 n_1}{g_1 n_2}\right)\sigma_{\text{st}} = \frac{n_2 F \lambda^3 A_{21}}{8\pi c \Delta\lambda/\lambda} \tag{9.3.2}$$

式中，n_1 为处于下能态的粒子数密度；$F = 1 - g_2 n_1/(g_1 n_2)$ 为粒子数反转份额；c 为光速；σ_{st} 为受激发射截面；λ 为 X 射线激光波长。

取系统长度为 L，则所需的单位面积最小功率 I 为

$$I = PL = \frac{\lambda^3 8\pi h c^2 \Delta\lambda}{GL/F} \quad (\text{W/cm}^3) \tag{9.3.3}$$

考虑线形为高斯型，线宽由多普勒展宽 $\Delta\nu_D$ 支配，则 $\Delta\nu_D \propto \nu^{3/2}$，所以有

$$I \propto \nu^{9/2} \quad \text{或} \quad I \propto \lambda^{-9/2}$$

即泵浦功率密度与 X 射线激光的频率的 9/2 次方成正比，或者说与 X 射线激光波长的 9/2 次方成反比。

下面具体估计产生 X 射线激光所需的泵浦功率密度。为简单起见取 $F = 1$，饱和时 $GL = 15 \sim 20$，取 $GL = 15$，并取 $\Delta\nu_D/\nu = \Delta\lambda/\lambda = 2 \times 10^{-4}$，则 $I(\text{W/cm}^2) \approx 5 \times 10^{18}/\lambda^4(\text{Å})$，考

虑到反转份额 F 通常远小于 1，实际的 X 射线激光系统，如电子碰撞激发和三体复合机制是由基态 0、下能态 1 和上能态 2 组成，因此 $h\nu$ 应为由基态激发到上能态的激发能，它要比由下能态激发到上能态所需的能量大好几倍，进一步考虑到泵浦效率，则所需的泵浦功率密度可能要比式(9.3.3)大两个量级以上。

9.3.3 X 射线激光器的输出特点

1. 方向性(准直性)

X 射线激光器主要以放大的自发辐射方式运转，基本上是单程放大。激活物质是细而长的等离子体柱，输出光束的发散角由几何发散角和衍射极限角确定，即

$$\theta \geqslant \sqrt{\left(\frac{d}{L}\right)^2 + \left(\frac{1.22\lambda}{d}\right)^2} \tag{9.3.4}$$

式中，d 为增益区的宽度；L 为增益区的长度；根号中第一项表示几何发散角，第二项表示衍射极限角。目前电子碰撞激发类氖离子软 X 射线激光实验，一般单程放大的发散角大约为 10mrad，采用多靶相接的长程放大可使发散角降低到约 1mrad。

2. 单色性

X 射线激光的单色性远不如普通激光器，主要原因是普通激光器有谐振腔，谐振腔内的增益介质可以向一个膜提供足够的能量，补偿谐振腔中全部损耗。所以从整体上来看，从谐振腔输出的激光可理解为没有衰减，具有无限窄的线宽。而等离子体 X 射线激光因无腔或只有简单的光腔，做不到这点。但从作为 X 射线源的应用角度来看，X 射线激光的单色性是比较好的。

3. 相干性

对于实验室 X 射线激光 $\Delta \nu \approx \Delta \nu_p$，例如对于类氖-硒 20.6nm 的 X 射线激光有

$$L_1 = \frac{\lambda^2}{\Delta\lambda} = \frac{\nu}{\Delta\nu}\lambda \approx \frac{\nu}{\Delta\nu_p}\lambda = 5.6 \times 10^3 \lambda$$

纵向相干长度近似地与激光波长成正比，对于氖硒 20.6nm 激光，纵向相干长度约为 115μm，相干时间 $\tau_c \approx 0.38$ps，而对于类镍钽离子 4.5nm 激光，纵向相干长度只有几十毫米。但对于软 X 射线激光的某些应用，例如生物活细胞的全息术，几十毫米的纵向相干长度已经是足够了。

4. 高亮度

高亮度是指作为 X 射线源的 X 射线激光的亮度，它的光谱亮度远高于其他 X 射线源。X 射线激光也和其他激光一样具有可聚焦性，利用会聚透镜能将 X 射线激光器输出的激光束会聚成一个具有高强度的小焦斑。原则上焦斑的大小和输出光束的几何截面宽度、光束发散角及菲涅耳数 F 有关。利用现有的 X 射线光学技术，聚焦强度有时可能达到更高。这种短脉冲高强度的短波长激光在活的生物细胞和亚细胞的全息摄影及非线性 X 射线光学等方面的应用前景是非常有吸引力的。

9.3.4　核激励 X 射线激光器

用核爆炸产生的强 X 射线照射激光工作物质使之形成等离子体、产生 X 射线激光的装置。X 射线激光的特点是波长短，在特定方向上有极高的辐亮度，因而核激励 X 射线激光器被作为探索研究中的定向能武器之一。核爆炸时，布置在其周围的激光工作物质（一般制成细长的丝）吸收大量辐射能量，成为高温等离子体状态。在一定条件下，通过某种机制，处于低能级的束缚电子被激发到高能级，使高激发态的离子数大于低激发态离子数，形成所谓粒子数反转。这时由于辐射的受激过程，工作介质对一定波长的 X 射线具有放大作用，当达到一定程度时便发射 X 射线激光，沿激光棒轴向传播。

9.4　X 射线激光应用

X 射线激光具有极高的瞬间亮度、短的脉冲持续时间、窄的带宽以及可以控制的极化态。这些特点使得它可运用于需要极高的时间和空间分辨的微观快速过程研究领域。

9.4.1　生物科学中的应用

X 射线激光在生物科学方面主要用于生物细胞的 X 射线激光成像。X 射线激光成像是指用 X 射线激光作为光源、以生物细胞和亚细胞的大分子结构为对象的成像技术，有 X 射线激光显微镜术和 X 射线激光全息术，以及它们的结合即 X 射线激光全息-显微术。

1.　X 射线激光显微镜术

它主要用于生物细胞和亚细胞结构的研究。X 射线激光显微镜术原理图如图 9.4.1 所示。

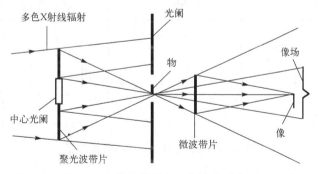

图 9.4.1　X 射线激光显微镜术原理图

与电子显微镜术相比，X 射线激光显微镜术有以下优点：①样品不用染色；②样品厚度达微米量级；③实时成像，可以观测活细胞。与光学显微镜术相比，X 射线激光显微镜术具有以下优点：①空间分辨高；②可观测元素分布。

X 射线激光显微镜术中 X 射线的吸收通常是作为一种探测手段，样品中每一点的吸收可以由组成元素的吸收系数计算出来。吸收系数为

$$S_a = \frac{\sum \rho_i (\mu/\rho)_i V_i}{V}$$

其中，ρ_i、$(\mu/\rho)_i$ 和 V_i 分别是第 i 种元素成分的密度、比吸收系数和体积；V 是总体积。

X 射线激光显微镜术具有一般 X 射线显微镜术的优点，由于它的短脉冲和高亮度，其可能是避开高分辨时 X 射线损伤问题的仅有方式。

2. X 射线激光全息术

X 射线激光全息术是指用 X 射线激光作为相关光源对物体进行全息摄影，获得全息图，全息工作原理如图 9.4.2 和图 9.4.3 所示。然后通过全息图的再现获得微观物体的高空分辨的三维图像的新技术。X 射线激光全息术有可能使人们第一次看到分辨为原子尺度的生命的物理、化学和动力学过程。

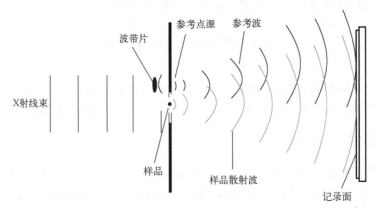

图 9.4.2　无透镜傅里叶变换全息工作原理图

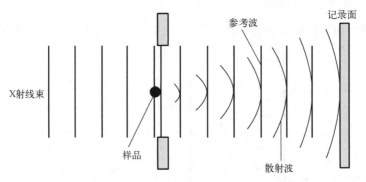

图 9.4.3　Gabor 共轴全息工作原理图

X 射线激光全息术可分为菲涅耳变换全息术和傅里叶变换全息术。菲涅耳全息术有共轴全息术和离轴菲涅耳全息术。

9.4.2　基础科学中的应用

1. 原子结构和动力学研究

X 射线波长很短，其作为光源分辨率比可见光高得多，同时其单个光子能量大，能使人们加深对原子内各层的理解，大大扩展了用同步辐射得到的知识。X 射线激光可以揭示许多新的物理现象，它检验了理论，揭示了理论的局限性，推动人们建立能解释和预报新的物理过程的新理论。X 射线激光线宽很窄使它有可能去开发原子深内壳层多电子领域的信息资源，并把研究推向更高的水平，使人们对原子物理和材料科学有更深入的理解和重要的应用。

2. 材料科学和化学

X射线激光对于研究电子的亚结构，如K壳层分子-静电耦合效应，简并离子态-自旋轨道耦合效应，振动的精细结构等是有利的。X射线激光将大大扩展化学中团簇的电子结构和几何机构中可以进行研究的能量范围。在表面物理和化学方面，利用软X射线激光的表面光电子谱，是确定材料表面密度或吸附电子态强有力的实验方法。

3. 上海光源科学中心自由电子激光团队在X射线自由电子激光振荡器研究方面取得重要进展

他们在理论上提出了一种产生涡旋X射线的方法。研究表明，仅仅通过增益失谐的调节，X射线自由电子激光振荡器的输出就可以从传统的高斯光变为涡旋光。2021年7月17日，相关研究成果以 *Generating X-rays with orbital angular momentum in a free—electron laser oscillator* 为题，以研究快报的形式发表在 *Optica* 期刊上。

涡旋光是特殊性质的光，其产生、调控和探测是光学领域的研究热点。涡旋光已应用于数据传输、操纵微观粒子运动和精密测量等领域。涡旋光的产生通常需要螺旋相位板或全息光栅等难以加工的光学器件，非常不易，尤其是X射线涡旋光的产生是亟待解决的关键问题。自由电子激光是一种基于粒子加速器的先进光源，可以产生高亮度、短脉冲的X射线，涡旋光与自由电子激光结合有望为光子科学提供新的机遇。当前，自由电子激光产生涡旋X射线的方案需要螺旋波荡器，且要工作在调制激光的高次谐波上，也不易实现。

9.4.3　军事方面的应用

在军事方面，X射线激光武器是一种利用核爆炸的辐射线使激光材料受激而发射出X射线的激光武器。发达国家目前设想的X射线激光武器是：中心一枚氢弹，前端是跟踪目标的望远镜，氢弹周围环绕着约50根细金属棒。氢弹爆炸时产生的热辐射撞击周围的金属棒时，将使它们沿金属棒方向瞬时发生强大功率的X射线激光束。鉴于X射线激光波长极短，能穿透目标数厘米深度，杀伤力强，激光器体积小，质量小，可以采用弹射式方法进行部署。如把X射线激光器部署在沿海游弋的潜艇上，一旦接到预警信号，立即把X射线激光器弹射到空间实施导弹拦截或摧毁来袭导弹。

9.5　X射线激光器的研究进展

1. 典型的X射线激光器

1）电子碰撞激励型软X射线激光器

这种激光器的工作原理是在离子化活跃的等离子体加热相中产生反转分布，目前，已得到了波长范围最宽、输出功率最强的X射线激光器。

（1）类氖离子软X射线激光器。它是通过电子碰撞激励，在主量子数3种的特定能级间形成反转分布。现已实现了波长为 10～25nm 的兆瓦级的 X 射线激光器，并且波长为8nm（银）～9nm（硅）的物质增益均可观测到。利用小型毛细管放电装置的类氖离子氩激光器已达到了放大饱和区，如果波长超过 47nm 的激光得到有效应用，则这种激光器有望获得普及。

(2)类镍离子软 X 射线激光器。电子碰撞激励使镍离子从主量子数 3 的基态激发至主量子数 4 的上能级，在主量子数 4 的特定能级间形成反转分布。由此可获得波长为 4nm 的高强度软 X 射线激光器。它适合做生物体的显微镜全息摄影的光源。

2)超短脉冲高强度激光激励软 X 射线激光器

利用脉宽为 1ps 以下的超短脉冲激光作为激励源的小型软 X 射线激光器的实验已经开始进行。将脉宽为 1.2ns、能量为 3~7J 的激光作用下产生的准等离子体再通过 1ps、2~4J 的激光(如类氖的钛)进行加热，可获得波长为 32.6nm 的 X 射线激光，增益系数非常高，达 19cm^{-1}。利用更短脉冲激光直接电离基态能级的激光实验也在进行，甚至可观测到受激辐射增强的拉曼 α 线。

3)中国最新 X 射线激光器

2020 年 11 月，中国建成的输出波长和脉冲宽度最短的自由电子激光装置通过了国家验收，输出波长为 8.8nm，FEL 脉冲宽度约为 50fs，输出峰值功率超过 100MW。这台基于 0.84GeV 的直线加速器，通过将电子束能量提升到 1.5GeV，改造和新建波荡器线，正在升级为一台软 X 射线自由电子激光用户装置，辐射波长将覆盖水窗波段。

2. 德国 Jena 课题组情况

2021 年 11 月 10 日据 OFweek 激光网报道，德国 Jena 课题组利用高功率光纤激光驱动的高次谐波光源获得 X 射线脉冲。X 射线可分为波长较长的软 X 射线和波长较短的硬 X 射线，软 X 射线的波长为 0.1~10nm，其中 2.34~4.4nm 的波段位于氧原子和碳原子 K 吸收带之间，相对于水透明，被称为水窗。高重频、高通量水窗软 X 射线在基础研究和生物科学领域具有重大意义。产生 X 射线激光的方法主要有同步加速器驱动自由电子激光器和千赫兹高能脉冲驱动高次谐波产生两种。利用高功率超快光纤激光驱动的高次谐波光源具有体积小、空间相干性好和脉冲短等优点。

XFEL(X-ray free electron laser)的发展趋势从 XFEL 技术发展的角度来看，近年来迅速发展的激光等离子体尾场加速和介质激光加速、芯片上的 FEL 等技术有望大大减小 XFEL 装置的规模和降低造价，使其应用于常规实验室、医院、商业活动的可能性大大增加。从 XFEL 光源角度来看，双色光、高功率模式、大带宽模式、超短脉冲等备受关注，有望进一步拓展 XFEL 在各种未知领域的应用。从科学应用的角度来看，在高重复频率 X 射线自由电子激光前所未有的时间尺度、原子分辨能力、多实验同步执行、大数据、大科学、大发现的潜力下，以下问题的解决逐渐受到关注。物质中能量、电子、原子的动态复杂过程及能量的吸收、传输和存储过程一直未能从根本上得到真正解决，直接影响着能量的转化利用效率。物质中电子、原子及能量是物质发挥功效的根本，高重频 X 射线自由电子激光及多模态的衍射学、谱学、成像学方法为解决这一问题带来真正的可能。

(1)催化反应过程。光催化、电催化甚至光合反应及工业催化过程在人类文明进程、环境及化学科学发展中扮演着重要角色。然而绿色、高效的催化剂及内在的作用机理一直是困扰科技工作者的重大问题。高重频 X 射线自由电子激光的多脉冲、极短时间尺度及原子分辨能力将会使得动态、实时的催化过程研究成为现实。

（2）微纳尺度功能材料的极端、多构象动态分析。量子材料、纳米生物材料及极端条件下材料的结构-性能分析是材料科学发展中不可避开的前沿性问题。同构、异构、均一、量子效应及多物理场等因素使得材料结构与性能出现波动特性。高重频 X 射线自由电子激光的出现，使得真实的射线-物质相互作用成为现实，才有可能在电子、原子尺度探究物质的本质。

（3）生物对象自然状态下空间尺度及时间维度的功能分析。单细胞多组分时空分析、膜蛋白常温下动态结构解析、活体细胞高通量谱学——成像研究等，是当今生命科学存在的重大问题。现有科学手段可实现部分研究，唯有高重复频率的 X 射线自由电子激光可同时实现生物对象自然状态下的"时间－空间－功能"研究，为重大疾病机理探索、新型药物开发、生物转化应用等带来重要机遇。

XFEL 作为较新的一类大科学装置，还存在大量的科学、工程与技术等方面难题，仍需要广大科技工作者进一步通力合作解决，不断创新，逐步解决。

习　　题

1. 简述 X 射线激光器原理结构。
2. 分析 X 射线激光器必须采用高电离等离子体作为工作介质的原因。
3. 简述 X 射线激光器工作过程及原理。
4. 分析 X 射线激光器与普通激光器的异同及其基本特性。
5. 简述 X 射线激光器的应用。
6. 什么是三体复合？

第 10 章　物质波激光器

10.1　物质波激光器概述

1. 什么是物质波(原子)激光器

1997 年物质波(原子)激光器的诞生,开辟了激光发展过程中新的里程碑。目前的物质波激光器,又称为原子激光器(atom lasers)或原子激射器,它的本质是相干原子束发生器。物质波激光器发射的是高密度、高相干性、低发散度原子束,即发射相干物质波(对应于光学激光器的相干光波)。其发射的原子束具有高相干的特性,束中所有原子处于同一量子态(指每个原子质心运动的量子态),即束中原子处于单一的模式状态,这正是激光高光子(微观粒子)简并度的微观本质特征的体现。从能量按频谱分布的角度讲具有很好的"单色性"。另外,由于发射的原子均处于同一量子态,因此可以准直行进相当长的距离而无明显发散,即"方向性"好。从这几点看,与激光器产生的光束极其相似,因此称其为物质波激光器。物质波激光器诞生的开拓性意义是,是第一种物质波激射器,是人类从电磁波的世界迈向物质波的世界的第一步。它是现代原子分子物理和光与物质粒子相互作用领域内科学与技术结合的新产物。物质波激光器的诞生,将导致原子光学或物质波光学的一场革命,也使得激光器的定义需作修正。激光器应定义为相干粒子(同态光子、电子、原子等微观粒子)的辐射源,激光应定义为辐射放大的波(包括电磁波、物质波、声波等)。

2. 物质波激光器的发展历程及展望

1925 年,爱因斯坦曾预言:理想玻色气体在德布罗意波热波长大于粒子间的平均距离时会发生相变,将有相当数量的微观粒子处于最低的能量状态——基态,出现量子简并现象。这就是著名的玻色-爱因斯坦凝聚(BEC)。但 1998 年以来,无论爱因斯坦还是其后继者都没能指出这种新形态(BEC)可能有什么特性,或者看起来像什么物质。其实这种大量聚集在同一量子态上的原子(BEC)就是物质波激光器的关键状态。

1994 年底到 1995 年初,激光冷却和捕陷中性原子的技术已经接近使一些碱金属原子气体形成 BEC,1995 年 6 月,由美国的埃里克,科内尔(ric Cornell)等首先在原子铷的蒸气中产生了 BEC。同年,原子激光器(物质波激光器)的概念产生并提出理论模型。1997 年,第一次原子激光器实验成功,麻省理工学院几位科学家从磁约束的玻色体中引出相干 Na 原子束。1999 年,由 1997 年诺贝尔物理学奖获得者菲利普斯(W.D.Phillips 和朱棣文共同获诺贝尔物理学奖)领导的小组成功研制出世界上第一台全可控、可调谐的物质波激光器,即原子激光器。至此,实现了物质波激光器研制领域的重大突破与进展。

玻色-爱因斯坦凝聚是玻色子原子在冷却到接近绝对零度所呈现出的一种气态的、超流性的物质状态(物态)。1995 年,麻省理工学院的沃夫冈·凯特利与科罗拉多大学博尔德分校的埃里克·康奈尔和卡尔·威曼使用气态的铷原子在 170nK 的低温下首次获得了玻色-爱因斯坦凝聚。在这种状态下，几乎全部原子都聚集到能量最低的量子态，形成一个宏观的量子状态，分子玻色-爱因斯坦凝聚体已初露曙光；另外，科学界也实现了两个囚禁离子的激光制冷。可以大胆预言，不久的将来，分子物质波激光器与离子物质波激光器也将问世。人类认识世界和探索自然的手段进一步加强，物质波激光器的应用将为人类的生活带来巨大的变化。

10.2　物质波激光器的原理及其核心部分

10.2.1　物质波激光器的原理

物质波激光器发射相干物质波，可以说是一个相干微观粒子(原子、分子及离子等)束发生器，相干性是其基本特征。物质波激光器发射的原子束中所有原子均处于同一量子态。同时，它发射的原子具有较长的德布罗意波长，表现出明显的波动性、量子性和相干性，波动性是物质波激光器最主要的性质。物质波激光器的另一基本特征是高的"光谱亮度"，束中原子的能谱处于单模，从能量分布的角度看具有极好的"单色性"；又因束中原子均处于同一量子态，故可准直行进相当距离而没有明显的发散，即"方向性"好。所有这些性质的微观本质即高粒子简并度。由物质波激光器的性质和基本特征，我们发现其与普通激光器类似。而使物质波激光器具有这些基本特征的本质原因在于，物质波激光器发射的原子都处于同一量子态，这一发现让人们联想通过将玻色子制备成 BEC 就可达到这一目的。BEC 是宏观数量的粒子处于相同的最低量子态的玻色系统。由于原子气体 BEC 的实现要求的临界温度一般在微开尔文(μK)量级或更低，因此只有在中性原子的激光冷却和捕陷技术充分发展的今天，才得以在少数几种碱金属原子系统(Rb、Li、Na)中实现。现有的 BEC 都是在磁-光原子阱或磁原子阱中制备的，处于势阱最低量子态的原子聚集在势阱局限的空间内。物质波激光器最基本的原理就是：用适合的方法将 BEC 中的部分原子耦合出原子阱，就形成了物质激光输出，犹如光学谐振腔中高简并度的光子被部分反射镜耦合输出形成激光一样。

但是，BEC 系统并不完全等同于物质波激光器，它们有一定的联系和区别：①BEC 是一个处于极低温度的、热平衡下的特殊物态的系统，而物质波激光器是一个开放系统；②物质波激光器中原则上只要求大量原子处于同一量子态，但并不一定是最低量子态，这也和 BEC 是不一样的。当然，到现在还没有 BEC 以外其他可靠途径可以获得处于同一量子态的大量原子系统。

总之，物质波激光器是建立在玻色-爱因斯坦凝聚实现的基础上的，基本原理是实现 BEC 系统内的同量子态的原子耦合输出。

10.2.2　物质波激光器的核心——BEC 系统

1. 玻色-爱因斯坦凝聚

物质波激光器的核心部分是要求形成大量原子聚集在同一量子状态，这种现象称为玻色-爱因斯坦凝聚。这种凝聚物仅存在于极低的温度下，随着温度的降低，原子的运动速度变得越来越慢，当温度到达某临界温度 T_c 时(通常 $T \leqslant \mu$K)，具有玻色子(自旋为 h 的整数倍)性质的原子将聚集在系统的最低能量态上，形成此种特殊凝聚物态。

由量子力学的德布罗意关系可知，运动物质的波长与其动量满足关系式 $\lambda = h/p$。以钠原子为例，当 $p = 1K$ 时，它相应的速度约为 3cm/s，而它对应的物质波(即德布罗意波)的波长为 $\lambda = 0.6\mu m$(橙光波长)。通常，经过绝热扩散制冷的原子 BEC 仅有 0.005～0.05K 的残余动能，根据德布罗意物质波长公式，$\lambda = h/mv$，相当于波长 λ 为 12～120μm 的物质波。在这种情况下，物质波的波动效应将变得非常明显，与波动学相关的实验物理研究可以推广到物质波。高密度、长相干波长是原子 BEC 的主要特点之一。

2. 产生 BEC 的条件

要形成原子的 BEC，必须使原子的德布罗意波相关重叠。然而当气体的密度增加到波函数开始重叠时，不希望发生的原子间强相互作用发生了，并完全控制了量子统计的效应，甚至由于原子形成了分子而导致粒子数损失。正是这个原因，20 世纪 80 年代人们想以原子氢作为 BEC 首选系统的努力未获成功。而要观察弱耦合系统的 BEC 现象，必须选择稀薄的原子气体，使原子间距大于原子间的相互作用范围。由量子力学可知，原子的德布罗意波热波长为

$$\lambda = \sqrt{\frac{h^2}{2\pi mkT}}$$

式中，h 为普朗克常量；m 为原子质量；k 为玻尔兹曼常量；T 为系统的温度，随 T 的减小而增大。因此，可通过降低温度使德布罗意波的波长增大来达到形成 BEC 的条件。通常要求粒子数密度 n 在无量纲相空间必须大于 2.612，这个条件对低温的要求是很高的。

3. 实现 BEC 系统耦合输出的方法

BEC 理论在 1925 年已提出，但在实验上实现原子 BEC 非常困难。物理学家们首先联合使用磁场与光波构成的磁-光陷阱俘获低速运动原子，随后使用困难而复杂的能量交换方法进一步降低原子动能，以逼近临界温度。直到 1995 年，美国国家标准与技术研究院(national institute of standards and technology，NIST)的 Colorado 实验组实现铷原子 BEC。

物质波激光器要求的是相干原子束的输出，因此，如何有效地耦合输出部分 BEC，并保持其高密度、高相干性和低发散度就成为实现物质波激光器的另一难题。1997 年，Kettel 小组首先实现射频耦合输出 BEC。但是这一系统有极大缺陷(由于地球引力作用，输出 BEC 只能自由下落，方向速度不可控；输出 BEC 有很大的发散性)。其输出 BEC 见图 10.2.1。

1999 年，NIST 制出了第一台准连续全方位、全可控、可调谐物质波激光器。他们演示了一种新的耦合输出方法。他们利用受激拉曼散射方法，使凝聚体中的原子从一个被束缚的量子态跃迁到不被束缚的态中，凝聚体原子吸收一个光子(来自形成光阱的对撞激光)，发射出波长稍不同的光子，使原子得到一个反冲作用而离开被束缚的原子态，其工作过程见图 10.2.2。因此，改变激光的方向就可改变输出原子束

图 10.2.1　BEC 原子在重力场中下落因相互作用力而发散

的大小和方向。与其他耦合输出方法不同，该方法不依赖于重力。另外的优点是原子束横向扩散被大大降低。在其他方法中，在原子束中原子之间的斥力使束不断扩张。在 NIST 的实验中，因原子在某一方向上得到很大的冲力，它与其他原子接触时间很短，减少了横向扩散问题。该实验中约束用的磁场有旋转分量，输出耦合脉冲的重复率基本上与磁场转动是同步的。由于速率很快，输出的原子云互相重叠，变成连续束。该原子激光的相干长度还未直接测量，但可以肯定在它的脉冲长度内两个相邻束脉冲间是全相干的，其尺寸相当于凝聚体的长度。由于输出耦合方法全是相干的，原子激光的实际相干长度可能大于凝聚体的尺寸。

NIST 输出耦合方式是用受激拉曼散射方法使处在束缚状态的磁次能级（$m_F = -1$）的原子跃迁到非约束（$m_F = 0$）态中去，在受激拉曼散射过程中，转移给原子的冲量方向由激光束的方向确定，因此原子束不限制于向下方向（图 10.2.3）。

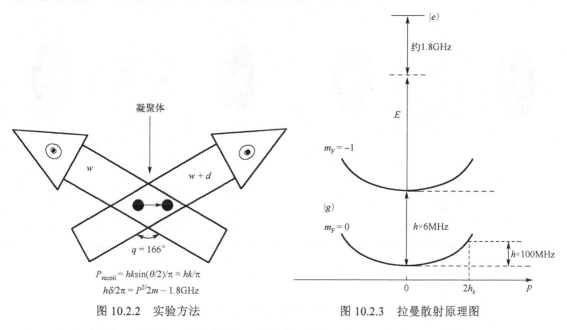

图 10.2.2　实验方法　　　　　　　　　　图 10.2.3　拉曼散射原理图

10.3　物质波激光器的结构特点和工作过程

10.3.1　物质波激光器的结构特点

光学激光器总是包含谐振腔、工作物质和泵浦激励系统 3 部分。相应地，一个物质波激光器也对应有 3 个主要部分：谐振腔对应粒子（原子）阱；工作物质对应预制冷的原子云团；泵浦激励系统对应将原子云团装入原子阱以及不可逆地将一些原子输运出原子阱的作用系统。

图 10.3.1(a)表示用"四叶式"磁阱通过特殊的冷却技术（即蒸发冷却）将装入阱中的 Na 原子冷却到临界温度下，形成了"雪茄"状 BEC，这些被磁阱捕陷并形成 BEC 的原子都具有与磁场方向相反的磁矩；图 10.3.1(b)表示送入射频共振脉冲，其效果可形象

地看成是使原子的磁矩倾斜,其倾角可通过调节射频脉冲的幅度来改变;图 10.3.1(c)表示按照量子力学的观点,上述倾斜实际上是部分原子经射频共振脉冲作用在超精细能级间发生了跃迁,原子由捕陷态变到非捕陷态(磁矩相反了),它们将离开磁阱,变到非捕陷态的原子的比例可通过调节射频脉冲幅度来改变;图 10.3.1(d)表示相继送入几个这样的射频脉冲后,在重力作用下,这些相继离开磁阱的相干原子形成了准连续的相干原子束。

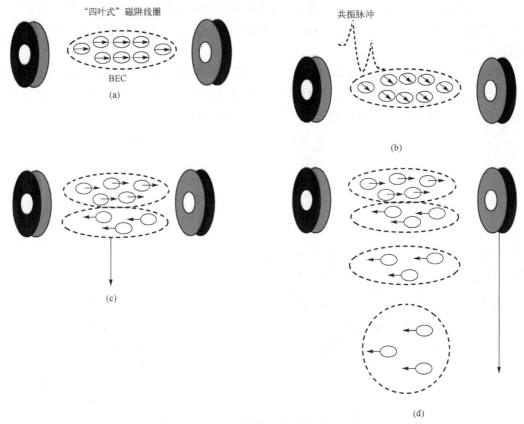

图 10.3.1 物质波激光形成原理示意图

例如,在 MIT 的第一台物质波激光器中,使用的原子阱是"四叶式"磁阱(图 10.3.1(a)),原子云团是事先用激光冷却技术预制冷的高密度 Na 原子,将原子装入磁阱,采用关断冷却激光并立即建立磁阱的方式,将某些原子不可逆地输运出原子阱,使用的是蒸发冷却技术。

10.3.2 物质波激光器的工作过程

一个光学激光器工作时最主要的环节是通过泵浦手段,依靠受激辐射在谐振腔内建立光子的增益。一个物质波激光器工作时最主要的环节是通过特殊的装入和运输手段,依靠玻色受激转移,在原子阱中建立确定量子态上原子数的增益。

物质波(原子)激光器的工作物质是处于 BEC 下的超冷原子团。要使原子团实现 BEC 态,要求物体温度低到 μK 量级以下并保持在气体状态下冷却。目前,所用的冷却技术分级进行,第一级利用激光冷却和囚禁获得大数目、高密度的初始冷却玻色子气体;第二级利用射频蒸发冷却技术进一步降低温度,使超冷原子团温度达到几微开尔文(μK)。

物质波激光器在工作过程中首先把存放在室温下高真空气室中的工作物质(Rb、Li、

Na 等碱金属原子气)经过强磁场的捕获和冷却后，再输运到激光冷却器中进一步冷却。这时在激光冷却器中被初步冷却的原子能量参差不齐，有高、有低，通过切断激光器电源的方法，把较高能量的原子筛选出来令其逃逸，剩下能量较低的原子经过碰撞重新建立温度更低的热平衡。如此反复多次，就能使原子都聚集于同一个最低能级量子态上，即实现了 BEC 状态。实现了 BEC 的原子虽然处于同一量子态上，但由于其运动方向是杂乱无章的，故还需进一步降温筛选使它们的运动状态趋于一致，然后让 BEC 状态的相干原子在其重力作用下注入射频输出耦合器，利用射频蒸发冷却等方法再次冷却，从而得到相对速度趋于零的相干原子束。最后令其一批一批不可逆地输出耦合器，这就完成了原子激光的输出。

10.3.3　物质波激光器与光学激光器的对比

物质波激光器与光学激光器有很多的地方十分类似却又有区别。一个物质波激光器一般由 3 部分构成：原子阱、BEC 状态下的冷原子云团、将原子云团装入原子阱以及不可逆输出装置。将之与光学激光器对比分别是：谐振腔、工作物质、泵浦。光学激光器工作时主要环节是通过泵浦手段实现粒子数的反转，依靠受激辐射在谐振腔中建立光的增益；而物质波激光器工作时的主要环节是通过特殊的装入和输运手段把处于中等能量级的 BEC 原子搬到较高能级上，由于高能级不稳定而向低能级跃迁，使原子在确定较低能级的量子态上产生原子数的增益(图 10.3.2)。

物质波激光器与光学激光器相比，光学激光器发射相干电磁波，物质波激光器发射相干物质波。图 10.3.2(a)所示光学激光器腔中，大多数光子处于一个或几个模中，腔由两个反射镜组成，腔长为模半波长的整数倍，图中只画了一个模；工作物质由外能源抽运以保证形成粒子数反转分布状态；由半透明反射镜将光子引出腔外。图 10.3.2(b)所示物质波激光器中，约束在磁阱中的玻色-爱因斯坦凝聚体包含很多处在陷阱的最低能态的原子。增益介质是一个热原子云，原子通过隧穿耦合出势阱，形成相干物质波(图 10.3.3)。

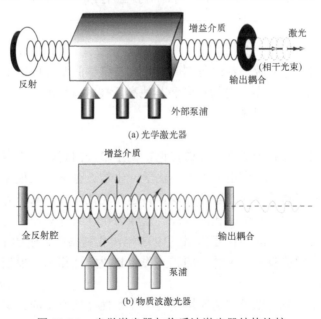

(a) 光学激光器

(b) 物质波激光器

图 10.3.2　光学激光器与物质波激光器结构比较

由此可见，物质波激光器和光学激光器都是波的激射器，物质波激光器发射的是相干物质波，光学激光器发射的是相干电磁波(图 10.3.2)；光学激光器中的光子可以产生且其数目能够增多，而物质波激光器中的原子不能生成，原子总数不会增大，某个状态上原子数目增大的同时，其他量子态上的原子数目将相应减少。

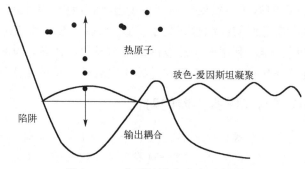

热原子

玻色-爱因斯坦凝聚

陷阱

输出耦合

图 10.3.3　物质波激光产生示意图

原子间有相互作用，这使物质波激光器输出的相干原子束会产生额外的发散，与光学激光器相比会聚性较差，这种物质波不能在空气中远距离传播。

原子具有质量，由于地球对它的引力作用，物质波激光器耦合输出的相干原子束会受到重力的加速，其速度与方向不可完全控制，相干原子束会像普通原子束一样任其下落，其方向性受到很大的限制。

物质波激光器中的玻色-爱因斯坦凝聚系统处于热平衡状态，具有极低的温度；与此相反，光学激光器是处于非平衡状态。在玻色-爱因斯坦凝聚和蒸发制冷中绝对不会出现粒子数的反转。

10.4　物质波激光器的应用前景与展望

1. 物质波激光器的应用前景

20 世纪 60 年代，光学激光器的研制成功为人类科学的发展做出了重大的贡献。而在 20 世纪末问世的物质波激光器，对物理学和其他高新技术领域的影响十分巨大，研究与应用价值非常高，应用前景特别喜人。

1) 非线性原子光学

20 世纪 60 年代，随着光学激光器的问世，诞生了一门崭新的学科——非线性光学。目前非线性光学已经被广泛地应用于物理、化学、生物、医学、工程通信及其他研究与先进技术发展领域。随着物质波激光器的出现，将建立现代非线性原子光学，它使现代原子物理学和现代光学发展到了一个崭新的阶段。迄今为止，大部分原子光学实验可以说是单粒子现象，没有涉及粒子之间的相互作用。1993 年，亚利桑那大学的 Pierre Meystre 等考虑了一类新的原子光学实验，原子之间的相互作用起决定性作用，他们称这一领域为"非线性原子光学"。

通常的非线性光学中，光子间的作用是通过非线性介质产生的。例如，四波混频过程是三个波同时射入非线性介质中，经能量和动量交换而产生了第四个波，量子力学描述该过程是两个光子消失和两个光子产生，新生的一个波加入第三个波并被放大，第四个波则是另一个新生波。

1998 年，NIST 的 Paul Julienne 和以色列的 Marek Trippenbanch 等预言，在玻色-爱因斯坦凝聚体中，原子之间的非线性平均场相互作用可导致物质波的四波混频。如果具有适当动量的三个玻色凝聚体碰撞，考虑非线性薛定谔方程中描述原子间相互作用的那一项产生第四个波。从原子水平分析，这一过程是不同物质波中的两个原子碰撞。一个原子被受激散射在第三个入射物质波方向上，由动量守恒定律，另一个原子射出形成第四个物质波束。

2) 原子干涉仪

一个原子波包被分割成两个相干波包，会合前经历了不同的程长(路径长度)。因为德布罗意波长远小于光波波长，所以原子干涉仪的测量精度比光干涉仪的精度高，可用来检验量子理论、探测时空变化、原子内部结构等。物质粒子在 μK 量级的低温下，平均动能极小，粒子会显现波动性，这时可使原子束呈现普通光束所具有的干涉现象。利用低速原子构建的原子干涉仪，人们可更方便地观察实物粒子所具有的德布罗意波，它将大大改进原子物理学的实验方法，还能提供某些物理常数的精确测量。如 1999 年朱棣文小组运用原子干涉仪成功地测量了重力加速度 g，证实了自由落体定律在量子尺度上仍成立。原子干涉仪的出现为基础物理和高能量子物理的研究与应用提供了更有力的帮助。

3) 原子钟

原子钟是目前最精确的计时工具，它是利用原子内电子振动为计时标准，但是由于原子间杂乱无章的运动及其相互作用，原子钟精度难以提高，最好的铯原子钟精度可达 10^{-14}。然而用物质波激光器输出的粒子作为源，将大大改善原子钟的精度，现在已使铯原子钟精度达到 10^{-15}，将来可望达到 10^{-18}。另外，可利用原子钟测量地心引力，并以此进行探矿，同时原子钟还可以用来检验自然界基本力的相互关系和基本对称性等一系列课题。

4) 纳米技术

纳米技术是利用扫描隧道显微镜和原子力显微镜搬移原子或光刻蚀的方法来产生微小位移的尖端技术。物质波激光器可以聚焦、准直，因此可利用物质波激光器通过适当变换实现纳米级的微细加工，制作纳米材料，制造纳米机械、电机或系统等，开发原子印刷制版技术和刻蚀新工艺。通过对原子的操纵，利用原子(或分子)操纵技术，制备具有整流、开关、存储、振荡等功能的纳米电子器件及原子器件，生产具有量子特性的量子计算机等，对未来微电子学的发展将带来深远的影响。

5) 在生物技术、医药医学方面的应用

在生物技术上，解开 DNA 的密码一直是人类的重大科学目标之一，解码需要分段，利用激光制冷捕捉术可以测量其物理特性；由于对原子的操纵与控制，将能制作出可控原子或分子的医疗药剂；基于物质波激光器制造的医疗仪器，可迅速提高对病情诊断的准确性，它的发展前景将是不可估量的。

6) 原子全息术

相干原子束的一个重要应用是原子全息术，和光学全息利用光子束衍射实现三维成像一样，原子全息是利用原子衍射。因为原子的德布罗意波长远小于光波长，所以原子激光将产生更高分辨率的全息像。可以利用原子全息将纳米级的复杂集成电路图投影到半导体基板上。

第一个原子全息实验是 1996 年东京大学 Fojio Shimuzu 等与 NEC(日本电器电气股份有限公司)的 Jun-ichi Fujita 利用冷却原子束实现的。全息术分两步，第一步是记录全息图；第二步是利用光或原子束再现成像。光学全息是将光束与从物体上反射的光束在记录介质上形成干涉图而记录下来，也可用计算机产生(计算全息)。而原子全息实验中，成像是相干原子束通过一光栅衍射而产生，该光栅是由电子束光刻出来的。像记录在微通道板上(原子接收器)，目前，原子全息仅能产生二维图像。

7)用于其他工程技术方面

21 世纪，随着 BEC 技术的完善与发展，物质波激光器技术必定会进一步发展，其必将大力推动精密测量技术、控制技术、空间技术、航天技术、化工技术、纳米生物技术、能源环保工程技术以及高速信息技术等的飞速发展。

物质波激光器的应用前景是广阔的，同时也是我们不可完全预测的，如同光学激光器的产生，它给我们的生活带来的巨大变化是难以想象的(如碟机、光盘等激光技术在生活中的应用，不是激光器研制者们能预料到的)。同样，物质波激光器未来的发展也是难以预测的，不过相信一定是更加绚丽多彩。

2. 物质波激光器的展望

以光学激光为指导，可展望原子激光的发展。要得到真正连续的相干物质波，玻色-爱因斯坦凝聚体必须连续补充，产生稳态凝聚体的设想已经有了，但还有待实验实现。再激光腔内可能出现高阶模，但对原子激光说，BEC 中的原子都是占据最低能量态，能否找到新的、较高能态的凝聚体，从而耦合出高能量的相干原子束，这又是原子激光发展的一大方向。

目前，物理学家在实验中已制备出了双原子[Rb]分子的 BEC 态，分子玻色-爱因斯坦凝聚体已初露曙光；另外，科学界也实现了两个因禁离子的激光制冷。可以大胆预言，不久的将来，分子物质波激光器与离子物质波激光器也将问世。人类认识世界和探索自然的手段进一步加强，物质波激光器的应用将为人类的生活带来巨大的变化!

1)原子激光器研究的最新结果

1995 年，在捕获原子的稀薄气体中玻色-爱因斯坦凝聚的实现，表明宏观数量的玻色粒子处在单一的量子能态，宏观气体可以用单个波函数来描述。和激光腔中单一模式对光子的储存相类似，BEC 可看作被宏观布局的样品原子所占有的量子态。在激光中，用部分反射镜将相干光子束耦合出激光腔形成了激光，对应地，美国 MIT 小组在 1997 年用射频耦合方式将原子从 BEC 中输出，实现了原子激光器。这种激光器输出的是空间分布呈月牙形的原子脉冲，并且，在两团 BEC 原子下落的相互重叠区，用吸收成像法清楚地观测到了高反衬度的干涉条纹，证实了输出物质波的相干性。1999 年 4 月，德国的 Munich 小组实现了可连续输出(CW)100 多毫秒的铷原子激光器，输出原子的强度和动能通过调节弱耦合脉冲场来控制。1999 年 3 月，美国国家标准与技术研究院(NIST)小组实现了高准直的"准连续"的钠原子激光器。通过改变产生拉曼跃迁的两束激光波矢的夹角，可以向任何方向输出原子，耦合出凝聚物中任何想要的部分，同时可调整其输出原子的波长。1998 年 11 月，Yale 大学实现了类似于锁模激光器的原子激光，他们将激光场和凝聚体相结合，在被称作光晶格的网状光波中捕获到铷原子后，输出了一连串的原子脉冲。正像 20 世纪 60 年代激光刚出现时的情况一样，这些最新的实验结果不仅使人们看到了其潜在的巨大用途，而且在此基础上又提出了通过不断补偿原子来实现真正意义上连续原子激光器的设想，比如主从 BEC 的方法，多势阱流水线制备 BEC 的方法等。

(1) Munich 的连续输出原子激光器。

Munich 小组是在 QUIC(quadruploe-Ioffe-configuration)的磁阱中实现 BEC 的，这种阱将四极阱和 Ioffe 阱相结合，由两个四极线圈和一个 Ioffe 线圈组成。实验时，磁光阱中捕获的原子首先被装入四极阱的线性势中，然后，将 Ioffe 线圈的电流打开并逐渐增大，线性势就平缓地转换成 Ioffe 阱的抛物线形状。在这个过程中，靠近 Ioffe 阱的附近会形成一个新的四极阱，具有正交轴的两个球形四极阱将变成一个势阱，捕获的原子云团向这个势阱的极小处移动，形成对原子云团的紧固约束。QUIC 阱具有极高的稳定性，势阱磁通密度的涨落在 $0.1\text{mG}(1\text{G} \approx 10^{-4}\text{T})$ 以下。这是因为磁阱被放置在金属盒子中，地磁场和环境磁噪声的涨落约为原有的 1/100。对于连续耦合输出，要求磁场的涨落非常小，特别是磁场的涨落要远小于捕获场在凝聚体空间尺度上的变化，因此这种高稳定性的磁场就是实现 CW 耦合输出的关键。

由于原子能够被耦合输出的共振频率只有几千赫兹的带宽，因此使用精确到几千赫兹的弱射频场和原子发生共振，将原子耦合出凝聚体。为了得到长时间(100ms)的原子输出，要将射频场的振幅降低。不像热平衡下的 BEC，原子物质波激光是一种原子物质波受激辐射的波放大。原子物质波激光的相干时间由于力学噪声和剩余磁场涨落的影响大约为 1ms。

BEC(玻色-爱因斯坦凝聚)是一种量子物理现象，是一群低温玻色子(即具有整数自旋的基本粒子)在相同量子状态下，组成一个量子态的现象。在 BEC 中，所有的原子处于相同的量子态下，它们的波函数是相干的，可以描述为一个大的波函数。而 BEC 产生的激光器，是通过激光光束对 BEC 中的原子进行激发，让它们产生共振，从而形成激光束。

在 BEC 产生的激光器中，每个原子的波函数是一个整体，它的行为和一个单独的粒子不同，只有整个系统的行为才决定了它们的行为。这意味着，每个原子的波函数扩展到整个激光束的长度上，因此有人认为，整个激光束可以被描述为一个宏观量子物体。

(2) NIST 高准直的准连续原子激光。

MIT 和 Muinch 的原子激光只能在重力的方向上输出原子，而 NIST 的高准直的准连续的原子激光能够将原子向任何一个方向输出，避免了原子的扩散。

NIST 是用磁子能级间的受激拉曼跃迁的方法将原子从 BEC 中输出的。在光场的作用下，原子从捕获的磁子能级转变到不受捕获势作用的磁子能级时，从反冲光子中得到了反冲动量。由于原子得到的动量要比其初始动量的扩散大得多，所以可通过调整拉曼激光来控制输出原子束的方向和速度。

在 TOP(top trop，顶层阱)阱中使用混合气体技术形成 BEC 后，大约有 106 个原子被捕获在 $3S_{1/2}F = 1$，$m = -1$ 的单态上。将捕获势在 0.5s 内绝热膨胀，同时改变磁场梯度和旋转偏置场，输出凝聚体动量宽度的均方根就只有 0.09。和射频耦合输出的方法不同，拉曼耦合输出使输出原子的横向动量扩散降低为原有值 1/20。对于无初始反冲动量的球对称势原子的耦合输出，由于原子的相互作用的排斥会引起各向同性的动量扩散，而在 NIST 的实验中，释放的原子主要在一个方向上，所以形成了高准直的输出原子束，并且因为降低了速度的扩散，所以提高了激光的亮度。

多个脉冲的使用就可以形成准连续的耦合输出，在两个脉冲的时间间隔内，每一次输出原子的波包仅移动 2.9μm，远小于凝聚体的大小 50μm，所以每个脉冲都是高度重叠的，基本上形成了一个准连续的相干物质波。因为 TOP 阱包含随时间变化的磁场，所以在静止势阱的条件下，NIST 使用脉冲的方法就可以连续地耦合输出。

NIST 认为他们的方法可以用来观察物质波的干涉，这有利于研究空间的相变化，而且可以被用来研究量子化学中具有确定内能态的原子间的碰撞。

(3) 耶鲁 (Yale) 大学类似 AC 约瑟夫森效应的原子激光器。

耶鲁大学从制备的 BEC 中输出了相干的原子脉冲，将激光冷却和捕获的原子装入磁 TOP 阱后，蒸发冷却得到 3×104 个原子的 BEC。BEC 被转移到激光的驻波场，即所谓的光晶格后，关断磁场，凝聚态的原子将被激光场所捕获。原子沿着宏观的波函数扩散到许多势阱中，由于重力作用，将要穿过势阱掉下来。因为凝聚原子的相干性，从不同阱中漏出来的原子相互作用导致相干物质波的周期性脉冲。通过调整阱的深度，能够控制不同阱间的隧道速率，使得观察原子离开势阱的速度足够快，而直接观察时间调制信号的周期性又足够慢。相邻势阱之间的势能决定了脉冲频率。这种由于原子隧道晶格的宏观量子干涉，类似于超导电子中观察到的 AC 约瑟夫森效应。由于原子的相干长度 (500μm) 远大于共振腔的长度，所以耶鲁大学研究者认为是一种原子激光。

这种激光和锁模激光中形成的一系列脉冲相类似，由于凝聚体原子自身的振荡，形成了原子脉冲。这种技术已被用来测量重力的加速度。

2) 单原子激光器

(1) 普通激光器。

产生激光的思路正是让一块发光物质主要产生受激发射光，为什么呢？因为受激发射光的一个关键特征是，受激发射出来的光子和导致这个受激发射的光子具有相同的频率和初相位。由于光子的波动特性，不同初相位和频率的光子在相遇时，常常大量地相互抵消或者是合成更加多样频率的光子；而具有相同的频率和初相位的光子在相遇时，则是保持频率和相位不变，因此我们要想获得单一频率并且高强度的光线，就必须从受激发射光里面选择某个特定的频率，同时想办法增加具有该频率的光子的数目和减少其他频率的光子的数目。

激光器正是根据这个思路设计出来的：光照或电流作用，使得一块特定物质所具有的激发态原子含量高于基态原子含量，然后在入射光的作用下，使得物质的受激发射光远多于自发发射光。

剩下的关键步骤是如何从受激发射光中挑选出单一频率的光子来，常用的方法是在发光物质一个方向上的两个对边放置一对反射镜，精细调节这对反射镜的间距，使得在这个方向上飞行的具有特定波长的光子能够在这对反射镜之间进行多次反射，而不至于因为相遇而相互抵消；而这些具有特定波长的光子在来回反射过程中，又能够不断对发光物质里的原子激发出新的同频率、同初相位的光子来，同时其他方向与其他频率以及初相位的光子，由于得不到这种增强作用而逐渐减少，这种优胜劣汰的结果，就是入射光的能量最终大量地转化为单一频率光子的形式在反射镜之间来回谐振，把这些光子引出来，就是普通的激光了。

由于能够让大量原子步调一致地受到同一种频率及初相位的光子的激发，普通的激光能够具有高能量密度，但是由于参与发光的原子数量庞大，我们很难更加精细地控制激光光子有秩序地发射。所以一个自然的想法就是，是否可以只用很少的原子来产生激光，甚至只用一个原子呢？

（2）一个原子的独舞。

对于发光物质块米说，由于大量原子连续地分布在反射镜之间的空间，特定波长的光子在来回反射过程中总能够遇到适当的原子，而进行受激发射。如果只用一个原子作为发光物质，就要求它在两个反射镜之间的位置必须非常确切地固定下来，以便在反射镜之间来回奔走的某个特定波长的光子能够高效地激发该原子进行受激发射。例如，要想产生某个可见光波长的激光，那么该原子的位置漂移不能超过该可见光波长的 1/10，否则就无法得到该波长的受激发射光。

美国加州理工学院（CIT）的吉夫・金博（Jeff·Kimble）和他的同事们却别出心裁地报告了他们制作出来的世界上最纤弱的激光器，也是在理论上可能存在的最细微的激光器：只让一个原子发射激光。金博小组的办法就是使用目前非常流行的原子激光冷却囚禁技术来固定单原子的位置。他们用特定的激光光束照射位于狭小的光学谐振腔内的一个铯原子，激光光束在空间产生特定的光场强度变化，从而使得铯原子像落入一个尖底碗里面的弹珠一样，老老实实地待在碗底，最终稳定在光束中心位置。这样，就像是有一把"钳子"把铯原子囚禁在光学谐振腔内，它的热运动也被平息下来。

然后用另外两个激光光源对铯原子进行激发，由于光腔本身极小，一个光子射入，就能够很容易地诱发受激发射，而使该原子的自发发射的概率减小，从而开始受激激光发射的过程。这样一个单原子所发射出来的激光具有与普通激光非常不同的特性，最鲜明的是它的激光光子的发射显得非常有秩序：在一个光子发射出来后，总是存在一个特定的停顿，再发射出下一个光子，使得激光光子流呈现所谓反聚集的特征；同时，在一定时间内所发射的光子的数量也是非常稳定的。相比之下，普通激光器发射的光子总是一窝蜂地跑出来，光子流量也不稳定，从而无法预测单位时间内发射光子的数目。当然，由于只有一个原子发光，它产生的激光只有很小的流量，每秒只能产生不足 10^5 个光子，而且只能连续地工作 1/10s。

不过，单原子激光器的这种"文静"和"讲秩序"的特性，使得它在光子信息工程领域具有非常广泛的应用前景，因为类似于微电子工程中对电流的要求，如果将来要实现光子器件，那么对光子流量的精细控制应该是非常重要的一个方面。另外，单原子激光器的实现也使得我们能够获得更加直接的研究单光子与单原子相互作用的机会，这对于理论物理学家来说也是一件很令人激动的事情。因此，尽管一个原子的独舞无法表现阳刚之美，但其曲尽幽情的动作也足以令人沉迷和陶醉。

中国科学技术大学的研究小组在 2019 年首次观测到超低温下原子和双原子分子的费希巴赫共振（Feshbach resonance），相关成果发表于《科学》（*Science*）期刊。在费希巴赫共振附近，三原子分子束缚态的能量和散射态的能量趋于一致，同时散射态和束缚态之间的耦合被大幅度地共振增强。原子分子费希巴赫共振的成功观测为合成三原子分子提供了新的机遇。但由于原子和分子的费希巴赫共振非常复杂，理论上难以理解，能否和如何利用费希巴赫共振来合成三原子分子依然是实验上的巨大挑战。

中国科学技术大学潘建伟、赵博等与中国科学院化学所白春礼小组合作，通过实验，首次在钠钾基态分子和钾原子的费希巴赫共振附近，利用射频场将原子和双原子分子相干地合成了超冷三原子分子。相关研究成果于 2022 年 2 月 10 日凌晨发表在 *Nature* 期刊上。

这一研究在化学物理领域取得重大突破，向基于超冷原子分子的量子模拟和超冷量子化学的研究迈出了重要一步，为未来超冷三原子分子的制备和控制开辟出一条道路。

习　　题

1．什么是物质波激光器？其本质是什么？
2．物质波激光器的核心部分是什么？
3．简述物质波激光器的工作原理。
4．分析物质波激光器的结构特性、工作过程。
5．分析物质波激光器与光学激光器的异同。

参 考 文 献

阿雷克, 舒尔茨-杜波依斯, 1980. 激光器[M]. 北京: 科学出版社.

蔡伯荣, 1988. 激光器件[M]. 长沙: 湖南科技出版社.

陈家璧, 彭润玲, 2013. 激光原理及应用[M]. 北京: 电子工业出版社.

陈丽璇, 林仲金, 严子浚, 1997. 玻色-爱因斯坦凝聚(BEC)的实现和研究进展[J]. 自然杂志, 19(6): 344-346.

陈泽民, 2001. 近代物理与高新技术物理基础——大学物理续编[M]. 北京: 清华大学出版社.

邓鲁, 2000. 原子激光器与非线性原子光学: 现代原子物理学的新进展[J]. 物理, 2: 65-68.

何向阳, 刘勍, 1994. 原子激射器[J]. 现代物理知识, 14(2): 25-26.

黄德修, 1994. 半导体光电子学[M]. 成都: 电子科技大学出版社.

黄德修, 刘雪峰, 1999. 半导体激光器及其应用[M]. 北京: 国防工业出版社.

黄昆, 1988. 固体物理学[M]. 北京: 高等教育出版社.

江剑平, 2000. 半导体激光器[M]. 北京: 电子工业出版社.

科姆帕, 1981, 化学激光器[M]. 罗静远, 译. 北京: 科学出版社.

KRESSEL H, BUTLER J K, 1983. 半导体激光器和异质结发光二极管[M]. 黄史坚, 译. 北京: 国防工业出版社.

蓝信钜, 等, 2000. 激光技术[M]. 北京: 科学出版社.

李景镇, 2010. 光学手册[M]. 西安: 陕西科技出版社.

李师群, 周义东, 黄湖, 1998. 原子激射器: 相干原子束发生器[J]. 物理, 27(1): 11-17.

李士杰, 姜亚南, 1988. 激光基础[M]. 北京: 机械工业出版社.

李适民, 黄维玲, 1998. 激光器件原理与设计[M]. 北京: 国防工业出版社.

刘颂豪, 2004. 光电子技术与产业[J]. 激光与光电子学进展(4): 1-13.

柳强, 巩马理, 闫平, 等, 2002. GaAs 被动调 Q 兼输出耦合 Nd: YVO$_4$ 激光特性研究[J]. 物理学报, 12: 51.

马养武, 陈钰清, 1994. 激光器件[M]. 杭州: 浙江大学出版社.

孟红祥, 郑红, 1994. LD 泵浦 Nd：YVO$_4$ 内腔倍频激光器获得 120mW 绿光连续输出[J]. 高技术通讯, 4(8): 23-25.

彭惠民, 1997. X 射线激光[M]. 北京: 国防工业出版社.

丘军林, 2003. 国外激光器发展动态[J]. 激光产品世界, 2: 15-21.

沈子威, 张斌, 张志成, 等, 1995. 激光微束诱导 pSV-β 质粒 Hela 导入细胞的研究[J]. 激光生物学, 4(3): 6.

石永山, 2013. 国外光纤激光器研究进展[J]. 光电技术应用, 28(6): 6.

宋峰, 等, 1999. LD 泵浦的共掺 Er^{3+}: Yb^{3+} 磷酸盐玻璃激光器[J]. 中国激光, 26(9): 790-792.

田来科, 白晋涛, 田东涛, 2004. 激光原理[M]. 西安: 陕西科技出版社.

王淦昌, 1997. 激光惯性约束核聚变(ICF)最新进展简述[J]. 核科学与工程, 3: 266-269.

王家金, 1992. 激光加工技术[M]. 北京: 中国计量出版社.

王天及, 2002. 高功率光纤激光器及其应用[J]. 激光产品世界, 8: 6-12.

王裕民, 2000. 原子激光[J]. 激光与光电子学进展, 8: 1-5.

韦乐平, 2014. 面向未来的光通信技术[J]. 通信世界, 1: 33-35.

韦小乐, 魏淮, 盛泉, 等, 2019. 重复频率 1.2GHz 皮秒脉冲全光纤掺镱激光器[J]. 光子学报, 48(11): 162-169.

韦欣, 李明, 李健, 等, 2020. 几种新体制半导体激光器及相关产业的现状、挑战和思考[J]. 中国工程科学, 22(3): 21-28.

伍长征, 1989. 激光物理学[M]. 上海: 复旦大学出版社.

徐荣甫, 刘敬海, 1986. 激光器件与技术教程[M]. 北京: 北京工业大学出版社.

易明, 1999. 光学[M]. 北京: 高等教育出版社.

余锦, 等, 1999. 全固态蓝色激光技术[J] 激光杂志, 20(4): 43-45.

张军杰, 胡和方, 祁长鸿, 等, 1999. 掺 Nd 磷酸盐玻璃光纤激光器获得连续输出[J]. 中国激光, 26(9): 868.

赵红东, 沈光地, 张存善, 等, 2000. 半导体垂直腔面发射激光器的微腔效应[J]. 光学学报, 20(5): 592-596.

赵振堂, 2018. 冯超. X 射线自由电子激光[J]. 物理, 47(8): 481-489.

中井贞雄, 2002. 激光工程[M]. 北京: 科学出版社.

周炳昆, 高以智, 陈倜荣, 等, 2000. 激光原理[M]. 北京: 国防工业出版社.

周广宽, 葛国库, 赵亚辉, 等, 2011. 激光器件[M]. 西安: 西安电子科技大学出版社.

周文, 陈秀峰, 杨东晓, 2001. 光子学基础[M]. 杭州: 浙江大学出版社.

DAVIS C C, 1996. Lasers and electro-optics[M]. Cambridge: Cambridge University Press.

KOECHNER W, 1976. Solid-state laser engineering[M]. New York: Springer-Verlag.

WANG W T, FENG K, KE L T, et al., 2021. Free-electron lasing at 27 nanometres based on a laser wakefield accelerator[J]. Nature (595): 516-520

YARIV A, 1976. Introduction to optical electronics[M]. New York: Holt Rinehart and Winston.

附　录

附录 1　常用的物理常数

附表 1　常用物理常数

常数名称	英文名称	表示符号	常数数值
普朗克常量	Planck constant	h	$6.6261755 \times 10^{-34} \mathrm{J} \cdot \mathrm{s}$
真空中的光速	Speed of light in a vacuum	c	$2.99792458 \times 10^{8} \mathrm{m} \cdot \mathrm{s}^{-1}$
玻尔兹曼常量	Boltzmann constant	k	$1.380662 \times 10^{-23} \mathrm{J} \cdot \mathrm{K}^{-1}$
阿伏伽德罗常量	Avogadro's constant	N_A	$6.022045 \times 10^{23} \mathrm{mol}^{-1}$
气体常数	Gas constant	R	$8.314510 \mathrm{J} \cdot \mathrm{K}^{-1} \cdot \mathrm{mol}^{-1}$
电子电荷	Elementary charge (of photon)	e	$1.60210 \times 10^{-19} \mathrm{C}$
电子静止质量	Electronic static mass	m_e	$9.109534 \times 10^{-31} \mathrm{kg}$
质子静止质量	Rest mass of proton	m_p	$1.6726485 \times 10^{-27} \mathrm{kg}$
中子静止质量	Rest mass of neutron	m_n	$1.674920 \times 10^{-27} \mathrm{kg}$
克分子气体常数	Gram-molecular gas constant	R	$2.24136 \mathrm{J} \cdot \mathrm{mol}^{-1} \cdot \mathrm{K}^{-1}$
真空介电常数	Permittivity of a vacuum.	ε_0	$8.854187818 \times 10^{-12} \mathrm{F} \cdot \mathrm{m}^{-1}$
真空磁导率	Permeability of a vacuum	μ_0	$4\pi \times 10^{-7} \mathrm{H} \cdot \mathrm{m}^{-1}$
1eV 对应的能量	Energy corresponding to 1eV	eV	$1.60210 \times 10^{-19} \mathrm{J}$
万有引力常数	Gravitational constant	G	$6.6720 \times 10^{-11} \mathrm{N} \cdot \mathrm{m}^{2} \cdot \mathrm{kg}^{-2}$
标准大气压	Standard atmospheric pressure	P_0	$1.013 \times 10^{5} \mathrm{Pa}$
空气密度	Density of air (20℃ and 1atm)	ρ_{air}	$1.20 \mathrm{kg} \cdot \mathrm{m}^{-3}$
水的密度	Density of water (20℃ and 1atm)	ρ_w	$1.00 \times 10^{3} \mathrm{kg} \cdot \mathrm{m}^{-3}$
光年	Light year	ly	$9.46 \times 10^{15} \mathrm{m}$
地球赤道半径	Equator radius of the Earth	R_e	$6.378140 \times 10^{6} \mathrm{m}$
地球平均半径	Average radius of the Earth	R_{ae}	$6.374 \times 10^{6} \mathrm{m}$
太阳赤道半径	Equator radius of the Sun	R_s	$6.9599 \times 10^{8} \mathrm{m}$
太阳平均半径	Average radius of the Sun	R_{as}	$6.9599 \times 10^{8} \mathrm{m}$
地球质量	Mass of the Earth	M_e	$5.98 \times 10^{24} \mathrm{kg}$
太阳质量	Mass of the Sun	M_s	$1.98892 \times 10^{30} \mathrm{kg}$
月亮质量	Mass of the Moon	M_m	$7.36 \times 10^{22} \mathrm{kg}$
太阳发光功率	Radiation light power of the Sun	L_s	$3.826 \times 10^{26} \mathrm{J} \cdot \mathrm{s}^{-1}$
地球与太阳的距离	Average Earth-Sun distance	d_{es}	$1.496 \times 10^{11} \mathrm{m}$
地球与月亮的距离	Average Earth-Moon distance	d_{em}	$3.84 \times 10^{8} \mathrm{m}$
人类已观测到的宇宙范围	Universe range		$10^{26} \mathrm{m}$

附录2　常用的物理单位

附表2　基本单位

符号	单位名称	定义	度量
m	米	1/299792458s 光在真空中行程的长度	长度
kg	千克	$1m^3$ 的纯水在 4℃时的质量	质量
s	秒	铯-133 原子基态的两个超精细结构能级之间跃迁相对应辐射周期的 9192631770 倍所持续的时间定义为 1s	时间
A	安培	截面每秒 $1.602176634×10^{19}$ 个元电荷通过即为 1A。定义于 2019 年 5 月 20 日正式生效	电流
K	开尔文	热力学温标。摄氏零度以下 273.15℃ 为零点，称为绝对零点。273.15K = 0℃	温度
cd	坎德拉	光源在给定方向上的发光强度，当光源发出频率为 $5.40×10^{12}Hz$ 的单色辐射，且在此方向上的辐射强度为 $1/683W·sr^{-1}$。1cd 是指光源在指定方向的单位立体角内发出的光通量	光强度
mol	摩尔	表示大量数目粒子的一个基本物理量。每摩尔物质含有阿伏伽德罗常量($6.02×10^{23}$)个粒子。仅用于微观粒子数目，如分子、原子、离子等	物质的量
rad	弧度	弧长等于半径的弧，其所对的圆心角为 1rad。一周的弧度数为 $2πr/r = 2π$，$360° = 2πrad$，$1rad ≈ 57.3°$	平面角
sr	球面度	若球面上有一圆形表面积或其他形状的表面积，刚好与该球半径 r 的平方相等，则该面积对应之该球心所张的立体角为 1sr。求面积 $4πr^2$，故球的立体角为 4π sr	空间立体角

附表3　推导单位

符号	单位名称	定义	度量
Hz	赫兹	$1Hz = 1s^{-1}$	频率
N	牛顿	$1N = 1kg·m·s^{-2}$	力
J	焦耳	$1J = 1N·m$	能量
W	瓦特	$1W = 1J·s^{-1}$	功率
Pa	帕斯卡	$1Pa = 1N·m^{-2}$	压强
V	伏特	$1V = 1W·A^{-1}$	电压
C	库仑	$1C = 1A·s$	电荷
Ω	欧姆	$1Ω = 1V·A^{-1}$	电阻
F	法拉	$1F = 1C·V^{-1}$	电容
H	亨	$1H = 1Ω·s = Wb·A^{-1}$	电感
S	西门子	$1S = 1A·V^{-1} = 1Ω^{-1}$	电导
Wb	韦伯	$1Wb = 1V·s$	磁通量
T	特斯拉	$1T = 1Wb·m^{-2}$	磁通量强度
lm	流明	$1lm = 1cd·sr$	光通量
lx	勒克斯	$1lx = 1lm·m^{-2}$	照度

附表4　国际单位用于构成十进倍数和分数单位的词头

表示因数	中文词头	英文前缀	词头符号	表示因数	中文词头	英文前缀	词头符号
10^{24}	尧[它]	yotta	Y	10^{-1}	分	deci	d
10^{21}	泽[它]	zetta	Z	10^{-2}	厘	centi	c
10^{18}	艾[可萨]	exa	E	10^{-3}	毫	milli	m
10^{15}	拍[它]	peta	P	10^{-6}	微	micro	μ
10^{12}	太[拉]	tera	T	10^{-9}	纳[诺]	nano	n
10^{9}	吉[咖]	giga	G	10^{-12}	皮[可]	pico	p
10^{6}	兆	mega	M	10^{-15}	飞[母托]	femto	f
10^{3}	千	kilo	k	10^{-18}	阿[托]	atto	a
10^{2}	百	hecto	h	10^{-21}	仄[普托]	zepto	z
10^{1}	十	deca	da	10^{-24}	幺[科托]	yocto	y

附表5　时间与功率

时间			功率		
值	符号	名称	值	符号	名称
10^{0}s	s	秒	10^{-6}W	μW	微瓦
10^{-1}s	ds	分秒	10^{-3}W	mW	毫瓦
10^{-2}s	cs	厘秒	10^{2}W	hW	百瓦
10^{-3}s	ms	毫秒	10^{3}W	kW	千瓦
10^{-6}s	μs	微秒	10^{6}W	MW	兆瓦
10^{-9}s	ns	纳秒	10^{9}W	GW	吉瓦
10^{-12}s	ps	皮秒	10^{12}W	TW	太瓦
10^{-15}s	fs	飞秒	10^{15}W	PW	拍瓦
10^{-18}s	as	阿秒	10^{18}W	EW	艾瓦
10^{-21}s	zs	仄秒	10^{21}W	ZW	泽瓦
10^{-24}s	ys	幺秒	10^{24}W	YW	尧瓦

附表6　米的各级单位

分数			倍数		
值	符号	名称	值	符号	名称
10^{-1} m	dm	分米	10^{1} m	dam	十米
10^{-2} m	cm	厘米	10^{2} m	hm	百米
10^{-3} m	mm	毫米	10^{3} m	km	千米
10^{-6} m	μm	微米	10^{6} m	Mm	兆米
10^{-9} m	nm	纳米	10^{9} m	Gm	吉米
10^{-12} m	pm	皮米	10^{12} m	Tm	太米
10^{-15} m	fm	飞米	10^{15} m	Pm	拍米
10^{-18} m	am	阿米	10^{18} m	Em	艾米
10^{-21} m	zm	仄米	10^{21} m	Zm	泽米
10^{-24} m	ym	幺米	10^{24} m	Ym	尧米

附表 7　非国际单位与国际单位的转换

单位变换	非国际单位			国际单位			变换关系
	单位名称	英文名称	符号	单位名称	英文名称	符号	
长度单位	埃	ängström	Å	米	meter	m	$1\,\text{Å} = 10^{-10}\text{m}$
	飞米	femtometre	fm	米	meter	m	$1\text{fm} = 10^{-15}\text{m}$
	光年	light · year	l.y.	米	meter	m	$1\text{l.y.} = 9.46053 \times 10^{15}\text{m}$
	海里	Sea mile	nmile	米	meter	m	$1\text{n mile} = 1.852\text{km}$
	英里	English mile	mile	米	meter	m	$1\text{mile} = 1609.344\text{m}$
	码	yard	yard	米	meter	m	$1\text{yard} = 0.9144\text{m}$
	英尺	1foot = 12in	ft	米	meter	m	$1\text{ft} = 0.3048\text{m}$
	英寸	inch	in	米	meter	m	$1\text{in} = 0.0254\text{m}$
压强	托	torr = mmHg	torr	帕	Pa	Pa	$1\text{torr} = 1\text{mmHg} = 1.33322 \times 10^{2}\,\text{Pa}$
	巴	bar	bar	帕	Pa	Pa	$1\text{bar} = 10^{5}\,\text{Pa}$
	标准大气压	atmospheric pressure	atm	帕	Pa	Pa	$1\text{atm} = 760\text{torr} = 1.01325 \times 10^{5}\,\text{Pa}$

后　记

　　激光技术、半导体技术、计算机技术、材料科学技术、航天航海技术、5G 通信技术、AI 技术等融合将使工业、农业、商业、金融、教育、交通、军事、社会保障等领域发生翻天覆地的变化，量子信息通信、量子计算机的出现，更显出第四次工业革命的勃勃生机。跟进科技发展步伐，为科技进步添砖加瓦、为光学人才教育事业拾柴添薪，略尽绵薄之力是吾辈的一点心愿。

　　本书在策划和编写过程中，有幸得到李银妹、白晋涛、王展云、程光华、田东涛、张文静等教师的无私奉献，方得今日之颜容。李银妹提供了激光微束超控技术方面的成果资料；白晋涛根据自己多年激光教学和科研实践，提供了丰富的实验数据和成果；王展云编写了《激光器件与技术(上册)：激光器件》中第 2、4、6、9 章约 33 万字、《激光器件与技术(下册)：激光技术及应用》中第 2、4、5、6、10 章约 18 万字；程光华、田东涛查找资料、校对书稿，提出建议、插图等不辞辛劳。西北大学物理学院院长杨文力教授、杨涛教授等均给予极大的支持和帮助，在此表示衷心的感谢。

作　者

2022 年 6 月于西安